LE GRAND ROMAN
DE LA PHYSIQUE QUANTIQUE

Manjit KUMAR

LE GRAND ROMAN DE LA PHYSIQUE QUANTIQUE

Einstein, Bohr… et le débat sur la nature de la réalité

Traduit de l'anglais par
Bernard SIGAUD

Champs sciences

Titre de l'édition originale :
Quantum
publiée par Icon Books

ISBN : 978-2-0812-8276-6

Pour Lahmber Ram et Gurmit Kaur,
Pandora, Ravinder et Jasvinder.

PROLOGUE

Au rendez-vous des cerveaux

Paul Ehrenfest était en larmes. Sa décision était prise. Il allait bientôt assister à une réunion qui durerait une semaine et où bon nombre des physiciens responsables de la révolution quantique essaieraient de comprendre la signification de ce qu'ils avaient créé. Il serait alors obligé d'informer son vieil ami Albert Einstein qu'il avait pris le parti de Niels Bohr. L'Autrichien Ehrenfest, trente-quatre ans, professeur de physique théorique à l'université de Leyde, aux Pays-Bas, était convaincu que l'univers atomique était aussi étrange et éthéré que Bohr l'affirmait [1].

Dans une note adressée à Einstein tandis qu'ils étaient assis à la table de conférences, Ehrenfest griffonna : « Ne riez pas ! Il y a au purgatoire une section réservée aux professeurs de physique quantique, où ils seront obligés d'écouter des cours de physique classique dix heures par jour [2]. » « Je ne ris que de leur naïveté, répondit Einstein. Qui sait qui rira [le dernier] dans quelques années [3] ? » Pour lui, il n'y avait pas là de quoi rire, car c'était la nature même de la réalité et l'âme de la physique qui étaient en jeu.

La photographie des participants du cinquième congrès Solvay qui se tint à Bruxelles du 24 au 29 octobre 1927, sur le thème « Électrons et photons », résume la période la plus spectaculaire de l'histoire de la physique. Avec la présence de dix-sept titulaires ou futurs lauréats du prix Nobel sur les vingt-neuf participants, ce congrès fut l'une des plus remarquables rencontres de cerveaux qui se soient jamais tenues [4]. Il marqua aussi la fin d'une ère de créativité en physique seulement comparable à la révolution scientifique du XVIIe siècle menée par Galilée et Newton.

Paul Ehrenfest est debout, légèrement penché en avant, au dernier rang, troisième à partir de la gauche. Il y a neuf personnes au premier rang. Huit hommes et une femme, dont six titulaires d'un prix Nobel soit de physique, soit de chimie. La femme a reçu les deux : celui de physique en 1903, celui de chimie en 1911. Son nom : Marie Curie. Au centre, à la place d'honneur, un autre Prix Nobel : Albert Einstein. Regardant droit devant lui, agrippant sa chaise de la main droite, il semble ici le plus mal à l'aise. Est-ce le col cassé et la cravate qui lui causent cette gêne, ou ce qu'il a entendu la semaine précédente ? Au bout de la deuxième rangée, sur la droite, se trouve Niels Bohr, l'air détendu, avec un sourire à demi malicieux. Pour lui, ce congrès a été une réussite. Il rentrerait néanmoins au Danemark déçu de n'avoir pu convaincre Einstein d'adopter son « interprétation de Copenhague » de ce que la mécanique quantique révélait sur la nature de la réalité.

Au lieu de céder à ses arguments, Einstein avait passé la semaine à tenter de prouver que la mécanique quantique était incohérente, que l'interprétation de Copenhague qu'en donnait Bohr était erronée. Einstein dirait plus tard que « cette théorie me rappelle un peu le système d'illusions d'un paranoïaque excessivement intelligent, concocté à partir d'éléments de pensées incohérents [5] ».

Ce fut Max Planck, assis à la droite de Marie Curie, tenant son chapeau d'une main et un cigare de l'autre, qui découvrit le quantum. En 1900, il fut forcé d'admettre que l'énergie de la lumière et de toutes les autres formes de rayonnement électromagnétique ne pouvait être émise ou absorbée par la matière que sous forme d'éléments individuels discrets. Planck baptisa « quantum » (pluriel latin *quanta*) un paquet individuel d'énergie. Le quantum d'énergie était une rupture radicale avec l'idée, établie depuis longtemps, que l'énergie était émise ou absorbée en continu, comme l'eau coulant du robinet. Dans l'univers quotidien du macroscopique, où régnait en maîtresse absolue la physique de Newton, l'eau pouvait bien tomber goutte à goutte d'un robinet, mais l'énergie ne s'échangeait pas sous forme de gouttelettes de taille variable. Or l'univers atomique et subatomique de la réalité était le domaine du quantum.

Avec le temps, on découvrit que l'énergie d'un électron à l'intérieur d'un atome était « quantifiée » ; il ne pouvait posséder que certaines quantités d'énergie et non d'autres. Il en était de même d'autres propriétés physiques, et on s'aperçut que l'univers microscopique était grumeleux et discontinu et non un modèle réduit du monde à grande échelle habité par les humains, où les propriétés physiques varient sans heurts ni solutions de continuité, où aller de A en C implique de passer par B. Or la physique quantique révéla qu'un électron dans un atome peut être en un endroit et puis, comme par magie, réapparaître en un autre endroit, sans avoir été nulle part entre les deux, en émettant ou en absorbant un quantum d'énergie. C'était un phénomène qui échappait aux compétences de la physique classique non quantique. C'était aussi bizarre que si un objet disparaissait mystérieusement à Londres et réapparaissait un instant plus tard à Paris, New York ou Moscou.

Au début des années 1920, il était depuis longtemps manifeste que la progression de la physique quantique sur une base *ad hoc* fragmentaire ne lui avait conféré ni fondement solide ni structure logique. De cet état de confusion et de crise émergea une audacieuse nouvelle théorie appelée mécanique quantique. L'image de l'atome comme système solaire miniature où les électrons gravitent autour du noyau, encore enseignée aujourd'hui dans les écoles, fut abandonnée et remplacée par un atome qu'il était impossible de se représenter. Puis, en 1927, Werner Heisenberg fit une découverte qui heurtait tellement le bon sens que même lui, le *Wunderkind*, l'enfant prodige de la mécanique quantique, eut du mal au début à en saisir la signification. Le principe d'incertitude énonçait que, si l'on voulait connaître la vélocité exacte d'une particule, alors on ne pouvait en connaître la position exacte, et vice versa.

Personne ne savait comment interpréter les équations de la mécanique quantique ni ce que disait cette théorie sur la nature de la réalité au niveau quantique. Les problèmes de la cause et de l'effet, ou la question de savoir si la Lune existe quand personne ne la regarde étaient le domaine réservé des philosophes depuis l'époque de Platon et d'Aristote, mais après l'émergence de la mécanique quantique ce furent les plus grands physiciens du XXe siècle qui se mirent à en débattre.

Avec toutes les composantes fondamentales de la physique quantique déjà en place, le cinquième congrès Solvay ouvrit un nouveau chapitre dans l'histoire du quantum. Car le débat suscité par le congrès entre Einstein et Bohr soulevait des questions qui continuent de préoccuper maints scientifiques et philosophes éminents jusqu'à ce jour : quelle est la nature de la réalité et quel type de description de la réalité devrait être considéré comme significatif ? « Il n'y eut jamais débat intellectuel plus profond, soutenait le scientifique et romancier

C.P. Snow. Il est regrettable que ce débat, de par sa nature, ne puisse être monnaie courante [6]. »

Des deux principaux protagonistes, Einstein est une icône du XXe siècle. On lui demanda une fois de présenter son propre show de trois semaines sur la scène du London Palladium. Les femmes s'évanouissaient en sa présence. À Genève, il fut assiégé par une cohorte de jeunes admiratrices. De nos jours, cette sorte d'adulation est réservée aux idoles de la *pop music* ou aux stars de cinéma. Mais, dans le sillage de la Première Guerre mondiale, Einstein devint la première super-star de la science lorsqu'en 1919 fut confirmée la déviation de la lumière prédite par sa théorie de la relativité générale. Les choses n'avaient guère changé lorsqu'en janvier 1931, pendant une tournée de conférences aux États-Unis, Einstein assista à la première du film de Charlie Chaplin, *Les Lumières de la ville*, à Los Angeles. Ils furent accueillis par les acclamations délirantes d'une foule importante. « On m'acclame parce que tout le monde me comprend, dit Chaplin à Einstein. On vous acclame parce que personne ne vous comprend [7]. »

Alors que le nom d'Einstein est synonyme de génie scientifique, celui de Niels Bohr était moins connu, et le demeure. Or, pour ses contemporains, c'était sans conteste un géant de la science. En 1923, Max Born, qui joua un rôle décisif dans le développement de la mécanique quantique, écrivit que « l'influence [de Bohr] sur la recherche théorique et expérimentale de notre époque est plus grande que celle de tout autre physicien [8] ». Quarante ans plus tard, en 1963, Werner Heisenberg soutenait que « l'influence de Bohr sur la physique et les physiciens de notre siècle a été plus forte que celle de quiconque, même celle d'Albert Einstein [9] ».

Lorsque Einstein et Bohr se rencontrèrent pour la première fois à Berlin en 1920, chacun trouva un *sparring-partner* intellectuel qui, sans amertume ni rancœur, aiguillonnerait l'autre pour le forcer à affiner et à préciser ses pensées sur le quantum. C'est à travers eux et certains de leurs collègues réunis au congrès Solvay 1927 que nous saisissons l'esprit pionnier des débuts de la physique quantique. « C'était l'époque héroïque », se rappela le physicien américain Robert Oppenheimer, qui était étudiant dans les années 1920 [10]. « C'était le temps des recherches patientes en laboratoire, des expériences cruciales et des initiatives audacieuses, des faux départs à répétition et des nombreuses hypothèses intenables. C'était le temps des échanges de lettres sérieux et des congrès précipités, des débats, des critiques et des brillantes improvisations mathématiques. Pour ceux qui l'ont vécue, ce fut une époque créative. » Mais pour Oppenheimer, père de la bombe atomique, « il y avait de la terreur autant que de l'exaltation dans leur nouvelle intuition ».

Sans le quantum, le monde dans lequel nous vivons serait très différent. Or, pendant la majeure partie du XXe siècle, les physiciens acceptèrent que la mécanique quantique nie l'existence de la réalité au-delà de ce que mesuraient leurs expériences. Cette situation conduisit le Prix Nobel de physique américain Murray Gell-Mann à décrire la mécanique quantique comme « cette discipline mystérieuse et troublante qu'aucun de nous ne comprend vraiment, mais que nous savons utiliser [11] ». Et comment ! La mécanique quantique impulse et façonne le monde moderne en rendant tout possible, depuis les machines à laver jusqu'aux armes nucléaires, en passant par les ordinateurs et les téléphones portables.

L'histoire du quantum commence à la fin du XIXe siècle, à l'époque où, malgré les récentes découvertes de l'électron, des rayons X et de la radioactivité, et la polémique en cours sur l'existence des atomes, de nombreux physiciens étaient persuadés qu'il ne restait plus rien d'essentiel à trouver. « Les lois fondamentales et les faits les plus importants de la science physique ont tous été découverts, et ils sont désormais si fermement établis que la possibilité qu'ils soient un jour supplantés à la suite de nouvelles découvertes est excessivement réduite », déclara le physicien américain Albert Michelson en 1899. « Nos futures découvertes, soutenait-il, seront à chercher du côté de la sixième décimale [12]. » Partageant cette vision d'une physique de décimales, la plupart des collègues de Michelson croyaient que tout problème en suspens représentait un défi mineur pour la physique traditionnelle et céderait tôt ou tard aux théories et principes consacrés par l'usage.

James Clerk Maxwell, le plus grand physicien théoricien du XIXe siècle, s'était élevé dès 1871 contre pareille suffisance : « Cette caractéristique des expériences modernes – le fait qu'elles consistent principalement en mesures –, a tellement d'importance que l'opinion semble s'être répandue que, dans quelques années, toutes les grandes constantes auront été approximativement évaluées, et que la seule occupation qu'il restera aux hommes de science sera de porter ces mesures une décimale plus loin [13]. » Maxwell soulignait que la véritable récompense des « labeurs de la mesure soigneuse » n'était pas une plus grande précision, mais la « découverte de nouveaux domaines de recherche » et « le développement de nouvelles idées scientifiques [14] ». La découverte du quantum fut justement le résultat d'un tel « labeur ».

Dans les années 1890, certains des plus grands physiciens allemands étaient obsédés par un problème qui les tracassait depuis longtemps : quelle était la relation entre la température, la gamme des couleurs et l'intensité de la lumière émises par un tisonnier brûlant ? Cela semblait un problème trivial comparé aux mystères des rayons X et de la radioactivité qui incitaient les physiciens à se précipiter dans leurs laboratoires et à sortir leurs carnets. Mais pour une nation qui ne s'était forgée qu'en 1871, la recherche de la solution du problème du tisonnier brûlant, qui deviendrait le « problème du corps noir », était intimement liée au besoin de donner à l'industrie de l'éclairage allemande un avantage décisif sur ses concurrentes britannique et américaine. Ils eurent beau essayer, les meilleurs physiciens allemands ne purent le résoudre. Ils pensaient y être arrivés en 1896, mais s'aperçurent en l'espace de quelques brèves années que de nouvelles données expérimentales prouvaient le contraire. Ce fut Max Planck qui résolut le problème du corps noir, à ses dépens. Le prix à payer était le quantum.

I

LE QUANTUM

« Succinctement résumé, ce que j'ai fait peut être décrit comme un simple geste désespéré. »

Max PLANCK

« C'était comme si le sol s'était dérobé sous nos pieds, sans aucune fondation visible nulle part où l'on eût pu construire. »

Albert EINSTEIN

« Ceux qui ne sont pas scandalisés en découvrant la théorie des quanta ne peuvent sûrement pas l'avoir comprise. »

Niels BOHR

CHAPITRE 1

Révolutionnaire malgré lui

« Une nouvelle vérité scientifique ne triomphe pas en convainquant ses adversaires et en leur faisant voir la lumière, mais plutôt parce que ses adversaires finissent par mourir, et que grandit une nouvelle génération à qui cette vérité est familière [1] », écrivit Max Planck vers la fin de sa longue vie. À la limite du cliché, cette phrase aurait pu lui servir de notice nécrologique scientifique s'il n'avait pas, dans un « geste désespéré [2] », abandonné des idées auxquelles il tenait depuis longtemps. Avec son complet sombre, sa chemise blanche empesée et son nœud papillon noir, Planck évoquait le fonctionnaire prussien modèle de la fin du XIXe siècle, n'eût été « le regard pénétrant sous le dôme immense de sa tête chauve [3] ». Le mandarin qu'il était se montrait d'une extrême prudence avant de s'engager sur des questions scientifiques ou sur quelque autre sujet que ce soit. « Ma devise est toujours celle-ci, dit-il une fois à un étudiant : envisagez soigneusement chaque étape à l'avance, mais ensuite, si vous croyez pouvoir en assumer la responsabilité, que plus rien ne vous arrête [4]. » Planck n'était pas homme à changer d'avis facilement.

Ses manières et son apparence extérieure avaient à peine changé lorsque, pour les étudiants en physique dans le Berlin des années 1920, « il semblait inconcevable que ce fût là l'homme qui avait introduit la révolution [5] ». Le révolutionnaire involontaire pouvait lui-même à peine le croire. De son propre aveu, il était « d'un naturel pacifique » et évitait « toutes les aventures douteuses[6] ». Il admit qu'il manquait de « réactivité face à la stimulation intellectuelle[7] ». Il lui fallut souvent des années pour réconcilier des idées nouvelles avec son conservatisme profondément enraciné, or ce fut Planck qui, à l'âge de quarante-deux ans, déclencha sans le vouloir la révolution quantique en 1900 quand il découvrit l'équation donnant la répartition du rayonnement émis par un corps noir.

Tous les objets, s'ils sont suffisamment chauds, émettent un mélange de chaleur et de lumière dont l'intensité et la couleur changent avec la température. Le bout d'un tisonnier en fer qu'on a laissé dans le feu commence à briller faiblement d'un éclat rouge terne ; quand sa température augmente, il passe au rouge cerise, puis au jaune-orangé vif et enfin au blanc bleuté. Une fois retiré du feu, le tisonnier se refroidit en redescendant la gamme de ces couleurs jusqu'à ce qu'il ne soit plus assez chaud pour émettre la moindre lumière visible. Même à ce stade, il émet encore un rayonnement thermique invisible. Au bout d'un certain temps, ce dernier cesse lui aussi lorsque le tisonnier, en continuant de se refroidir, devient finalement assez tiède pour qu'on puisse le toucher.

Ce fut Isaac Newton qui, à vingt-trois ans, en 1666, montra qu'un faisceau de lumière blanche était tissé à partir de différents brins de lumière colorée et que l'interposition d'un prisme ne faisait qu'en démêler les sept brins différents : rouge, orange, jaune, vert, bleu, indigo et violet[8]. Le rouge et le violet représentaient-ils les limites du spectre lumineux ou seulement celles de l'œil humain ? La réponse ne fut donnée qu'en 1800. Ce fut alors, avec l'apparition de thermomètres à mercure suffisamment sensibles et précis, que l'astronome William Herschel en plaça un devant un spectre lumineux et trouva qu'en le promenant d'une bande de couleur à l'autre, du violet au rouge, la température s'élevait. À sa grande surprise, elle continua de s'élever lorsqu'il laissa accidentellement le thermomètre à un pouce au-delà de la zone de la lumière rouge. Herschel avait détecté une lumière invisible à l'œil humain, qualifiée plus tard de rayonnement infrarouge, à partir de la chaleur qu'elle générait [9]. En 1801, le physicien allemand Johann Ritter utilisa le fait que le nitrate d'argent s'assombrit quand il est exposé à la lumière pour découvrir une lumière invisible au-delà du violet – le rayonnement ultraviolet.

Le fait que tous les objets échauffés émettent une lumière d'une même couleur à la même température était bien connu des potiers, longtemps avant qu'un physicien allemand de trente-quatre ans, Gustav Kirchhoff, commence en 1859 à l'université de Heidelberg ses investigations théoriques sur la nature de cette corrélation. Afin de simplifier son analyse, Kirchhoff élabora le concept d'un objet parfaitement absorbant et parfaitement émissif appelé corps noir. Cette dénomination était bien choisie. Un corps qui absorberait parfaitement le rayonnement ne le réfléchirait aucunement et serait donc noir en apparence. Toutefois, en tant que parfait émetteur, il serait tout sauf noir si sa température était assez élevée pour qu'il puisse rayonner dans des longueurs d'onde de la partie visible du spectre.

Kirchhoff se représentait son corps noir imaginaire comme un simple récipient creux comportant un trou minuscule dans une de ses parois. Puisque tout rayonnement thermique ou lumineux, visible ou invisible, entre dans cette enceinte par le trou, c'est en fait le trou qui simule un absorbeur parfait et se comporte en corps noir. Une fois à l'intérieur, le rayonnement est renvoyé d'une paroi de la cavité à l'autre jusqu'à ce qu'il soit complètement absorbé. Imaginant que l'extérieur de son corps noir était isolé, Kirchhoff savait que, s'il était chauffé, seule la surface intérieure des parois émettrait le rayonnement qui remplissait la cavité.

Au début, ces parois, tout comme le tisonnier qu'on chauffe, émettent une lueur rouge cerise sombre bien qu'elles rayonnent principalement dans l'infrarouge. Ensuite, la température augmente et le rouge cerise vire au jaune-orangé. Enfin, quand la température monte encore plus haut, les parois émettent une lumière blanc bleuté lorsqu'elles rayonnent sur tout le spectre, depuis l'infrarouge profond jusqu'à l'ultraviolet. Le trou se comporte comme un émetteur parfait puisque tout rayonnement qui s'en échappe sera un échantillon de toutes les longueurs d'onde présentes dans la cavité à la température en question.

Kirchhoff prouva mathématiquement ce que les potiers et porcelainiers avaient depuis longtemps observé dans leurs fours. La loi de Kirchhoff énonçait que l'étendue spectrale et l'intensité du rayonnement à l'intérieur de la cavité ne dépendaient pas du matériau dont le corps noir pourrait être constitué, ni de sa forme ou de sa taille, mais uniquement de sa température. La tâche que Kirchhoff s'imposa – et imposa à ses confrères – finit par s'appeler le problème du corps noir : mesurer la répartition spectrale de l'énergie rayonnante du corps noir, la quantité d'énergie émise pour chaque longueur d'onde, de l'infrarouge à l'ultraviolet, et en dériver une équation pour reproduire cette répartition à n'importe quelle température.

Incapable d'aller plus loin dans la théorie faute d'expériences avec un corps noir réel pour le guider, Kirchhoff put néanmoins orienter les physiciens dans la bonne direction. Il leur dit que le fait que la répartition spectrale ne dépendait pas du matériau constituant le corps noir signifiait que l'équation devrait contenir deux variables seulement : la température du corps noir et la longueur d'onde de la radiation émise. Puisqu'on pensait que la lumière était une onde, toute couleur et nuance de lumière particulière se distinguait de toutes les autres par un trait caractéristique : sa longueur d'onde, la distance entre deux pics ou creux successifs de l'onde en question. Inversement proportionnel à la longueur d'onde, la fréquence est simplement le nombre de pics – ou de creux – qui passent par un point fixe quelconque en une seconde. Mais il y avait aussi une manière différente mais équivalente de mesurer la fréquence d'une onde : le nombre de fois où elle montait et descendait – « ondulait » – par seconde [10].

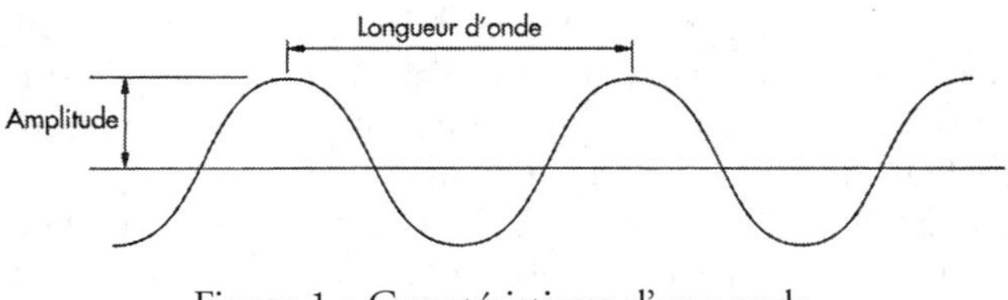

Figure 1 : Caractéristique d'une onde.

Les difficultés techniques soulevées par la construction d'un corps noir réel qui s'approche de l'objet imaginaire utilisé par Kirchhoff, et l'élaboration des instruments de précision nécessaires pour détecter et mesurer son rayonnement sur une telle gamme de longueurs d'onde firent que, pendant presque quarante ans, il n'y eut pratiquement aucun progrès. Ce fut dans les années 1880, alors que les industriels allemands tentaient d'élaborer des ampoules et des lampes plus efficaces que celles fabriquées par leurs concurrents britanniques et américains, que la mesure du spectre du corps noir et la découverte de la mythique équation de Kirchhoff devinrent une priorité.

L'ampoule à filament incandescent était la dernière d'une série d'inventions, telles que la lampe à arc, la dynamo, le moteur électrique et la télégraphie, qui alimentèrent l'expansion rapide de l'industrie électrique. À chaque nouvelle percée, le besoin d'un système d'unités et de normes approuvé à l'échelle mondiale se faisait de plus en plus pressant.

Deux cent cinquante délégués de vingt-deux pays se réunirent à Paris en 1881 dans le cadre de la première Conférence internationale pour la détermination des unités électriques. Bien que le volt, l'ampère et d'autres unités aient été définis et nommés, on n'aboutit à aucun accord sur une norme de luminosité, ce qui commença à handicaper le développement du moyen le plus efficace au niveau énergétique de produire une lumière artificielle. En tant qu'émetteur parfait à toute température donnée, un corps noir émet une quantité maximale de chaleur sous forme de rayonnement infrarouge. Le spectre du corps noir servirait de test de performances pour l'étalonnage et la fabrication d'une ampoule qui émettrait le maximum de lumière tout en maintenant le dégagement de chaleur au minimum.

« Dans la compétition entre les nations, à laquelle elles se livrent désormais si activement, le pays qui est le premier à emprunter des voies nouvelles et le premier à en tirer partie dans les branches établies de l'industrie a un avantage décisif [11] », écrivit l'industriel et inventeur de la dynamo Werner von Siemens. Déterminé à ce que l'Allemagne ait la première place, le gouvernement fonda en 1887 le Physikalisch-Technische Reichanstalt, l'Institut impérial de physique et de technologie. Situé à Charlottenburg, dans la banlieue de Berlin, sur un terrain donné par l'État à Siemens, le PTR était conçu comme un établissement à la mesure d'un empire décidé à concurrencer économiquement la Grande-Bretagne et l'Amérique. La construction du complexe tout entier dura plus d'une décennie, et le PTR devint l'établissement de recherche le mieux équipé et le plus coûteux du monde. Sa mission était de donner à l'Allemagne la supériorité dans l'application de la science à l'industrie en développant des normes et en testant de nouveaux produits. L'élaboration d'une unité d'intensité lumineuse internationalement reconnue figurait parmi ses priorités. La nécessité de fabriquer une ampoule électrique plus efficace fut l'impulsion qui soutint le programme de recherche sur le corps noir au PTR dans les années 1890. Elle conduirait à la découverte accidentelle du quantum quand Max Planck se révélerait être l'homme de la situation, au bon endroit et au bon moment.

Max Karl Ernst Ludwig Planck était né à Kiel, qui faisait alors partie du Holstein danois, le 23 avril 1858, dans une famille dévouée à l'Église et à l'État. L'excellence intellectuelle était pour lui presque un droit de naissance. Son arrière-grand-père et son grand-père paternels avaient été l'un comme l'autre d'éminents théologiens, alors que son père était devenu professeur de droit constitutionnel à l'université de Munich. Ces hommes de devoir et de probité qui vénéraient les lois de Dieu et de l'Homme étaient aussi des modèles de fermeté et de patriotisme. Max ne ferait pas exception à la règle.

Planck fréquenta l'école secondaire la plus réputée de la capitale bavaroise, le Maximiliansgymnasium. Toujours dans la tête de sa classe, mais jamais le premier,

Planck excella à force de travail acharné et d'autodiscipline. C'était précisément les qualités exigées par un système éducatif où le programme était fondé sur l'apprentissage par cœur d'énormes quantités de connaissances factuelles. Un bulletin scolaire signalait que, « en dépit de toute sa puérilité », Planck possédait déjà à dix ans « un esprit logique, très clair » et promettait de « devenir quelqu'un de bien [12] ». À seize ans, ce n'étaient pas les célèbres tavernes de Munich, mais ses opéras et ses salles de concert qui attiraient le jeune Planck. Pianiste de talent, il caressait l'idée de poursuivre une carrière de musicien professionnel. Dans le doute, il demanda conseil et s'entendit répliquer vertement : « Si vous avez besoin de poser la question, vous feriez mieux d'étudier autre chose [13] ! »

En octobre 1874, à l'âge de seize ans, il s'inscrivit à l'université de Munich et choisit d'étudier la physique, mû par le désir naissant de comprendre le fonctionnement de la nature. Contrairement aux *Gymnasien*, avec leur régime quasi militaire, les universités allemandes laissaient à leurs étudiants une liberté presque totale. Il n'y avait guère de contrôle pédagogique de la part des enseignants et pas d'exigences fixes en matière de programme ; c'était un système qui permettait aux étudiants d'aller d'une université à l'autre en suivant les cours de leur choix. Tôt ou tard, ceux qui désiraient faire carrière dans un domaine particulier suivaient les cours d'éminents professeurs des universités les plus prestigieuses. Au bout de trois ans à Munich, où on lui dit que « cela ne vaut plus tellement la peine de faire de la physique [14] » parce qu'il n'y avait plus rien d'important à découvrir, Planck s'inscrivit à la première université du monde germanophone, Berlin.

Avec la création d'une Allemagne unifiée dans le sillage de la victoire remportée sur la France grâce à la

Prusse dans la guerre de 1870, Berlin devint la capitale d'une nouvelle et puissante nation européenne. Les réparations de guerre françaises lui permirent de se développer rapidement tandis qu'elle cherchait à devenir l'égale de Londres et de Paris. De huit cent soixante-cinq mille habitants en 1871, sa population était passée à presque deux millions en 1900, faisant de Berlin, située au confluent de la Havel et de la Spree, la troisième métropole d'Europe [15]. Les nouveaux arrivants comprenaient entre autres des juifs fuyant les persécutions en Europe de l'Est, notamment les pogroms de la Russie tsariste. Inévitablement, le coût de la vie et les loyers montèrent en flèche, créant un nombre croissant de pauvres et de sans-abri. Des fabricants de cartons d'emballage vantaient leurs « boîtes bon marché à usage d'habitation [16] » tandis que des bidonvilles se créaient dans certaines parties de la capitale.

Malgré la réalité sordide que beaucoup découvrirent en arrivant à Berlin, l'Allemagne entrait dans une ère de croissance industrielle, de progrès technologique et de prospérité économique sans précédent. Lorsque éclaterait la Première Guerre mondiale, la production industrielle et la puissance économique de l'Allemagne, principalement impulsées par l'abolition des droits de douane intérieurs et les réparations de guerre françaises, ne seraient dépassées que par celles des États-Unis. L'Allemagne produisait déjà plus des deux tiers de l'acier de l'Europe, la moitié de son charbon et générait plus d'électricité que la Grande-Bretagne, la France et l'Italie réunies. Même la décennie de récession et d'angoisse qui affecta l'Europe après le krach boursier de 1873 ne ralentit que pendant quelques années le développement de l'Allemagne.

Avec l'unification vint le désir de s'assurer que Berlin, la capitale et l'incarnation du nouveau Reich, possède la meilleure université qui soit. On persuada le physicien le plus célèbre d'Allemagne, Hermann von Helmholtz, de quitter Heidelberg. Chirurgien de formation, Helmholtz, à cinquante ans, était aussi un physiologiste renommé auteur de contributions essentielles à la compréhension du fonctionnement de l'œil humain après son invention de l'ophtalmoscope. Cet esprit universel connaissait sa valeur. Outre un salaire plusieurs fois supérieur à la norme, Helmholtz exigea un superbe nouvel institut de physique. Il était encore en construction en 1877 lorsque Planck arriva à Berlin pour y passer une année et commença à assister aux cours de Helmholtz dans le bâtiment principal de l'université, un ancien palais situé sur Unter den Linden, en face de l'Opéra.

En tant qu'enseignant, Helmholtz fut une sévère déception. « Il était manifeste, dit Planck plus tard, que Helmholtz ne préparait jamais ses cours correctement [17]. » Gustav Kirchhoff, venu lui aussi de Heidelberg pour occuper le poste de professeur de physique théorique, était si bien organisé et si bien préparé qu'il débitait ses cours « comme un texte mémorisé, sec et monotone [18] ». Planck, qui s'attendait à être inspiré par eux, avoua que « les cours de ces hommes ne m'apportèrent aucun gain perceptible [19] ». Cherchant à étancher sa « soif de connaissances scientifiques avancées [20] », il découvrit les travaux de Rudolf Clausius, un physicien de cinquante-six ans qui enseignait à l'université de Bonn.

Planck fut immédiatement subjugué par « le style lucide » de Clausius « et la clarté lumineuse de son raisonnement », à mille lieues de l'enseignement terne des deux éminents professeurs [21]. Son enthousiasme pour la physique lui revint lorsqu'il parcourut les écrits de Clausius sur la thermodynamique. Les fondements de cette science qui s'intéresse à la chaleur et à ses rapports avec d'autres formes d'énergie se résumaient à l'époque en deux principes seulement[22]. Le premier était une rigoureuse formulation du fait que l'énergie, quelle que soit sa forme, possédait la propriété particulière de se conserver. L'énergie ne pouvait être ni créée ni détruite, mais uniquement convertie d'une forme en une autre. Une pomme suspendue à une branche d'arbre possède une énergie potentielle en vertu de sa position dans le champ gravitationnel de la Terre, sa hauteur au-dessus du sol. Lorsqu'elle tombe, l'énergie potentielle de la pomme est convertie en énergie cinétique, l'énergie du mouvement.

Planck était lycéen lorsqu'il découvrit pour la première fois le principe de la conservation de l'énergie. Il le frappa « comme une révélation », parce qu'il possédait « une validité absolue, universelle, indépendamment de toute action humaine[23] ». C'est à ce moment qu'il entrevit l'éternité et qu'il commença à considérer la recherche des lois fondamentales ou absolues de la nature « comme la quête scientifique la plus sublime qui soit dans la vie[24] ». Il fut tout autant fasciné quand il lut ensuite la formulation donnée par Clausius du deuxième principe de la thermodynamique : « La chaleur ne passera pas *spontanément* d'un corps plus froid à un corps plus chaud[25]. » L'invention ultérieure du réfrigérateur démontra ce que Clausius voulait dire par « spontanément ». Le réfrigérateur a besoin d'être branché sur une source externe d'énergie – électrique, en l'occurrence – pour faire passer la chaleur d'un corps plus froid à un corps plus chaud.

Planck comprit que Clausius ne se contentait pas d'énoncer une évidence, mais quelque chose de bien plus profond. La chaleur, transfert d'énergie de A à B en vertu d'une différence de température, expliquait des phénomènes familiers comme une tasse de café chaud qui se refroidit ou un cube de glace qui fond dans un verre d'eau. Mais, sans intervention humaine, l'inverse ne se produisait jamais. Pourquoi pas ? Le principe de la conservation de l'énergie ne s'oppose pas à ce qu'une tasse de café se réchauffe et que l'air environnant se refroidisse, ou que l'eau du verre se réchauffe et que le glaçon se refroidisse. Il ne s'opposait pas à ce que la chaleur passe spontanément d'un corps froid à un corps chaud. Toutefois, quelque chose empêchait que le phénomène se produise. Clausius découvrit cette entité et la nomma entropie. Elle était au cœur des raisons qui font que certains processus se produisent dans la nature et d'autres non.

Lorsqu'une tasse de café chaud se refroidit, l'air environnant se réchauffe tandis que l'énergie se dissipe et se perd irrémédiablement, assurant ainsi que le processus inverse ne peut se produire. Si la conservation de l'énergie était la manière dont la nature équilibre son bilan dans toute transaction physique *possible*, la nature exigerait alors un prix pour toute transaction qui se produirait *effectivement*. D'après Clausius, l'entropie était le prix à payer pour qu'il se produise quelque chose ou non. Dans tout système isolé, seuls étaient autorisés les processus ou transactions dans lesquels l'entropie soit restait la même, soit augmentait. Tout processus conduisant à une diminution de l'entropie était strictement interdit.

Clausius définit l'entropie comme la quantité de chaleur qui entre dans un corps ou un système ou qui en sort, divisée par la température à laquelle se produit le processus. Si un corps chauffé à 500 degrés perd 1000 unités d'énergie au profit d'un corps plus froid, alors son entropie a diminué de $-1000/500 = -2$. Le corps froid à 250 degrés a gagné 1000 unités d'énergie et son entropie a augmenté de $+1000/250 = 4$. L'entropie générale du système – les corps chaud et froid combinés – a augmenté de 2 unités d'énergie par degré. Tous les processus réels sont irréversibles parce qu'ils entraînent un accroissement de l'entropie. C'est la manière dont la nature s'arrange pour que la chaleur ne passe pas spontanément d'un objet froid à un objet chaud. Seuls des processus idéaux dans lesquels l'entropie reste inchangée sont réversibles. Toutefois, ils ne se produisent jamais dans la pratique, mais seulement dans l'imagination des physiciens. L'entropie de l'Univers tend vers un maximum.

Avec l'énergie, Planck finit par considérer l'entropie comme « la propriété la plus importante des systèmes physiques [26] ». Une fois rentré à Munich après son année à Berlin, il consacra sa thèse de doctorat à l'exploration du concept d'irréversibilité. Elle deviendrait, espérait-il, sa carte de visite. À sa grande consternation, il « ne trouva aucun intérêt, sans parler d'approbation, même chez les physiciens qui s'occupaient précisément de ce sujet [27] ». Helmholtz ne lut pas sa thèse ; Kirchhoff la lut, mais exprima son désaccord. Clausius, qui avait eu tant d'influence sur Planck, ne répondit même pas à sa lettre. « L'effet de ma thèse sur les physiciens de cette époque fut égal à zéro », se rappela Planck non sans amertume près de soixante-dix ans plus tard. Mais, poussé par une « impulsion intérieure », il ne se découragea pas [28]. La thermodynamique et surtout son deuxième principe commencèrent alors à dominer la pensée scientifique de Planck quand il commença sa carrière universitaire [29].

Les universités allemandes étaient des institutions d'État. Les professeurs « extraordinaires » (maîtres-assistants) et « ordinaires » (professeurs titulaires) étaient des fonctionnaires nommés et employés par le ministère de l'Instruction publique. En 1880, Planck fut nommé *Privatdozent* (chargé de cours non rémunéré) à l'université de Munich. N'étant employé ni par l'État ni par l'université, il avait simplement acquis le droit d'enseigner en échange de frais de scolarité versés par les étudiants qui assistaient à ses cours. Cinq années durant, il attendit en vain une nomination à un poste de professeur extraordinaire. En tant que théoricien qui ne se souciait pas de mener des recherches expérimentales, Planck savait que ses chances d'avancement étaient minces. La physique théorique n'était pas encore fermement établie comme discipline distincte. Même en 1900, il n'y avait en Allemagne que seize professeurs de physique théorique.

Si sa carrière devait progresser, Planck savait qu'il lui fallait, « d'une manière ou d'une autre, se faire une réputation dans le domaine de la science [30] ». La chance lui sourit lorsque l'université de Göttingen annonça que le sujet de son prestigieux concours d'essais était « La nature de l'énergie ». Or, avant même qu'il ait terminé son mémoire, en mai 1885, « un message de délivrance [31] » arriva. On lui offrait un poste de professeur extraordinaire à l'université de Kiel, sa ville natale. Il soupçonna que c'était l'amitié de son père avec le directeur du département de physique qui avait conduit à cette proposition. Il l'accepta néanmoins et mit la dernière main à son essai pour le concours de Göttingen peu après son arrivée dans sa ville natale.

Alors même que trois mémoires seulement avaient été soumis, deux stupéfiantes années s'écoulèrent avant qu'on annonce qu'il n'y aurait pas de vainqueur. Planck fut classé deuxième, les juges refusant de lui décerner le premier prix à cause du soutien qu'il avait apporté à Helmholtz dans une polémique scientifique avec un membre du corps enseignant de Göttingen. L'incident attira l'attention de Helmholtz sur Planck et ses travaux. Au bout d'un peu plus de trois ans à Kiel, en novembre 1888, Planck se vit offrir un honneur inattendu. Il n'était pas le premier ni même le deuxième choix, mais après que d'autres eurent décliné le poste, c'est à Planck, soutenu par Helmholtz, qu'on demanda de succéder à Gustav Kirchhoff à l'université de Berlin comme professeur de physique théorique.

Au printemps 1889, la capitale n'était pas la ville que Planck avait quittée onze ans plus tôt. La puanteur qui choquait constamment les visiteurs avait disparu lorsqu'un nouveau système de canalisations avait remplacé les anciens égouts à ciel ouvert et, la nuit, les principales artères étaient éclairées par de modernes lampes électriques. Helmholtz n'était plus directeur de l'institut de physique de l'université : il avait la charge du PTR, majestueux établissement de recherche flambant neuf, à cinq kilomètres de là. August Kundt, le successeur d'Helmholtz, n'avait joué aucun rôle dans la nomination de Planck, mais l'accueillit comme « une excellente acquisition » et « un homme splendide [32] ».

En 1894, Helmholtz, âgé de soixante-treize ans, et Kundt, qui n'avait que cinquante-cinq ans, décédèrent à quelques mois d'intervalle. Planck, deux ans seulement après avoir été promu au grade de professeur titulaire, se retrouva, à trente-six ans, premier physicien de la meilleure université d'Allemagne. Il n'eut d'autre choix que d'assumer le poids de responsabilités supplémentaires, notamment celle de conseiller en physique théorique pour les *Annalen der Physik*. Grâce à cette fonction, il jouissait d'une influence considérable qui lui donnait effectivement un droit de veto sur tous les articles théoriques soumis à la plus importante des revues de physique allemandes. Sous la pression de sa nouvelle position élevée et d'un sentiment de vide profond après le décès de ses deux collègues, Planck chercha la consolation dans son travail.

En tant que membre éminent de la petite communauté des physiciens de Berlin, il était parfaitement au courant du programme de recherche sur le corps noir du PTR, impulsé par l'industrie. Bien que la thermodynamique soit essentielle à une analyse théorique de la lumière et de la chaleur rayonnées par un corps noir, le manque de données expérimentales fiables empêchait Planck d'essayer de dériver la forme exacte de l'équation inconnue de Kirchhoff. Puis une percée effectuée par un vieil ami en fonction au PTR fit que Planck ne put ignorer plus longtemps le problème du corps noir.

En février 1893, Wilhelm Wien, alors âgé de vingt-neuf ans, découvrit une relation mathématique simple qui décrivait l'effet d'un changement de température sur la répartition du rayonnement du corps noir [33]. Wien trouva que, à mesure qu'augmente la température d'un corps noir, la longueur d'onde à laquelle l'intensité du rayonnement est la plus forte devient de plus en plus courte [34]. On savait déjà que l'augmentation de la température entraînerait un accroissement de la quantité totale d'énergie rayonnée, mais la « loi du déplacement » de Wien révéla quelque chose de très précis : la longueur d'onde à laquelle la quantité maximale de rayonnement est émise multipliée par la température du corps noir est toujours une constante. Si la température double, alors la longueur d'onde « de pointe » sera la moitié de la longueur d'onde précédente.

La découverte de Wien signifiait que, une fois qu'on avait calculé la constante numérique en mesurant la longueur d'onde de pointe – celle qui correspond au rayonnement maximal pour une certaine température –, on pouvait calculer cette longueur d'onde de pointe pour toute température [35]. Ce qui expliquait aussi les couleurs changeantes du tisonnier porté « au rouge ». Au début, à des températures relativement basses, le tisonnier émet principalement des radiations de grande longueur d'onde

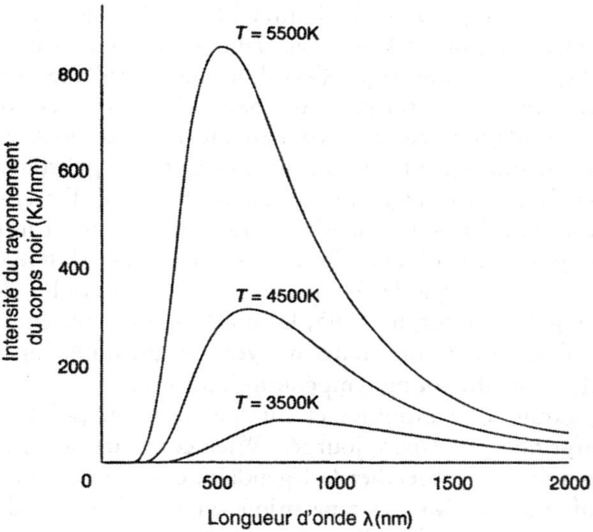

Figure 2 : Répartition du rayonnement d'un corps noir montrant la loi du déplacement de Wien.

dans la partie infrarouge du spectre. À mesure que la température s'élève, il y a plus d'énergie rayonnée dans chaque région du spectre et la longueur d'onde de pointe diminue. Elle est « déplacée » vers les longueurs d'onde plus courtes. Il en résulte que la couleur de la lumière émise passe du rouge à l'orange, puis au jaune et enfin au blanc bleuâtre à mesure qu'augmente la quantité de rayonnement émise par l'extrémité ultraviolette du spectre.

Wien devint bientôt membre de cette espèce menacée de physiciens qui sont à la fois théoriciens accomplis et habiles expérimentateurs. Il avait découvert la loi du déplacement pendant son temps libre et fut forcé de la publier sous la forme d'une « communication privée » sans l'imprimatur officiel du PTR. À l'époque, il travaillait comme assistant au laboratoire d'optique du PTR, sous la direction d'Otto Lummer. Cette affectation lui fournit les bases pratiques nécessaires à une exploration expérimentale du rayonnement du corps noir.

Leur première tâche fut de construire un photomètre amélioré, un instrument capable de comparer l'intensité de la lumière – la quantité d'énergie dans une gamme de longueurs d'onde donnée – émise par différentes sources telles que les lampes à gaz et les ampoules électriques. En automne 1895, Lummer et Wien avaient élaboré un corps noir creux, nouveau et amélioré, capable d'être chauffé à une température uniforme.

Tandis que Lummer et lui mettaient au point leur corps noir pendant la journée, Wien continuait de passer ses soirées à rechercher la légendaire équation de Kirchhoff qui décrivait la répartition du rayonnement d'un corps noir. En 1896, Wien trouva une formule. Friedrich Paschen, de l'université de Hanovre, confirma rapidement qu'elle s'accordait avec les données qu'il avait recueillies sur la répartition de l'énergie dans les courtes longueurs d'onde du rayonnement du corps noir.

En juin 1896, le mois même où la « loi de répartition » fut publiée, Wien quitta le PTR pour un poste de professeur extraordinaire à la Technische Hochschule d'Aix-la-Chapelle. Il recevrait le prix Nobel de physique en 1911 pour ses travaux sur le rayonnement du corps noir, mais il confia à Lummer la tâche de soumettre sa loi de répartition à un test rigoureux. Ce qui exigeait toutefois des mesures couvrant une gamme de radiations bien plus étendue et des températures bien plus élevées qu'auparavant. Il fallut à Lummer et ses collaborateurs, Ferdinand Kurlbaum et Ernst Pringsheim, deux longues années de raffinements et de modifications avant d'obtenir en 1898 un corps noir parfait, électriquement chauffé. Capable d'atteindre des températures de 1 500 °C, il fut le couronnement de plus d'une décennie de travail minutieux au PTR.

En représentant l'intensité du rayonnement sur l'axe vertical d'un graphique et sa longueur d'onde sur l'axe horizontal, Lummer et Pringsheim trouvèrent que l'intensité croissait avec la longueur d'onde jusqu'à ce qu'elle atteigne un pic et commence à retomber. La courbe de la répartition de l'énergie spectrale pour le rayonnement du corps noir était presque en forme de cloche et ressemblait à l'aileron dorsal d'un requin. Plus la température était haute, plus la forme de la courbe était prononcée, à mesure qu'augmentait l'intensité du rayonnement émis. Des relevés et des courbes établis en chauffant le corps noir à différentes températures montrèrent que la longueur d'onde de pointe – celle qui rayonnait avec un maximum d'intensité – se déplaçait vers l'extrémité ultraviolette du spectre à mesure que la température augmentait.

Lummer et Pringsheim présentèrent leurs résultats lors d'une réunion de la Société de physique allemande tenue à Berlin le 3 février 1899 [36]. Lummer informa l'assemblée des physiciens, parmi lesquels se trouvait Planck, que leurs résultats confirmaient la loi du déplacement de Wien. Toutefois, la situation était moins claire pour la loi de répartition. Bien que les données expérimentales correspondent *grosso modo* aux prédictions théoriques de Wien, il y avait certains écarts dans la région infrarouge du spectre [37]. Ils étaient vraisemblablement dus à des erreurs expérimentales, mais le problème, affirmaient Lummer et Pringsheim, ne pourrait être résolu avant que « d'autres expériences étalées sur une gamme plus étendue de longueurs d'onde et sur un plus grand intervalle de températures aient pu être mises au point [38] ».

Trois mois plus tard, Friedrich Paschen annonça que ses propres mesures, bien qu'effectuées à des températures plus basses que celles de Lummer et Pringsheim, étaient en harmonie complète avec les prédictions de la loi de répartition de Wien. Planck poussa un soupir de soulagement et lut l'article de Paschen en public lors d'une séance de l'Académie des sciences prussienne. Pareille loi exerçait sur lui une puissante attraction. Pour Planck, la quête théorique de la loi de répartition de l'énergie spectrale du rayonnement du corps noir n'était rien de moins que la recherche de l'absolu, et « puisque j'avais depuis toujours considéré la recherche de l'absolu comme le but le plus élevé de toute l'activité scientifique, je me suis mis impatiemment au travail[39] ».

En 1896, peu après que Wien eut publié sa loi de répartition, Planck se mit en devoir d'essayer de la placer sur une base solide comme le roc en la faisant dériver de principes premiers. Trois ans plus tard, en mai 1899, il crut avoir réussi en utilisant la puissance et l'autorité du deuxième principe de la thermodynamique. D'autres collègues manifestèrent leur approbation et commencèrent à appeler la loi de Wien « loi de Wien-Planck » en dépit des revendications des expérimentateurs. Planck conserva suffisamment d'assurance pour affirmer que « les limites de validité de cette loi, à supposer qu'il y en ait, coïncident avec celles du deuxième principe fondamental de la thermodynamique[40] ». Il souligna l'urgence d'une nouvelle vérification de la loi de répartition, puisque ce serait pour lui un examen simultané du deuxième principe. Son souhait fut exaucé.

Au début du mois de novembre 1899, après avoir passé neuf mois à étendre le champ de leurs mesures tout en éliminant des sources possibles d'erreurs expérimentales, Lummer et Pringsheim signalèrent qu'ils avaient néanmoins trouvé des « écarts de nature systématique entre la théorie et l'expérience [41] ». Bien que la loi de Wien soit parfaitement conforme aux résultats pour les courtes longueurs d'onde, elle surestimait constamment l'intensité du rayonnement aux grandes longueurs d'onde. Quelques semaines plus tard, cependant, Paschen contredit Lummer et Pringsheim. Il présenta un nouvel ensemble de données et affirma que la loi de répartition « semble être une loi naturelle rigoureusement valide [42] ».

Comme la plupart des experts de premier plan résidaient et travaillaient à Berlin, les réunions de la Société de physique allemande qui se tenaient dans la capitale devinrent le principal forum pour les discussions concernant le rayonnement du corps noir et le statut de la loi de Wien. Ce fut le sujet qui, une fois de plus, domina les débats de la Société lors de sa séance bi-hebdomadaire du 2 février 1900, lorsque Lummer et Pringsheim révélèrent leurs toutes dernières mesures. Ils avaient trouvé des écarts entre leurs mesures et les prédictions de la loi de Wien dans l'infrarouge qui ne pouvaient pas résulter d'erreurs expérimentales.

Ce dysfonctionnement de la loi de Wien conduisit à une bousculade pour lui trouver une remplaçante. Mais ces tentatives improvisées se révélèrent peu satisfaisantes, et d'aucuns demandèrent à ce que les tests se poursuivent pour des longueurs d'onde encore plus grandes, afin d'établir sans équivoque l'ampleur de toute carence éventuelle de la loi de Wien. Après tout, elle correspondait bien aux données disponibles couvrant les longueurs d'onde plus courtes et toutes les autres expériences, hormis celles de Lummer-Pringsheim, avaient tranché en sa faveur.

Comme Planck n'en était que trop conscient, toute théorie est à la merci de données expérimentales brutes, mais il croyait fermement qu'« un conflit entre l'observation et la théorie ne peut se confirmer comme valide sans aucun doute possible que si les résultats de différents observateurs concordent substantiellement entre eux [43] ». Le désaccord entre les expérimentateurs obligea néanmoins Planck à reconsidérer la justesse de ses idées. Fin septembre 1900, alors qu'il continuait de revoir sa dérivation, l'échec de la loi de Wien dans l'infrarouge profond fut confirmé.

La question fut finalement tranchée par Heinrich Rubens, un ami intime de Planck, et par Ferdinand Kurlbaum. Attaché à la Technische Hochschule de la Berlinerstrasse, où, à trente-cinq ans, il venait d'être promu à un poste de professeur titulaire, Rubens passait le plus clair de son temps comme collaborateur invité au PTR tout proche. C'est là qu'il construisit avec Kurlbaum un corps noir permettant des mesures dans le territoire mal connu au profond de la région infrarouge du spectre. Pendant l'été, ils testèrent la loi de Wien pour des longueurs d'onde entre 0,03 et 0,06 mm, et à des températures variant entre 200 et 1 500 °C. Dans ces grandes longueurs d'onde, ils découvrirent que la différence entre la théorie et l'observation était si marquée qu'elle ne pouvait signifier qu'une seule chose : un dysfonctionnement de la loi de Wien.

Rubens et Kurlbaum voulaient annoncer leurs résultats dans un article envoyé à la Société de physique allemande. La prochaine réunion étant fixée au vendredi 5 octobre, ils n'avaient pas assez de temps pour rédiger un article. Ils attendraient donc la réunion suivante, deux semaines plus tard. Entre-temps, Rubens savait que Planck serait impatient de connaître les tout derniers résultats.

C'est dans le faubourg cossu de Grünewald, au milieu des élégantes villas des banquiers, des avocats et autres professeurs d'université, que Planck vécut cinquante ans dans une grande demeure avec un immense jardin.

Le dimanche 7 octobre, les Rubens vinrent déjeuner. Inévitablement, la conversation entre les deux amis ne tarda pas à tourner autour de la physique et du problème du corps noir. Rubens expliqua que ses toutes dernières mesures ne laissaient plus de place au doute : la loi de Wien échouait aux grandes longueurs d'onde et aux températures élevées. Ces mesures révélaient qu'à de telles longueurs d'onde l'intensité du rayonnement du corps noir était proportionnelle à la température.

Ce soir-là, quand les Rubens furent partis, Planck décida d'essayer de trouver la formule qui reproduirait intégralement le spectre énergétique du rayonnement du corps noir. Il disposait de trois informations cruciales pour l'aider à y parvenir. *Primo*, la loi de Wien rendait compte de l'intensité du rayonnement pour les courtes longueurs d'onde. *Secundo*, elle échouait dans l'infrarouge, où Rubens et Kurlbaum avaient découvert que l'intensité était proportionnelle à la température. *Tertio*, la loi du déplacement de Wien était correcte. Pour construire sa formule, il fallait que Planck trouve un moyen d'assembler ces trois pièces du puzzle du corps noir. Ses années d'expérience chèrement acquise furent rapidement mises en pratique lorsqu'il commença à manipuler les divers symboles mathématiques des équations disponibles.

Après quelques tentatives manquées, et grâce à une combinaison de conjecture inspirée et d'intuition scientifique, Planck trouva une formule. Elle avait l'air prometteuse. Mais était-ce bien l'insaisissable équation de Kirchhoff ? Était-elle valide à n'importe quelle température donnée pour tout le spectre ? Planck rédigea en hâte une note adressée à Rubens et sortit au milieu de la nuit pour la poster. Deux jours s'écoulèrent, puis Rubens se présenta chez Planck avec la réponse. Il avait vérifié la nouvelle formule de Planck par rapport aux données et avait trouvé une concordance presque parfaite.

Le vendredi 19 octobre, lors de la réunion de la Société de physique allemande, Rubens et Planck étaient dans l'auditoire lorsque Ferdinand Kurlbaum annonça formellement que les mesures effectuées par Rubens et lui-même prouvaient de façon concluante que la loi de Wien n'était valide que pour les courtes longueurs d'onde et échouait dans les grandes longueurs d'onde de l'infrarouge. Quand Kurlbaum se fut assis, Planck se leva pour émettre un bref « commentaire » intitulé « Amélioration de l'équation de Wien pour le spectre ». Planck commença par avouer qu'il avait cru que « la loi de Wien devait nécessairement être vraie[44] » et qu'il s'était exprimé en ce sens lors d'une réunion antérieure de la Société. Au fil de son intervention, il fut vite évident que Planck ne se contentait pas de proposer « une amélioration », un ajustement mineur pratiqué sur la loi de Wien pour la rendre compatible avec les données récentes, mais une loi de son cru, totalement nouvelle.

Après avoir parlé moins de dix minutes, Planck écrivit au tableau noir l'équation qu'il avait trouvée pour le spectre du corps noir. En se retournant pour regarder les visages familiers de ses collègues, il leur dit que cette équation « pour autant que je puisse en juger actuellement, concorde avec les données observationnelles publiées jusqu'ici[45] ». Lorsqu'il se rassit, Planck eut droit à de petits hochements de tête approbateurs. Cette réaction prudente était compréhensible. Après tout, ce que Planck venait d'avancer était encore une de ces formules *ad hoc* concoctées pour expliquer les résultats expérimentaux. D'autres avaient déjà proposé des équations de leur cru dans l'espoir de combler le vide au cas où l'incapacité annoncée de la loi de Wien dans les grandes longueurs d'onde venait à se confirmer.

Le lendemain, Rubens rendit une nouvelle visite à Planck pour le rassurer. « Il est venu me dire qu'après la fin de la réunion il avait, le soir même, vérifié ma formule par rapport aux résultats de ses mesures, se souvint Planck, et avait trouvé une concordance satisfaisante en tous points[46]. » Moins d'une semaine plus tard, Rubens et Kurlbaum annoncèrent qu'ils avaient comparé leurs mesures avec les prédictions de cinq formules différentes et avaient trouvé que celle de Planck était beaucoup plus précise que toutes les autres. Paschen confirma lui aussi que l'équation de Planck concordait avec ses données. Or, malgré cette rapide confirmation de la supériorité de sa formule par les expérimentateurs, Planck était troublé.

Il avait sa formule, mais que signifiait-elle ? Quelle était la physique sous-jacente ? Faute de réponse, Planck savait qu'elle ne serait, au mieux, « qu'une amélioration » de la loi de Wien et aurait « simplement le statut d'une loi découverte par une heureuse intuition » et qui ne posséderait guère plus qu'« une signification formelle[47] ». « Pour cette raison, dit-il plus tard, dès le tout premier jour où j'ai formulé cette loi, j'ai commencé à me consacrer à la tâche de l'investir d'une véritable signification physique[48]. » Il ne pouvait y arriver qu'en dérivant sa nouvelle équation étape par étape en utilisant les principes de la physique. Planck connaissait sa destination, mais il lui fallait trouver les moyens d'y parvenir. Il avait un guide d'un prix inestimable – l'équation elle-même. Mais quel prix était-il disposé à payer pour pareille expédition ?

Les six semaines de travail qui suivirent furent, se souvint Planck, « les plus éprouvantes de ma vie ». Après quoi, « l'obscurité se dissipa et une perspective inattendue commença à se révéler [49] ». Le 13 novembre, il écrivit à Wien : « Ma nouvelle formule est bien assurée ; maintenant, je lui ai aussi trouvé une théorie, que je présenterai dans quatre semaines ici [à Berlin] à la Société de physique [50]. » Planck ne souffla mot à Wien ni des intenses efforts intellectuels qui l'avaient conduit à sa théorie, ni de la théorie elle-même. Au fil de ces longues semaines, il s'était acharné à réconcilier son équation avec les deux grandes théories de la physique du XIXe siècle : la thermodynamique et l'électromagnétisme. Mais il n'y arriva pas.

« Il fallait donc, avouait-il, trouver une interprétation théorique à n'importe quel prix, si élevé soit-il [51]. » Il était « prêt à sacrifier jusqu'à la dernière toutes [ses] convictions antérieures quant aux lois de la physique [52] ». Peu lui importait maintenant le coût, du moment qu'il puisse « produire un résultat positif [53] ». Pour un homme aussi avare de ses émotions que Planck, qui ne s'exprimait vraiment en toute liberté qu'au piano, c'était un langage explosif. Poussé à bout dans sa lutte pour comprendre sa nouvelle formule, Planck fut acculé à « un geste désespéré » qui le conduisit au quantum [54].

À mesure que les parois d'un corps noir sont chauffées, elles émettent des radiations infrarouges, visibles et ultraviolettes dans le cœur de la cavité. Dans sa recherche d'une dérivation théoriquement cohérente de sa loi, Planck fut obligé de trouver un modèle physique qui reproduise la répartition de l'énergie spectrale du rayonnement du corps noir. Il avait déjà une idée en tête. Peu importait que son modèle ne réussisse pas à saisir ce qui se passait réellement à l'intérieur des parois de la cavité ; tout ce dont Planck avait besoin, c'était un moyen d'obtenir un mélange correct de toutes les fréquences

– et donc des longueurs d'onde – du rayonnement présent à l'intérieur de la cavité. Il tira partie du fait que cette répartition ne dépend que de la température du corps noir et non du matériau qui le constitue pour imaginer le modèle le plus simple possible.

« En dépit du grand succès dont jouit jusqu'ici la théorie atomique, écrivit Planck en 1882, elle finira par être abandonnée en faveur de l'hypothèse de la matière continue[55]. » Dix-huit ans plus tard, en l'absence d'une preuve irréfutable de leur existence, Planck ne croyait toujours pas aux atomes. D'après la théorie de l'électromagnétisme, Planck savait qu'une charge électrique oscillant à une certaine fréquence émet et absorbe un rayonnement exclusivement de cette fréquence. Il choisit donc de représenter les parois du corps noir comme une gigantesque matrice d'oscillateurs. Bien que chaque oscillateur n'émette qu'une seule fréquence, ils émettent collectivement la gamme entière des fréquences qui se rencontrent à l'intérieur de la cavité du corps noir.

Un pendule est un oscillateur et sa fréquence est le nombre de balancements par seconde, une oscillation étant un aller et retour complet qui ramène le pendule à son point de départ. Un poids suspendu à un ressort est aussi un oscillateur. Sa fréquence est le nombre de fois que le poids monte et descend par seconde après avoir été délogé de sa position de repos et libéré. La physique de ces oscillations était déjà comprise depuis longtemps et avait reçu le nom de « mouvement harmonique simple » lorsque Planck utilisa des « oscillateurs » dans son modèle théorique.

Planck envisagea sa collection d'oscillateurs comme des ressorts de masse nulle, de rigidité variable pour reproduire les différentes fréquences, chacun pourvu d'une charge électrique attachée à son extrémité. Chauffer les parois d'un corps noir fournissait l'énergie nécessaire pour mettre les oscillateurs en mouvement. Le fait qu'un oscillateur soit actif ou non dépendait uniquement de la température. S'il l'était, alors il émettrait un rayonnement dans la cavité et absorberait le rayonnement émis par elle. Avec le temps, si la température est maintenue constante, cet échange dynamique d'énergie rayonnante entre les oscillateurs et le rayonnement à l'intérieur de la cavité se stabilise et on obtient un état d'équilibre thermique.

Puisque la répartition spectrale de l'énergie du rayonnement d'un corps noir témoigne de la manière dont l'énergie totale est partagée entre les différentes fréquences, Planck supposa que c'était le nombre d'oscillateurs pour chaque fréquence donnée qui déterminait la répartition. Après avoir mis sur pied son modèle hypothétique, il lui fallait inventer un moyen de ventiler l'énergie disponible entre les oscillateurs. Dans les semaines qui suivirent la présentation de sa formule, Planck découvrit à ses dépens qu'il ne pouvait la dériver en utilisant la physique qu'il acceptait depuis longtemps comme dogme. Dans son désespoir, il se tourna vers les idées d'un physicien autrichien, Ludwig Boltzmann, qui était le plus éminent défenseur de l'atome. Sur le chemin menant à sa formule du corps noir, Planck se convertit en acceptant que les atomes soient plus qu'une fiction commode, après avoir été pendant des années ouvertement « hostile à la théorie atomique [56] ».

Fils d'un percepteur, Ludwig Boltzmann était petit et gros et arborait une impressionnante barbe très XIXe siècle. Né à Vienne le 20 février 1844, il prit un temps des leçons de piano auprès du compositeur Anton Bruckner. Meilleur physicien que pianiste, Boltzmann obtint son doctorat de l'université de Vienne en 1866. Il se fit rapidement une réputation avec des contributions fondamentales à la théorie cinétique des gaz, ainsi dénommée parce que ses adeptes pensaient que les gaz étaient constitués d'atomes ou de molécules en état de mouvement continuel. Plus tard, en 1884, Boltzmann fournit la justification théorique à la découverte par son ancien maître, Josef Stefan, que l'énergie totale rayonnée par un corps noir est proportionnelle à la puissance quatrième de la température, T^4 ou $T \times T \times T \times T$. Ce qui signifiait que doubler la température d'un corps noir augmentait d'un facteur 16 la quantité d'énergie qu'il rayonnait.

Boltzmann était un enseignant réputé et, bien que théoricien, c'était un expérimentateur très compétent malgré sa forte myopie. Chaque fois qu'un poste était vacant dans une des grandes universités européennes, son nom figurait habituellement sur la liste des candidats potentiels. Ce ne fut qu'après qu'il eut refusé la chaire de professeur laissée vacante à l'université de Berlin par la mort de Gustav Kirchhoff qu'une version moins prestigieuse en fut proposée à Planck. En 1900, un Ludwig Boltzmann rompu aux déplacements se trouvait à l'université de Leipzig, universellement reconnu comme l'un des grands théoriciens. Or nombreux étaient ceux qui, comme Planck, trouvaient sa conception de la thermodynamique inacceptable.

Boltzmann pensait que les propriétés des gaz, telles que la pression, étaient les manifestations macroscopiques de phénomènes microscopiques régis par les lois de la mécanique et des probabilités. Pour ceux qui croyaient aux atomes, la physique classique de Newton gouvernait les mouvements de chaque molécule de gaz, mais utiliser les lois newtoniennes du mouvement pour déterminer celui de chacune des innombrables molécules d'un gaz était à toutes fins pratiques impossible. Ce fut le physicien écossais James Clerk Maxwell qui, à vingt-huit ans, en 1860, réussit à saisir le mouvement des molécules gazeuses sans mesurer la vélocité d'une seule d'entre elles. À l'aide des statistiques et des probabilités, Maxwell calcula la répartition la plus probable des vélocités pendant que les molécules gazeuses subissaient d'incessantes collisions les unes avec les autres et avec les parois d'un récipient. L'introduction des statistiques et des probabilités était une audacieuse innovation ; elle permit à Maxwell d'expliquer nombre des propriétés observées des gaz. De treize ans son cadet, Boltzmann suivit les traces de Maxwell pour contribuer à consolider la théorie cinétique des gaz. Dans les années 1870, il fit un pas de plus et développa une interprétation statistique du deuxième principe de la thermodynamique en associant l'entropie au désordre.

D'après ce qu'on appellerait plus tard le principe de Boltzmann, l'entropie mesure la probabilité de trouver un système dans un état particulier. Un jeu où les cartes ont été bien battues, par exemple, est un système désordonné avec une entropie élevée. En revanche, un jeu de cartes tout neuf, où les cartes sont classées par couleur et par valeur croissante, est un système fortement ordonné et de faible entropie. Pour Boltzmann, le deuxième principe de la thermodynamique concerne l'évolution d'un système à faible probabilité, donc à faible entropie, vers un état de probabilité et d'entropie plus élevées. Le deuxième principe n'est pas une loi absolue. Il est possible qu'un système passe d'un état désordonné à un état plus ordonné, tout comme un jeu dont les cartes ont été battues peut, si on les bat à nouveau, devenir ordonné. Les chances que cela se produise sont si infinitésimales qu'il faudrait que s'écoule plusieurs fois l'âge de l'Univers pour que l'opération réussisse.

Planck croyait que le deuxième principe de la thermodynamique était absolu – l'entropie augmente toujours. Dans l'interprétation statistique de Boltzmann, l'entropie augmente *presque* toujours. Pour Planck, il y avait un monde de différence entre ces deux conceptions. Se tourner vers Boltzmann, c'était pour lui renoncer à tout ce qu'il avait chéri en tant que physicien, mais il n'avait pas le choix dans sa quête d'une dérivation de la formule du corps noir. « Jusqu'alors, je n'avais pas prêté attention à la relation entre entropie et probabilités, qui ne m'intéressait guère, puisque toutes les lois des probabilités autorisent des exceptions ; et à l'époque je supposais que le deuxième principe de la thermodynamique était valide sans exceptions[57]. »

Un état d'entropie maximale, de désordre maximal, est pour un système l'état le plus probable. Pour un corps noir, cet état est l'équilibre thermique – exactement la situation que Planck affronta lorsqu'il essaya de trouver la répartition énergétique la plus probable parmi ses oscillateurs. S'il y a mille oscillateurs en tout et que dix ont la fréquence v, ce sont ces oscillateurs qui déterminent l'intensité du rayonnement émis à cette fréquence. Alors que la fréquence de n'importe lequel des oscillateurs électriques de Planck est fixe, la quantité d'énergie qu'il émet et absorbe dépend uniquement de son amplitude, de l'ampleur de son oscillation. Un pendule qui exécute cinq allers-retours en cinq secondes a une fréquence d'une oscillation par seconde. Toutefois, s'il oscille sur un arc important, le pendule a plus d'énergie que s'il décrit un arc plus petit. La fréquence demeure inchangée parce que c'est la longueur du pendule qui la fixe, mais l'énergie supplémentaire lui permet de battre plus vite sur un arc plus large. Le pendule effectue donc le même nombre d'oscillations dans le même temps qu'un pendule identique oscillant sur un arc plus étroit.

En appliquant les techniques de Boltzmann, Planck découvrit qu'il pouvait dériver sa formule pour la répartition du rayonnement du corps noir uniquement si les oscillateurs absorbaient et émettaient des paquets d'énergie qui soient proportionnels à leur fréquence d'oscillation. Le « point le plus essentiel de tout le calcul », disait Planck, est de considérer l'énergie à chaque fréquence comme étant composée d'un nombre d'« éléments d'énergie » égaux et indivisibles qu'il appela plus tard quanta[58].

Guidé par sa formule, Planck avait été forcé de débiter l'énergie E en tranches hν, où ν (la lettre grecque *nu*) est la fréquence de l'oscillateur et h une constante. $E = h\nu$ deviendrait l'une des équations les plus célèbres de toute la science. Si, par exemple, la fréquence était 20 et que h soit 2, alors chaque quantum d'énergie aurait une valeur de 20 × 2 = 40. Si l'énergie totale disponible à cette fréquence était 3 600, alors il y aurait 3 600/40 = 90 quanta à répartir entre les dix oscillateurs de cette fréquence. Planck apprit de Boltzmann comment déterminer la répartition la plus probable de ces quanta parmi les oscillateurs.

Il trouva que ses oscillateurs ne pouvaient avoir que les énergies 0, hν, 2hν, 3hν, 4hν... et ainsi de suite, jusqu'à nhν, où n est un nombre entier. Ce qui correspondait à soit absorber, soit émettre un nombre entier d'« éléments d'énergie » ou « quanta » de valeur hν. C'était comme un caissier de banque qui ne pouvait recevoir et donner de l'argent qu'en coupures de 1, 2, 5, 10, 20 et 50 livres. Puisque les oscillateurs de Planck ne peuvent avoir d'autre énergie, l'amplitude de leurs oscillations est soumise à contrainte. Les implications insolites de cette restriction sont manifestes quand on les porte à l'échelle du monde quotidien avec l'exemple du poids suspendu à un ressort.

Si ce poids oscille avec une amplitude de 1 cm, disons qu'il a une énergie de 1 (en ignorant les unités qui mesurent l'énergie). Si le poids est abaissé de 2 cm puis libéré, il oscille avec la même fréquence qu'auparavant. Son énergie, elle, qui est proportionnelle au carré de l'amplitude, est maintenant de 4. Si la restriction portant sur les oscillateurs de Planck est appliquée au poids, alors entre 1 cm et 2 cm il ne peut osciller qu'avec des amplitudes de 1,42 cm et de 1,73 cm, parce qu'elles donnent des énergies de 2 et de 3 [59]. Il ne peut, par exemple, osciller avec une amplitude de 1,5 cm, parce que l'énergie associée serait 2,25. Un quantum d'énergie est indivisible. Un oscillateur ne peut pas recevoir une fraction d'un quantum d'énergie ; ce doit être tout ou rien. Ce qui allait à l'encontre de la physique de l'époque. Elle ne plaçait aucune restriction sur l'ampleur de l'oscillation et donc sur la quantité d'énergie qu'un oscillateur peut émettre ou absorber en une seule transaction – ce pouvait être n'importe quelle quantité.

Dans son désespoir, Planck avait découvert quelque chose de si remarquable et de si inattendu qu'il n'en comprit pas la signification. Ses oscillateurs ne peuvent absorber ou émettre de l'énergie sans solution de continuité, comme l'eau qui coule du robinet. Au lieu de quoi ils ne peuvent perdre et gagner de l'énergie que d'une manière discontinue, sous forme de petites unités indivisibles de $E = h\nu$, où ν est la fréquence à laquelle vibre l'oscillateur qui coïncide exactement avec la fréquence du rayonnement qu'il peut absorber ou émettre.

Si les oscillateurs à grande échelle ne se comportent visiblement pas comme ceux de Planck, qui sont à l'échelle atomique, c'est que la constante h est égale à $6{,}626 \times 10^{-34}$ J.s, soit 0,0000000000000000000000000000000006626 joules-seconde, ou encore 6,626 divisé par dix millions de milliards de milliards de milliards. D'après la formule de Planck, il ne pouvait y avoir de degré inférieur à *h* dans l'augmentation ou la diminution de l'énergie, mais la valeur infinitésimale de *h* rend les effets quantiques invisibles dans l'univers quotidien quand il s'agit de pendules, de balançoires et de poids vibrants.

Les oscillateurs de Planck le forcèrent à hacher menu l'énergie du rayonnement de façon à les alimenter avec des bouchées correctement calibrées de hν. Il ne croyait pas que l'énergie du rayonnement soit réellement fractionnée en quanta. C'était seulement la manière dont ses oscillateurs pouvaient recevoir et émettre de l'énergie. Le problème, pour Planck, était que la procédure suggérée par Boltzmann pour fractionner l'énergie exigeait qu'au bout du compte les tranches soient de plus en plus fines, jusqu'à ce que, mathématiquement parlant, leur épaisseur soit nulle et que les tranches disparaissent tandis que l'ensemble se reconstituait. Malheureusement pour Planck, s'il procédait de même, sa formule disparaîtrait elle aussi. Il gardait ses quanta, mais ne s'inquiétait pas. Il avait sa formule ; il pourrait s'occuper du reste plus tard.

« Messieurs ! » dit Planck en s'adressant aux membres de la Société de physique allemande rassemblés dans la salle de l'institut de physique de l'université de Berlin. Il voyait parmi eux Rubens, Lummer et Pringsheim lorsqu'il commença son exposé « Sur la théorie de la loi de la répartition énergétique du spectre normal ». C'était juste après 17 heures, le vendredi 14 décembre 1900. « Il y a plusieurs semaines, j'eus l'honneur d'attirer votre attention sur une nouvelle équation qui me semblait convenir pour exprimer la loi de la répartition de l'énergie rayonnante sur toutes les régions du spectre normal[60]. » Il présenta alors la physique sous-jacente à cette nouvelle équation tout en la dérivant.

À la fin de la réunion, ses collègues le félicitèrent sans réserves. Comme Planck lui-même, qui considérait l'introduction du quantum, ce paquet d'énergie, comme « une supposition purement formelle » à laquelle il « n'avait pas vraiment beaucoup réfléchi », personne n'y réfléchit beaucoup ce jour-là. Ce qui comptait pour ses collègues, c'est que Planck avait réussi à fournir une justification physique à la formule qu'il avait présentée en octobre. Son idée de fractionner l'énergie en quanta pour les oscillateurs était certes bizarre, mais elle finirait par s'effacer un jour. Tous croyaient qu'elle n'était rien de plus qu'un tour de passe-passe théorique, un élégant procédé mathématique permettant d'avancer sur la voie de la solution correcte. Elle n'avait pas de vraie signification en physique. Ce qui continuait d'impressionner les collègues physiciens de Planck, c'était la précision de sa nouvelle loi du rayonnement. Personne ne porta une attention excessive au quantum, Planck y compris.

Un matin de bonne heure, Planck partit de chez lui avec son fils Erwin, sept ans. Le père et le fils allèrent se promener dans la forêt voisine de Grünewald. Cette promenade était un des passe-temps favoris de Planck, et il aimait y emmener son fils. Erwin se souvint plus tard qu'ils bavardaient, chemin faisant, et que son père lui dit : « Aujourd'hui, j'ai fait une découverte aussi importante que celle de Newton [61]. » Quand il raconta cette anecdote des années plus tard, Erwin Planck ne se rappelait plus la date exacte de cette promenade. C'était probablement un peu avant l'exposé du 14 décembre. Se pouvait-il qu'après tout Planck ait compris pleinement tout ce qu'impliquait le quantum ? Ou alors essayait-il de transmettre à son jeune fils un peu de l'importance de sa nouvelle loi du rayonnement ? Ni l'un ni l'autre. Il exprimait simplement sa joie d'avoir découvert non pas une, mais deux constantes fondamentales : *k*, qu'il appela la constante de Boltzmann, et *h*, qu'il appela le quantum d'action et que les physiciens appelleraient constante de Planck. Elles étaient fixes et éternelles, deux absolus de la nature [62].

Planck reconnut sa dette envers Boltzmann. Après avoir rendu hommage à l'Autrichien en donnant son nom à *k*, la constante qu'il avait découverte dans sa recherche menant à la formule du corps noir, Planck proposa en outre la candidature de Boltzmann pour les prix Nobel de 1905 et de 1906. Il était alors déjà trop tard. Boltzmann avait depuis longtemps des problèmes de santé – asthme, migraines, myopie et angine. Mais aucun ne fut aussi délabrant que les accès de la sévère psychose maniaco-dépressive dont il souffrait. En septembre 1906, alors qu'il était en vacances à Duino, près de Trieste, il se pendit. Il avait soixante-deux ans, et, bien que certains de ses amis aient craint le pire depuis longtemps, la nouvelle de sa mort fut un choc terrible. Boltzmann s'était senti de plus en plus isolé et méprisé. C'était faux. Il était au nombre des physiciens les plus unanimement respectés et appréciés de son époque. Mais des polémiques continuelles sur l'existence des atomes l'avaient rendu vulnérable pendant des périodes de désespoir, au point de croire qu'on était en train de saper l'œuvre de toute sa vie. Boltzmann était retourné à l'université de Vienne pour la troisième et dernière fois en 1902. On demanda à Planck de lui succéder. Planck, qui décrivit l'œuvre de Boltzmann comme « l'un des plus beaux triomphes de la recherche théorique [63] », fut tenté par la proposition viennoise, mais la déclina.

h était le scalpel qui fractionnait l'énergie en quanta, et Planck avait été le premier à le brandir. Mais ce qu'il quantifia était la manière dont ses oscillateurs imaginaires pouvaient émettre et recevoir de l'énergie. Planck ne fractionna pas l'énergie elle-même en multiples de hν. Il y a une différence entre faire une découverte et la comprendre pleinement, surtout dans une ère de transition. Bien des initiatives de Planck n'étaient qu'implicites dans sa dérivation, et même pas claires pour lui. Il ne quantifia jamais explicitement des oscillateurs individuels, comme il aurait dû le faire, mais seulement des groupes d'entre eux.

Une partie du problème était que Planck crut pouvoir se débarrasser du quantum. Ce n'est que bien plus tard qu'il comprit l'ampleur des conséquences de ce qu'il avait réalisé. Ses tendances conservatrices profondément enracinées l'incitèrent toutefois à essayer pendant presque une décennie à incorporer le quantum au cadre de la physique existante. Il savait que certains de ses collègues voyaient là quelque chose qui frôlait la tragédie. « Mais j'en garde un souvenir différent, écrivit-il. Aujourd'hui, je sais pertinemment que le quantum d'action élémentaire [*h*] a joué dans la physique un rôle bien plus significatif que je n'avais tendance à le soupçonner à l'origine[64]. »

Des années après la mort de Planck en 1947 à l'âge de quatre-vingt-neuf ans, son collègue et ancien étudiant James Franck se souvint d'avoir observé sa lutte désespérée « pour éviter la théorie des quanta, [pour voir] s'il ne pourrait pas au moins réduire son influence dans toute la mesure du possible[65] ». Pour Franck, il était clair que Planck « était un révolutionnaire malgré lui » qui « était finalement arrivé à la conclusion : "Ça ne sert à rien. Nous allons être obligés de vivre avec la théorie des quanta. Et, croyez-moi, elle se répandra."[66]. » C'était l'épitaphe qui convenait à un révolutionnaire malgré lui.

Les physiciens furent en effet obligés de « vivre avec » le quantum. Le premier à le faire ne fut pas l'un des distingués collègues de Planck, mais un jeune homme qui vivait en Suisse, à Berne. Lui seul prit conscience de la nature radicale du quantum. Ce n'était pas un physicien de profession, mais un fonctionnaire subalterne à qui Planck attribua la découverte que l'énergie elle-même est quantifiée. Il s'appelait Albert Einstein.

CHAPITRE 2

Le forçat des brevets

Berne, vendredi 17 mars 1905. Il était presque 8 heures du matin lorsque le jeune homme vêtu d'un insolite complet en tissu écossais se hâta d'aller à son travail, serrant dans sa main une enveloppe. Un passant aurait peut-être remarqué qu'Albert Einstein avait apparemment oublié qu'il portait une paire de vieilles pantoufles vertes brodées d'un motif à fleurs [1]. À la même heure, six jours par semaine, il laissait sa femme et leur bébé, Hans-Albert, dans leur petit deux pièces au milieu de la pittoresque Vieille Ville de Berne, et se rendait à pied jusqu'à un grandiose édifice en grès à dix minutes de là. Avec son célèbre clocher, le Zytloggeturm, et les longues arcades bordant les deux côtés de la chaussée pavée, la Kramgasse était l'une des plus belles rues de la capitale suisse. Perdu dans ses pensées, c'est à peine s'il en avait conscience tandis qu'il s'approchait du coin de la Speichergasse et de la Gengergasse, et du siège administratif des Postes et Téléphones fédéraux. Une fois à l'intérieur, il prit directement l'escalier. Il monta aussi vite qu'il le put au troisième étage, qui hébergeait l'Office fédéral de la propriété intellectuelle, communément appelé Office suisse des brevets. C'est là que lui-même et une douzaine d'autres experts techniques, des hommes en complets sombres plus discrets, trimaient devant leurs bureaux huit heures par jour à distinguer le presque viable du fatalement raté.

Trois jours plus tôt, Einstein avait fêté son vingt-sixième anniversaire. Il était « forçat des brevets », comme il disait, depuis presque trois ans [2]. Cet emploi avait mis fin à ce qu'il décrivait comme « l'agaçante occupation consistant à crever de faim [3] ». Le travail proprement dit lui plaisait par sa variété, la « polyvalence de pensée » qu'il encourageait et par l'atmosphère détendue du bureau. C'était un environnement qu'Einstein compara plus tard à un « monastère séculier ». Bien que le poste d'expert technique de troisième classe soit un emploi subalterne, il était bien rémunéré et lui donnait le temps de poursuivre ses propres recherches scientifiques. Malgré l'œil vigilant de son supérieur, le redoutable Herr Haller, Einstein passait tellement de temps, entre deux brevets à examiner, à faire secrètement ses propres calculs, que sa table de travail était devenue son « bureau de la physique théorique [4] ».

« C'était comme si le sol s'était dérobé sous nos pieds, sans aucune fondation visible nulle part où l'on eût pu construire [5]. » Voilà ce qu'Einstein se rappela avoir éprouvé en lisant la solution de Planck pour le problème du corps noir peu après qu'elle fut publiée. Ce qu'il envoya dans l'enveloppe au rédacteur en chef des *Annalen der Physik*, la première revue de physique du monde, ce vendredi 17 mars 1905, était encore plus radical que l'introduction initiale du quantum par Planck. Einstein savait que sa proposition d'une théorie quantique de la lumière confinait à l'hérésie.

Deux mois plus tard, à la mi-mai, Einstein écrivit à son ami Conrad Habicht, lui promettant de lui envoyer quatre articles qu'il espérait publier avant la fin de l'année. Le premier était l'article sur les quanta. Le deuxième était sa thèse de doctorat, dans laquelle il décrivait une méthode nouvelle pour déterminer les dimensions des atomes. Le troisième proposait une explication du mouvement brownien, cette danse désordonnée de minuscules particules, comme des grains de pollen, en suspension dans un liquide. « Le quatrième article, avouait Einstein, n'est à ce stade qu'une ébauche, c'est une électrodynamique des corps en mouvement qui emploie une modification de la théorie de l'espace et du temps [6]. » C'est une liste extraordinaire. Dans les annales de la science, un seul autre savant et une seule autre année soutiennent la comparaison avec Einstein et ses succès de 1905. L'Anglais Isaac Newton, en 1666, lorsqu'il posa les bases du calcul intégral, de la théorie de la gravitation et traça les grandes lignes de sa théorie de la lumière.

Dans les années qui suivraient, le nom d'Einstein deviendrait indissociable de la théorie ébauchée pour la première fois dans son quatrième article : la relativité. Elle allait certes changer la manière même dont l'humanité appréhendait la nature de l'espace et du temps, mais c'est l'extension du concept quantique de Planck à la lumière et au rayonnement qu'Einstein qualifia de « très révolutionnaire [7] », et non la relativité. Il considérait la relativité comme une simple « modification » d'idées déjà développées et assises par Newton et d'autres, alors que son concept de quanta de lumière était quelque chose de totalement neuf, entièrement de son cru, et représentait la plus importante rupture avec la physique du passé. Même pour un physicien amateur, c'était un sacrilège.

Il y avait plus d'un demi-siècle que la nature ondulatoire de la lumière était universellement acceptée. Dans « Sur un point de vue heuristique concernant la production et la transformation de la lumière », Einstein mettait en avant l'idée que la lumière n'était pas constituée d'ondes, mais de quanta, des sortes de particules. Dans sa résolution du problème du corps noir, Planck avait introduit à contrecœur l'idée que l'énergie était absorbée ou émise sous forme de paquets discrets, les quanta. Or Planck, comme tout le monde, croyait que le rayonnement électromagnétique lui-même était une onde continue, quel que soit le mécanisme par lequel il échangeait de l'énergie quand il interagissait avec la matière. Le « point de vue » révolutionnaire d'Einstein était que la lumière – et, en fait, tout le rayonnement électromagnétique – n'était absolument pas de nature ondulatoire, mais fractionnée en petits morceaux, les quanta de lumière. Pendant les deux décennies qui suivirent, personne à l'exception d'Einstein ne crut à sa théorie quantique de la lumière.

D'emblée, Einstein comprit qu'il avait mis la barre très haut, ce qu'il laissait entendre en incluant « Sur un point de vue heuristique » dans le titre de son article. « Heuristique », d'après les dictionnaires, signifie « qui sert à la découverte ». Ce qu'il proposait aux physiciens, c'était un moyen d'expliquer l'inexpliqué dans le cas de la lumière, et non une théorie complètement élaborée dérivée de principes premiers. Son article n'était qu'un jalon en direction d'une telle théorie, mais même cela se révéla excessif pour ceux peu disposés à voyager dans le sens contraire de la théorie ondulatoire de la lumière, établie depuis longtemps.

Reçus par les *Annalen der Physik* entre le 18 mars et le 30 juin, les quatre articles d'Einstein allaient transformer la physique dans les années à venir. Il est à remarquer qu'en 1905 il trouva aussi le temps et l'énergie de rédiger dans l'année vingt et un comptes rendus d'ouvrages pour la revue. Après coup, pour ainsi dire, puisqu'il n'en avait pas parlé à Habicht, il écrivit un cinquième article. Il contenait une équation que presque tout le monde finirait par connaître, $E = mc^2$. « Une tempête se déchaîna dans mon esprit [8] », ainsi décrivit-il le sursaut de créativité qui le consuma lorsqu'il produisit son époustouflante série d'articles, point culminant d'années de réflexion implacable, durant ces glorieux printemps et été 1905 à Berne.

Max Planck, le conseiller en physique théorique des *Annalen der Physik*, fut l'un des premiers à lire « Sur l'électrodynamique des corps en mouvement ». Planck fut immédiatement conquis par ce que lui-même – et non Einstein – appela plus tard la théorie de la relativité. Et, bien qu'il soit profondément en désaccord avec la théorie des quanta de lumière, il laissa publier l'article d'Einstein. Ce faisant, il avait dû se poser des questions sur l'identité de cet homme oscillant entre le sublime et le ridicule.

« *Les habitants d'Ulm sont mathématiciens* », telle était l'insolite devise médiévale de la cité sur les rives du Danube, dans l'angle sud-ouest de l'Allemagne, où naquit Albert Einstein le 14 mars 1879. Un lieu de naissance approprié pour l'homme qui allait symboliser le génie scientifique. La partie postérieure de sa tête était si large et déformée que sa mère craignit que le nouveau-né ne soit handicapé. Ensuite, il tarda si longtemps à parler que ses parents eurent peur qu'il ne reste muet. Peu après la naissance de sa sœur Maja en novembre 1881 (leurs parents n'eurent pas d'autres enfants), Albert adopta un rituel assez bizarre : répéter à mi-voix toutes les phrases qu'il voulait énoncer jusqu'à ce qu'il soit sûr de leur perfection avant de les exprimer tout haut. À sept ans, au grand soulagement de ses parents, Hermann et Pauline, il commença à parler normalement. La famille habitait alors à Munich depuis six ans. Ils s'y étaient installés afin que Hermann puisse monter une entreprise d'électricité avec son frère cadet Jakob comme associé.

En octobre 1885, alors que la dernière école privée juive de Munich avait été fermée plus de dix ans auparavant, le jeune Albert, âgé de six ans, fut envoyé à l'école la plus proche. Il n'était pas surprenant, dans le bastion du catholicisme allemand, que l'éducation religieuse soit partie intégrante du programme, mais les instituteurs dont il se souvint bien des années plus tard « étaient progressistes et ne faisaient pas de distinctions confessionnelles [9] ». Si progressistes et tolérants qu'aient pu être ses instituteurs, l'antisémitisme latent dans la société allemande n'était jamais très loin, même à l'école. Einstein n'oublia jamais la leçon d'instruction religieuse où l'enseignant apprit à la classe comment le Christ avait été cloué sur la Croix par les Juifs.

De tels incidents influençaient les jeunes esprits. « Parmi les enfants, se souvint Einstein bien des années plus tard, l'antisémitisme était vivace, surtout à l'école primaire [10]. » Ce n'est pas surprenant qu'Einstein n'ait pas eu d'amis, ou très peu, chez ses camarades de classe. « Je suis véritablement un voyageur solitaire et n'ai jamais appartenu à mon pays, ma ville, mes amis ou même à ma famille immédiate de tout mon cœur », écrivit-il en 1930. Quelle qu'ait pu être l'influence de ses expériences à l'école sur le développement de sa personnalité, Einstein se décrivait lui-même comme un *Einspänner*, une voiture attelée d'un seul cheval.

Écolier, il s'adonnait à des occupations plutôt solitaires et aimait par-dessus tout construire des châteaux de cartes de plus en plus hauts. Âgé de dix ans seulement, il avait la patience et la ténacité nécessaires pour les faire monter jusqu'à quatorze étages. Ces traits, qui étaient déjà un élément fondamental de sa personnalité, lui permettraient d'aller jusqu'au bout de ses idées scientifiques, là où d'autres que lui auraient abandonné. « Dieu m'a donné l'obstination d'un mulet, dit-il plus tard, et un flair particulièrement développé [11]. » Bien qu'on puisse ne pas partager cette opinion, il trouvait qu'il ne possédait aucun talent particulier, hormis une curiosité passionnée. Or cette qualité – que d'autres possédaient –, couplée avec son obstination, signifiait qu'il continuait à chercher la réponse à des questions presque enfantines longtemps après que ses contemporains eurent appris à cesser de les poser. Qu'est-ce qui se passerait si on chevauchait un rayon lumineux ? C'est en essayant de répondre à cette question qu'il entama le parcours qui l'amènerait, des décennies plus tard, à la théorie de la relativité.

En 1888, âgé de neuf ans, Einstein entra au Luitpold Gymnasium ; il eut plus tard des mots amers à propos de sa scolarité dans cet établissement. Alors que le jeune Max Planck s'épanouissait sous une discipline stricte, quasi militaire, axée sur l'apprentissage par cœur, Einstein se rebellait. En dépit du ressentiment qu'il éprouvait envers ses enseignants et leurs méthodes autoritaires, Einstein eut encore une fois de bons résultats scolaires, bien que le programme fût orienté vers les humanités. Il avait de très bonnes notes en latin et s'en tirait bien en grec, même après que son professeur lui eut dit « qu'on ne ferait jamais rien de lui [12] ».

L'insistance étouffante sur l'apprentissage mécanique au lycée et pendant les leçons de musique que des professeurs lui donnaient à la maison contrastait fortement avec l'influence enrichissante d'un étudiant en médecine polonais sans le sou, Max Talmud. Albert avait dix ans et Max, vingt et un lorsqu'il commença à dîner chaque jeudi chez les Einstein, qui avaient ainsi adapté la vieille tradition juive consistant à inviter un étudiant en religion pauvre à partager le déjeuner du sabbat. Talmud ne tarda pas à reconnaître un frère en esprit en la personne du garçonnet curieux de tout. Ils passeraient bientôt des heures à discuter des livres que Talmud lui avait donné à lire ou lui avait recommandés. Ils commencèrent par des ouvrages de vulgarisation scientifique qui mirent un terme à ce qu'Einstein appela son « paradis religieux de la jeunesse [13] ».

Les années passées dans une école catholique et l'instruction religieuse judaïque donnée par un proche à la maison l'avaient marqué. Einstein, à la grande surprise de ses parents laïques, avait développé ce qu'il décrivit comme « un profond sentiment religieux ». Il avait cessé de manger du porc, chantait des cantiques en allant à l'école et acceptait comme un fait établi le récit biblique de la création. Ensuite, lorsqu'il se mit à dévorer des ouvrages scientifiques l'un après l'autre, il se rendit compte que nombre de faits relatés dans la Bible ne pouvaient être vrais. Ainsi fut libérée chez lui ce qu'il appela « une libre pensée fanatique couplée avec l'impression que l'État trompe sciemment la jeunesse avec des mensonges ; c'était une impression dévastatrice [14] ». Elle sema les germes d'une méfiance envers toute forme d'autorité qu'il conserva toute sa vie. Il en vint à considérer la perte de son « paradis religieux » comme la première tentative pour se libérer des « chaînes du "strictement personnel", d'une existence dominée par des souhaits, des espoirs, et des sentiments primitifs [15] ».

En perdant la foi dans les enseignements du Livre sacré, il commença à éprouver l'émerveillement de son petit livre de géométrie tout aussi sacré. Il était encore à l'école primaire lorsque son oncle Jakob lui apprit les rudiments de l'algèbre et commença à lui proposer des problèmes à résoudre. Quand Talmud lui donna un ouvrage sur la géométrie d'Euclide, Einstein possédait déjà de solides connaissances mathématiques qu'on ne s'attend normalement pas à trouver chez un garçon de douze ans. Talmud fut surpris par la vitesse à laquelle

Einstein progressa dans sa lecture de l'ouvrage tout en démontrant les théorèmes et en résolvant les exercices. Son zèle était tel qu'il profita des grandes vacances pour maîtriser les mathématiques qui allaient être enseignées l'année scolaire suivante.

Avec un père et un oncle dans l'électricité industrielle, non seulement Einstein apprenait la science dans ses lectures, mais il était entouré par la technologie que son application pouvait produire. C'est son père qui, involontairement, avait initié Einstein aux merveilles et aux mystères de la science. Un jour que son fils était au lit avec de la fièvre, Hermann essaya de lui remonter le moral en lui montrant une boussole. Le mouvement de l'aiguille parut totalement miraculeux, si différent de tout ce que cet enfant de cinq ans avait déjà vu qu'il trembla et fut pris de sueurs froides à la pensée qu'« il devait forcément y avoir quelque chose de profondément caché derrière les choses [16] ».

L'entreprise d'électricité des frères Einstein avait pris un bon départ. Elle passa de la fabrication d'appareils électriques à l'installation de réseaux de fourniture de courant et d'éclairage. L'avenir semblait sourire aux Einstein qui accumulaient les succès, notamment le contrat pour fournir le premier éclairage électrique de la célèbre Oktoberfest de Munich [17]. Mais, à la fin, les deux frères furent carrément éliminés par des concurrents plus puissants comme Siemens et AEG. Beaucoup de petites entreprises électriques prospérèrent et survécurent à l'ombre de ces géants, mais Jakob était trop ambitieux et Hermann, trop indécis pour que leur firme soit du nombre. Battus, mais pas découragés, les frères Einstein décidèrent que l'Italie, où l'électrification en était encore à ses débuts, était l'endroit idéal pour un nouveau départ. En juin 1894, les Einstein s'installèrent donc à Milan. Tous, sauf Albert, alors âgé de quinze ans, qui resta sur place, confié à des parents éloignés, pour qu'il puisse terminer les trois dernières années avant le diplôme de fin d'études au lycée qu'il détestait.

Par égard pour ses parents, il fit comme si tout se passait bien à Munich. Il était cependant de plus en plus troublé par la menace du service militaire obligatoire. D'après la loi allemande, s'il demeurait dans le pays jusqu'à son dix-septième anniversaire, Einstein n'aurait d'autre choix, le moment venu, que de se présenter aux autorités pour accomplir son service ou d'être déclaré déserteur. Seul et déprimé, il lui fallait trouver un moyen de se sortir de là, quand soudain l'occasion rêvée se présenta.

Le Dr Degenhart, l'enseignant de grec qui estimait qu'Einstein ne ferait jamais rien, était aussi son professeur principal. Pendant l'un de leurs affrontements, il suggéra qu'Einstein quitte l'établissement. L'intéressé ne se fit pas prier : il obtint un certificat médical disant qu'il souffrait d'épuisement et avait besoin d'un repos complet loin de l'école pour se rétablir. Parallèlement, Einstein réussit à persuader son professeur de mathématiques de rédiger une attestation déclarant qu'il avait déjà, dans cette matière, le niveau requis pour l'examen de fin d'études. Armé de son certificat médical, Einstein fut autorisé à partir pendant les vacances de Noël. Il lui avait fallu exactement six mois pour suivre les traces de sa famille, franchir les Alpes et entrer en Italie.

Ses parents tentèrent de le raisonner, mais Einstein refusa de retourner à Munich et au Luitpold. Il avait un plan de rechange et entreprit d'essayer de rassurer et de convaincre ses parents. Il resterait à Milan et préparerait l'examen d'entrée pour l'Institut polytechnique de Zurich, qui aurait lieu en octobre. Fondé en 1854 et rebaptisé École polytechnique fédérale (Eidgenossische Technische Hochschule ou ETH) en 1911, le « Poly » n'était pas aussi prestigieux que les grandes universités allemandes. Toutefois, il n'exigeait pas le diplôme de fin d'études délivré par un lycée comme préalable à l'admission. Pour être accepté, expliqua Einstein à ses parents, tout ce qu'il avait à faire était de réussir l'examen d'entrée.

Ils découvrirent bientôt que la seconde partie de son plan consistait à renoncer à sa nationalité allemande et supprimer ainsi toute possibilité d'être convoqué au service militaire par le Reich. Trop jeune pour effectuer lui-même cette démarche, Einstein avait besoin du consentement de son père. Hermann le lui donna obligeamment et sollicita des autorités la libération de son fils. Ce ne fut qu'en janvier 1896 qu'on les informa officiellement qu'Albert, pour la somme de trois marks, n'était plus citoyen allemand. Les cinq années suivantes, il fut légalement apatride jusqu'à ce qu'il devienne citoyen suisse. Dès qu'il eut obtenu sa nouvelle nationalité, Einstein, qui serait sur le tard un célèbre pacifiste, se présenta au conseil de révision de l'armée helvétique le 13 mars 1901, la veille de son vingt-deuxième anniversaire. Par bonheur, il fut déclaré inapte au service militaire pour cause de pieds plats et de varices [18]. Ce n'était pas la pensée de servir dans l'armée qui avait tourmenté le jeune Einstein à Munich, mais la perspective d'endosser un uniforme gris pour le compte du militarisme du Reich allemand qu'il haïssait.

« Les mois de bonheur de mon séjour en Italie sont mes plus beaux souvenirs. » C'est ainsi qu'Einstein, même cinquante ans plus tard, qualifiait sa nouvelle existence sans souci [19]. Ce fut une époque dépourvue d'angoisse et d'inquiétude. Il aida son père et son oncle dans leur entreprise d'électricité, explora Milan et voyagea à droite et à gauche pour rendre visite à des amis et à des membres de sa famille. Au printemps 1895, alors qu'Einstein préparait ses examens, la famille déménagea à Pavie, au sud de Milan, où les frères Einstein créèrent une usine qui ne resta ouverte guère plus d'un an. Bien qu'au milieu de ces bouleversements il ait travaillé dur pour préparer l'examen d'entrée au Poly, il échoua. Ses résultats en maths et en physique étaient néanmoins si impressionnants que le professeur de physique invita Einstein à assister à ses cours. C'était une proposition alléchante, mais, pour une fois, Einstein suivit un bon conseil. Il avait de si piètres résultats en langues, en littérature et en histoire que le directeur du Poly le pressa de redoubler et lui recommanda un établissement suisse.

À la fin du mois d'octobre, Einstein était arrivé dans la ville d'Aarau, à une cinquantaine de kilomètres à l'ouest de Zurich, et avait déjà commencé à fréquenter le lycée cantonal d'Aarau. L'esprit libéral de l'établissement et du corps enseignant créait un environnement stimulant qui permit à Einstein de s'épanouir. Il était en pension chez le professeur de lettres classiques et sa famille, expérience qui devait le marquer de façon indélébile. Jost Winteler et sa femme Pauline encourageaient la liberté de pensée chez leurs trois filles et leurs quatre fils, et, chaque soir, le dîner était toujours bruyant et animé. Très vite, les Winteler devinrent pour lui comme des parents adoptifs et il commença à dire « papa Winteler » et « maman Winteler » en parlant d'eux. Peu importe que le vieil Einstein se soit décrit comme un cavalier seul ou un voyageur solitaire : le jeune Einstein avait besoin de gens qui se souciaient de lui, et vice versa. Septembre 1896 arriva bientôt. Einstein réussit facilement l'examen d'entrée et prit la direction de Zurich et du Polytechnikum[20].

« Un homme heureux est trop satisfait du présent pour trop s'attarder sur l'avenir », avait écrit Einstein au début du bref essai, intitulé « Mes projets d'avenir », qu'il rédigea pendant les deux heures de son épreuve de français. Mais une propension à la pensée abstraite et le manque de sens pratique l'avaient conduit à choisir un avenir de professeur de mathématiques et de physique [21]. Toujours est-il qu'Einstein se trouva être, en octobre 1896, le plus jeune de onze nouveaux étudiants à l'Institut de formation pour professeurs spécialisés en sciences mathématiques et physiques du Poly. Il était l'un des cinq qui cherchaient à obtenir la qualité d'enseignant en mathématiques et physique. La seule femme parmi eux allait être sa future épouse.

Aucun des amis d'Albert ne pouvait comprendre ce qui l'attirait chez cette Mileva Maric. C'était une Serbe de Hongrie, de quatre ans son aînée, et qui boitait légèrement à la suite d'un épisode tuberculeux dans son enfance. La première année, ils suivirent ensemble les cinq cours obligatoires de mathématiques et celui de mécanique – l'unique cours de physique au programme. Bien qu'il ait dévoré son petit livre sacré de géométrie quand il était à Munich, Einstein ne s'intéressait plus guère aux mathématiques pour elles-mêmes. Hermann Minkowski, dont il suivit les cours de mathématiques, qualifia Einstein de « chien paresseux ». Ce n'était pas de l'apathie, mais l'incapacité à comprendre, comme Einstein l'avoua plus tard, que « l'accès à une connaissance plus profonde des principes fondamentaux de la physique est lié aux méthodes mathématiques les plus complexes [22] ». Il l'apprit à ses dépens tout au long des années de recherche qui suivirent. Il regretta de n'avoir pas fait plus d'efforts pour acquérir « des bases solides en mathématiques [23] ».

Par bonheur, Marcel Grossmann, l'un des trois autres étudiants inscrits au cours avec Einstein et Mileva Maric, était meilleur mathématicien et plus studieux qu'eux. Ce serait vers Grossmann qu'Einstein se tournerait plus tard lorsqu'il se colletterait avec les mathématiques nécessaires pour formuler la théorie de la relativité. Ils devinrent rapidement amis. Ils parlaient de physique et de « tout ce qui pouvait intéresser des jeunes gens qui avaient les yeux ouverts[24] ». Grossmann, qui n'avait qu'un an de plus qu'Einstein, devait être fin psychologue, car il fut si impressionné par son condisciple qu'il l'emmena avec lui pour le présenter à ses parents. « Cet Einstein, leur dit-il, sera un jour un très grand homme[25]. »

Ce n'est qu'en utilisant les excellentes notes prises par Grossmann qu'il réussit les examens intermédiaires en octobre 1898. Dans sa vieillesse, c'est à peine si Einstein pouvait se résoudre à envisager ce qui aurait pu se passer sans l'aide de Grossmann après qu'il eut commencé à sécher les cours. Tout avait tellement changé avec les premières leçons de physique d'Heinrich Weber. « Après chacun de ses cours, j'attends le prochain avec impatience[26] », écrivait-il à Mileva. Weber, qui avait environ cinquante-cinq ans, savait rendre la physique vivante pour ses étudiants, et Einstein lui reconnaissait une « grande maîtrise du sujet » dans son enseignement de la thermodynamique. Mais il finit par être déçu, car Weber n'enseignait pas la théorie de l'électromagnétisme de Maxwell ni aucun des derniers développements de la physique. Bientôt, l'individualisme d'Einstein et son attitude irrespectueuse commencèrent à lui aliéner ses professeurs. « Vous êtes un garçon brillant, lui dit Weber. Mais vous avez un grave défaut : vous ne supportez pas qu'on vous dise quoi que ce soit[27]. »

Lorsque les examens finals eurent lieu en juillet 1900, Einstein fut reçu quatrième sur cinq candidats. Il avait travaillé sous la contrainte et ces examens produisirent sur lui un tel effet dissuasif qu'il fut « dégoûté pendant une année entière de l'étude de tout problème scientifique[28] ». Mileva fut dernière et seule à être recalée. Ce fut une rude épreuve pour les amoureux qui s'appelaient déjà affectueusement « Johonzel » (Jeannot) et « Doxerl » (Poupette). Une autre allait bientôt suivre.

Einstein n'était plus attiré par un avenir d'enseignant dans un lycée. Ses quatre ans à Zurich avaient suscité chez lui une nouvelle ambition. Il voulait être physicien. Les chances d'obtenir un emploi à plein temps dans une université étaient minces, même pour les meilleurs étudiants. La première étape était un poste d'assistant auprès d'un des professeurs du Poly. Aucun ne voulut de lui et Einstein commença à chercher ailleurs. « Je vais bientôt finir par avoir honoré de mes offres de service tous les physiciens depuis la mer du Nord jusqu'à la pointe sud de l'Italie[29] ! » écrivit-il à Mileva en avril 1901 lors d'un séjour chez ses parents.

L'un de ces honorés destinataires était Wilhelm Ostwald, qui enseignait la chimie à l'université de Leipzig. Einstein lui écrivit deux fois, et ses deux lettres restèrent sans réponse. Il devait être pénible pour son père de voir grandir le désespoir de son fils. À l'insu d'Albert, Hermann Einstein prit sur lui d'intervenir. « Veuillez, s'il vous plaît, pardonner à un père qui a l'audace de se tourner vers vous, très estimé Herr Professor, dans l'intérêt de son fils[30] », écrivit-il à Ostwald. Il précisait : « Tous ceux qui sont à même de porter un jugement sur lui louent ses capacités ; en tout état de cause, je puis vous assurer qu'il est extrêmement studieux et travailleur et qu'il est passionnément attaché à la science[31]. » Ostwald demeura sourd à cette supplique venue du fond du cœur et la lettre resta sans réponse. Plus tard, Ostwald serait le premier à proposer le nom d'Einstein au jury du prix Nobel.

Bien que l'antisémitisme ait pu jouer un rôle, Einstein était convaincu que les mauvaises références données par Weber expliquaient son échec dans la recherche d'un poste d'assistant. Il s'enfonçait dans le découragement lorsqu'une lettre inattendue de Grossmann lui laissa espérer un emploi respectable et correctement rétribué. Grossmann père avait été informé de la situation désespérée d'Einstein et voulait aider le jeune homme que son fils tenait en si haute estime. Il recommanda chaudement Einstein à son ami Friedrich Haller, le directeur de l'Office suisse des brevets, au cas où un poste s'y libérerait. « Quand j'ai trouvé ta lettre hier, écrivit Albert à Marcel, j'ai été profondément ému par le dévouement et la compassion avec lesquels tu t'es souvenu de ton vieux camarade dans le besoin [32]. » Einstein, qui venait d'obtenir la nationalité suisse après avoir été apatride pendant cinq ans, était certain qu'elle l'aiderait à postuler à cet emploi.

Peut-être que la chance lui souriait enfin. On lui proposa un poste d'enseignement temporaire dans un lycée à Winterthur, une petite ville à moins de trente kilomètres de Zurich, et il l'accepta. Les cinq ou six heures de cours qu'il donnait chaque matin lui laissaient suffisamment de liberté pour faire de la physique l'après-midi. « Je ne peux pas vous dire à quel point je serais heureux de faire pareil travail, écrivit-il à papa Winteler une semaine avant que son service au lycée se termine. J'ai complètement abandonné mon ambition d'obtenir un poste dans une université, puisque je vois que, même dans la situation présente, il me reste assez de force et de passion pour la recherche scientifique [33]. » Cette force fut bientôt mise à l'épreuve lorsque Mileva tomba enceinte.

Après avoir été recalée une deuxième fois aux examens du Poly, Mileva retourna chez ses parents en Hongrie pour attendre la naissance de son bébé. Einstein ne se laissa pas troubler par la nouvelle de cette grossesse. Il avait déjà caressé l'idée de devenir courtier d'assurances et jurait maintenant d'accepter n'importe quel emploi, si humble soit-il, pour qu'ils puissent se marier. Lorsque leur fille naquit, Einstein était à Berne. Il ne vit jamais Lieserl. Fut-elle confiée à l'adoption ou mourut-elle en bas âge ? Le mystère demeure.

En décembre 1901, le directeur de l'Office des brevets, Friedrich Haller, écrivit à Einstein pour lui demander de se porter candidat à un poste dont la vacance était sur le point d'être annoncée [34]. Einstein envoya sa lettre de candidature avant Noël ; sa longue quête semblait toucher à sa fin. « Je ne cesse de me réjouir des perspectives qui s'ouvrent à nous dans le proche avenir, écrivit-il à Mileva. Ne t'ai-je pas déjà dit combien nous serons riches à Berne [35] ? » Persuadé que tout allait être réglé rapidement, Einstein abandonna au bout de quelques mois seulement ce qui était théoriquement un engagement d'un an comme répétiteur dans un pensionnat privé à Schaffhouse.

Berne avait une soixantaine de milliers d'habitants lorsque Einstein y arriva la première semaine de février 1902. L'élégance médiévale de la Vieille Ville n'avait guère changé en cinq cents ans après qu'elle eut été reconstruite à la suite d'un incendie qui détruisit la moitié de la cité. C'est là qu'Einstein trouva une chambre dans la Gerechtigkeitgasse, non loin de la célèbre fosse aux ours [36]. Elle lui coûtait vingt-trois francs par mois et n'avait rien à voir avec la « belle pièce spacieuse » qu'il avait décrite à Mileva [37]. Peu après avoir défait ses bagages, Einstein se rendit aux bureaux du journal local pour placer une petite annonce proposant des leçons particulières en mathématiques et en physique. Elle parut le vendredi 5 février ; Einstein y offrait une première leçon gratuite, à titre d'essai. En l'espace de quelques jours, cet investissement se révéla payant. L'un des élèves décrivit pour la postérité son nouveau professeur : « Cinq pieds dix pouces environ, large d'épaules, légèrement voûté, la peau brun pâle, la bouche sensuelle, une moustache noire, un nez légèrement aquilin, des yeux bruns rayonnants, une voix agréable ; il parle français correctement, mais avec un léger accent [38]. »

Un jeune Juif roumain, Maurice Solovine, tomba sur l'annonce en lisant son journal tandis qu'il marchait dans la rue. Solovine, étudiant en philosophie à l'université de Berne, s'intéressait aussi à la physique. Frustré qu'une carence en mathématiques l'empêche d'avoir une compréhension plus profonde de la physique, il se rendit immédiatement à l'adresse indiquée dans le journal. Lorsqu'il sonna à la porte, Einstein venait de trouver un frère en esprit. Professeur et élève conversèrent pendant deux heures et se découvrirent beaucoup de préoccupations communes ; après avoir passé encore une demi-heure à bavarder dans la rue avant de convenir de se revoir le lendemain. Ce jour-là, la perspective d'une leçon structurée s'évanouit complètement au milieu d'une passion partagée pour l'exploration des idées. « En fait, vous n'avez pas besoin de leçons de physique [39] », dit Einstein à Solovine le troisième jour. Ce que Solovine appréciait chez Einstein, lorsqu'ils devinrent rapidement amis, c'était le soin qu'il prenait à définir un sujet ou un problème avec le maximum de lucidité.

Solovine ne tarda pas à suggérer qu'ils lisent un ouvrage particulier et ensuite en débattent. Einstein, qui avait fait de même avec Max Talmud à Munich quand il était écolier, trouva l'idée excellente. Conrad Habicht se joignit bientôt à eux. Habicht, collègue d'Einstein lors de sa brève affectation à l'internat de Schaffhouse, s'était installé à Berne pour achever une thèse de mathématiques à l'université. Unis par leur enthousiasme pour l'étude et l'élucidation des problèmes physiques et philosophiques, les trois amis surnommèrent leur trio l'« Académie Olympia ».

Einstein avait beau lui être chaudement recommandé par un ami, Haller devait s'assurer par lui-même que le jeune homme était à la hauteur des tâches exigées. Le nombre sans cesse croissant de dossiers de brevet déposés pour toutes sortes de dispositifs électriques avait fait de l'embauche d'un physicien compétent une nécessité plutôt qu'une faveur accordée à un ami. Einstein impressionna suffisamment Haller pour qu'il le nomme à titre provisoire « expert technique de troisième classe » avec un salaire de 3 500 francs suisses. Le 23 juin 1902, à 8 heures du matin, Einstein se présenta pour sa première journée en qualité de « respectable pisseur d'encre fédéral [40] ».

« En tant que physicien, dit Haller à Einstein, vous ne connaissez rien aux épures [41]. » Tant qu'il ne pourrait pas lire ni évaluer des croquis techniques, il n'aurait pas de contrat permanent. Haller prit sur lui d'enseigner à Einstein ce qu'il avait besoin de savoir, y compris l'art de s'exprimer clairement, correctement et avec concision. Bien qu'il ait toujours accepté de mauvaise grâce de recevoir des leçons quand il était écolier ou étudiant, Einstein comprit qu'il avait besoin d'apprendre tout ce qu'il pourrait de Haller, « un personnage splendide et un esprit habile [42] ». « On s'habitue vite à ses manières rudes. Je le tiens en très haute estime [43]. »

En octobre 1902, à cinquante-cinq ans seulement, le père d'Einstein tomba gravement malade. Einstein alla le voir à Milan une dernière fois. C'est là, sur son lit de mort, qu'Hermann Einstein donna à Albert la permission d'épouser Mileva – projet auquel Pauline et lui s'étaient longtemps opposés. Avec Solovine et Habicht pour seuls témoins, Einstein et Mileva se marièrent au bureau de l'état civil de Berne en janvier de l'année suivante. « Le mariage, dira plus tard Einstein, est la tentative malheureuse de faire quelque chose de durable à partir d'un incident [44]. » Mais, en 1903, il était simplement content d'avoir une femme qui faisait la cuisine et le ménage et qui, en somme, s'occupait de lui [45]. Mileva avait espéré plus.

L'Office des brevets occupait Einstein quarante-huit heures par semaine. Du lundi au samedi, il commençait à 8 heures et travaillait jusqu'à midi. Ensuite, soit il rentrait déjeuner chez lui, soit il rejoignait un ami dans un café proche. À 14 heures, il reprenait le travail au bureau, jusqu'à 18 heures. Ce qui lui laissait « huit heures à ne rien faire » par jour « et puis, il y a encore le dimanche », disait-il à Habicht [46]. En septembre 1904, l'affectation « provisoire » d'Einstein devint permanente, avec une augmentation de salaire de 400 francs à la clé. Au printemps 1906, Haller était déjà tellement impressionné par la capacité d'Einstein à « s'attaquer à des dossiers de brevet d'une grande difficulté technique » qu'il le classa parmi les « experts de grande valeur » à sa disposition [47]. Il fut promu expert technique de seconde classe.

« Je serai reconnaissant à Haller tant que je vivrai [48] », écrivait Einstein à Mileva peu après s'être installé à Berne, alors qu'il s'attendait à décrocher tôt ou tard un emploi à l'Office des brevets. Et il le fut. Mais ce n'est que bien plus tard qu'il reconnut l'étendue de l'influence qu'exercèrent sur lui Haller et l'Office des brevets : « Ce n'aurait peut-être pas été la mort pour moi, mais j'aurais été intellectuellement rabougri [49]. » Haller exigeait que chaque dossier de brevet soit évalué assez rigoureusement pour résister à toute contestation juridique. « Quand vous examinez un dossier, considérez que tout ce que dit l'inventeur est faux », conseillait Haller à Einstein, sinon, « vous allez suivre la manière de penser de l'inventeur, ce qui faussera votre jugement. Il vous faut maintenir une vigilance critique [50] ». Einstein avait accidentellement trouvé l'emploi qui convenait parfaitement à son tempérament et aiguisait ses capacités. Cette vigilance critique qu'il exerçait jour après jour pour évaluer les mérites d'une invention sur la base de croquis souvent peu fiables et de caractéristiques techniques insuffisantes, Einstein l'appliquait aussi à la physique qu'il passait son temps libre à étudier. Il décrivait comme un « véritable don du ciel » la « polyvalence de pensée » qui faisait partie de son travail [51].

« Il avait le don de voir derrière des faits anodins et bien connus un sens qui avait échappé à tout le monde, se rappela Max Born, ami d'Einstein et son collègue en physique théorique. C'était cette intuition insolite du fonctionnement de la nature qui le distinguait de nous tous, et non ses aptitudes mathématiques [52]. » Einstein savait que son intuition mathématique n'était pas assez puissante pour différencier ce qui était vraiment fondamental « du reste plus ou moins inutile de l'érudition [53] ». Mais, dès qu'il était question de physique, son flair était à nul autre pareil. Il disait qu'il avait « appris à détecter ce qui pouvait mener à des découvertes fondamentales et à ignorer tout le reste, la multitude de choses qui encombrent l'esprit et le détournent de l'essentiel [54] ».

Son séjour à l'Office des brevets ne put qu'affiner son odorat. Comme dans les dossiers soumis par les inventeurs, Einstein cherchait les incohérences et les défauts subtils des épures du fonctionnement de la nature proposées par les physiciens. Lorsqu'il trouvait pareille contradiction dans une théorie, Einstein la sondait sans relâche jusqu'à ce qu'elle produise une nouvelle intuition qui conduirait à son élimination ou à une hypothèse de rechange là où il n'en existait pas encore. Son principe « heuristique » de la lumière – à savoir qu'elle se comporte dans certains cas comme si elle était composée d'un flux de particules, les quanta de lumière – était la solution trouvée par Einstein à une contradiction résidant au cœur même de la physique.

Einstein avait depuis longtemps admis que tout était composé d'atomes et que ces morceaux de matière discrets et discontinus possédaient une énergie. L'énergie d'un gaz, par exemple, était la somme totale des énergies des atomes individuels qui le composaient. La situation était totalement différente quand il s'agissait de la lumière. Selon la théorie de l'électromagnétisme de Maxwell, ou toute théorie ondulatoire, l'énergie d'un rayon lumineux se diffuse sur un volume de plus en plus grand comme les vagues rayonnant vers l'extérieur à partir du point de chute d'une pierre à la surface d'un étang. Einstein évoqua alors une « profonde différence formelle », ce qui le plongea dans l'embarras, mais stimula alors sa « pensée polyvalente [55] ». Il comprit que la dichotomie entre le caractère discontinu de la matière et le caractère continu des ondes électromagnétiques s'effacerait si la lumière était discontinue elle aussi, composée de quanta [56].

Le quantum de lumière émergea de l'analyse faite par Einstein de la dérivation par Planck de sa loi du rayonnement du corps noir. Il admettait que la formule de Planck était correcte, mais son analyse révéla ce qu'Einstein soupçonnait depuis toujours. Planck aurait dû aboutir à une formule totalement différente. Toutefois, puisqu'il connaissait l'équation qu'il cherchait, Planck avait façonné sa dérivation pour l'obtenir. Einstein trouva l'endroit exact où Planck était sorti du droit chemin. Désespérant de pouvoir justifier une équation dont il savait qu'elle était en parfait accord avec les expériences, Planck avait manqué de cohérence dans l'application des idées et des techniques qu'il avait utilisées ou qui étaient à sa disposition. Si Planck avait été cohérent, comprit Einstein, il aurait obtenu une équation différente et qui n'aurait pas été en accord avec les données expérimentales.

C'est lord Rayleigh qui avait, à l'origine, proposé cette autre formule en juin 1900, mais Planck n'y avait guère prêté attention, ou peut-être même l'avait-il complètement ignorée. À l'époque, il ne croyait pas à l'existence des atomes et donc n'approuvait pas l'utilisation par Rayleigh du théorème de l'équipartition. Les atomes sont libres de se mouvoir de trois manières seulement : de haut en bas, d'arrière en avant et de gauche à droite. Chacun de ces « degrés de liberté » est pour un atome une manière indépendante de recevoir et d'emmagasiner de l'énergie. En plus de ces trois sortes de mouvements « translationnels », une molécule composée de deux ou plusieurs atomes a trois types de mouvements de rotation autour des axes imaginaires reliant les atomes, ce qui lui donne au total six degrés de liberté. Selon le théorème de l'équipartition, l'énergie d'un gaz devrait être répartie également parmi ses molécules et ensuite divisée également entre les différentes manières dont une molécule peut se mouvoir.

Rayleigh utilisa le théorème de l'équipartition pour ventiler l'énergie du rayonnement du corps noir sur les différentes longueurs d'onde du rayonnement présent à l'intérieur d'une cavité. C'était là une application impeccable de la physique de Newton, Maxwell et Boltzmann. Outre une erreur numérique qui serait plus tard corrigée par James Jeans, il y avait un problème avec ce qu'on appela finalement la loi de Rayleigh-Jeans. Elle prédisait l'accumulation d'une quantité infinie d'énergie dans la région ultraviolette du spectre. C'était un dysfonctionnement de la physique classique, qu'on surnomma, des années plus tard, en 1911, « la catastrophe ultraviolette ». Par bonheur, elle ne se produisit pas, car un Univers baignant dans une mer de rayonnement ultraviolet aurait rendu la vie humaine impossible.

Einstein avait dérivé la loi de Rayleigh-Jeans par ses propres moyens et savait que la répartition du rayonnement du corps noir qu'elle prédisait conduisait à une absurdité – une quantité infinie d'énergie dans l'ultraviolet.

Étant donné que la loi de Rayleigh-Jeans ne concordait avec le comportement du rayonnement du corps noir qu'aux très grandes longueurs d'onde (ou très basses fréquences), Einstein choisit comme point de départ la loi du rayonnement du corps noir, plus ancienne, énoncée par Wilhelm Wien. C'était le seul choix sans risque, même si la loi de Wien ne réussissait à reproduire le comportement du rayonnement du corps noir qu'aux courtes longueurs d'onde (ou hautes fréquences) et échouait aux grandes longueurs d'onde (ou basses fréquences). Elle avait toutefois certains avantages auxquels Einstein était sensible. Il ne doutait pas de la validité de sa dérivation et elle décrivait parfaitement au moins une portion du spectre du corps noir, à laquelle il restreindrait son argumentation.

Einstein conçut un plan simple mais ingénieux. Un gaz n'est qu'une collection de particules, et dans l'équilibre thermodynamique, ce sont les propriétés de ces particules qui déterminent, par exemple, la pression exercée par le gaz à une température donnée. S'il y avait des similitudes entre les propriétés du rayonnement du corps noir et celles d'un gaz, alors il pourrait soutenir que le rayonnement électromagnétique lui-même est de nature corpusculaire. Einstein commença son analyse avec un corps noir imaginaire vide. Mais, contrairement à Planck, il le remplit de particules gazeuses et d'électrons. Toutefois, les atomes dans les parois de la cavité contiennent d'autres électrons. Quand on chauffe le corps noir, ceux-ci oscillent dans une large bande de fréquences, entraînant l'émission et l'absorption du rayonnement. Bientôt, l'intérieur du corps noir est rempli de particules gazeuses et d'électrons en mouvement rapide, et de radiations électromagnétiques émises par les électrons en état d'oscillation. Au bout d'un moment, l'équilibre thermique est atteint lorsque la cavité et tout son contenu sont à la même température *T*.

Le premier principe de la thermodynamique – la conservation de l'énergie – peut se comprendre comme reliant l'entropie d'un système à ses énergie, température et volume. C'est alors qu'Einstein se servit de ce principe, de la loi de Wien et des idées de Boltzmann pour analyser la manière dont l'entropie du rayonnement du corps noir dépendait du volume qu'il occupait « sans établir de modèle ni pour l'émission ni pour la propagation du rayonnement [57] ». Il trouva une formule qui ressemblait exactement à celle décrivant comment l'entropie d'un gaz composé d'atomes dépend du volume qu'il occupe. Le rayonnement du corps noir se comportait comme s'il était fait de fragments d'énergie individuels de nature corpusculaire.

Einstein avait découvert le quantum de lumière sans avoir à recourir ni à la loi du rayonnement du corps noir énoncée par Planck ni à sa méthode. En gardant ses distances par rapport à Planck, Einstein écrivit la formule sous une forme légèrement différente, mais elle signifiait la même chose que $E = h\nu$ et traduisait la même information, à savoir que l'énergie est quantifiée et se présente sous forme de multiples de hν. Alors que Planck avait quantifié l'émission et l'absorption du rayonnement électromagnétique uniquement pour que ses oscillateurs imaginaires produisent la répartition spectrale correcte du rayonnement du corps noir, Einstein avait quantifié le rayonnement électromagnétique, et donc la lumière elle-même. L'énergie d'un quantum de lumière jaune était simplement la constante de Planck multipliée par la fréquence de la lumière jaune.

En montrant que le rayonnement électromagnétique se comporte parfois comme les particules d'un gaz, Einstein savait qu'il avait discrètement introduit ses quanta de lumière par la porte dérobée de l'analogie. Afin de convaincre ses confrères de la valeur « heuristique » de son « point de vue » inédit relatif à la nature de la lumière, Einstein s'en servit pour élucider un phénomène qu'on ne comprenait guère[58].

Le physicien allemand Heinrich Hertz fut le premier à observer l'effet photoélectrique en 1887 tandis qu'il effectuait une ingénieuse série d'expériences qui démontraient l'existence d'ondes électromagnétiques. Il remarqua par hasard que l'étincelle entre deux sphères de métal devenait plus brillante lorsqu'une des sphères était éclairée par une lumière ultraviolette. Après avoir étudié pendant des mois ce « phénomène totalement nouveau et très énigmatique[59] », il ne pouvait en offrir aucune explication, mais croyait, incorrectement, qu'il se limitait à l'usage de la lumière ultraviolette.

« Naturellement, ce serait bien si ce phénomène était moins énigmatique, avoua Hertz. Toutefois, on peut espérer que, lorsque cette énigme sera résolue, elle mettra en lumière plus de faits nouveaux que si elle était facile à résoudre[60]. » C'était une déclaration prophétique, mais Hertz ne put jamais voir sa prédiction se réaliser. Il mourut tragiquement en 1894 à l'âge de trente-six ans seulement.

Ce fut son ancien assistant, Philipp Lenard, qui, en 1902, renforça le mystère entourant l'effet photoélectrique quand il découvrit que cet effet se manifestait aussi dans le vide lorsqu'il plaça deux plaques de métal dans un tube de verre et purgea l'air. En reliant les plaques à un accumulateur, Lenard découvrit qu'un courant passait lorsqu'une des plaques était irradiée à la lumière ultraviolette. L'effet photoélectrique s'expliquait par l'émission d'électrons à partir de la surface métallique irradiée. Projeter une lumière ultraviolette sur la plaque donnait à certains électrons assez d'énergie pour s'arracher à la surface métallique et franchir l'intervalle entre les deux plaques, fermant ainsi le circuit pour produire un « courant photoélectrique ». Toutefois, Lenard découvrit aussi des faits dérangeants qui contredisaient la physique connue. C'est alors qu'Einstein entra en scène avec son quantum de lumière.

On s'attendait à ce qu'en augmentant l'intensité du faisceau lumineux, en le rendant plus brillant, on émette le même nombre d'électrons à partir de la surface métallique, mais doté chacun de plus d'énergie. Lenard découvrit qu'il se passait exactement le contraire : les électrons étaient émis en plus grand nombre, avec une énergie individuelle inchangée. La solution quantique d'Einstein était d'une élégante simplicité : si la lumière est composée de quanta, alors une augmentation de l'intensité du faisceau lumineux signifie que celui-ci est à présent composé d'un plus grand nombre de quanta. Lorsqu'un faisceau plus intense frappe la plaque métallique, l'augmentation du nombre de quanta de lumière entraîne une augmentation correspondante du nombre d'électrons émis.

La deuxième découverte insolite de Lenard était que l'énergie émise par les électrons n'était pas gouvernée par l'intensité du faisceau lumineux, mais par sa fréquence.

Einstein avait une réponse toute prête. Puisque l'énergie d'un quantum de lumière est proportionnelle à la fréquence de la lumière, un quantum de lumière rouge (basse fréquence) possède moins d'énergie qu'un quantum de lumière bleue (fréquence élevée). Changer la couleur (ou la fréquence) de la lumière ne modifie pas le nombre de quanta dans des faisceaux lumineux de même intensité. Par conséquent, quelle que soit la couleur (ou la fréquence) de la lumière, les électrons seront émis en nombre identique puisque le même nombre de quanta frappent le métal si l'intensité lumineuse reste la même. En revanche, puisque des radiations lumineuses de fréquence différente sont composées de quanta d'énergie différente, les électrons émis posséderont plus ou moins d'énergie selon la lumière utilisée. La lumière ultraviolette éjectera des électrons dotés d'une énergie cinétique maximale plus grande que ceux émis par des quanta de lumière rouge.

Il y avait encore un autre détail curieux. Pour chaque métal particulier, il existait une « fréquence seuil » en dessous de laquelle aucun électron n'était émis, quelle que soit l'intensité ou la durée de l'éclairement du métal. Cependant, une fois ce seuil franchi, le métal émettait des électrons, quelle que soit la modicité de l'intensité lumineuse. Le quantum d'Einstein fournit une fois de plus la réponse lorsqu'il introduisit un nouveau concept, le travail d'extraction.

Einstein envisagea l'effet photoélectrique comme le résultat d'une collision entre un électron et un quantum de lumière, dans laquelle le quantum de lumière donne à l'électron assez d'énergie pour vaincre les forces qui le retiennent à l'intérieur de la surface métallique et s'échapper. Il appela travail d'extraction l'énergie minimale dont un électron a besoin pour échapper à la surface d'un métal donné. Elle variait d'un métal à l'autre.

Si la fréquence de la lumière est trop basse, alors les quanta de lumière ne posséderont pas assez d'énergie pour permettre à un électron de briser les liens qui le retiennent prisonnier à l'intérieur du métal.

Einstein traduisit tout cela en une simple équation : l'énergie cinétique maximale que pourrait avoir un électron émis à partir d'une surface métallique était égale à l'énergie du quantum de lumière qu'il a absorbé moins le travail d'extraction. Cette équation de l'effet photoélectrique permit à Einstein de prédire que la courbe de l'énergie cinétique maximale des électrons émis en fonction de la fréquence de la lumière utilisée serait une ligne droite commençant à la fréquence seuil du métal. Le gradient de la ligne droite, quelle que soit la nature du métal employé, serait exactement égal à la constante de Planck, *h*.

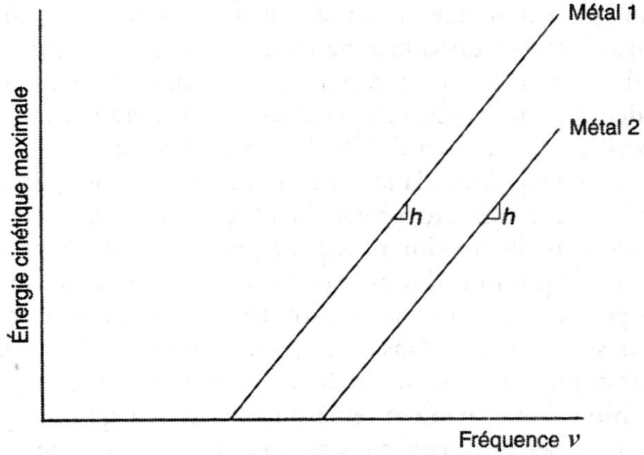

Figure 3 : Effet photoélectrique – l'énergie cinétique maximale des électrons émise en fonction de la fréquence de la lumière.

« J'ai passé dix ans de ma vie à tester cette équation qu'Einstein a trouvée en 1905 et, contrairement à toutes mes attentes, se plaignait le physicien expérimental américain Robert Millikan, j'ai été forcé d'affirmer qu'elle était vérifiée sans équivoque possible en dépit de son caractère déraisonnable, puisqu'elle semble enfreindre tout ce que nous savions sur l'interférence de la lumière[61]. » Bien que Millikan ait reçu le prix Nobel en 1923 en partie pour ces travaux, il se refusait à envisager l'hypothèse quantique sous-jacente, même confronté à ses propres données : « La théorie physique sur laquelle se fonde cette équation est totalement intenable[62]. » Depuis le début, la plupart des physiciens avaient accueilli les quanta de lumière d'Einstein avec une incrédulité et un cynisme similaires. Une poignée d'entre eux se demandaient si les quanta de lumière existaient réellement où s'ils n'étaient qu'une fiction d'utilité strictement pratique, conçue pour faciliter les calculs. Au mieux, certains pensaient que la lumière et donc toutes les radiations électromagnétiques ne consistaient pas en quanta, mais seulement se comportaient comme si elles en étaient quand elles échangeaient de l'énergie avec la matière[63]. Leur chef de file était Max Planck.

Lorsqu'en 1913 Planck et trois autres collègues proposèrent la candidature d'Einstein à l'Académie des sciences prussienne, ils conclurent leur rapport en tentant d'excuser sa proposition des quanta de lumière : « En somme, on peut dire que parmi les problèmes importants, et qui sont si abondants dans la physique moderne, il n'y en a pratiquement aucun sur lequel Einstein n'ait pas pris position d'une manière remarquable. Le fait qu'il ait pu parfois viser trop haut dans ses spéculations, comme, par exemple, dans son hypothèse des quanta de lumière, ne devrait pas trop être retenu contre lui. Parce que, sans prendre de risque de temps à autre, il est impossible, même dans la plus exacte des sciences de la nature, d'introduire de véritables innovations [64]. »

En 1915, avec les expériences minutieuses de Millikan, il était difficile d'ignorer la validité de l'équation photoélectrique d'Einstein. En 1922, c'était devenu quasi impossible, lorsque Einstein reçut – un peu tard – le prix Nobel de physique, mais explicitement pour sa loi de l'effet photoélectrique, décrite par sa formule, et non pour son explication sous-jacente qui recourait aux quanta de lumière. L'employé anonyme de l'Office des brevets de Berne était devenu célèbre dans le monde entier grâce à ses théories de la relativité et était généralement reconnu comme le plus grand savant depuis Newton. Pourtant, sa théorie quantique de la lumière était un peu trop radicale pour être acceptée par les physiciens.

L'opposition têtue à l'idée des quanta de lumière avancée par Einstein reposait sur les preuves écrasantes à l'appui d'une théorie ondulatoire de la lumière. Toutefois, la nature corpusculaire ou ondulatoire de la lumière avait déjà fait l'objet de discussions passionnées. Au XVIIIe siècle et au début du XIXe, c'est la théorie corpusculaire d'Isaac Newton qui avait triomphé. « Mon Dessein dans cet Ouvrage n'est pas d'expliquer les Propriétés de la Lumière par des Hypothèses, écrivit Newton au début de son *Optique*, mais de les proposer et de les prouver par la Raison et les Expériences [65]. » Ces premières expériences furent effectuées en 1666, lorsqu'il décomposa la lumière dans les couleurs de l'arc-en-ciel avec un prisme et reconstitua la lumière blanche avec un second prisme. Newton croyait que les rayons lumineux étaient composés de particules, qu'il dénommait « corpuscules », de « très petits Corps émis par les Substances brillantes [66] ». Comme ces particules de lumière se déplacent en ligne droite, pareille théorie devrait, selon Newton, expliquer le fait quotidiennement observé qu'on peut entendre parler quelqu'un derrière le coin d'une rue, mais pas le voir, la lumière ne pouvant contourner les obstacles.

Newton put donner une explication mathématique détaillée d'une foule d'observations optiques, notamment la réflexion et la réfraction – la déviation de la lumière quand elle passe d'un milieu moins dense à un milieu plus dense. Il y avait toutefois certaines autres propriétés de la lumière que sa théorie ne pouvait expliquer. Par exemple, lorsqu'un faisceau lumineux frappait une surface de verre, une partie du faisceau la traversait et le reste était réfléchi. Newton fut obligé de se demander pourquoi certaines particules de lumière étaient-elles réfléchies et d'autres non. Il fut forcé d'adapter sa théorie à sa réponse. Les particules de lumière produisaient des perturbations ondulatoires dans l'éther. Ces « Accès de Réflexion facile et de Transmission facile [67] », selon ses propres termes, étaient le mécanisme par lequel une partie du faisceau lumineux était transmise par le verre et le reste réfléchi. Il associa la « grosseur » (*bigness*) de ces perturbations à la couleur. Les plus grosses perturbations, celles ayant la plus grande longueur d'onde dans la terminologie élaborée ultérieurement, étaient responsables de la production du rouge. Les plus petites, celles ayant la longueur d'onde la plus courte, produisaient le violet.

Le physicien hollandais Christiaan Huygens soutint que les particules de lumière newtoniennes n'existaient pas. De treize ans l'aîné de Newton, Huygens avait dès 1678 développé une théorie ondulatoire de la lumière qui expliquait la réflexion et la réfraction. L'ouvrage qu'il avait mis en chantier sur ce sujet, *Traité de la lumière*, ne fut pas publié avant 1690. Pour Huygens, la lumière était une onde qui se propageait dans l'éther. Elle était comparable aux rides qui se déploient à la surface immobile d'un étang à partir de l'impact d'une pierre jetée dans l'eau. Si la lumière était réellement composée de particules, demandait Huygens, alors où était la preuve des collisions qui devraient se produire lorsque les trajets des différents faisceaux lumineux se recoupaient ? Il n'y en avait pas, soutenait Huygens. Les ondes sonores n'entrent pas en collision ; par conséquent, la lumière doit elle aussi être de nature ondulatoire.

Bien que les théories de Newton et de Huygens aient été en mesure d'expliquer la réflexion et la réfraction, chacune prédisait des résultats différents quand il s'agissait de certains autres phénomènes optiques, dont aucun ne put être testé avec un minimum de précision pendant des décennies. Toutefois, il y eut une prédiction qui put être observée. Un faisceau lumineux composé de particules de Newton se déplaçant en ligne droite devrait projeter des ombres nettes lorsqu'il frappe des objets, alors que les ondes de Huygens, comme les vagues qui sont déviées par un objet qu'elles rencontrent, devraient produire des ombres dont le contour est légèrement flou. Le père Francesco Grimaldi, jésuite et mathématicien italien, baptisa diffraction cette déviation de la lumière autour du bord d'un objet, ou autour des bords d'une fente extrêmement étroite. Dans un ouvrage posthume publié en 1665, deux ans après sa mort, il décrivit comment un objet opaque, placé dans un étroit faisceau de lumière solaire qu'on a laissé pénétrer dans une pièce, par ailleurs obscure, à travers un trou minuscule pratiqué dans un volet, projetait une ombre plus grande que ce à quoi on s'attendrait si la lumière consistait en particules se déplaçant en ligne droite. Il trouva aussi qu'il y avait autour de l'ombre des franges de lumière colorée et de flou là où il y aurait dû y avoir une séparation nette et bien tranchée entre lumière et obscurité.

Newton était très conscient de la découverte de Grimaldi et procéda plus tard à ses propres expériences pour étudier la diffraction, qui semblait s'expliquer plus facilement par la théorie ondulatoire de Huygens. Newton soutint cependant que la diffraction était le résultat de forces s'exerçant sur les particules de lumière. Étant donné sa prééminence, sa théorie corpusculaire de la lumière, bien qu'elle soit en vérité un hybride étrange d'onde et de particule, fut acceptée comme orthodoxie. Y contribua le fait que Newton vécut trente-deux ans de plus que Huygens, qui mourut en 1695. « La Nature et sa Loi étaient cachées dans la Nuit./ Dieu dit, Que Newton soit !/ Et tout fut Lumière. » La célèbre épitaphe d'Alexander Pope témoigne du respect qu'imposa Newton de son vivant. Dans les années qui suivirent sa mort en 1727, l'autorité de Newton demeura intacte et son point de vue sur la nature de la lumière ne fut guère mis en question. À l'aube du XIXe siècle, le puits de science britannique Thomas Young le contesta et ses travaux finirent par conduire à une renaissance de la théorie ondulatoire de la lumière.

Né en 1773 dans une famille de quakers, Young était l'aîné de dix enfants. À deux ans, il lisait déjà couramment, à six ans, il avait lu intégralement la Bible deux fois. Compétent dans plus d'une douzaine de langues, il apporta des contributions fondamentales au déchiffrage des hiéroglyphes égyptiens. Médecin de formation, Young put s'adonner à ses innombrables passions intellectuelles après que l'héritage d'un oncle lui eut assuré la sécurité financière. Son intérêt pour la nature de la lumière l'amena à examiner les similitudes et les différences entre la lumière et le son, et, finalement, à « une ou deux difficultés dans le système newtonien [68] ». Persuadé que la lumière était une onde, il conçut une expérience qui allait s'avérer le commencement de la fin pour la théorie corpusculaire de Newton.

Young projeta une lumière monochrome sur un écran dans lequel il avait découpé une fente unique. De cette fente, un faisceau lumineux s'étalait pour venir frapper un deuxième écran percé de deux fentes très minces et très proches l'une de l'autre. À l'instar des phares d'une voiture, ces deux fentes se comportèrent comme deux nouvelles sources de lumière, ou, ainsi que le rapporte Young, « comme des centres de divergence, depuis lesquels la lumière se diffractait dans toutes les directions [69] ». Sur un troisième écran que Young avait placé à une certaine distance devant les deux fentes, il trouva une bande centrale brillante entourée de chaque côté par un motif de bandes brillantes et sombres alternées.

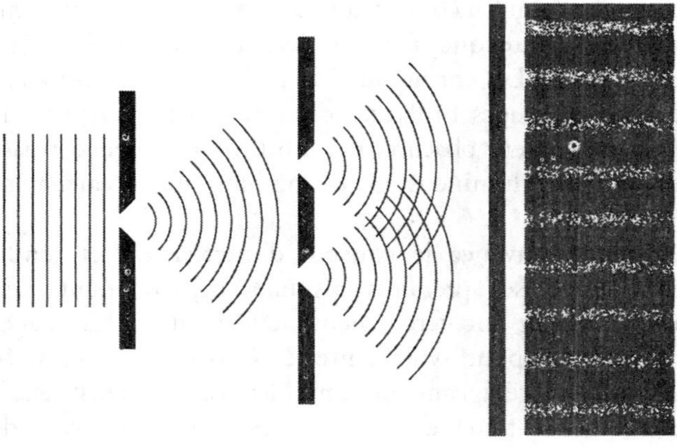

Figure 4 : L'expérience de Young avec les deux fentes. À droite, le motif d'interférences tel qu'il apparaît sur le troisième écran.

Pour expliquer l'apparition de ces « franges » brillantes et sombres, Young recourut à une analogie. Deux pierres sont lâchées simultanément et non loin l'une de l'autre à la surface immobile d'un lac. Chaque pierre produit des vagues qui se propagent dans tout le lac. Les ondulations émises par une pierre rencontrent celles provenant de l'autre. Chaque fois que deux creux ou deux crêtes de vague se rencontrent, ils fusionnent pour produire un creux ou une crête unique. C'est une interférence constructive. Mais lorsqu'un creux rencontre une crête, et vice versa, ils s'annulent et la surface n'est pas perturbée en ce point-là : c'est une interférence destructive.

Dans l'expérience de Young, les ondes lumineuses émanant des deux fentes interfèrent de même l'une avec l'autre avant de frapper le troisième écran. Les franges brillantes indiquent une interférence constructive, tandis que les franges sombres résultent d'une interférence destructive. Young reconnut que ces résultats ne pouvaient se comprendre que si la lumière était un phénomène ondulatoire. Les corpuscules de Newton ne produiraient que deux images brillantes des fentes séparées par une zone totalement obscure. Un motif d'interférence à base de franges lumineuses et sombres était carrément impossible.

Lorsqu'il avança le concept d'interférence et rendit compte de ses premiers résultats expérimentaux, en 1801, Young fut férocement attaqué dans les revues scientifiques pour avoir contesté Newton. Il tenta de se défendre en rédigeant un pamphlet dans lequel il faisait connaître à tout le monde l'opinion qu'il avait de Newton : « Cependant, j'ai beau vénérer le nom de Newton, je n'en suis pas pour autant obligé de croire qu'il était infaillible. C'est à regret et non avec joie que je constate qu'il pouvait se tromper, et que son autorité a parfois, peut-être, retardé le progrès de la science [70]. » Il ne s'en vendit qu'un seul exemplaire.

De quinze ans son cadet, un ingénieur des travaux publics français sortit de l'ombre de Newton à la suite de Young. Augustin Fresnel redécouvrit par lui-même l'interférence et, sans le savoir, bien d'autres choses que Young avait déjà trouvées. Toutefois, comparées à celles de l'Anglais, les expériences élégamment conçues de Fresnel étaient plus complètes, et la présentation des résultats et l'analyse mathématique correspondante étaient si impeccablement minutieuses que la théorie ondulatoire commença à faire des convertis de marque dès les années 1820. Fresnel les persuada que la théorie ondulatoire pouvait mieux expliquer toute une gamme de phénomènes optiques que la théorie corpusculaire de Newton. Il répondit aussi à la vieille objection adressée à la théorie ondulatoire : la lumière ne contourne jamais les obstacles. Elle le peut, dit-il. Toutefois, puisque les ondes lumineuses sont des millions de fois plus petites que les ondes sonores, la déviation d'un faisceau lumineux par rapport à une ligne droite est extrêmement petite et donc extrêmement difficile à détecter. Une onde ne peut contourner un obstacle que s'il n'est guère plus grand qu'elle-même. Les ondes sonores sont très longues et peuvent facilement contourner la plupart des barrières qu'elles rencontrent.

Pour amener adversaires et sceptiques à se décider enfin pour l'une ou l'autre des théories rivales, il fallait trouver des observations pour lesquelles elles prédiraient sans équivoque des résultats opposés. Des expériences effectuées en 1850 par des compatriotes de Fresnel révélèrent que la vitesse de la lumière était plus lente dans un milieu dense comme le verre ou l'eau que dans l'air. C'était exactement ce que prédisait la théorie ondulatoire. Mais il restait une question : si la lumière était une onde, quelles étaient ses propriétés ? La parole est à James Maxwell et à sa théorie de l'électromagnétisme.

Né en 1831 à Édimbourg, Maxwell, fils d'un propriétaire terrien écossais, était destiné à devenir le plus grand physicien théoricien du XIXe siècle. À quinze ans, il écrivit son premier article publié sur une méthode géométrique pour tracer des ovales. En 1855, il remporta le prix Adams de l'université de Cambridge pour avoir démontré que les anneaux de Saturne ne pouvaient pas être d'un seul tenant, mais devaient être constitués de petits fragments de matière. En 1860, il suscita la phase finale du développement de la théorie cinétique des gaz en soutenant que leurs propriétés s'expliquaient par le fait qu'ils étaient constitués de particules en mouvement. Mais sa plus grande réussite fut la théorie de l'électromagnétisme.

En 1819, le physicien danois Hans Christian Ørsted découvrit qu'un courant électrique passant dans un fil métallique faisait dévier l'aiguille d'une boussole. Un an plus tard, le Français François Arago trouva qu'un fil métallique transportant un courant électrique se comportait comme un aimant et pouvait attirer la limaille de fer. Peu après, son compatriote André Marie Ampère démontra que deux fils métalliques parallèles s'attiraient mutuellement si chacun était traversé par un courant électrique circulant dans la même direction ; en revanche, ils se repoussaient si les courants passaient dans deux directions opposées. Intrigué par le fait qu'un courant électrique puisse créer du magnétisme, le grand expérimentateur britannique Michael Faraday décida de voir s'il pourrait créer de l'électricité en se servant du magnétisme. Il fit osciller un barreau aimanté à l'intérieur d'une bobine hélicoïdale de fil métallique et constata qu'il y avait génération d'un courant électrique. Le courant disparaissait chaque fois que l'aimant était immobile à l'intérieur de la bobine.

De même que la glace, l'eau et la vapeur sont des manifestations différentes de H_2O, l'électricité et le magnétisme sont eux aussi des manifestations différentes du même phénomène sous-jacent – l'électromagnétisme. C'est ce que démontra Maxwell en 1864. Il réussit à condenser les comportements disparates de l'électricité et du magnétisme en un ensemble de quatre élégantes équations mathématiques. En les voyant, Ludwig Boltzmann reconnut immédiatement l'ampleur de la prouesse de Maxwell et, saisi d'admiration, il ne put que citer Goethe : « Est-ce un dieu qui a écrit ces signes [71] ? » Ces équations permirent à Maxwell de faire la prédiction surprenante que les ondes électromagnétiques traversaient l'éther à la vitesse de la lumière. S'il avait raison, alors la lumière était une forme de rayonnement électromagnétique. Mais les ondes électromagnétiques existaient-elles vraiment ? Maxwell ne vécut pas assez longtemps pour voir sa prédiction confirmée par l'expérience. Il avait juste quarante-huit ans lorsqu'il mourut en novembre 1879, l'année où naquit Einstein. Moins d'une décennie plus tard, en 1887, Heinrich Hertz fournit la corroboration expérimentale qui assura que l'unification par Maxwell de l'électricité, du magnétisme et de la lumière soit le couronnement suprême de la physique du XIXe siècle.

Dans l'article qui donnait les grandes lignes de ses recherches, Hertz proclamait fièrement : « Les expériences ici décrites semblent – à moi, en tout cas – éminemment appropriées pour supprimer tout doute quant à l'identité de la lumière, de la chaleur rayonnante et du mouvement ondulatoire électromagnétique. Je crois que dorénavant nous serons mieux armés pour utiliser les avantages que cette identité nous permet de déduire dans l'étude de l'optique comme celle de l'électricité [72]. » Ironiquement, ce fut au cours de ces expériences que Hertz découvrit l'effet photoélectrique qui fournit à Einstein les preuves d'une identité usurpée. Ses quanta de lumière contestaient la théorie ondulatoire de la lumière que Hertz et tous les autres physiciens croyaient fermement établie. La lumière comme forme de rayonnement électromagnétique avait tellement de succès qu'il était pour un physicien impensable ne serait-ce que de songer à l'abandonner en faveur des quanta de lumière d'Einstein. Beaucoup trouvaient ces quanta de lumière absurdes. Après tout, l'énergie d'un quantum de lumière particulier était déterminée par la fréquence de cette lumière, mais la fréquence était sûrement une grandeur associée aux ondes et non à des espèces de particules d'énergie se mouvant dans l'espace.

Einstein acceptait aisément que la théorie ondulatoire de la lumière ait « superbement prouvé sa valeur » en expliquant la diffraction, l'interférence, la réflexion et la réfraction, et qu'elle ne serait « probablement jamais remplacée par une autre théorie[73] ». Il fit remarquer toutefois que ce succès reposait sur le fait crucial que tous ces phénomènes optiques impliquaient le comportement de la lumière dans un certain laps de temps et que d'éventuelles propriétés corpusculaires ne seraient pas évidentes. La situation était absolument différente lorsqu'il s'agissait de l'émission et de l'absorption pratiquement « instantanées » de la lumière. Voilà pourquoi, suggérait Einstein, la théorie ondulatoire éprouvait « des difficultés particulièrement importantes[74] » à expliquer l'effet photoélectrique.

Max von Laue, futur Prix Nobel de physique, qui en 1906 n'était que *Privatdozent* à l'université de Berlin, écrivit à Einstein qu'il était disposé à admettre que les quanta soient peut-être impliqués pendant l'émission et l'absorption de la lumière. Mais rien de plus. La lumière elle-même n'était pas composée de quanta, l'avertit von Laue, mais « quand elle échange de l'énergie avec la matière, elle se comporte comme si elle l'était[75] ». D'autres physiciens n'allaient même pas jusque-là. Einstein lui-même était partiellement responsable de la situation. Il avait effectivement soutenu dans son article que la lumière « se comporte » comme si elle consistait en quanta d'énergie. On était loin d'une préconisation catégorique du quantum. Mais c'était parce qu'Einstein voulait un peu plus qu'un simple « point de vue heuristique » : il rêvait d'une théorie complète.

L'effet photoélectrique s'était révélé être un champ de bataille pour l'affrontement entre la continuité supposée des ondes lumineuses et la discontinuité de la matière – les atomes. Or, en 1905, il y avait encore des gens qui doutaient de l'existence des atomes. Le 11 mai, moins de deux mois après qu'Einstein eut terminé son article sur les quanta, les *Annalen der Physik* reçurent son deuxième article de l'année. C'était son explication de ce qu'on appelait le mouvement brownien, et elle devint une pièce à conviction vitale à l'appui de l'existence des atomes[76].

Lorsqu'en 1827 le botaniste écossais Robert Brown examina au microscope des grains de pollen en suspension dans l'eau, il constata qu'ils étaient dans un état de mouvement aléatoire continuel, comme s'ils étaient bousculés par quelque force invisible. D'autres avaient déjà noté que cette agitation désordonnée s'intensifiait à mesure que la température de l'eau s'élevait, et on présumait qu'une explication biologique quelconque se cachait derrière ce phénomène. Brown découvrit toutefois que lorsqu'il utilisait des grains de pollen vieux de trente ans ils s'agitaient exactement de la même manière. Intrigué, il confectionna des poudres à partir de toutes sortes de substances non organiques, depuis le verre jusqu'à un fragment du Sphinx, et les plaça tour à tour en suspension dans l'eau. Il constata dans chaque cas le même mouvement en zigzag et comprit qu'il ne pouvait être suscité par une force vitale. Brown publia ses travaux sous la forme d'un pamphlet intitulé *Relation succincte d'observations microscopiques faites aux mois de juin, juillet et août 1827 sur les particules contenues dans le pollen des plantes et sur l'existence générale de molécules actives dans les corps organiques et inorganiques.* D'autres proposèrent des explications plausibles du « mouvement brownien », mais toutes se révélèrent tôt ou tard insuffisantes. À la fin du XIXe siècle, ceux qui croyaient à l'existence des atomes et des molécules admettaient que le mouvement brownien puisse résulter de collisions avec les molécules d'eau.

Einstein reconnut que le mouvement brownien d'un grain de pollen n'était pas causé par une collision unique avec une molécule d'eau presque inimaginablement petite, mais résultait d'un grand nombre de telles collisions. À chaque instant, l'effet collectif de ces collisions était l'agitation aléatoire en zigzag du grain de pollen ou de la particule en suspension. Einstein soupçonna que la clé de la compréhension de ce mouvement imprévisible résidait dans des déviations, des fluctuations statistiques par rapport au comportement « normal » qu'on attendait des molécules. Vu leur taille relative, de nombreuses molécules d'eau devaient normalement heurter un grain de pollen individuel simultanément sous des angles différents. Même à cette échelle, chaque collision entraînerait une poussée infinitésimale dans une seule direction, mais l'effet global de toutes les collisions devait être l'immobilité du pollen puisqu'elles s'annuleraient mutuellement. Einstein se rendit compte que le mouvement brownien était produit par des molécules d'eau qui déviaient régulièrement par rapport à leur comportement « normal » lorsque certaines d'entre elles s'agglutinaient et, frappant le grain de pollen ensemble, l'expédiaient dans une direction particulière.

Sur la base de cette intuition, Einstein réussit à calculer la distance horizontale moyenne qu'une particule parcourrait en un temps donné dans sa course en zigzag. Il prédit que, dans une eau à 17 °C, des particules en suspension d'un diamètre d'un millième de millimètre se déplaceraient en moyenne de six millièmes de millimètre en une minute. Einstein avait trouvé une formule qui offrait la possibilité de calculer la dimension des atomes avec un thermomètre, un microscope et un chronomètre pour seuls instruments. Trois ans s'écoulèrent avant que les prédictions d'Einstein soient confirmées dans une série de délicates expériences effectuées à la Sorbonne par Jean Perrin, et pour lesquelles il reçut le prix Nobel en 1926.

Planck se faisait le champion de la théorie de la relativité et l'analyse du mouvement brownien était reconnue comme une percée décisive en faveur de l'atome : aussi la réputation d'Einstein ne cessa-t-elle de grandir malgré le rejet de sa théorie quantique de la lumière. Peu de gens savaient qu'il était plumitif à l'Office des brevets et il recevait souvent des lettres qui lui étaient adressées à l'université de Berne. « Je dois vous dire très franchement que j'ai été surpris de lire que vous êtes obligé de rester assis huit heures par jour dans un bureau, écrivait Jakob Laub, un physicien de Würzburg qui était prêt à passer trois mois à Berne pour collaborer avec Einstein. L'Histoire est pleine de mauvaises plaisanteries [77]. » On était en mars 1908, et Einstein était d'accord. Au bout de presque six ans, il ne voulait plus être forçat des brevets.

Il se porta candidat à un poste de professeur de mathématiques dans une école de Zurich, déclarant qu'il serait tout disposé à enseigner également la physique. Il joignit à sa lettre de candidature une copie de la thèse qui lui avait valu – au troisième essai – un doctorat de l'université de Zurich en 1905 et avait posé les bases pour l'article sur le mouvement brownien. Espérant que cela augmenterait ses chances, il envoya aussi tous les articles qu'il avait publiés. Malgré ces références scientifiques impressionnantes, Einstein n'obtint pas de poste d'enseignant. Il ne figurait même pas parmi les trois candidats retenus sur vingt-trois postulants.

Ce fut à l'instigation d'Alfred Kleiner, son professeur de physique expérimentale à l'université de Zurich, qu'il essaya une troisième fois de devenir *Privatdozent* à l'université de Berne. Sa première candidature avait été rejetée parce qu'il ne possédait pas le doctorat. La deuxième aussi, en juin 1907, en dépit de dix-sept articles publiés, parce qu'il n'avait pas fourni d'*Habilitationsschrift* – un travail de recherche original inédit. Kleiner voulait qu'Einstein occupe dès que possible un poste de professeur extraordinaire en physique théorique sur le point d'être créé, et la qualité de *Privatdozent* était le tremplin qui permettait d'accéder à pareille affectation. Einstein soumit une *Habilitationsschrift* comme on l'exigeait de lui et fut nommé *Privatdozent* au printemps 1908.

Trois étudiants seulement suivirent son premier cours sur la théorie moléculaire de la chaleur. Tous les trois étaient des amis. Ils l'étaient forcément, puisqu'on avait alloué à Einstein le lundi et le samedi entre 7 heures et 8 heures du matin. Les étudiants de l'université avaient le choix de suivre ou non les cours proposés par un *Privatdozent* et aucun d'eux n'était disposé à se lever si tôt. À cette époque comme plus tard, l'enseignant Einstein préparait souvent mal ses cours et commettait fréquemment des erreurs. Et quand cela lui arrivait, il se tournait carrément vers les étudiants et demandait : « Qui peut me dire où je me suis trompé ? » Si un étudiant lui signalait une erreur dans ses mathématiques,

Einstein répondait : « Je vous l'ai déjà dit maintes fois, je n'ai jamais été très fort en maths [78]. »

Les aptitudes pédagogiques d'Einstein étaient un élément d'appréciation vital pour le poste en voie de création qui lui avait été réservé. Afin de s'assurer qu'Einstein était à la hauteur de la tâche, Kleiner s'arrangea pour assister à un de ses cours. Agacé « d'être forcé de subir une enquête [79] », Einstein fit une prestation médiocre. Kleiner lui donna une deuxième chance de l'impressionner, et il y réussit. « J'ai eu du pot, écrivit Einstein à son ami Jakob Laub. Contrairement à mon habitude, j'ai fait un cours réussi en cette occasion – et voilà, ça a marché [80]. » C'était en mai 1909 et Einstein put finalement se vanter d'être « officiellement membre de la guilde des putes [81] ». Mais, avant de pouvoir s'installer à Zurich avec Mileva et Hans-Albert, qui avait cinq ans, Einstein dut se déplacer à Salzbourg en septembre pour présenter l'exposé d'ouverture devant la crème de la physique allemande lors d'un congrès de la Gesellschaft Deutscher Naturforscher und Ärtzte, la Société allemande de physique et de médecine. Il y arriva bien préparé.

C'était un singulier honneur que d'être sollicité pour donner pareille conférence. Il était d'ordinaire réservé à un éminent doyen de la physique, et non à quelqu'un qui venait d'avoir trente ans et était sur le point de prendre son premier poste comme professeur extraordinaire. Si quelques membres de l'auditoire avaient correspondu avec lui, bien peu l'avaient effectivement rencontré. Tous les regards étaient donc fixés sur Einstein, mais il semblait ignorer le monde extérieur tandis qu'il arpentait l'estrade pour donner ce qui deviendrait une conférence célèbre : « Sur le développement de nos conceptions concernant la nature et la constitution du rayonnement. » Il dit à l'assistance qu'à son avis « le prochain stade du développement de la physique théorique [leur] apportera[it] une théorie de la lumière qui peut être conçue comme une sorte de fusion de la théorie ondulatoire et de la théorie de l'émission [82] ». Ce n'était pas une simple intuition : elle était fondée sur le résultat d'une expérience imaginaire inspirée mettant enjeu un miroir suspendu à l'intérieur d'un corps noir. Einstein réussit à dériver une équation pour les fluctuations de l'énergie et de la quantité de mouvement du rayonnement, qui contenait deux parties distinctes. L'une correspondait à la théorie ondulatoire de la lumière, l'autre laissait clairement entendre que le rayonnement était composé de quanta. Les deux parties semblaient indispensables, comme les deux théories de la lumière. Ce fut la première prédiction de ce qu'on appellerait plus tard la dualité onde-particule, le fait que la lumière était à la fois une particule et une onde.

Planck, qui présidait la séance, fut le premier à s'exprimer après qu'Einstein eut terminé. Il le remercia pour son exposé puis dit devant tout le monde qu'il n'était pas d'accord. Il réitéra sa conviction fermement ancrée que les quanta n'étaient indispensables que dans l'échange entre la matière et le rayonnement. Croire comme Einstein que la lumière était réellement composée de quanta, dit Planck, « n'était pas encore nécessaire ».

Einstein quitta l'Office des brevets pour pouvoir consacrer plus de temps à ses recherches. Or il dut déchanter les premiers mois après son arrivée à Zurich en octobre 1909. Il se plaignait qu'avec le temps qu'il investissait dans la préparation de ses sept heures de cours hebdomadaires « son temps libre effectif était encore plus réduit qu'à Berne [83] ». Les étudiants furent frappés par l'apparence négligée de leur jeune et nouveau professeur, mais Einstein s'attira vite leur respect et leur affection avec son style informel – il les encourageait à l'interrompre si quelque chose n'était pas clair. En plus des cours proprement dits, Einstein emmenait ses étudiants au moins une fois par semaine au Café Terrasse pour bavarder et échanger des potins avec eux jusqu'à l'heure de la fermeture. Il ne tarda pas à s'habituer à sa charge de travail et entreprit d'utiliser le quantum pour résoudre un vieux problème.

En 1819, les Français Pierre Dulong et Alexis Petit mesurèrent la chaleur spécifique – la quantité d'énergie nécessaire pour augmenter de un degré la température de un kilogramme d'une substance –, pour divers métaux, depuis le cuivre jusqu'à l'or. Pendant un demi-siècle, nul ne mit en doute leur conclusion : « Les atomes de tous les corps simples ont exactement la même chaleur spécifique [84]. » Ce fut donc une grande surprise lorsque, dans les années 1870, on découvrit des exceptions.

Pour étudier ces anomalies de la chaleur spécifique, Einstein adapta la démarche de Planck en imaginant que les atomes d'une substance oscillaient quand on les chauffait. Les atomes ne pouvaient pas osciller à n'importe quelle fréquence, mais étaient « quantifiés » – ils étaient limités aux fréquences multiples d'une certaine fréquence « fondamentale ». En appliquant cette contrainte quantique, Einstein trouva une théorie nouvelle pour expliquer comment les solides absorbent la chaleur. Les atomes ne sont autorisés à absorber de l'énergie qu'en quantités discrètes, les quanta. Toutefois, lorsque la température baisse, la quantité d'énergie thermique que possède la substance diminue jusqu'à ce qu'il n'y en ait plus assez pour fournir à chaque atome le quantum d'énergie de la taille *ad hoc*. Le corps solide absorbe alors moins d'énergie et sa chaleur spécifique diminue.

Pendant trois ans, pratiquement personne ne daigna s'intéresser à ce qu'Einstein venait de trouver, alors même qu'il avait démontré comment la quantification de l'énergie – le fait qu'au niveau atomique elle se présente sous forme de paquets calibrés – résolvait un problème dans un domaine de la physique complètement neuf. Ce fut Walther Nernst, un éminent physicien de Berlin, qui obligea les autres à tendre l'oreille dès qu'on sut qu'il était allé voir Einstein à Zurich. On comprit bientôt pourquoi. Nernst avait réussi à mesurer avec précision la chaleur spécifique des solides à basse température et avait trouvé que ses résultats concordaient pleinement avec les prédictions d'Einstein fondées sur sa solution quantique du problème.

Au fil de ses succès, la réputation d'Einstein continua de grandir, et il se vit offrir une chaire de professeur ordinaire à l'université allemande de Prague. L'occasion était trop belle pour qu'il la dédaigne, même si cela signifiait de quitter la Suisse après y avoir passé quinze ans. Einstein, Mileva et leurs fils Hans-Albert et Eduard, qui n'avait pas encore un an, s'installèrent à Prague en avril 1911.

« Je ne me demande plus si ces quanta existent réellement », écrivait Einstein à son ami Michele Besso en mai 1911, peu après avoir pris son nouveau poste. « En outre, je n'essaie plus de les construire, parce que je sais maintenant que mon cerveau ne peut pas franchir l'obstacle de cette manière [85]. » Au lieu de quoi, dit-il à Besso, il se limiterait à essayer de comprendre les conséquences du quantum. Il n'était pas le seul à vouloir essayer.

Moins d'un mois plus tard, Einstein reçut une lettre et une invitation d'un correspondant inattendu. Ernest Solvay, un industriel belge qui avait amassé une fortune substantielle en révolutionnant la production du carbonate de sodium, lui proposait 1 000 francs pour couvrir ses frais de déplacement s'il acceptait d'assister à un « congrès scientifique » qui se tiendrait à Bruxelles du 29 octobre au 4 novembre [86]. Il ferait partie d'une sélection de vingt-deux physiciens venus de toute l'Europe pour débattre ensemble des « questions actuelles concernant les théories moléculaire et cinétique ». Planck, Rubens, Wien, Nernst et Lorentz étaient du nombre. Ce fut une conférence au sommet sur le quantum.

Planck et Einstein faisaient partie des huit physiciens à qui l'on avait demandé de préparer des rapports sur un sujet précis. Rédigés en français, allemand ou anglais, ils devaient être envoyés aux participants avant le congrès et servir de point de départ pour les débats des différentes séances prévues. Planck présenterait sa théorie du rayonnement du corps noir tandis qu'Einstein devait traiter sa théorie quantique de la chaleur spécifique. Comme on lui avait accordé l'honneur d'intervenir en dernier, une discussion de ses quanta de lumière n'était pas au programme.

« Je trouve toute cette entreprise extrêmement séduisante, écrivit Einstein à Walther Nernst, et dans mon esprit il ne fait guère de doute que vous en êtes le cœur et l'âme [87]. » En 1910, Nernst estima que l'heure était venue de s'attaquer au quantum, en lequel il ne voyait rien de plus qu'une « règle avec des propriétés des plus curieuses, sinon grotesques [88] ». Nernst persuada Solvay de financer le congrès. L'industriel belge ne regarda pas à la dépense et réquisitionna l'hôtel Métropole. C'est dans cette ambiance luxueuse, où tous leurs désirs étaient satisfaits, qu'Einstein et ses collègues passèrent cinq jours à parler du quantum. Einstein n'avait certes pas placé de grands espoirs dans ce qu'il qualifiait de « sabbat des sorcières », mais il rentra à Prague déçu en se plaignant de « n'avoir rien appris qu'[il] ne sache déjà [89] ».

Il avait néanmoins fait avec plaisir la connaissance de certains des autres participants au « sabbat ». Marie Curie, qu'il trouva « sans prétention », apprécia « la clarté de son esprit, l'habileté avec laquelle il rassemblait ses données et la profondeur de ses connaissances [90] ». Pendant le congrès, on annonça qu'elle avait reçu le prix Nobel de chimie. Elle était devenue la première à en remporter deux, ayant déjà reçu le prix Nobel de physique en 1903. Cette réussite extraordinaire fut éclipsée par le scandale qui éclata autour de sa personne. La presse française avait appris qu'elle avait une liaison avec un physicien français, un homme marié. Grand et mince, la moustache élégante, Paul Langevin était l'un des délégués du congrès et les journaux étaient remplis d'articles laissant entendre que le couple faisait une fugue. Einstein, qui n'avait pas remarqué d'indices d'une relation particulière entre eux, réfuta les « foutaises » rapportées par la presse. Malgré son « intelligence étincelante », il estimait que Marie Curie « n'était pas séduisante au point de représenter un danger pour qui que ce soit [91] ».

Bien qu'à certains moments il ait semblé vaciller sous la tension, Einstein avait été le premier à vivre avec le quantum, et avait ainsi révélé la vraie nature de la lumière. Un autre jeune théoricien avait lui aussi appris à vivre avec le quantum après l'avoir utilisé pour ressusciter un modèle imparfait et négligé de l'atome.

Chapitre 3

Le Danois en or

Manchester, vendredi 19 juin 1912. « Mon cher Harald, J'ai peut-être fait une petite découverte sur la structure de l'atome, écrivait Niels Bohr à son frère cadet. N'en parle à personne, car autrement je regretterais de t'avoir écrit si tôt [1]. » Le silence était essentiel pour Bohr, qui espérait accomplir ce dont rêve tout savant : dévoiler « un petit morceau de réalité ». Il y avait encore du travail à faire, il était « impatient de le terminer en vitesse, et, pour ce faire, [il s'est] mis en congé de labo pour deux jours (ça aussi, c'est un secret) ». Il faudrait au jeune Danois, alors âgé de vingt-six ans, beaucoup plus de temps qu'il ne le pensait pour transformer ses idées naissantes en une trilogie d'articles tous intitulés « Sur la constitution des atomes et des molécules ». Le premier, publié en juillet 1913, était vraiment révolutionnaire, car Bohr y introduisait le quantum directement dans l'atome.

Niels Henrik David Bohr naquit à Copenhague le 7 octobre 1885, le jour du vingt-cinquième anniversaire de sa mère Ellen. Elle avait regagné la confortable demeure de ses parents pour la naissance de son deuxième enfant. Séparée par une grande rue pavée du château de Christianborg, siège du Parlement danois,

Ved Stranden 14 était l'une des résidences les plus somptueuses de la ville. Banquier et politicien, le père d'Ellen était l'un des hommes les plus riches du Danemark. Les Bohr ne séjournèrent pas longtemps à cette adresse. Ce n'était que la première d'une série de demeures grandioses et élégantes dans lesquelles Niels habiterait tout au long de sa vie.

Christian Bohr, l'éminent professeur de physiologie à l'université de Copenhague, avait découvert le rôle du gaz carbonique dans la libération de l'oxygène par l'hémoglobine. Ce qui, avec ses travaux sur la respiration, lui valut d'être deux fois sélectionné – en vain – pour le prix Nobel de physiologie ou de médecine en 1907 et 1908. Entre 1886 et 1911, l'année de sa mort prématurée, à cinquante-six ans seulement, la famille occupa un appartement spacieux dans l'académie de médecine de l'université [2]. Situé dans ce qui était alors la rue la plus chic de la ville et à dix minutes à pied de l'école locale, il était idéal pour les trois enfants Bohr : Jenny, de deux ans l'aînée, Niels, et Harald, qui avait dix-huit mois de moins que lui [3]. Avec trois bonnes et une gouvernante pour s'occuper d'eux, les enfants jouissaient d'une enfance confortable et privilégiée, très loin des conditions sordides dans lesquelles vivaient la plupart des habitants de Copenhague, qui étaient de plus en plus nombreux.

La situation du père de Niels à l'université et le statut social de sa mère garantissaient que nombre des savants, érudits, écrivains et artistes danois de premier plan soient régulièrement reçus chez les Bohr. Trois de ces habitués étaient, comme Christian Bohr lui-même, membres de l'Académie royale danoise des sciences et des lettres : le physicien Christian Christiansen, le philosophe Harald Høffding et le linguiste Vilhelm Thomsen. Après la séance hebdomadaire de l'Académie, les débats se poursuivaient chez l'un des quatre confrères. Encore adolescents, Niels et Harald étaient autorisés à assister discrètement aux discussions animées qui avaient lieu alors. C'était une occasion rare de capter les préoccupations intellectuelles d'un groupe de tels personnages au moment où l'Europe baignait dans l'esprit fin de siècle. Elles laissèrent aux deux garçons, comme Niels le dit plus tard, « quelques-unes de leurs impressions les plus anciennes et les plus profondes [4] ».

À l'école, Bohr excellait en mathématiques et en sciences. Peu doué pour les langues vivantes, il peinait à apprendre l'anglais et le français. « En ce temps-là, se rappela un camarade de classe, il n'avait carrément pas peur d'utiliser sa force quand on en venait aux mains pendant la récréation [5]. »

Lorsqu'en 1903 Bohr s'inscrivit à l'université de Copenhague, qui était alors le seul établissement d'enseignement supérieur du pays [6], pour étudier la physique, Einstein avait déjà passé plus d'un an à l'Office des brevets à Berne. Quand Bohr obtint sa maîtrise en 1909, Einstein, qui avait stupéfié les physiciens avec la relativité et ses articles époustouflants de 1905, était professeur extraordinaire de physique théorique à l'université de Zurich et avait obtenu sa première sélection pour le prix Nobel. Bohr s'était lui aussi distingué, sur un podium bien plus modeste, toutefois. En 1907, à vingt et un ans, il remporta la médaille d'or de l'Académie royale danoise des sciences et des lettres pour un article sur la tension superficielle de l'eau. C'est pourquoi son père, qui avait remporté la médaille d'argent en 1885, proclamait souvent avec fierté : « Je suis d'argent, mais Niels est d'or [7]. »

Bohr décrocha la médaille après que son père l'eut persuadé d'abandonner le laboratoire pour aller à la campagne achever son mémoire primé. Bien qu'il l'ait soumis à l'Académie quelques heures seulement avant la date limite, Bohr trouva encore quelque chose à ajouter et le remit sous forme de post-scriptum deux jours plus tard. Le besoin de retravailler tout ce qu'il écrivait jusqu'à ce qu'il soit sûr d'avoir exactement exprimé sa pensée frisait l'obsession. Un an avant de terminer sa thèse de doctorat, Bohr avoua avoir déjà écrit « quatorze brouillons plus ou moins divergents [8] ». Même la rédaction d'une simple missive pouvait se prolonger indûment. Un jour, Harald, apercevant une lettre qui traînait sur le bureau de Niels, se proposa pour aller la poster, mais s'entendit répondre : « Oh, non, ce n'est qu'une des premières versions du brouillon [9]. »

Son plus proche ami fut toujours Harald. Les deux frères étaient unis par un lien d'une force inhabituelle, qu'ils conservèrent toute leur vie. Outre la physique et les mathématiques, ils étaient passionnés de sport, notamment de football. Harald, le meilleur joueur des deux, remporta une médaille d'argent aux jeux Olympiques de 1908 en tant que membre de l'équipe de football danoise qui battit la France avant de perdre contre l'Angleterre en finale. Considéré par beaucoup comme le plus doué intellectuellement des deux frères, Harald entra à l'université un an après Niels, mais obtint son doctorat en mathématiques un an avant que son frère obtienne le sien en physique en 1911. Toutefois, leur père avait toujours affirmé que Niels était « l'exception dans la famille [10] ».

Portant la cravate blanche et l'habit à queue-de-pie blanc exigés par la tradition, Bohr commença la soutenance publique de sa thèse. Elle dura quatre-vingt-dix minutes – un record de brièveté. L'un des deux examinateurs était l'ami de son père, Christian Christiansen, le plus grand physicien danois. Il regretta que personne au Danemark « ne fût suffisamment informé de la théorie des métaux pour pouvoir juger d'une thèse sur ce sujet [11] ». Bohr obtint néanmoins son doctorat et envoya des exemplaires de sa thèse à des hommes comme Max Planck et Hendrik Lorentz – des physiciens dont il pensait qu'ils apprécieraient ses travaux et en reconnaîtraient la valeur. Hélas, aucun des deux ne lui répondit, parce que sa thèse était en danois. Bohr comprit qu'il aurait besoin de la faire traduire s'il voulait qu'on s'y intéresse. Au lieu d'une traduction en allemand ou en français, langues que de nombreux physiciens parlaient couramment, Bohr opta pour une version anglaise du texte et réussit à convaincre un ami de se charger de la tâche.

Tandis que son père avait choisi Leipzig et son frère, Göttingen, les universités allemandes étant traditionnellement le lieu où les Danois ambitieux achevaient leurs études, Bohr choisit l'université de Cambridge. La patrie intellectuelle de Newton et de Maxwell était pour lui « le centre de la physique [12] ». Une fois traduite, sa thèse serait sa carte de visite. Il espérait qu'elle serait la base d'un dialogue avec sir Joseph John Thomson, l'homme qu'il décrirait plus tard comme « le génie qui a montré la voie à tout le monde [13] ».

Après un été de farniente consacré à la voile et à la randonnée, Bohr partit pour Cambridge fin septembre 1911 avec une bourse d'études d'un an offerte par la célèbre brasserie Carlsberg. « Je me suis surpris à exulter ce matin, écrivit-il à sa fiancée, Margrethe Nørland, lorsque je me suis arrêté devant une boutique et que j'ai lu par hasard l'adresse “Cambridge” au-dessus de la porte [14]. » Les lettres de recommandation et le patronyme de Bohr lui assurèrent un accueil chaleureux auprès des physiologistes de l'université, qui se souvenaient de son défunt père. Les premiers jours, ils aidèrent Bohr à trouver un petit appartement de deux pièces à la périphérie de la ville et à s'habituer à la vie universitaire de Cambridge. Il était « très occupé par l'organisation des visites et dîners [15] ». Mais, pour Bohr, c'était sa rencontre avec Thomson, « J. J. » pour ses amis comme pour ses étudiants, qui commença bientôt à occuper son esprit.

Fils d'un libraire de Manchester, Thomson avait été élu chef du laboratoire Cavendish en 1884, une semaine avant son vingt-huitième anniversaire. C'était un choix inattendu pour la succession de James Clerk Maxwell et de lord Rayleigh à la tête du prestigieux établissement de recherche, et pas simplement à cause de l'âge du jeune professeur de physique expérimentale. « J. J. était très peu habile de ses mains, se souvint plus tard un de ses assistants, et je jugeai nécessaire de ne pas l'encourager à manipuler les instruments [16]. » Or, si l'homme qui reçut le prix Nobel pour la découverte de l'électron manquait peut-être de doigté, d'autres témoignèrent de sa « capacité intuitive à appréhender le fonctionnement interne d'appareils complexes sans se donner la peine de les manipuler [17] ».

L'urbanité du personnage – vivante image du professeur distrait, avec ses lunettes rondes, ses cheveux en bataille, sa veste en tweed et son col cassé – mit immédiatement Bohr à l'aise lors de leur première rencontre. Impatient de l'impressionner, il était entré dans le bureau du professeur sa thèse sous le bras et un ouvrage écrit par Thomson à la main. Il ouvrit le livre, lui montra une équation et dit : « Ça, c'est faux [18]. » Bien que n'ayant pas l'habitude qu'on lui exhibe aussi franchement ses erreurs passées, J. J. promit de lire la thèse de Bohr. Il la plaça sur une pile de papiers sur son bureau et invita le jeune Danois à dîner le dimanche suivant. Bohr était enchanté.

Mais les semaines passèrent et Thomson n'avait toujours pas lu la thèse. L'anxiété de Bohr ne cessa de grandir.

« Thomson, écrivit-il à Harald, est d'un abord plus difficile que je ne l'avais cru le premier jour. » Bohr n'avait réussi à lui parler « que deux ou trois fois, pendant deux minutes, et sur un point précis seulement [19] ». Or son admiration pour Thomson, qui, à cinquante-cinq ans, était à la tête du Cavendish depuis vingt-sept ans, n'en fut pas diminuée. « C'est un homme excellent, incroyablement intelligent et plein d'imagination (il faudrait que tu entendes un de ses cours d'initiation), et extrêmement sociable ; mais il est si immensément accaparé par tant de choses et tellement absorbé par son travail qu'il est très difficile d'arriver à lui parler [20]. » Bohr savait que sa maîtrise imparfaite de l'anglais n'arrangeait rien. Il se mit donc à lire *Les Aventures de M. Pickwick* à l'aide d'un dictionnaire pour tenter de surmonter la barrière linguistique.

Début novembre 1911, Bohr rendit visite à un ancien étudiant de son père, Lorrain Smith, à présent titulaire de la chaire de physiologie à l'université de Manchester. Il présenta Bohr à lord Ernest Rutherford of Nelson, qui rentrait d'un congrès de physique à Bruxelles [21]. Le charismatique Néo-Zélandais, se souvint Bohr des années plus tard, « parla avec un enthousiasme caractéristique des nombreuses nouvelles perspectives en sciences physiques [22] ». Après avoir entendu sa « relation haute en couleur des discussions au congrès Solvay », Bohr quitta Manchester charmé et impressionné tout autant par Rutherford l'homme que par Rutherford le physicien [23].

Le jour de sa prise de fonctions comme directeur du département de physique à l'université de Manchester, Rutherford fit sensation quand il partit à la recherche de son nouveau bureau au dernier étage du bâtiment. « Rutherford montait les marches quatre à quatre, se rappela son nouvel assistant de laboratoire, ce qui était horrible pour nous, de voir un professeur monter l'escalier comme ça[24]. » Mais, en l'espace de quelques semaines, l'énergie illimitée et le sens pratique de Rutherford, alors âgé de trente-six ans, avaient captivé ses nouveaux collègues. Il allait créer un groupe de recherche exceptionnel dont le succès resterait inégalé pendant une bonne décennie – un groupe façonné autant par la personnalité de Rutherford que par son jugement scientifique inspiré et son ingéniosité. Il était non seulement la tête du groupe, mais aussi son cœur.

Né le 30 août 1871, dans une petite maison en bois d'un étage à Spring Grove, Rutherford était le quatrième de douze enfants. Sa mère était institutrice et son père finit comme ouvrier dans une filature de lin. Vu la dureté de la vie dans cette communauté rurale dispersée, James et Martha Rutherford firent ce qu'ils purent afin d'assurer que leurs enfants aillent aussi loin que le travail et le talent pourraient les porter. Pour Ernest, cela signifia une série de bourses qui l'emmenèrent à l'autre bout du monde et à l'université de Cambridge.

Lorsqu'il arriva en Angleterre en septembre 1895, Rutherford était loin d'être l'homme exubérant et plein d'assurance qu'il deviendrait en l'espace de quelques années. La transformation débuta lorsqu'il poursuivit des travaux commencés en Nouvelle-Zélande sur la transmission et la détection des ondes de « téléphonie sans fil », appelées plus tard ondes radio. En quelques mois seulement, Rutherford mit au point un détecteur très amélioré et caressa l'idée de gagner de l'argent avec. Il se rendit compte juste à temps que, dans une culture scientifique où les brevets étaient rares, exploiter la recherche dans un but lucratif pourrait porter préjudice à un jeune homme comme lui, qui avait encore une réputation à se faire. Tandis que l'Italien Guglielmo Marconi amassa une fortune qui aurait pu être la sienne, Rutherford ne regretta jamais d'avoir abandonné son détecteur pour explorer une découverte qui avait fait la une des journaux du monde entier.

Le 8 novembre 1895, Wilhelm Röntgen constata que, à chaque fois qu'il faisait passer un courant à haute tension dans un tube en verre où régnait le vide, un rayonnement inconnu faisait briller un petit écran de papier revêtu d'une couche de platinocyanure de barium. Lorsqu'on demanda plus tard à Röntgen, cinquante ans, professeur de physique à l'université de Würzburg, ce qu'il avait pensé en découvrant ces nouveaux rayons, il répondit : « Je n'ai pas pensé ; j'ai enquêté[25]. » Pendant près de six semaines, Röntgen répéta « sans cesse la même expérience pour être absolument sûr que ces rayons existaient réellement[26] ». Il confirma que le tube était la source de la bizarre émanation à l'origine de la fluorescence[27].

Il demanda à sa femme, Bertha, de placer sa main sur une plaque photographique tandis qu'il l'exposait à ce qu'il appelait maintenant ses « rayons X ». Elle garda sa main en place pendant quinze minutes, ensuite Röntgen développa la plaque. Bertha fut effrayée en découvrant les contours de ses os, ses deux bagues et les ombres denses de sa chair. Le 1er janvier 1896, Röntgen envoya des copies de son article, « Une nouvelle sorte de rayons », avec des photos de poids dans une boîte et de la main de sa femme à d'éminents physiciens allemands et étrangers. En l'espace de quelques jours, la nouvelle de la découverte de Röntgen accompagnée de ces stupéfiantes photographies se répandit comme une traînée de poudre. La presse internationale se jeta sur le cliché révélant les os de la main de son épouse et fit de Röntgen une célébrité mondiale du jour au lendemain. Quarante-neuf ouvrages et plus d'un millier d'articles scientifiques et de vulgarisation sur les rayons X allaient être publiés avant la fin de l'année [28].

Thomson avait commencé à étudier ces inquiétants rayons X avant même qu'une traduction anglaise de l'article de Röntgen apparaisse dans l'hebdomadaire scientifique *Nature* le 23 janvier. Engagé dans des recherches sur la conduction de l'électricité dans les gaz, Thomson s'intéressa aux rayons X quand il lut qu'ils transformaient un gaz en conducteur. Ayant rapidement confirmé cette thèse, il demanda à Rutherford de l'aider à mesurer les effets des rayons X traversant les gaz. Ce qui se traduisit pour Rutherford par quatre articles publiés dans les deux années suivantes et qui lui apportèrent une notoriété internationale. Thomson ajouta au premier une courte note suggérant – correctement, ainsi qu'il s'avérerait plus tard – que les rayons X, comme la lumière, étaient une forme de rayonnement électromagnétique.

Tandis que Rutherford s'affairait à mener ses expériences, à Paris, le Français Henri Becquerel essayait de découvrir si les substances phosphorescentes, qui luisent dans l'obscurité, pouvaient aussi émettre des rayons X. Au lieu de quoi il trouva que des composés de l'uranium émettaient un rayonnement, qu'ils soient phosphorescents ou non. L'annonce par Becquerel de la découverte de ses « rayons uraniques » ne suscita guère de curiosité dans les milieux scientifiques et ne mérita pas de gros titres dans les journaux. Guère plus qu'une poignée de physiciens s'intéressèrent aux rayons de Becquerel car, comme leur découvreur, la plupart croyaient que seuls les composés de l'uranium les émettaient. Toutefois, Rutherford choisit d'étudier les effets des « rayons uraniques » de Becquerel sur la conductivité électrique des gaz. Ce fut une décision qu'il décrivit plus tard comme la plus importante de sa vie.

Il commença par tester la pénétration du rayonnement de l'uranium en utilisant des couches très minces de « métal hollandais », un alliage de cuivre et de zinc. Il trouva que la quantité de rayonnement qui traversait le métal pour ioniser l'air environnant dépendait du nombre de couches interposées. À un certain point, ajouter des couches supplémentaires ne réduisait plus guère l'intensité du rayonnement, mais ensuite, contre toute attente, elle commençait à retomber avec l'addition de nouvelles couches. Après avoir répété l'expérience avec différents matériaux et avoir constaté le même processus général, Rutherford ne pouvait proposer qu'une seule explication. Les radiations émises par l'uranium étaient de deux types, qu'il appela rayons alpha et rayons bêta.

Quand le physicien allemand Gerhard Schmidt annonça que le thorium et ses composés émettaient eux aussi un rayonnement, Rutherford le compara avec les rayons alpha et bêta. Il découvrit que celui du thorium était plus puissant et conclut « à la présence de rayons d'une espèce plus pénétrante [29] ». On les appellerait plus tard rayons gamma [30]. Ce fut Marie Curie qui introduisit le terme « radio-activité » pour décrire l'émission spontanée de radiations et qui qualifia de « radio-actives » les substances qui émettaient les « rayons de Becquerel ». Elle était convaincue que la radioactivité devait être un phénomène atomique, puisqu'elle n'était pas confinée au seul uranium. Ce qui la mit sur la voie de la découverte, avec son mari Pierre, des éléments radioactifs radium et polonium.

En avril 1898, lorsque le premier article de Marie Curie fut publié à Paris, Rutherford apprit qu'il y avait un poste vacant de professeur à l'université McGill de Montréal. Bien qu'étant reconnu comme pionnier dans le domaine nouveau de la radioactivité, il s'était présenté sans grand espoir d'être accepté, même avec la chaleureuse lettre de recommandation de J. J. Thomson. « Je n'ai jamais eu un étudiant avec autant d'enthousiasme ou de qualités pour une recherche originale que M. Rutherford, écrivait Thomson, et je suis sûr que, s'il était choisi, il établirait une école de physique distinguée à Montréal [31]. » Et il concluait : « Et toute institution qui s'assurerait les services de M. Rutherford comme professeur de physique aurait, ce me semble, bien de la chance. » Après une traversée mouvementée, Rutherford, qui avait tout juste vingt-sept ans, arriva à Montréal fin septembre 1898. Il y demeurerait neuf ans.

Avant même d'avoir quitté l'Angleterre, il savait « qu'on s'attendait » qu'il « produise des tas de travaux originaux et crée un institut de recherche pour damer le pion aux Yankees [32] ! » Ce qu'il fit, en commençant par découvrir que la radioactivité de l'élément thorium décroissait avec le temps de manière très précise. Elle tombait à la moitié de sa valeur originelle en une minute, et diminuait encore de moitié dans la minute suivante. Au bout de trois minutes, elle n'était plus que le huitième de sa valeur d'origine [33]. Il appela « demi-vie » cette réduction exponentielle de la radioactivité : le temps nécessaire pour que l'intensité du rayonnement émis par une substance radioactive diminue de moitié. Rutherford avait découvert qu'un élément radioactif a sa propre constante de désintégration – sa période caractéristique. Puis vint une découverte qui lui vaudrait la chaire de professeur à Manchester et un prix Nobel.

En octobre 1901, Rutherford et Frederick Soddy, vingt-cinq ans, chimiste britannique à l'université McGill de Montréal, commencèrent à étudier ensemble le thorium et son rayonnement. Ils s'aperçurent bientôt qu'il était peut-être en train de se transformer en un autre élément. Stupéfait par cette idée, Soddy se rappela avoir laissé échapper : « C'est de la transmutation ! — Pour l'amour du ciel, Soddy, l'avertit Rutherford, ne parlez pas de transmutation. Nous allons avoir la tête tranchée comme alchimistes [34]. »

Ils furent bientôt convaincus que la radioactivité était la transformation d'un élément en un autre *via* l'émission d'un rayonnement. Cette théorie hérétique fut généralement accueillie avec scepticisme, mais les preuves expérimentales devinrent rapidement écrasantes. Leurs adversaires durent mettre au rancart leurs croyances en l'immutabilité de la matière. Le rêve de l'alchimiste était devenu un fait scientifique : tous les éléments radioactifs se transformaient spontanément en d'autres éléments, leur période mesurant le temps que mettent la moitié de leurs atomes à évoluer ainsi.

« Jeune, énergique, turbulent, il évoquait tout sauf un scientifique. » Tel est le souvenir que Chaïm Weizmann, futur premier président d'Israël, mais à l'époque chimiste à Manchester, conserva de Rutherford. « Il s'exprimait facilement et énergiquement sur n'importe quel sujet, souvent sans rien y connaître. Quand je descendais déjeuner au réfectoire, j'entendais sa voix puissante et amicale se répercuter dans le couloir [35]. » Weizmann jugea Rutherford « dépourvu de tout sens ou sentiment politiques, tellement il était pris par ses travaux scientifiques d'importance historique [36] ». Au centre de ces travaux se trouverait l'utilisation par Rutherford de la particule alpha pour sonder l'atome.

Mais qu'était exactement une particule alpha ? C'était une question qui contrariait Rutherford depuis longtemps après qu'il eut découvert que les « rayons » alpha étaient en fait des particules positives qui étaient déviées par des champs magnétiques puissants. Il pensait qu'une particule alpha était un ion hélium – un atome d'hélium qui avait perdu ses deux électrons –, mais il ne le dit jamais en public, car il ne disposait que de preuves purement indirectes. À présent, presque dix ans après avoir découvert les rayons alpha, Rutherford espérait trouver une preuve définitive de leur vrai caractère. Les rayons bêta avaient déjà été identifiés comme des électrons rapides. Avec l'aide d'un autre jeune assistant, un Allemand de vingt-cinq ans, Hans Geiger, Rutherford confirma en été 1908 ce qu'il soupçonnait depuis longtemps : que la particule alpha était effectivement un atome d'hélium qui avait perdu deux électrons.

« Cette diffusion est diabolique [37] », s'était plaint Rutherford quand Geiger et lui essayaient de démasquer la particule alpha. Il avait remarqué cet effet pour la première fois deux ans plus tôt à Montréal, lorsque quelques particules alpha qui avaient traversé une feuille de mica avaient légèrement dévié de leur trajectoire rectiligne, causant ainsi du flou sur une plaque photographique. Après son arrivée à Manchester, Rutherford avait rapidement dressé une liste de sujets de recherche potentiels. Il demanda alors à Geiger d'étudier un article de la liste – la diffusion des particules alpha.

Ensemble, ils conçurent une expérience simple impliquant le comptage des scintillations, minuscules éclairs produits par les particules alpha quand elles frappent un écran en papier revêtu de sulfure de zinc après avoir traversé une mince feuille d'or. Compter les scintillations était une tâche ardue impliquant de passer de longues heures dans l'obscurité totale. Par bonheur, d'après Rutherford, Geiger était un « bourreau de travail qui pouvait de temps à autre compter toute une nuit sans que sa sérénité en soit perturbée [38] ». Il constata que les particules alpha soit traversaient directement la feuille d'or, soit étaient déviées de un ou deux degrés seulement.

C'était prévu. Mais Geiger signala que quelques particules alpha « étaient déviées d'un angle très appréciable[39] ».

Avant de pouvoir envisager les implications – éventuelles – des résultats de Geiger, Rutherford reçut le prix Nobel de chimie en novembre 1908 pour avoir découvert que la radioactivité était la transformation d'un élément en un autre. Lui qui considérait « toute la science comme soit de la physique, soit de la philatélie[40] » apprécia l'ironie de sa propre transmutation instantanée de physicien en chimiste. Une fois rentré de Stockholm avec le prix Nobel, Rutherford apprit à évaluer les probabilités associées à différents types de diffusion des particules alpha. Ses calculs révélèrent qu'il y avait une toute petite chance – presque nulle – qu'une particule alpha traversant une feuille d'or subisse des diffusions cumulées résultant en une déviation générale sous un angle important.

Un jour, tandis que Rutherford était préoccupé par ces calculs, Geiger lui demanda s'il pourrait confier un travail de recherche à Ernest Marsden, un étudiant de licence prometteur. « Pourquoi pas ? répondit Rutherford. Chargeons-le de vérifier si des particules alpha peuvent être déviées sous un angle important[41]. » Rutherford fut surpris lorsque Ernest Marsden en trouva. Quand il avait poussé la recherche vers des angles de déviation de plus en plus grands, il n'aurait pas dû y avoir les éclairs révélateurs constatés par Marsden et signalant que des particules alpha s'écrasaient sur l'écran de sulfure de zinc. Tandis que Rutherford s'efforçait d'appréhender « la nature des gigantesques forces électriques ou électromagnétiques capables de détourner ou de disperser un faisceau de particules alpha[42] », il demanda à Marsden de voir s'il n'y en avait pas qui seraient renvoyées. Ne s'attendant pas qu'il trouve quoi que ce soit, il fut carrément stupéfait quand Marsden découvrit des particules alpha qui rebondissaient sur la feuille d'or. C'était, dit-il, « presque aussi incroyable que si vous aviez tiré un obus de 300 sur un morceau de papier de soie et qu'il était revenu vous frapper [43] ».

Marsden et Geiger procédèrent à des mesures comparatives en utilisant différents métaux. Ils découvrirent que l'or renvoyait presque deux fois plus de particules que l'argent, et vingt fois plus que l'aluminium. Une seule particule alpha était réfléchie sur environ huit mille qui traversaient la feuille de platine. Quand ils publièrent ces résultats et d'autres en juin 1909, Geiger et Marsden se contentèrent de décrire leurs expériences et d'en rapporter les résultats sans commentaires. Perplexe, Rutherford broya du noir pendant dix-huit mois en essayant de découvrir le raisonnement qui conduirait à une explication.

Tout au long du XIXe siècle, l'existence des atomes avait alimenté un débat scientifique et philosophique considérable, mais en 1909 la réalité de l'atome était déjà établie sans le moindre doute possible. Les détracteurs de l'atomisme furent réduits au silence par le poids écrasant des preuves apportées, les deux principales étant l'explication par Einstein du mouvement brownien et sa confirmation, et la découverte par Rutherford de la transformation radioactive des éléments. Après des décennies d'une polémique au cours de laquelle maints éminents physiciens et chimistes avaient nié l'existence de l'atome, sa représentation la plus généralement acceptée était le modèle dit du « plum-pudding » proposé par le mentor de Rutherford, J. J. Thomson.

En 1903, Thomson suggéra que l'atome était une boule de masse nulle et de charge positive dans laquelle les électrons de charge négative qu'il avait découverts six ans plus tôt étaient incrustés comme les fruits secs dans le pudding. La charge positive neutraliserait les forces de répulsion entre les électrons qui, autrement, feraient éclater l'atome[44]. Pour tout élément donné, Thomson envisageait une disposition unique de ces électrons atomiques en anneaux concentriques. Il soutenait que c'était la répartition et le nombre différents des électrons dans les atomes d'or et de plomb, par exemple, qui distinguaient ces deux métaux. Puisque la masse de l'atome de Thomson était intégralement due aux électrons qu'il contenait, il s'ensuivait qu'il devait y en avoir des milliers même dans les atomes les plus légers.

Cent ans plus tôt exactement, en 1803, le chimiste anglais John Dalton avait, le premier, avancé l'idée que les atomes de chaque élément étaient uniquement caractérisés par leur poids (nous disons aujourd'hui : leur masse). Ne disposant d'aucun moyen direct de mesurer les poids atomiques, Dalton en détermina les valeurs relatives en examinant les proportions dans lesquelles différents éléments se combinaient pour former de nouveaux composés. Il lui fallait avant tout un étalon. L'hydrogène étant le plus léger élément connu, Dalton lui assigna un poids atomique de un. Les poids atomiques de tous les autres éléments furent alors fixés par rapport à celui de l'hydrogène.

Thomson comprit que son modèle était erroné après avoir étudié les résultats d'expériences impliquant la diffusion par les atomes de rayons X et de particules bêta. Il avait surestimé le nombre d'électrons. D'après ses nouveaux calculs, un atome ne pouvait contenir plus d'électrons que ne le prescrivait son poids atomique. Le nombre précis d'électrons présents dans les atomes des différents éléments était inconnu, mais cette limite supérieure fut rapidement acceptée comme un premier pas dans la bonne direction. L'atome d'hydrogène, de poids atomique un, ne pouvait avoir qu'un seul électron, tandis que l'atome d'hélium, de poids atomique quatre, pouvait en avoir deux, trois ou quatre, et ainsi de suite pour les autres éléments.

Cette réduction drastique du nombre d'électrons indiquait que l'essentiel du poids de l'atome était dû à la sphère diffuse de charge positive. D'un coup, ce que Thomson avait initialement invoqué comme rien de plus qu'un artifice indispensable pour produire un atome stable et neutre avait acquis une réalité autonome. Mais même ce modèle nouveau et amélioré ne pouvait expliquer la diffusion des particules alpha ni fixer le nombre exact d'électrons dans un atome particulier.

Rutherford croyait que les particules alpha étaient diffusées par un champ électrique d'une puissance gigantesque à l'intérieur de l'atome. Mais à l'intérieur de l'atome de J. J. Thomson, avec sa charge positive uniformément répartie, pareil champ électrique intense n'existait pas. L'atome de Thomson était carrément incapable de repousser les particules alpha. En décembre 1910, Rutherford réussit enfin à « concevoir un atome très supérieur à celui de J. J.[45] ». « Maintenant, dit-il à Geiger, je sais à quoi ressemble l'atome[46]. » Il ne ressemblait en rien à celui de Thomson.

L'atome de Rutherford consistait en un minuscule noyau central de charge positive, qui contenait pratiquement toute la masse de l'atome. Il était cent mille fois plus petit que lui et n'occupait qu'un volume infime « comme une mouche dans une cathédrale[47] ». Rutherford savait que les électrons à l'intérieur d'un atome ne pouvaient pas être responsables de la déviation massive des particules alpha, aussi n'était-il pas nécessaire de déterminer leur configuration exacte autour du noyau. L'atome conçu par Rutherford n'était plus, plaisantait-il, « le bel objet dur, rouge ou gris, comme on voudra[48] » en lequel il avait été amené à croire.

La plupart des particules alpha traverseraient sans problème l'atome de Rutherford dans toute « collision », puisqu'elles étaient trop loin du minuscule noyau central pour subir la moindre déviation. D'autres dévieraient légèrement de leur trajectoire en rencontrant le champ électrique créé par le noyau. Plus elles passeraient près du noyau, plus elles seraient affectées par son champ électrique et plus elles seraient déviées de leur trajectoire initiale. Mais si une particule alpha se dirigeait droit sur le noyau, la force de répulsion entre les deux la projetterait en arrière comme une balle qui rebondit sur un mur de brique. Ainsi que l'avaient constaté Geiger et Marsden, ces coups au but étaient extrêmement rares. C'était, comme disait Rutherford, « comme si on essayait de tirer sur un moucheron dans l'Albert Hall en pleine nuit[49] ».

Le modèle de Rutherford lui permit de faire des prédictions précises en utilisant une formule simple qu'il avait lui-même dérivée et qui exprimait la proportion de particules alpha susceptibles d'être diffusées pour n'importe quel angle de déflection. Il ne voulait pas présenter son modèle de l'atome avant de l'avoir fait tester par une étude minutieuse de la répartition angulaire des particules alpha diffusées. Geiger se chargea de la tâche et trouva que la répartition des particules alpha était totalement en accord avec les estimations théoriques de Rutherford.

Le mardi 7 mars 1911, Rutherford annonça son modèle de l'atome dans un bref article sur « La diffusion des rayons alpha et bêta par la matière et la structure de l'atome » présenté lors d'une séance de la Société littéraire et philosophique de Manchester. Le même jour, il reçut une lettre de son ami William Henry Bragg l'informant que « cinq ou six ans plus tôt » le physicien japonais Hantaro Nagaoka avait construit un atome « avec un gros centre positif[50] ». Bragg ne le savait pas, mais

Rutherford avait rencontré Nagaoka pendant l'été 1910. Professeur à l'université de Tokyo, Nagaoka avait rendu visite à Rutherford dans le cadre d'une tournée des laboratoires de physique européens. Moins de deux semaines après la lettre de Bragg, Rutherford en reçut une de Nagaoka, dans laquelle il exprimait sa gratitude « pour la grande bonté qu'[il lui avait] témoignée à Manchester [51] » et soulignait qu'en 1904 il avait proposé un modèle « saturnien » de l'atome. Il consistait en un centre lourd et volumineux, comme le globe de Saturne, entouré d'anneaux d'électrons en rotation [52].

« Vous remarquerez que la structure que suppose mon atome est quelque peu similaire à celle que vous aviez suggérée dans votre article d'il y a quelques années », reconnut Rutherford dans sa réponse. Bien que similaires à certains égards, les deux modèles montraient des différences significatives. Dans la version de Nagaoka, le corps central était lourd, de charge positive, et occupait la plus grande partie d'un atome plat comme une crêpe. Dans le modèle sphérique de Rutherford, en revanche, un noyau électropositif incroyablement minuscule concentrait presque toute la masse, l'atome lui-même étant pratiquement vide. Or ces deux modèles souffraient de défauts rédhibitoires et peu de physiciens les prirent sérieusement en considération.

Un atome avec des électrons stationnaires autour d'un noyau positif serait instable, car les électrons, avec leur charge négative, seraient irrésistiblement attirés par lui. S'ils gravitaient autour du noyau, comme les planètes autour du Soleil, l'atome s'effondrerait quand même. Newton avait démontré depuis longtemps que tout objet se mouvant en cercle subit une accélération. D'après la théorie de l'électromagnétisme de Maxwell, s'il s'agit d'une particule chargée, comme un électron, elle perd alors sans discontinuer de l'énergie sous forme de rayonnement électromagnétique. Un électron gravitant autour du noyau s'écraserait en un millième de milliardième de seconde sur lui au terme d'une trajectoire en spirale. L'atome de Rutherford était condamné : l'existence même du monde matériel était une preuve écrasante de son échec.

Rutherford était depuis longtemps conscient de ce qui semblait un problème insoluble. « Cette perte d'énergie inévitable subie par un électron accéléré, écrivait-il dans son ouvrage de 1906 *Les Transformations radioactives*, a été l'une des plus grandes difficultés que j'aie rencontrées en tentant de déduire la constitution d'un atome stable [53]. » Or, en 1911, il choisit d'ignorer la difficulté. « Il n'est pas besoin d'envisager à ce stade la question de la stabilité de l'atome proposé, car elle dépendra manifestement de la structure fine de l'atome, et du mouvement de la particule constitutive chargée [54]. »

Le test initial pratiqué par Geiger sur la formule de diffusion de Rutherford avait été bref et limité dans son étendue. Marsden rejoignit alors Geiger pour passer la plus grande partie de l'année suivante à effectuer des recherches plus détaillées. En juillet 1912, leurs résultats confirmèrent la formule de la diffusion et les principales conclusions de la théorie de Rutherford [55]. « La vérification complète, se rappela Marsden de nombreuses années plus tard, fut une tâche laborieuse mais excitante [56]. » Ils découvrirent également que la charge centrale était, compte tenu des erreurs expérimentales, plus ou moins la moitié du poids atomique. À l'exception de l'hydrogène, qui avait un poids atomique de un, le nombre d'électrons dans tous les autres atomes était forcément égal à approximativement la moitié du poids atomique. Il était maintenant possible de réduire le nombre d'électrons dans un atome d'hélium, par exemple, à deux, alors que précédemment il aurait pu y en avoir jusqu'à quatre. Cette réduction du nombre d'électrons impliquait toutefois que l'atome de Rutherford rayonnait encore plus d'énergie qu'on ne le soupçonnait auparavant.

Tandis que Rutherford relatait à Bohr des épisodes du premier congrès Solvay, il négligea de mentionner que ni lui-même ni personne d'autre n'avait discuté de son atome nucléaire.

Cependant, à Cambridge, le rapport intellectuel que Bohr cherchait à établir avec J. J. Thomson resta lettre morte. Des années plus tard, Bohr identifia l'une des raisons possibles de cet échec : « Je n'avais pas de bonnes connaissances en anglais et ne savais donc pas comment m'exprimer. Je pouvais seulement dire que [cette équation] était incorrecte. Et lui ne s'intéressait pas à cette accusation d'inexactitude[57]. » Thomson, outre qu'il avait la redoutable réputation de négliger les articles et les lettres de ses étudiants comme de ses collègues, n'était plus activement engagé dans la physique de l'électron.

De plus en plus déçu par Cambridge, Bohr rencontra Rutherford une nouvelle fois, au banquet annuel des jeunes chercheurs du Cavendish, début décembre 1911. Organisée par les étudiants, c'était une manifestation informelle et quelque peu chahuteuse. Après un dîner comportant pas moins de dix plats, il y avait des toasts, des chansons, et des *limericks*, ces courts poèmes improvisés dans lesquels les étudiants taquinaient leurs illustres invités. Impressionné une fois de plus par la personnalité de Rutherford, Bohr commença à songer sérieusement à échanger Cambridge et Thomson contre Manchester et Rutherford. Dans le cours du mois, Bohr se rendit à Manchester pour débattre de cette possibilité avec Rutherford. Jeune homme séparé de sa fiancée, il cherchait désespérément un résultat tangible à lui montrer pour justifier cette année passée loin d'elle. Bohr annonça à Thomson qu'il voulait « en savoir plus sur la radioactivité [58] » et obtint ainsi l'autorisation de partir à Manchester à la fin du trimestre suivant. « Cambridge était très intéressant à tous points de vue, avoua Bohr bien des années plus tard, mais l'expérience fut absolument inutile [59]. »

Il ne restait à Bohr que quatre mois à passer en Angleterre lorsqu'il arriva à Manchester à la mi-mars 1912 pour assister au début du cours d'initiation de sept semaines aux techniques expérimentales de la recherche en radioactivité. Il n'y avait pas de temps à perdre : Bohr passa donc ses soirées à travailler sur l'application de la physique de l'électron en vue d'une meilleure compréhension des propriétés physiques des métaux. Avec Geiger et Marsden au nombre des enseignants, il termina le cours avec succès et Rutherford lui confia un petit projet de recherche.

« Rutherford est un homme sur lequel on ne peut pas se tromper, écrivit Bohr à son frère. Il vient régulièrement s'informer de l'avancement des recherches et parler de la moindre broutille [60]. » Contrairement à Thomson, que Bohr trouvait indifférent aux progrès de ses étudiants, Rutherford « s'intéressait réellement aux travaux de tous les gens autour de lui ». Il avait un talent surprenant pour détecter les sujets prometteurs. Onze parmi ses étudiants ou plusieurs proches collaborateurs obtiendraient le prix Nobel de physique ou de chimie. Dès que Bohr arriva à Manchester, Rutherford écrivit à un ami : « Bohr, un Danois, est parti de Cambridge et a débarqué ici pour acquérir un peu d'expérience de la recherche en radioactivité [61]. » Or il n'y avait rien dans ce que Bohr avait déjà fait qui suggère qu'il était différent des autres jeunes gens ambitieux du Cavendish, hormis le fait que c'était un théoricien.

Rutherford avait en général une piètre opinion des théoriciens et ne manquait jamais une occasion de l'exprimer. « Eux jouent avec leurs symboles, dit-il un jour à un collègue, mais c'est nous qui révélons les données solides et réelles de la nature [62]. » En une autre occasion, lorsqu'on l'invita à donner une conférence sur les tendances de la physique moderne, il ricana : « Les tendances de la physique moderne ? Je ne peux pas faire une communication là-dessus. Ça ne prendrait que deux minutes. Tout ce que je pourrais dire, c'est que les physiciens théoriciens haussent le ton et qu'il serait temps que nous autres expérimentalistes leur mettions une sourdine [63] ! » Cependant, le jeune Danois de vingt-six ans lui avait fait bonne impression dès le premier jour. « Bohr est différent, disait-il. C'est un footballeur [64] ! »

Chaque jour, en fin d'après-midi, le travail au laboratoire s'interrompait lorsque étudiants et enseignants se rassemblaient pour bavarder autour du thé, des petits gâteaux et des tartines beurrées. Rutherford était là, perché sur un tabouret, et avait toujours beaucoup de choses à dire, que la conversation roule sur la politique ou sur le sport. Mais, la plupart du temps, on parlait simplement de physique, et notamment de l'atome et de la radioactivité. Rutherford avait réussi à créer une culture où il y avait de la découverte dans l'air, où on échangeait des idées, où on en discutait dans un esprit de coopération, où personne n'avait peur de s'exprimer, même un nouveau venu. Au centre trônait Rutherford, dont Bohr savait qu'il était toujours prêt « à écouter n'importe quel jeune, quand il avait l'impression qu'il avait la moindre idée, si modeste soit-elle, derrière la tête [65] ». La seule chose que Rutherford ne puisse pas tolérer, c'était le « style pompeux ». Bohr adorait ces conversations.

Contrairement à Einstein, qui s'exprimait facilement à l'oral comme à l'écrit, Bohr s'interrompait souvent tandis qu'il s'escrimait à trouver l'expression correcte, que ce soit en danois, en anglais ou en allemand. Quand Bohr parlait, c'était souvent qu'il pensait tout haut dans sa recherche de la clarté. Ce fut pendant une de ces pauses de fin d'après-midi qu'il rencontra le Suédois George de Hevesy, futur prix Nobel de chimie 1943 pour son élaboration de la technique de marquage radioactif qui deviendrait un puissant outil de diagnostic en médecine, avec de multiples applications en recherche chimique et biologique.

Étrangers sur le sol britannique, parlant une langue qu'ils ne maîtrisaient pas encore, ils se lièrent facilement d'une amitié qui dura toute leur vie. « Il savait comment se rendre utile à un étranger[66] », dit Bohr en se rappelant comment Hevesy, qui n'avait que quelques mois de plus que lui, l'aida à s'intégrer en douceur à la vie du laboratoire. Ce fut pendant leurs conversations que Bohr commença pour la première fois à se concentrer sur l'atome, lorsque Hevesy lui expliqua qu'on avait découvert tellement d'éléments radioactifs qu'il n'y avait plus assez de place pour les loger tous dans la table périodique. Les noms mêmes donnés à ces « radioéléments » engendrés au cours du processus de désintégration radioactive où un atome en devient un autre, témoignaient de l'incertitude et de la confusion entourant leur place exacte au sein du royaume atomique : uranium X, actinium B, thorium C et mésothorium. Mais, dit Hevesy à Bohr, Frederick Soddy, l'ancien collaborateur de Rutherford à Montréal, avait émis une suggestion qui résoudrait peut-être le problème.

En 1907, des chimistes de l'université de Chicago avaient remarqué que deux éléments produits au cours de la désintégration radioactive, le thorium et le radiothorium, étaient physiquement différents, mais chimiquement identiques. Aucun des tests chimiques auxquels ils furent soumis n'avait permis de les distinguer. Les années suivantes, d'autres couples d'éléments chimiquement inséparables furent découverts. Soddy, à présent attaché à l'université de Glasgow, suggéra que la seule différence entre les nouveaux radioéléments et ceux avec qui ils partageaient une « identité chimique complète » était leur poids atomique [67]. Ils étaient comme des jumeaux chimiques dont le seul trait distinctif était une légère différence de poids.

Or, en 1910, Soddy avança que les éléments chimiquement inséparables – qu'il appellerait plus tard « isotopes [68] » – n'étaient que des formes différentes du même élément et devraient partager sa case dans la table périodique. Cette idée entrait toutefois en conflit avec l'organisation existant à l'intérieur de la table périodique, laquelle énumérait les éléments par ordre de poids atomique croissant, en commençant par l'hydrogène pour finir avec l'uranium. Or le fait que le radio thorium, le radioactinium, l'ionium et l'uranium X étaient tous chimiquement identiques au thorium parlait puissamment en faveur des isotopes de Soddy [69].

Jusqu'à ses conversations avec Hevesy, Bohr n'avait manifesté aucun intérêt pour le modèle de l'atome proposé par Rutherford. Mais il lui venait à présent une idée : il ne suffisait pas de distinguer entre les propriétés chimiques et les propriétés physiques d'un atome, il fallait différencier phénomènes nucléaires et phénomènes atomiques. Mettant entre parenthèses le problème de son inévitable effondrement, Bohr prit au sérieux le modèle atomique de Rutherford et essaya de réconcilier la suggestion de Soddy avec l'usage des poids atomiques afin de mettre de l'ordre dans la table périodique. « C'est alors, dit-il plus tard, que tout s'arrangea [70]. »

Bohr comprit que c'était la charge du noyau qui déterminait le nombre des électrons contenus dans l'atome de Rutherford. L'atome étant globalement neutre, Bohr savait que la charge positive du noyau devait forcément être équilibrée par les charges négatives combinées de tous ses électrons. Le modèle de Rutherford pour l'atome d'hydrogène devait donc consister en une charge nucléaire de plus un et un électron unique de charge moins un. L'hélium, avec sa charge nucléaire de plus deux, devait avoir deux électrons. Cet accroissement de la charge nucléaire couplé au nombre correspondant d'électrons finissait par conduire au plus lourd élément connu alors, l'uranium, de charge nucléaire 92.

Pour Bohr, la conclusion était sans équivoque : c'était la charge nucléaire et non le poids atomique qui déterminait la position d'un élément à l'intérieur de la table périodique. À partir de là, il passa facilement au concept d'isotope. Ce fut Bohr, et non Soddy, qui reconnut que la charge nucléaire était la propriété fondamentale qui associait des radioéléments différents – des isotopes – chimiquement identiques, mais physiquement distincts. La table périodique pouvait héberger tous les éléments : il suffisait qu'ils soient disposés selon la charge nucléaire.

D'un coup, Bohr fut en mesure d'expliquer pourquoi Hevesy n'avait pu séparer le plomb et le radium D. Si c'étaient les électrons qui déterminaient les propriétés chimiques d'un élément, qui décidaient s'il se combinait avec d'autres éléments ou composés et sous quelles modalités, alors tout couple d'éléments avec le même nombre et la même configuration d'électrons seraient des jumeaux identiques, chimiquement inséparables. Le plomb et le radium D avaient la même charge nucléaire, 82, et donc le même nombre d'électrons, 82, ce qui avait

TABLEAU PÉRIODIQUE DES ÉLÉMENTS

Clé :
- 13 / IIIA — NUMÉRO DU GROUPE RECOMMANDATIONS DE L'IUPAC (1985) / NUMÉRO DU GROUPE CHEMICAL ABSTRACT SERVICE (1986)
- NUMÉRO ATOMIQUE — 5
- 10.811 — MASSE ATOMIQUE RELATIVE
- SYMBOLE — B
- BORE — NOM DE L'ÉLÉMENT

PÉRIODE \ GROUPE	1 IA	2 IIA	3 IIIB	4 IVB	5 VB	6 VIB	7 VIIB	8	9 (VIIIB)	10	11 IB	12 IIB	13 IIIA	14 IVA	15 VA	16 VIA	17 VIIA	18 VIIIA
1	1 1.0079 H HYDROGÈNE																	2 4.0026 He HÉLIUM
2	3 6.941 Li LITHIUM	4 9.0122 Be BÉRYLLIUM											5 10.811 B BORE	6 12.011 C CARBONE	7 14.007 N AZOTE	8 15.999 O OXYGÈNE	9 18.998 F FLUOR	10 20.180 Ne NÉON
3	11 22.990 Na SODIUM	12 24.305 Mg MAGNÉSIUM											13 26.982 Al ALUMINIUM	14 28.086 Si SILICIUM	15 30.974 P PHOSPHORE	16 32.065 S SOUFRE	17 35.453 Cl CHLORE	18 39.948 Ar ARGON
4	19 39.098 K POTASSIUM	20 40.078 Ca CALCIUM	21 44.956 Sc SCANDIUM	22 47.867 Ti TITANE	23 50.942 V VANADIUM	24 51.996 Cr CHROME	25 54.938 Mn MANGANÈSE	26 55.845 Fe FER	27 58.933 Co COBALT	28 58.693 Ni NICKEL	29 63.546 Cu CUIVRE	30 65.39 Zn ZINC	31 69.723 Ga GALLIUM	32 72.64 Ge GERMANIUM	33 74.922 As ARSENIC	34 78.96 Se SÉLÉNIUM	35 79.904 Br BROME	36 83.80 Kr KRYPTON
5	37 85.468 Rb RUBIDIUM	38 87.62 Sr STRONTIUM	39 88.906 Y YTTRIUM	40 91.224 Zr ZIRCONIUM	41 92.906 Nb NIOBIUM	42 95.94 Mo MOLYBDÈNE	43 (98) Tc TECHNÉTIUM	44 101.07 Ru RUTHÉNIUM	45 102.91 Rh RHODIUM	46 106.42 Pd PALLADIUM	47 107.87 Ag ARGENT	48 112.41 Cd CADMIUM	49 114.82 In INDIUM	50 118.71 Sn ÉTAIN	51 121.76 Sb ANTIMOINE	52 127.60 Te TELLURE	53 126.90 I IODE	54 131.29 Xe XÉNON
6	55 132.91 Cs CÉSIUM	56 137.33 Ba BARYUM	57-71 La-Lu Lanthanides	72 178.49 Hf HAFNIUM	73 180.95 Ta TANTALE	74 183.84 W TUNGSTÈNE	75 186.21 Re RHÉNIUM	76 190.23 Os OSMIUM	77 192.22 Ir IRIDIUM	78 195.08 Pt PLATINE	79 196.97 Au OR	80 200.59 Hg MERCURE	81 204.38 Tl THALLIUM	82 207.2 Pb PLOMB	83 208.98 Bi BISMUTH	84 (209) Po POLONIUM	85 (210) At ASTATE	86 (222) Rn RADON
7	87 (223) Fr FRANCIUM	88 (226) Ra RADIUM	89-103 Ac-Lr Actinides	104 (261) Rf RUTHERFORDIUM	105 (262) Db DUBNIUM	106 (266) Sg SEABORGIUM	107 (264) Bh BOHRIUM	108 (277) Hs HASSIUM	109 (268) Mt MEITNERIUM	110 (281) Uun UNUNNILIUM	111 (272) Uuu UNUNUNIUM	112 (285) Uub UNUNBIUM		114 (289) Uuq UNUNQUADIUM				

Lanthanides

6	57 138.91 La LANTHANE	58 140.12 Ce CÉRIUM	59 140.91 Pr PRASÉODYME	60 144.24 Nd NÉODYME	61 (145) Pm PROMÉTHIUM	62 150.36 Sm SAMARIUM	63 151.96 Eu EUROPIUM	64 157.25 Gd GADOLINIUM	65 158.93 Tb TERBIUM	66 162.50 Dy DYSPROSIUM	67 164.93 Ho HOLMIUM	68 167.26 Er ERBIUM	69 168.93 Tm THULIUM	70 173.04 Yb YTTERBIUM	71 174.97 Lu LUTÉTIUM

Actinides

7	89 (227) Ac	90 232.04 Th	91 231.04 Pa	92 238.03 U	93 (237) Np	94 (244) Pu	95 (243) Am	96 (247) Cm	97 (247) Bk	98 (251) Cf	99 (252) Es	100 (257) Fm	101 (258) Md	102 (259) No	103 (262) Lr

pour résultat une « identité chimique complète ». Bohr avait déduit que le radium D était un isotope du plomb et qu'il était donc impossible de les séparer par quelque moyen chimique que ce soit. Tous les isotopes seraient plus tard identifiés par le nom de l'élément dont ils étaient un isotope plus leur poids atomique. Le radium D était le plomb 210.

Bohr avait saisi le fait essentiel que la radioactivité était un phénomène nucléaire et non atomique. Ce qui lui permit d'expliquer le processus de la désintégration radioactive, dans lequel un radioélément se transformait en un autre avec émission d'un rayonnement alpha, bêta ou gamma en tant qu'événement nucléaire. Bohr comprit que, si la radioactivité avait son origine dans le noyau, alors un noyau d'uranium avec une charge de plus 92, qui se changeait en uranium X avec émission d'une particule alpha, perdait deux unités de charge positive, ce qui donnait un noyau avec une charge de plus 90. Ce nouveau noyau, ne pouvant plus retenir tous les 92 électrons de l'atome initial, en perdait immédiatement deux pour former un atome neutre. Tout nouvel atome produit par désintégration radioactive acquiert ou perd sur-le-champ des électrons de façon à recouvrer sa neutralité. L'uranium X avec une charge nucléaire positive de 90 et 90 électrons est un isotope du thorium. L'un comme l'autre « possédaient la même charge nucléaire et ne différaient que par leur masse et la structure intrinsèque de leur noyau [71] ». Ce qui expliquait pourquoi ceux qui avaient tenté de le faire n'avaient pu réussir à séparer le thorium, de poids atomique 232, et l'« uranium X », le thorium 234.

Sa théorie décrivant ce qui se passait au niveau du noyau impliquait, dira Bohr plus tard, que, « par la seule désintégration nucléaire, l'élément, indépendamment de tout changement de son poids atomique, se déplacerait de deux cases vers le bas ou d'une case vers le haut dans la table périodique, ce qui correspondrait respectivement à l'accroissement ou à la diminution de la charge nucléaire accompagnant l'émission de rayons alpha ou bêta[72] ». L'uranium se désintégrant en thorium 234 avec émission d'une particule alpha reculait de deux cases sur la table périodique.

Les particules bêta, n'étant rien d'autre que des électrons véloces, ont une charge négative de moins un. Si un noyau émet une particule bêta, sa charge positive s'accroît d'une unité, comme si deux particules, l'une positive et l'autre négative, qui existaient en harmonie sous forme de paire neutre, avaient été séparées avec éjection d'un électron abandonnant son homologue positif. Le nouvel atome produit par désintégration bêta a une charge nucléaire supérieure d'une unité à celle de l'atome en désintégration, ce qui le déplace d'une case vers la droite dans la table périodique.

Quand Bohr présenta ses idées à Rutherford, ce dernier l'avertit du danger qu'il y avait à « extrapoler à partir de minces preuves expérimentales[73] ». Surpris par cet accueil plutôt tiède, Bohr tenta de convaincre Rutherford « que ce serait la validation définitive de son atome[74] ». Il échoua. Une partie du problème résidait dans son incapacité occasionnelle à formuler ses idées clairement. Préoccupé par la rédaction d'un livre, Rutherford ne prit pas le temps de comprendre pleinement la signification de ce que Bohr avait accompli. Rutherford croyait que, bien que les particules alpha soient émises par un noyau, les particules bêta n'étaient que des électrons atomiques éjectés d'une manière ou d'une autre par un atome radioactif. Quoique Bohr ait essayé en cinq occasions distinctes de le convaincre, Rutherford hésitait à suivre son raisonnement jusqu'à sa conclusion logique[75]. Sentant confusément que

Rutherford commençait « à perdre un peu patience[76] » avec lui et ses idées, Bohr décida de tirer un trait. D'autres n'en restèrent pas là.

Comme Bohr, Frederick Soddy repéra rapidement les mêmes « lois du déplacement » des éléments sur la table périodique mais, contrairement au jeune Danois, il put faire publier ses résultats sans avoir à solliciter d'approbation d'un supérieur. Nul ne s'étonna que Soddy soit à l'avant-garde de ces percées. Mais personne n'aurait pu deviner qu'un avocat néerlandais excentrique de quarante-deux ans, spécialisé dans l'immobilier, allait introduire une idée qui serait d'une importance fondamentale. En juin 1911, dans une brève missive à la revue *Nature*, Antonius Johannes van den Broek hasarda que la charge nucléaire d'un élément particulier était déterminée par sa place dans la table périodique – son numéro atomique –, plutôt que par son poids atomique. Inspirée par le modèle de l'atome de Rutherford, cette idée était fondée sur diverses suppositions qui se révélèrent bientôt fausses, notamment celle énonçant que la charge nucléaire était égale à la moitié du poids atomique. Rutherford fut à bon droit agacé qu'un avocat publie « pour s'amuser un tas de conjectures sans fondement suffisamment solide[77] ».

Son idée n'ayant pas trouvé d'écho favorable, van den Broek récidiva et, le 27 novembre 1913, dans une autre lettre à *Nature*, il abandonna l'hypothèse que la charge nucléaire était égale à la moitié du poids atomique. Il y fut incité par la publication des recherches approfondies de Geiger et Marsden sur la diffusion des particules alpha. Une semaine plus tard, Soddy écrivit à *Nature* pour expliquer que l'idée de van den Broek rendait claire la signification des lois du déplacement. C'est dans cet article que Soddy proposa pour la première fois le concept d'isotope. Vint ensuite une approbation de

Rutherford : « La suggestion initiale de van den Broek voulant que la charge du noyau soit égale au numéro atomique et non à la moitié du poids atomique me semble très prometteuse. » Rutherford faisait l'éloge de la proposition de van den Broek un peu plus de dix-huit mois après avoir déconseillé à Bohr de s'engager sur une voie similaire.

Bohr ne se plaignit jamais de ne pas avoir été le premier à publier le concept de numéro atomique, ou les idées qui valurent à Soddy le prix Nobel de chimie en 1921, à cause d'un manque d'enthousiasme de la part de Rutherford [78]. « La confiance en son jugement, se souvint Bohr avec attendrissement, et notre admiration pour sa puissante personnalité formaient la base de l'inspiration ressentie par tous dans son laboratoire, et nous incitaient tous à essayer de faire de notre mieux pour mériter sa sympathie et l'intérêt infatigable qu'il prenait aux travaux de tout le monde [79]. » En fait, Bohr continua de considérer une approbation de Rutherford comme « le plus grand encouragement que chacun d'entre nous puisse souhaiter [80] ». Comment Bohr pouvait se permettre d'être si généreux, alors que d'autres auraient pu se sentir amèrement frustrés ? L'explication est donnée par la suite des événements.

Après que Rutherford l'eut dissuadé de publier ses idées novatrices, Bohr tomba sur un article récemment publié qui attira son attention [81]. C'était l'œuvre du seul physicien théoricien de l'équipe de Rutherford, Charles Galton Darwin, petit-fils du grand naturaliste. L'article concernait l'énergie perdue par les particules alpha qui traversent la matière au lieu d'être diffusées par les noyaux atomiques. C'était un problème étudié à l'origine par J. J. Thomson, qui avait utilisé son propre modèle de l'atome, mais que Darwin réexaminait sur la base de l'atome de Rutherford.

Rutherford avait élaboré son modèle atomique en utilisant les données rassemblées par Geiger et Marsden sur la diffusion avec déviation angulaire majeure des particules alpha. Il savait que les électrons atomiques ne pouvaient pas être responsables de déviations si importantes et les ignora en conséquence. En formulant sa loi de la diffusion qui prédisait la proportion de particules alpha diffusées qu'on devrait s'attendre à trouver pour n'importe quel angle de déviation, Rutherford avait traité l'atome comme un noyau nu. Ensuite, il plaça carrément le noyau au centre de l'atome et l'entoura d'électrons sans rien dire de leur disposition possible. Dans son article, Darwin adopta une démarche similaire lorsqu'il ignora l'influence que le noyau aurait pu exercer sur les particules alpha en mouvement et se concentra sur les électrons atomiques. Il fit remarquer que l'énergie perdue par une particule alpha en traversant la matière était presque entièrement due aux collisions entre elle et les électrons atomiques.

Darwin ne savait pas exactement comment les électrons étaient disposés à l'intérieur de l'atome de Rutherford. Il conjectura qu'ils étaient également répartis soit dans tout le volume de l'atome, soit à sa surface. Ses résultats ne dépendaient que de la valeur de la charge nucléaire et du rayon de l'atome. Darwin constata que les valeurs qu'il avait trouvées pour divers rayons atomiques ne concordaient pas avec les estimations existantes. En lisant l'article, Bohr identifia rapidement l'erreur commise par Darwin. Il avait à tort traité les électrons comme s'ils étaient libres quand ils étaient heurtés par les particules alpha, au lieu d'être captifs du noyau à charge positive.

La plus grande qualité de Bohr était sa capacité à identifier et à exploiter les échecs de la théorie existante. Ce talent lui fut bien utile tout au long de sa carrière, car il se lança dans nombre de ses propres travaux en repérant des erreurs et des incohérences dans ceux d'autrui. En cette occasion, ce fut l'erreur de Darwin qui lui servit de point de départ. Alors que Rutherford et Darwin avaient considéré séparément le noyau et les électrons atomiques, comme s'ils s'ignoraient mutuellement, Bohr comprit qu'une théorie qui réussirait à expliquer comment les particules alpha interagissaient avec les électrons atomiques pourrait révéler la vraie structure de l'atome [82]. Tout souvenir tenace de sa déception devant la réaction de Rutherford à son idée initiale fut oublié lorsqu'il entreprit de rectifier l'erreur de Darwin.

« Je ne m'en tire pas mal en ce moment, écrivit-il spontanément à Harald ; il y a deux jours, j'ai eu une petite idée sur la compréhension de l'absorption des rayons alpha [c'est arrivé comme ceci : un jeune mathématicien d'ici, C. G. Darwin (petit-fils du vrai Darwin), vient de publier une théorie sur ce problème, et j'ai eu l'impression que non seulement elle n'était pas tout à fait correcte mathématiquement (seulement un tantinet incorrecte, quand même) mais très peu satisfaisante dans sa conception de base], et j'ai élaboré une petite théorie là-dessus, laquelle, même si elle n'est pas grand-chose, pourra peut-être faire un peu la lumière sur certaines choses associées à la structure de l'atome. J'ai l'intention de publier un petit article là-dessus très bientôt [83]. » Ne pas être obligé d'aller au laboratoire « a été étonnamment commode pour élaborer ma petite théorie [84] », avouait-il.

La seule personne à Manchester à qui Bohr soit disposé à se confier avant d'avoir pu étoffer ses idées émergentes était Rutherford. Bien que perplexe devant la direction prise par le Danois, Rutherford l'écouta et, cette fois-ci, l'encouragea à continuer. Avec sa permission, Bohr travailla chez lui au lieu d'aller au laboratoire. Il était sous pression, puisque son séjour à Manchester touchait à son terme. « Je pense avoir trouvé quelques trucs ; mais il faut manifestement plus de temps pour les développer que je ne le croyais au départ, imbécile que j'étais, écrivait-il à Harald le 17 juillet. J'espère avoir un petit article prêt à montrer à Rutherford avant de partir, alors je suis occupé, très occupé ; mais la chaleur incroyable qu'il fait ici à Manchester ne contribue pas vraiment à mon assiduité. Qu'il me tarde de pouvoir te parler[85] ! » Il voulait annoncer à son frère qu'il espérait corriger les défauts de l'atome nucléaire raté de Rutherford en le transformant en atome quantique.

CHAPITRE 4

L'atome quantique

Slagelse, Danemark, jeudi 1er août 1912. Les rues pavées de la petite bourgade pittoresque de l'île de Sjælland, à quelque quatre-vingts kilomètres au sud-ouest de Copenhague, étaient décorées de drapeaux. Ce ne fut pas dans la belle église médiévale, mais à la mairie que Niels Bohr et Margrethe Nørland furent mariés au cours d'une cérémonie expédiée en deux minutes par le commissaire de police. Le maire était parti en vacances, Harald était garçon d'honneur et seuls les plus proches membres de la famille étaient présents. Comme ses parents avant lui, Bohr ne voulait pas d'une cérémonie religieuse ; adolescent, il avait déjà depuis longtemps cessé de croire en Dieu lorsqu'il avoua à son père : « Je n'arrive pas à comprendre comment j'ai pu autant me faire avoir par tout ça ; ça ne signifie absolument rien pour moi [1]. » Quelques mois avant le mariage, Bohr avait finalement quitté l'Église luthérienne. Son père, qui était mort subitement l'année précédente, l'aurait approuvé.

Les jeunes mariés avaient d'abord eu l'intention de passer leur lune de miel en Norvège, mais ils furent forcés de changer leurs plans, car Bohr n'avait pu terminer à temps son article sur les particules alpha. Ils se rendirent donc à Cambridge pour un séjour de deux semaines sur les quatre de leur voyage de noces [2]. Entre des visites à de vieux amis et des promenades dans Cambridge avec Margrethe, il trouva le temps de terminer son article. Ce fut un effort commun. Niels dictait, essayant tant bien que mal de trouver les termes appropriés pour énoncer clairement sa pensée, tandis que Margrethe écrivait et, dans la foulée, corrigeait et améliorait l'anglais. Cette collaboration fonctionna si bien que, les années suivantes, Margrethe devint effectivement sa secrétaire.

Bohr n'aimait pas écrire et s'en dispensait chaque fois qu'il le pouvait. Il ne put terminer sa thèse de doctorat qu'en la dictant à sa mère. « Il ne faut pas aider Niels à ce point, il faut que tu le laisses apprendre à écrire tout seul [3] », protestait son père. En vain. Lorsqu'il prenait la plume pour de bon, Bohr écrivait lentement et d'une manière presque illisible. « Par-dessus tout, se rappela un collègue, il avait du mal à penser et écrire en même temps [4]. » Il avait besoin de parler, de penser tout haut à mesure qu'il développait ses idées. C'est en bougeant qu'il pensait le mieux – en tournant autour d'une table, d'ordinaire. Plus tard, un collaborateur, ou quiconque qu'il puisse réquisitionner pour cette tâche, restait assis, la plume en suspens, tandis que Bohr marchait de long en large en dictant dans une langue ou une autre. Il y avait souvent de longues pauses pendant lesquelles il soupesait soigneusement un mot ou une expression. Rarement satisfait du texte d'un article ou d'une conférence, Bohr le « récrivait » souvent jusqu'à une douzaine de fois dans ses efforts pour exprimer sa pensée encore plus clairement. Parfois, le résultat final de cette recherche excessive de la précision et de la clarté conduisait le lecteur dans une jungle où l'arbre cachait la forêt.

Le manuscrit de l'article enfin achevé et rangé en lieu sûr, Niels et Margrethe prirent le train de Manchester. Quand ils firent la connaissance de son épouse, Ernest et Mary Rutherford comprirent que Bohr avait eu la chance de trouver la femme qu'il lui fallait. Leur union s'avéra stable et heureuse, et assez forte pour supporter la mort de deux de leurs six fils avant l'âge adulte. Rutherford était tellement impressionné par Margrethe que, pour une fois, il en oublia presque de parler de physique avec son jeune ami. Il trouva quand même le temps de lire l'article de Bohr et promit de l'envoyer au *Philosophical Magazine* avec son aval [5]. Soulagés et charmés par la réaction favorable de Rutherford à l'article de Bohr et par l'hospitalité qui leur avait été témoignée, Niels et Margrethe se rendirent en Écosse pour y passer le reste de leur voyage de noces.

Une fois rentrés à Copenhague début septembre 1912, les Bohr emménagèrent dans une petite maison à Hellerup, prospère banlieue en bord de mer. Malgré ses références impressionnantes, Bohr n'avait guère d'espoir de trouver un emploi immédiatement au Danemark. Il n'existait qu'une seule université, celle de Copenhague, et il y avait peu de postes disponibles en physique. Bohr avait dû accepter un poste d'assistant au Polyteknisk Læreanstalt, l'Institut polytechnique [6]. Chaque matin, il se rendait à bicyclette à son nouveau bureau. « Il entrait dans la cour en poussant son vélo plus vite que tout le monde, se souvint un collègue plus tard. C'était un travailleur infatigable, apparemment toujours pressé [7]. » Le serein fumeur de pipe, doyen de la physique, était encore dans l'avenir.

Bohr commença aussi à enseigner la thermodynamique en qualité de *Privatdozent* à l'université. Comme Einstein, il trouva que la préparation des cours était une tâche ardue. Toutefois, au moins un de ses étudiants apprécia ses efforts et remercia Bohr pour « la clarté et la concision » avec lesquelles il avait « ordonné une matière difficile » et pour « la qualité du style » dans lequel il transmettait ces connaissances[8]. Mais l'enseignement combiné à ses obligations d'assistant du physicien Martin Knudsen ne lui laissait guère de temps pour se colleter avec les problèmes qui assaillaient l'atome de Rutherford. Le jeune homme pressé qu'il était progressait avec une douloureuse lenteur. Début juillet 1912, quelques semaines avant de quitter Manchester, il avait produit un article pour Rutherford. Il espérait alors que ce document de travail provisoire sur la structure de l'atome, surnommé plus tard le « mémorandum Rutherford », serait la base d'un article publiable juste après son voyage de noces[9]. Il n'en fut rien.

« Voyez-vous, déclara Bohr un demi-siècle plus tard dans une de ses dernières interviews, je regrette, parce que presque tout était faux là-dedans[10]. » Il avait néanmoins identifié le problème principal : l'instabilité de l'atome de Rutherford. La théorie de l'électromagnétisme de Maxwell prédisait qu'un électron gravitant autour du noyau devait émettre un rayonnement en continu. Cette perte d'énergie permanente fait dégénérer l'orbite en une spirale qui finit rapidement par précipiter l'électron sur le noyau. L'instabilité rayonnante était un phénomène si bien connu que Bohr n'en parla même pas dans son mémorandum. Ce qui le préoccupait vraiment, c'était l'instabilité mécanique qui affectait l'atome de Rutherford.

Rutherford s'était contenté de supposer que les électrons tournaient autour du noyau comme les planètes autour du Soleil, sans aucunement envisager leur disposition. On savait qu'un anneau d'électrons négativement chargés gravitant autour du noyau était instable en raison des forces de répulsion exercées par les électrons les uns sur les autres puisqu'ils ont la même charge. Les électrons ne pouvaient pas non plus être stationnaires : puisque les charges opposées s'attirent, les électrons négatifs seraient entraînés vers le noyau positif. Bohr le reconnaissait dans la première phrase de son mémorandum : « Dans un tel atome, il ne peut y avoir de figuration [*sic*] en équilibre sans mouvement des électrons [11]. » Les problèmes que le jeune Danois devait surmonter s'accumulaient. Les électrons ne pouvaient pas être stationnaires, ils ne pouvaient pas former un anneau, et ils ne pouvaient pas graviter autour du noyau. Enfin, avec un minuscule noyau ponctuel en son centre, le modèle de Rutherford n'offrait aucun moyen de déterminer le rayon de l'atome.

Alors que d'autres avaient interprété ces problèmes d'instabilité comme des preuves accablantes contre le modèle nucléaire de Rutherford, Bohr estima qu'ils signalaient des limitations de la physique sous-jacente qui prédisait son effondrement. Son identification de la radioactivité comme phénomène « nucléaire » et non « atomique », ses travaux novateurs sur les radioéléments que Soddy appellerait plus tard isotopes et sur la charge nucléaire convainquirent Bohr que l'atome de Rutherford était effectivement stable. Bien qu'il ne puisse pas supporter le poids de la physique classique, il ne subissait pas l'effondrement qu'on lui prédisait. La question à laquelle Bohr devait répondre était : pourquoi pas ?

Puisque la physique de Newton et Maxwell, impeccablement appliquée, avait prédit que les électrons s'écraseraient sur le noyau, Bohr admit que « la question de la stabilité doit donc être traitée d'un point de vue différent [12] ». Il comprit qu'il faudrait un « changement radical » pour sauver l'atome de Rutherford et se tourna donc vers le quantum découvert à contrecœur par Planck et dont Einstein s'était fait le champion [13]. Le fait que dans l'interaction entre rayonnement et matière l'énergie soit absorbée et émise par paquets de taille variable au lieu de l'être en continu était une idée qui sortait du domaine de la physique « classique ». Bien que, comme presque tout le monde, il ne croie pas aux quanta de lumière d'Einstein, il était clair pour Bohr que l'atome « était, d'une manière ou d'une autre, régulé par le quantum [14] ». Mais comment ? En septembre 1912, Bohr n'en avait aucune idée.

Il adorait lire des romans policiers, passion qu'il conserva toute sa vie. Comme tout bon détective, il rechercha des indices sur le lieu du crime. Le premier était l'instabilité prédite par la physique classique. Persuadé que l'atome de Rutherford était stable, Bohr eut une idée qui allait se révéler cruciale pour sa recherche en cours : le concept d'états stationnaires. Planck avait élaboré sa formule du corps noir pour expliquer les données expérimentales disponibles en 1900. Ce n'est qu'ensuite qu'il tenta de dériver son équation et tomba par hasard sur le quantum. Bohr adopta une stratégie similaire. Il commencerait par reconstruire l'atome de Rutherford de façon à ce que les électrons ne rayonnent pas d'énergie en gravitant autour du noyau. Ce n'est qu'ensuite qu'il essaierait de justifier ce qu'il avait fait.

La physique classique n'imposait aucune restriction à l'orbite d'un électron à l'intérieur de l'atome de Rutherford. Mais Bohr lui en imposa une. Tel un architecte concevant un immeuble conformément aux exigences strictes d'un client, il limita la circulation des électrons à certaines orbites « particulières » autour du noyau, sur lesquelles ils ne pourraient émettre de rayonnement en continu et s'écraser sur le noyau. Ce fut un coup de génie. Bohr croyait que certaines lois de la physique n'étaient pas valides dans l'univers atomique, et avait donc « quantifié » les orbites des électrons. Tout comme Planck avait quantifié l'absorption et l'émission d'énergie avec ses oscillateurs imaginaires afin de dériver son équation du corps noir, Bohr abandonna la notion généralement acceptée qu'un électron puisse graviter autour d'un noyau atomique à n'importe quelle distance donnée. Un électron, affirmait-il, ne pouvait occuper que certaines orbites particulières, les « états stationnaires », parmi toutes les orbites possibles qu'autorisait la physique classique.

C'était une condition que Bohr avait parfaitement le droit d'imposer en tant que théoricien essayant de construire un modèle d'atome viable et fonctionnel. C'était une proposition radicale, et, pour l'instant, il ne disposait que d'un raisonnement circulaire peu convaincant qui contredisait la physique établie – les électrons occupaient des orbites particulières dans lesquelles ils ne rayonnaient pas d'énergie ; les électrons ne rayonnaient pas d'énergie parce qu'ils occupaient des orbites particulières. À moins qu'il ne puisse proposer une vraie explication physique pour ses états stationnaires – les orbites licites des électrons –, ils seraient rejetés comme rien de plus qu'un échafaudage théorique érigé pour retenir une structure atomique discréditée.

« J'espère pouvoir terminer l'article dans quelques semaines [15] », écrivit Bohr à Rutherford début juillet. Sentant confusément l'anxiété croissante de Bohr, Rutherford lui répondit par retour du courrier : « Je ne crois pas que vous ayez besoin de vous sentir obligé de publier précipitamment votre deuxième article sur la constitution de l'atome, car j'estime qu'il y a très peu de chances que quelqu'un soit en train de travailler sur ce sujet [16]. » Bohr n'était pas convaincu et les semaines passèrent sans succès. Si d'autres n'étaient pas déjà activement occupés à essayer de résoudre le mystère de l'atome, alors ce n'était qu'une question de temps. En décembre, désespérant de faire une percée, il demanda à Knudsen un congé sabbatique de quelques mois, qui lui fut accordé. Avec Margrethe, Bohr trouva une maison à la campagne dans un endroit retiré, puis entreprit de chercher de nouveaux indices dans son enquête sur l'atome. Il en trouva bientôt un, juste avant Noël, dans les travaux de John Nicholson. Au début, il craignit le pire, mais il se rendit compte bientôt que ce n'était pas le concurrent qu'il redoutait.

Nicholson, qu'il avait rencontré pendant son séjour avorté à Cambridge, ne l'avait pas excessivement impressionné. Toutefois, le chercheur anglais, qui, à trente et un ans, n'avait que quelques années de plus que Bohr, avait depuis été promu professeur de mathématiques au King's College de l'université de Londres. Nicholson avait aussi élaboré son modèle atomique personnel. Il croyait que les différents éléments étaient constitués d'une combinaison de quatre « atomes primaires ». Chacun de ces atomes primaires était composé d'un noyau entouré d'un nombre différent d'électrons qui formaient un anneau en rotation. Bien que, comme le disait à juste titre Rutherford, Nicholson ait « méchamment esquinté » la structure de l'atome, Bohr avait trouvé son deuxième indice. C'était l'explication physique des états stationnaires, la raison pour laquelle les électrons ne pouvaient occuper que certaines orbites autour du noyau.

Un objet se déplaçant en ligne droite possède une « quantité de mouvement ». Ce n'est rien de plus que la masse de l'objet multipliée par sa vélocité (sa vitesse dans une direction donnée). Un objet se déplaçant en cercle possède une propriété appelée « moment angulaire » (ou moment cinétique orbital). Désigné par L dans les calculs, le moment angulaire de l'électron est sa masse multipliée par sa vitesse multipliée par le rayon de son orbite : $L = mvr$. La physique classique n'impose aucune restriction au moment angulaire d'un électron ou de tout autre objet se déplaçant en cercle.

Dans son article, l'ancien collègue de Bohr à Cambridge soutenait que le moment angulaire d'un anneau d'électrons ne pouvait changer que par multiples de $h/2\pi$ où *h* est la constante de Planck et π la constante mathématique numérique bien connue pi [17]. Nicholson démontrait donc que ce moment angulaire ne pouvait être que $h/2\pi$ ou $2(h/2\pi)$ ou $3(h/2\pi)$ ou $4(h/2\pi)$ et ainsi de suite jusqu'à $n(h/2\pi)$ où *n* est un nombre entier. Pour Bohr, c'était là l'indice manquant qui sous-tendait ses états stationnaires. Seules étaient permises les orbites où le moment angulaire de l'électron était un nombre entier *n* multiplié par *h* et ensuite divisé par 2π. Donner à *n* les valeurs 1, 2, 3 et ainsi de suite générait les états stationnaires de l'atome dans lesquels un électron n'émettait pas de rayonnement et pouvait donc graviter indéfiniment autour du noyau. Toutes les autres orbites, les états non-stationnaires, étaient interdites. À l'intérieur de l'atome, le moment angulaire était quantifié. Il ne pouvait avoir que les valeurs $L = nh/2\pi$ à l'exclusion de toute autre.

Tout comme une personne sur une échelle ne peut se tenir que sur ses barreaux et nulle part entre eux, si les orbites des électrons sont quantifiées, alors les énergies que peut posséder un électron à l'intérieur d'un atome le sont aussi. Pour l'hydrogène, Bohr put recourir à la physique classique pour calculer l'énergie de son unique électron sur chaque orbite. L'ensemble des orbites autorisées et de leurs énergies électroniques associées sont les états quantiques de l'atome, ses niveaux d'énergie E_n. Le barreau du bas de cette échelle de l'énergie atomique est $n = 1$, lorsque l'électron est sur la première orbite, l'état quantique d'énergie minimale. Le modèle de Bohr prédisait que le plus bas niveau d'énergie, E_1, appelé « état fondamental », pour l'atome d'hydrogène serait de −13,6 eV, où un électron-volt (eV) est l'unité de mesure adoptée pour l'énergie à l'échelle atomique et où le signe moins indique que l'électron est lié au noyau [18]. Si l'électron occupe toute autre orbite que n = 1, alors on dit que l'électron est « excité ». Appelé plus tard nombre quantique principal, *n* est toujours un nombre entier, qui désigne la série d'états stationnaires qu'un électron peut occuper et l'ensemble correspondant de niveaux d'énergie E_n de l'atome.

Bohr calcula les valeurs des niveaux d'énergie de l'atome d'hydrogène et trouva que l'énergie de chaque niveau était égale à l'énergie de l'état fondamental divisée par n^2, soit (E_1/n^2) eV. Ainsi, la valeur de l'énergie pour n = 2, le premier état d'excitation, est –13,6/4 = –3,40 eV. Le rayon de la première orbite électronique, n = 1, détermine le rayon de l'atome d'hydrogène dans l'état fondamental. À partir de son modèle, Bohr calcula qu'il était de 5,3 nanomètres (nm), un nanomètre étant un milliardième (10^{-9}) de mètre – en accord étroit avec les meilleures estimations du jour. Il découvrit que le rayon des autres orbites autorisées progressait d'un facteur n^2 : quand n = 1, le rayon est r ; si n = 2, alors le rayon est 4r ; quand n = 3, le rayon est 9r, et ainsi de suite.

« J'espère être très bientôt en mesure de vous envoyer mon article sur les atomes, écrivit Bohr à Rutherford le 31 janvier 1913. Cela m'a pris beaucoup plus de temps que je ne l'avais pensé ; je crois toutefois avoir progressé un peu ces derniers temps [19]. » Il avait stabilisé l'atome nucléaire en quantifiant le moment angulaire des électrons en orbite, et expliqué ainsi pourquoi ils ne pouvaient occuper qu'un certain nombre – les états stationnaires – de toutes les orbites possibles. Quelques jours après avoir écrit à Rutherford, Bohr découvrit le troisième et dernier indice qui allait lui permettre d'achever la construction de son modèle de l'atome quantique.

Hans Hansen, un ancien collègue étudiant de Bohr à Copenhague, venait de regagner la capitale danoise après

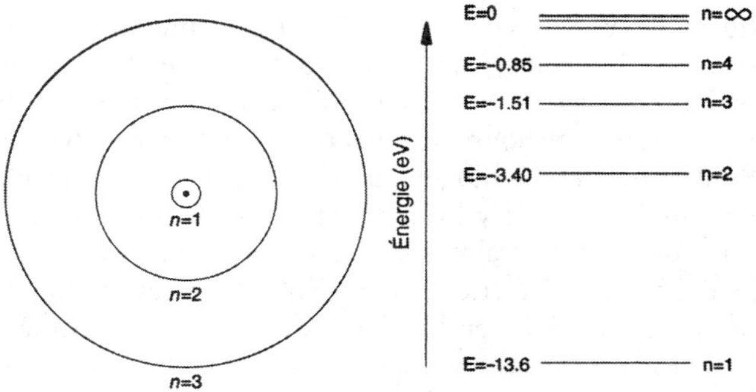

Figure 6 : Quelques-uns des états fondamentaux
et les niveaux d'énergie correspondants de l'atome d'hydrogène
(les orbites ne sont pas dessinées à l'échelle).

avoir terminé ses études à Göttingen. Lorsqu'ils se rencontrèrent, Bohr lui parla de ses toutes dernières idées sur la structure de l'atome. Hansen, qui avait mené à Göttingen des recherches en spectroscopie, l'étude de l'absorption et de l'émission de rayonnement par les atomes et molécules, demanda à Bohr si ses idées expliquaient un tant soit peu la production des raies spectrales. On savait depuis longtemps que l'apparence d'une flamme nue changeait de couleur suivant le métal qui était vaporisé : jaune vif pour le sodium, rouge foncé pour le lithium, et violet pour le potassium. Puis, au XIXe siècle, on découvrit que chaque élément produisait un ensemble unique de raies spectrales, de crêtes dans le spectre de la lumière. Le nombre, l'espacement et les longueurs d'onde des raies spectrales produites par les atomes d'un élément donné sont uniques, constituant une sorte d'empreinte digitale lumineuse qui permet de l'identifier.

Les spectres semblaient bien trop compliqués, vu la variété immense des motifs exhibés par les raies des différents éléments, pour qu'on puisse sérieusement croire qu'ils permettent de révéler le mécanisme interne de l'atome. La belle palette de couleurs sur l'aile d'un papillon était très intéressante, dirait Bohr vers la fin de sa vie, « mais personne ne croyait qu'on puisse arriver au fondement de la biologie à partir des couleurs d'une aile de papillon [20] ». Il y avait manifestement un lien entre un atome et ses raies spectrales qu'il produisait, mais lequel ? Début février 1913, Bohr n'en avait pas la moindre idée. Hansen lui suggéra de regarder la formule de Balmer pour les raies spectrales de l'hydrogène. Pour autant qu'il s'en souvienne, Bohr n'en avait jamais entendu parler. Plus vraisemblablement, il l'avait simplement oubliée. Hansen lui exposa les grandes lignes de la formule et souligna que personne ne savait pourquoi elle fonctionnait.

Le Suisse Johann Balmer était professeur de mathématiques dans un lycée de jeunes filles à Bâle et chargé de cours à temps partiel à l'université. Sachant qu'il se passionnait pour l'architecture et la numérologie, un de ses collègues parla à Balmer des quatre raies spectrales de l'hydrogène après qu'il se fut plaint de n'avoir rien d'intéressant à faire. Intrigué, il entreprit de trouver une relation mathématique entre les raies spectrales là où il semblait ne pas y en avoir. Dans les années 1850, le physicien suédois Anders Ångström avait mesuré les longueurs d'onde de quatre raies dans les régions du rouge, du vert, du bleu et du violet du spectre visible de l'hydrogène avec une précision remarquable. Il les baptisa alpha, bêta, gamma et delta et trouva pour leurs longueurs d'onde respectives 656,210, 486,074, 434,01 et 410,12 nanomètres [21]. En juin 1884, à près de soixante ans, Balmer trouva une formule reproduisant la longueur d'onde λ de chacune des quatre raies : $\lambda = b[m^2/(m^2 - n^2)]$ dans laquelle *m* et *n* sont des nombres entiers et *b* une constante, un nombre déterminé par l'expérience comme étant 364,56 nm.

Balmer découvrit que si *n* était fixé à 2 et *m* à 3, 4, 5 ou 6, alors sa formule donnait la valeur presque exacte de chacune des quatre longueurs d'onde. Par exemple, si n = 2 et m = 3, la formule donne la longueur d'onde de la raie rouge alpha. Balmer fit toutefois plus que reproduire les quatre raies spectrales connues de l'hydrogène, baptisées plus tard série de Balmer en son honneur. Il prédit l'existence d'une cinquième raie quand n = 2, mais que m = 7, sans savoir qu'Ångström, dont les travaux étaient publiés en suédois, avait déjà découvert et mesuré sa longueur d'onde. Les deux valeurs, théorique et expérimentale, coïncidaient presque parfaitement.

Si Ångström avait été encore en vie (il était mort en 1874 à cinquante-neuf ans) il aurait été abasourdi en voyant comment Balmer s'était servi de sa formule pour prédire l'existence d'autres séries de raies spectrales de l'atome d'hydrogène dans l'infrarouge et l'ultraviolet simplement en fixant *n* à 1, 3, 4 et 5 et en donnant à *m* différentes valeurs entières, comme il l'avait fait en fixant *n* à 2 pour générer les quatre raies originelles. Par exemple, avec n = 3 et m = 4 ou 5 ou 6 ou 7, etc., Balmer prédit la série de raies dans l'infrarouge que Friedrich Paschen découvrit en 1908. Chacune des séries prédites par Balmer fut découverte ultérieurement, mais personne n'avait pu expliquer ce qu'il y avait derrière le succès de sa formule. Quel mécanisme physique symbolisait cette formule obtenue au terme d'un processus de tâtonnement ?

« Dès que je vis la formule de Balmer, dit Bohr plus tard, tout fut immédiatement clair pour moi [22]. » C'étaient les électrons sautant entre différents niveaux d'énergie – différentes orbites autorisées – qui produisaient les raies spectrales émises par un atome. Si un atome d'hydrogène dans l'état fondamental n = 1 absorbe assez d'énergie, alors il « saute » vers une orbite d'énergie plus élevée telle que n = 2. L'atome est alors dans un état d'excitation instable et regagne rapidement l'état fondamental stable lorsque l'électron redescend de n = 2 à n = 1. Il ne peut le faire qu'en émettant un quantum d'énergie égal à la différence d'énergie entre les deux niveaux, soit 10,2 eV. La longueur d'onde de la raie spectrale résultante peut se calculer en utilisant la formule de Planck-Einstein, $E = h\nu$, où ν est la fréquence du rayonnement électromagnétique émis.

Un électron sautant d'une série de niveaux d'énergie supérieurs au même niveau d'énergie inférieur produisait les quatre raies spectrales de la série de Balmer. La taille des quanta émis ne dépendait que des niveaux d'énergie initial et final. C'est pourquoi la formule de Balmer générait les longueurs d'onde correctes quand n était fixé à 2, mais que m était alternativement égal à 3, 4, 5, ou 6. Bohr put dériver les autres séries spectrales prédites par Balmer en fixant le niveau d'énergie le plus bas auquel l'électron puisse sauter. Par exemple, les transitions se terminant par un saut de l'électron vers le niveau n = 3 produisaient la série de Paschen dans l'infrarouge, tandis que celles se terminant à n = 1 généraient la série dite de Lyman dans la région ultraviolette du spectre [23].

Bohr découvrit un trait insolite associé au saut quantique d'un électron. Il est impossible de dire où se trouve exactement un électron pendant un saut. La transition entre orbites (ou niveaux d'énergie) doit obligatoirement être instantanée. Sinon, l'électron rayonnerait de l'énergie en continu tandis qu'il passerait d'une orbite à l'autre. Dans l'atome de Bohr, un électron ne pouvait occuper l'espace entre les orbites. Comme par magie, il disparaissait d'une orbite pour réapparaître instantanément sur une autre.

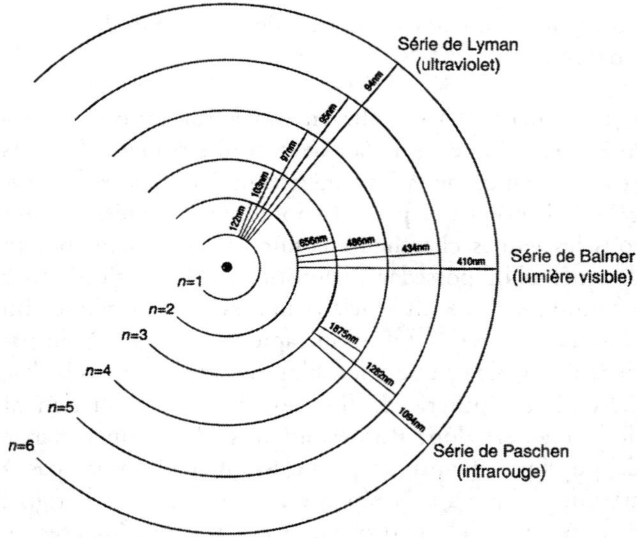

Figure 7 : Niveaux d'énergie, raies spectrales et sauts quantiques (non dessinés à l'échelle).

« Je suis pleinement convaincu que le problème des raies spectrales est intimement lié à la question de la nature du quantum [24]. » Fait remarquable, c'est Planck qui, en février 1908, écrivit cette phrase dans un carnet. Mais dans sa lutte incessante pour minimiser l'impact du quantum, et avant l'atome de Rutherford, Planck ne pouvait aller plus loin. Bohr embrassa l'idée que le rayonnement électromagnétique était émis et absorbé par les atomes sous forme de quanta, mais en 1913 il n'admettait pas que ce rayonnement lui-même soit quantifié. Six ans plus tard, en 1919, peu de physiciens croyaient au quantum de lumière d'Einstein lorsque Planck déclara dans sa conférence Nobel que l'atome quantique de Bohr était « la clé si longtemps cherchée de la porte s'ouvrant sur le pays des merveilles de la spectroscopie[25] ».

Le 6 mars 1913, Bohr envoya à Rutherford la première partie de ce qui était devenu une trilogie d'articles et lui demanda de la transmettre au *Philosophical Magazine*. À l'époque, et pour de nombreuses années à venir, tous les jeunes chercheurs comme Bohr avaient besoin de quelqu'un possédant l'autorité de Rutherford pour « communiquer » un article à une revue britannique afin d'en assurer une publication rapide. « Je suis très impatient de savoir ce que vous allez penser de tout cela[26] », écrivit-il à Rutherford. Il s'inquiétait particulièrement de la manière dont Rutherford réagirait à son mélange de physique quantique et « classique ». Il n'eut pas à attendre longtemps la réponse : « Vos idées sur l'origine des spectres de l'hydrogène sont très ingénieuses et semblent s'appliquer correctement ; mais le mélange des idées de Planck avec la mécanique traditionnelle fait qu'on a beaucoup de mal à s'imaginer concrètement ce qui est à la base de tout cela[27]. »

Rutherford – et il ne serait pas le seul –, avait du mal à se représenter comment l'électron à l'intérieur de l'atome d'hydrogène « sautait » entre les niveaux d'énergie. La difficulté venait du fait que Bohr avait violé une règle essentielle de la physique classique. Un électron décrivant un cercle est un système oscillant, dans lequel une orbite complète est une oscillation et le nombre d'orbites par seconde la fréquence de l'oscillation. Un système oscillant rayonne de l'énergie à la fréquence de son oscillation, mais, puisque deux niveaux d'énergie sont impliqués lorsqu'un électron effectue un « saut quantique », il y a deux fréquences d'oscillation. Rutherford se plaignait qu'il n'y ait aucun lien entre ces fréquences, entre l'« ancienne » mécanique et la fréquence du rayonnement émis quand l'électron saute d'un niveau d'énergie à l'autre.

Il avait en outre identifié un problème plus sérieux : « Il me semble y avoir une grande difficulté dans votre hypothèse, et dont, je n'en doute pas, vous êtes pleinement conscient : à savoir, comment un électron décide-t-il à quelle fréquence il va vibrer lorsqu'il passera d'un état stationnaire à un autre ? Il me semble que vous seriez obligé de supposer que l'électron sait d'avance où il va s'arrêter [28]. » Un électron au niveau d'énergie n = 3 peut sauter vers le bas soit vers le niveau n = 2, soit vers n = l. Afin d'accomplir ce saut, l'électron semble « savoir » vers quel niveau d'énergie il se dirige, de façon à pouvoir émettre un rayonnement de la fréquence correcte. C'étaient là des faiblesses de l'atome quantique auxquelles Bohr n'avait pour l'instant pas de réponse.

Une autre critique, plus accessoire, affectait Bohr bien plus profondément. Rutherford estimait que l'article « devrait vraiment être abrégé », puisque « de longs articles tendent à effrayer les lecteurs, qui ont l'impression de ne pas avoir le temps de s'y plonger [29] ». Après avoir proposé de corriger l'anglais de Bohr partout où ce serait nécessaire, Rutherford ajoutait en post-scriptum : « Je suppose que vous n'avez pas d'objection à ce que j'utilise mon jugement pour supprimer tout ce que je peux trouver superflu dans votre article ? Répondez, s'il vous plaît [30]. »

Lorsque Bohr lut la lettre, il fut horrifié. Pour un homme qui souffrait le martyre pour le choix de chaque mot et procédait à d'innombrables révisions et corrections, l'idée que quelqu'un d'autre, même Rutherford, puisse modifier son texte, était un scandale. Deux semaines après avoir posté l'original, Bohr envoya un manuscrit révisé, encore plus long, contenant des modifications et des ajouts. Rutherford admit que les ajouts étaient « excellents et sembl[ai]ent tout à fait raisonnables » mais, une fois de plus, il pressa Bohr de raccourcir l'article. Avant même d'avoir reçu cette dernière lettre, Bohr écrivit à Rutherford pour l'informer qu'il profitait d'un congé pour se rendre à Manchester [31].

Lorsque Bohr frappa à la porte d'entrée, Rutherford était en train de recevoir son ami Arthur Eve. Celui-ci se rappela plus tard que Rutherford fit immédiatement entrer dans son bureau ce « jeune homme d'apparence fragile », laissant à Mme Rutherford le soin d'expliquer que ce visiteur était un jeune Danois et que son mari tenait « ses travaux en très haute estime [32] ». Tout au long de leurs discussions, qui s'étalèrent sur plusieurs soirées les jours suivants, Bohr avoua que Rutherford « fit preuve d'une patience quasi angélique [33] » tandis que lui-même tentait de défendre chaque mot de son article.

Épuisé, Rutherford finit par céder. Peu après, il régala ses amis et collègues du récit de cette rencontre : « Je voyais bien qu'il en avait soupesé chaque mot, et j'étais impressionné par la détermination avec laquelle il s'accrochait à chaque phrase, chaque expression, chaque citation ; tout avait une raison précise, et, bien qu'au début j'aie cru qu'on pourrait supprimer de nombreuses phrases, il était clair, quand il m'eut expliqué à quel point tout était étroitement lié, qu'il était impossible de changer quoi que ce soit [34]. » Ironiquement, avec le recul, Bohr avouerait des années plus tard que Rutherford avait eu raison « d'objecter à la présentation plutôt complexe [35] ».

La trilogie de Bohr fut publiée pratiquement sans modifications dans le *Philosophical Magazine* sous le titre « Sur la constitution des atomes et des molécules ». Le premier volet, daté du 5 avril 1913, parut en juillet. Les deuxième et troisième parties, publiées en septembre et novembre, présentaient avec plus de rigueur les idées concernant la disposition possible des électrons à l'intérieur de divers atomes, idées qui occuperaient Bohr toute la décennie suivante quand il utiliserait son atome quantique pour expliquer la table périodique et les propriétés connues des éléments.

Bohr avait construit son atome en utilisant un capiteux cocktail à base de physique classique et quantique. Ce faisant, il avait attenté aux principes de la physique établie en proposant : que les électrons à l'intérieur des atomes ne puissent occuper que certaines orbites, les états stationnaires ; que les électrons ne puissent rayonner de l'énergie tant qu'ils sont sur ces orbites ; qu'un atome ne puisse se trouver que dans un seul d'une série d'états d'énergie discrets, le moins élevé étant l'« état fondamental » ; que les électrons puissent « d'une manière ou d'une autre » sauter d'un état stationnaire d'énergie élevé à un état stationnaire d'énergie moins élevé, la différence d'énergie entre les deux étant émise sous forme d'un quantum d'énergie. Or ce modèle prédisait correctement diverses propriétés de l'atome d'hydrogène telles que son rayon, et fournissait une explication physique de la production des raies spectrales. L'atome quantique, dirait Rutherford plus tard, était « un triomphe de l'esprit sur la matière » et jusqu'à ce que Bohr le dévoile, il croyait qu'« il faudrait des siècles [36] » pour résoudre le mystère des raies spectrales.

La vraie mesure de la réussite de Bohr fut donnée par les réactions initiales à son atome quantique. Il fit l'objet d'une première discussion publique le 12 septembre 1913 lors du 83e congrès annuel de l'Association britannique pour l'avancement de la science (BAAS), qui se tenait cette année-là à Birmingham. Les réactions furent mesurées et mitigées. J. J. Thomson, Rutherford, Rayleigh et Jeans étaient tous là, tandis que la délégation étrangère incluait des sommités comme Lorentz et Marie Curie. « Les hommes de plus de soixante-dix ans ne devraient pas se hâter d'exprimer leur opinion sur des théories nouvelles », fut la réponse diplomatique de Rayleigh lorsqu'on le pressa de donner son opinion sur l'atome de Bohr. En privé, toutefois, Rayleigh ne croyait pas « que la Nature se comporte de cette façon » et avouait qu'il avait « du mal à accepter [le modèle de Bohr] comme une image de ce qui se passe dans la réalité [37] ». Thomson reprochait à la quantification de l'atome d'être totalement inutile. James Jeans était d'un avis différent. Il fit remarquer à la salle bondée que la seule justification que le modèle de Bohr puisse exiger était « celle, très déterminante, du succès [38] ».

Sur le continent, l'atome quantique se heurta à l'incrédulité. « C'est absurde de bout en bout ! Les équations de Maxwell sont valides en toutes circonstances, s'écria Max von Laue lors d'une discussion animée. Un électron sur une orbite circulaire doit émettre un rayonnement [39]. » L'atome quantique de Bohr « m'a poussé au désespoir [40] », avouait Paul Ehrenfest à Hendrik Lorentz. « Si c'est là le moyen d'atteindre le but, poursuivait-il, il faut que j'abandonne la physique [41]. » À Göttingen, Harald Bohr signala que les travaux de son frère suscitaient beaucoup d'intérêt, mais que ses hypothèses étaient jugées trop « audacieuses » et « fantasmagoriques [42] ».

Un des premiers triomphes de la théorie de Bohr emporta l'adhésion de certains physiciens, dont Einstein. Bohr prédit qu'une série de raies du spectre solaire primitivement attribuées à l'hydrogène appartenaient en réalité à l'hélium ionisé – un atome d'hélium qui a perdu un de ses deux électrons. Cette interprétation des « raies de Pickering-Fowler » contredisait celle de ses découvreurs. Qui avait raison ? La question fut tranchée par l'un des membres de l'équipe de Rutherford après une étude détaillée des raies spectrales menée à l'instigation de Bohr. Juste à temps pour la réunion de la BAAS à Birmingham, on trouva que le Danois avait eu raison d'attribuer les raies de Pickering-Fowler à l'hélium. Einstein apprit la nouvelle pendant un congrès à Vienne fin septembre, de la bouche de George Hevesy : « Les grands yeux d'Einstein, raconta Hevesy dans une lettre à Rutherford, s'agrandirent encore et il me dit : "Alors, c'est l'une des plus grandes découvertes." [43] »

Lorsque le troisième volet de la trilogie fut publié en novembre 1913, un autre membre de l'équipe de Rutherford, Henry Moseley, avait déjà confirmé l'idée que la charge nucléaire d'un atome, son numéro atomique, était un nombre entier pour un élément donné et le paramètre clé qui décidait de sa position à l'intérieur de la table périodique. Ce ne fut qu'après que Bohr fut passé à Manchester en juillet 1913 et eut parlé de l'atome à Moseley que le jeune Anglais commença à bombarder différents éléments avec des faisceaux d'électrons et examina les spectres des rayons X résultants.

On savait déjà alors que les rayons X étaient une forme de rayonnement électromagnétique dont les longueurs d'onde étaient des milliers de fois plus courtes que celle de la lumière visible, et qu'ils étaient produits quand des électrons dotés d'une énergie suffisante frappaient un métal donné. Bohr pensait que les rayons X étaient émis parce qu'un des électrons internes était arraché à un atome et qu'un électron descendait d'un niveau d'énergie supérieur pour combler le vide. La différence entre les deux niveaux d'énergie était telle que le quantum d'énergie émis dans la transition était un rayon X. Bohr comprit qu'en utilisant son modèle atomique il était possible de déterminer la charge du noyau une fois connues les fréquences des rayons X émis. C'était de cette possibilité fascinante qu'il avait discuté avec Moseley.

Doué d'une prodigieuse capacité de travail couplée à sa grande endurance, Moseley passait la nuit à travailler au laboratoire pendant que les autres dormaient. En deux mois, il avait mesuré les fréquences des rayons X émis par tous les éléments entre le calcium et le zinc. Il découvrit que plus les éléments qu'il bombardait étaient lourds, plus les fréquences des rayons X émis augmentaient. Moseley prédit l'existence de quatre éléments manquants de numéro atomique 42, 43, 72 et 75 en se fondant sur le fait que chaque élément produisait un ensemble caractéristique de raies spectrales dans la région des rayons X, et que les éléments adjacents dans la table périodique produisaient des ensembles de raies très similaires [44]. Tous les quatre furent découverts plus tard, mais Moseley était déjà mort. Quand la Première Guerre mondiale commença, il s'engagea dans le Génie et servit comme officier des transmissions. Il fut tué d'une balle dans la tête à Gallipoli le 10 août 1915. Sa mort tragique à vingt-sept ans le priva du prix Nobel. Rutherford lui donna personnellement l'hommage suprême : il qualifia Moseley d'« expérimentateur né ».

L'identification correcte par Bohr des « raies de Pickering-Fowler » et les travaux de pionnier de Moseley sur la charge nucléaire commençaient à asseoir la position de l'atome quantique. Avril 1914 marqua un tournant plus significatif dans son acceptation lorsque les jeunes physiciens allemands James Franck et Gustav Hertz bombardèrent des atomes de mercure avec des électrons et trouvèrent que les électrons perdaient 4,9 eV d'énergie pendant ces collisions. Franck et Hertz croyaient avoir réussi à mesurer la quantité d'énergie nécessaire pour arracher un électron à un atome de mercure. Comme ils n'avaient pas lu son article, vu le scepticisme avec lequel il avait été initialement accueilli en Allemagne, c'est à Bohr qu'il revint de fournir l'interprétation correcte de leurs résultats.

Lorsque les électrons projetés sur les atomes de mercure avaient une énergie inférieure à 4,9 eV, rien ne se produisait. Mais lorsqu'un électron doté d'une énergie supérieure à 4,9 eV touchait sa cible, il perdait cette quantité d'énergie et l'atome de mercure émettait une lumière ultraviolette. Bohr fit remarquer que 4,9 eV était la différence entre l'état fondamental de l'atome de mercure et son premier état d'excitation. Elle correspondait au saut d'un électron entre les deux premiers niveaux d'énergie dans l'atome de mercure, et la différence d'énergie entre ces deux niveaux était exactement celle prédite par son modèle atomique. Lorsque l'atome de mercure retrouve l'état fondamental quand l'électron saute du deuxième au premier niveau, il émet un quantum d'énergie qui produit une lumière ultraviolette de 253,7 nanomètres de longueur d'onde dans le spectre du mercure. Les résultats de Franck-Hertz fournissaient une confirmation expérimentale directe du modèle atomique quantifié de Bohr et de l'existence des niveaux d'énergie à l'intérieur de l'atome. Bien qu'ils aient au départ mal interprété leurs résultats, Franck et Hertz se partagèrent le prix Nobel 1925 de physique.

Juste au moment où le premier volet de la trilogie fut publié en juillet 1913, Bohr avait enfin été nommé maître-assistant à l'université de Copenhague. Il déchanta assez vite, car sa tâche principale était d'enseigner la physique élémentaire à des étudiants en médecine. Au début de 1914, alors que sa réputation grandissait, Bohr entreprit de susciter la création d'une toute nouvelle chaire de physique théorique pour lui-même. La tâche n'allait pas être facile, car, à l'extérieur de l'Allemagne, la physique théorique n'était pas encore vraiment reconnue comme discipline à part entière. « À mon avis, le Dr Bohr est actuellement l'un des physiciens mathématiciens les plus prometteurs et les plus compétents d'Europe [45] », écrivait Rutherford dans la lettre de recommandation qu'il avait envoyée au ministère danois des Affaires religieuses et éducatives à l'appui de Bohr et de sa proposition. L'intérêt immense suscité au niveau international par ses travaux assura à Bohr le soutien du corps enseignant de l'université, mais, une fois de plus, les autorités choisirent d'ajourner la décision *sine die.* C'est alors qu'une lettre de Rutherford offrit au malheureux Bohr une porte de sortie inattendue.

« Vous savez, je présume, que Darwin est arrivé au terme de son contrat de maître-assistant ; nous avons publié la vacance du poste et cherchons un successeur pour 200 livres, écrivait Rutherford. Des recherches préliminaires montrent que peu de candidats prometteurs sont disponibles. J'aimerais avoir quelqu'un de jeune, avec un peu d'originalité [46]. » Rutherford avait déjà dit au Danois que ses travaux étaient « d'une grande originalité et d'une grande valeur [47] », mais il voulait avoir Bohr sans le dire explicitement.

L'université accorda à Bohr un congé d'un an – la chaire de physique théorique ne serait vraisemblablement pas créée cette année-là. En septembre 1914, après une traversée mouvementée qui leur fit contourner l'Écosse, Niels et Margrethe Bohr arrivèrent sains et saufs en Angleterre et furent chaleureusement accueillis à Manchester. La Première Guerre mondiale avait éclaté et bien des choses avaient changé. Une vague de patriotisme avait déferlé sur le pays et les laboratoires se dépeuplaient à mesure que s'engageaient les hommes aptes au combat. L'espoir que la guerre serait brève et localisée s'effondra du jour au lendemain lorsque les Allemands envahirent la Belgique puis le nord de la France. Des hommes qui, récemment encore, étaient des collègues, combattaient maintenant dans des camps opposés. Marsden fut bientôt envoyé sur le front de l'Ouest. Geiger et Hevesy avaient rejoint les armées des Empires centraux.

Rutherford n'était pas à Manchester lorsque Bohr arriva. Il était parti en juin afin d'assister au congrès annuel de l'Association britannique pour l'avancement de la science, qui se tenait cette année-là en Australie, à Melbourne. Rutherford, qui venait d'être nommé chevalier, s'était rendu dans sa famille en Nouvelle-Zélande avant de repartir comme prévu pour les États-Unis et le Canada. Une fois rentré à Manchester, il consacra une grande partie de son temps à la lutte anti-sous-marine. Puisque le Danemark était neutre, Bohr n'avait le droit de participer à aucune activité en rapport avec la guerre. Il se concentra principalement sur l'enseignement ; le peu de recherche qui était possible était rendu difficile par le manque de revues et la censure du courrier entre l'Angleterre et le continent.

À l'origine, Bohr avait l'intention de ne passer qu'un an à Manchester. Mais il y était encore lorsqu'en mai 1916 il fut officiellement nommé professeur sur la chaire nouvellement créée de physique théorique. La réputation grandissante de Bohr lui avait assuré ce poste, mais en dépit de ses succès, il y avait des problèmes que son atome quantique ne pouvait pas résoudre. Les réponses que son modèle donnait pour des atomes possédant plus d'un électron ne concordaient pas avec l'expérience. Même dans le cas de l'hélium, qui n'avait que deux électrons. Pis encore, le modèle atomique de Bohr prédisait des raies qu'on ne trouvait pas. Malgré l'introduction de « règles de sélection » *ad hoc* pour expliquer pourquoi certaines raies étaient observées et d'autres non, tous les éléments centraux de l'atome de Bohr étaient déjà acceptés à la fin de l'année 1914 : l'existence de niveaux d'énergie discrets, la quantification du moment angulaire des électrons en orbite, et l'origine des raies spectrales. Toutefois, s'il n'existait ne serait-ce qu'une seule raie inexplicable, même avec l'imposition de quelque nouvelle règle, alors l'atome quantique serait en mauvaise posture.

En 1892, l'amélioration du matériel expérimental sembla montrer que les raies rouge (Hα) et bleue (Hγ) de Balmer dans le spectre de l'hydrogène n'étaient pas du tout des lignes simples, mais se dédoublaient. La question de savoir si elles étaient ou non de « vrais doublets » resta sans réponse pendant vingt ans. Bohr pensait qu'elles n'en étaient pas. Ce ne fut qu'au début de 1915 qu'il changea d'avis lorsque de nouvelles expériences révélèrent que les raies de Balmer rouge, bleue et violette étaient en fait toutes des doublets. En recourant à son modèle de l'atome, Bohr ne pouvait expliquer ce qu'on appela la « structure fine », c'est-à-dire le dédoublement des raies. Tandis qu'il s'habituait à son nouveau rôle de professeur à Copenhague, Bohr trouva une nouvelle liasse d'articles qui l'attendaient, émanant d'un Allemand qui avait résolu le problème en modifiant son atome.

À quarante-huit ans, Arnold Sommerfeld était un brillant professeur de physique théorique à l'université de Munich. Au fil des années, il transforma Munich en un centre actif de la physique théorique et quelques-uns des plus brillants étudiants et jeunes physiciens travaillèrent sous son autorité vigilante. Comme Bohr, il adorait le ski et invitait des étudiants et des collègues dans son chalet des Alpes bavaroises pour faire du ski et parler de physique. « Je vous assure que, si j'étais à Munich et que mon emploi du temps me le permette, j'assisterais à vos cours afin de compléter mes connaissances en physique mathématique[48] », avait écrit Einstein à Sommerfeld en 1908, alors qu'il travaillait encore à l'Office des brevets. C'était vraiment un compliment, venant d'un homme que son professeur de mathématiques de Zurich avait qualifié de « chien paresseux ».

Pour simplifier son modèle, Bohr avait imposé des orbites circulaires aux électrons gravitant autour du noyau. Sommerfeld décida de lever cette restriction et autorisa les électrons à circuler sur des orbites elliptiques, comme les planètes autour du Soleil. Il savait que, mathématiquement parlant, le cercle n'était qu'un cas particulier d'ellipse, et que les orbites circulaires des électrons n'étaient donc qu'un sous-ensemble de toutes les orbites elliptiques quantifiées possibles. Le nombre quantique principal *n* du modèle de Bohr spécifiait un état stationnaire, une orbite circulaire autorisée pour l'électron, et le niveau d'énergie correspondant. La valeur de *n* déterminait aussi le rayon d'une orbite circulaire donnée. Or il faut deux nombres pour coder la forme d'une ellipse. Sommerfeld introduisit donc *k*, le nombre quantique orbital ou « azimutal » pour quantifier la forme d'une orbite elliptique. De toutes les formes possibles d'une orbite elliptique, *k* déterminait celles autorisées pour une valeur donnée de *n*.

Dans le modèle modifié par Sommerfeld, *n* était le nombre quantique principal et fixait les valeurs que pouvait avoir *k*[49]. Lorsque n = 1, k = 1 ; lorsque n = 2, k = 1 et 2 ; lorsque n = 3, k = 1, 2 et 3. Pour un *n* donné, *k* est égal à tout nombre entier de 1 jusqu'à *n* compris. Quand n = k, l'orbite est toujours circulaire. Mais si *k* est inférieur à *n*, alors l'orbite est elliptique. Par exemple, quand n = 1 et k = 1, l'orbite est circulaire avec un rayon *r*, appelé rayon de Bohr. Quand n = 2 et k = 1, l'orbite est elliptique ; mais n = 2 et k = 2 dénote une orbite circulaire de rayon 4r. Ainsi, lorsque l'atome d'hydrogène est dans l'état quantique n = 2, son unique électron peut être soit sur l'orbite k = 1, soit sur l'orbite k = 2. Dans l'état quantique n = 3, l'électron peut occuper l'une des trois orbites suivantes : n = 3 et k = 1 (elliptique), n = 3 et k = 2 (elliptique), n = 3 et k = 3 (circulaire). Alors que dans le modèle de Bohr n = 3 n'était qu'une orbite circulaire unique, il y avait trois orbites autorisées dans l'atome quantique modifié de Sommerfeld. Ces états stationnaires supplémentaires pouvaient expliquer la structure fine des raies spectrales de la série de Balmer.

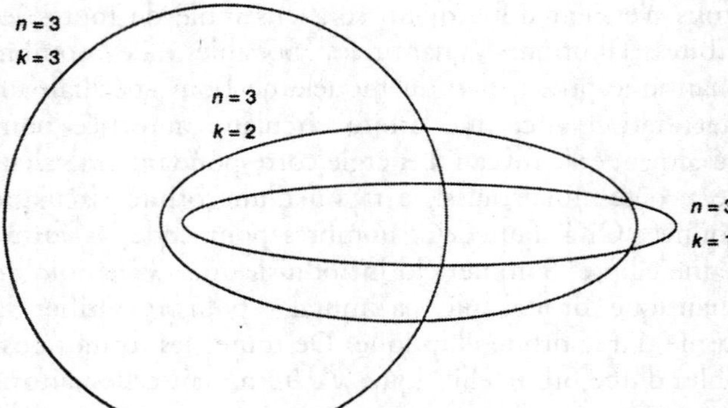

Figure 8 : Orbites des électrons pour n = 3 et k = 1, 2, 3 dans le modèle de Bohr-Sommerfeld de l'atome d'hydrogène.

Pour expliquer le dédoublement des raies spectrales, Sommerfeld se tourna vers la théorie einsteinienne de la relativité. Lorsqu'un électron, comme une comète en orbite autour du soleil, se dirige vers le noyau sur une orbite elliptique, sa vitesse augmente. Contrairement à celle de la comète, la vitesse de l'électron est assez grande pour que sa masse augmente dans les proportions prédites par la relativité. Cet accroissement de masse relativiste donne lieu à un minuscule changement dans la quantité d'énergie. Les états n = 2, les deux orbites k = 1 et k = 2 ont des énergies différentes parce que k = 1 est elliptique et k = 2 est circulaire. Cette différence d'énergie mineure conduit à deux niveaux d'énergie qui produisent deux raies là où le modèle de Bohr n'en prédisait qu'une seule. Toutefois, le modèle de l'atome quantique de Bohr-Sommerfeld était encore incapable d'expliquer deux autres phénomènes.

En 1897, le physicien néerlandais Pieter Zeeman découvrit que dans un champ magnétique une raie simple se décomposait en un certain nombre de raies secondaires. C'est ce qu'on appela l'effet Zeeman. Une fois que le champ magnétique était supprimé, la décomposition cessait. En 1913, le physicien allemand Johannes Stark montra qu'une raie spectrale unique se décompose en plusieurs raies quand les atomes sont soumis à un champ électrique [50]. Rutherford contacta Bohr dès que les travaux de Stark furent publiés. « Juste pour attirer votre attention sur la découverte récente de Stark : un champ électrique produit une décomposition des raies de l'hydrogène et de l'hélium très similaire à l'effet Zeeman. Je crois que c'est plutôt à vous qu'il incombe à présent d'écrire quelque chose sur l'effet Zeeman et les effets électriques, s'il est possible de les réconcilier avec votre théorie [51]. »

Rutherford n'était pas le premier à le relancer. Peu après la publication du premier volet de sa trilogie, Sommerfeld lui avait écrit pour le féliciter, en ajoutant : « Allez-vous appliquer votre modèle atomique à l'effet Zeeman lui aussi ? Je veux m'y attaquer [52]. » Bohr fut incapable d'expliquer le phénomène. Sommerfeld y réussit. Sa solution était ingénieuse. Il avait auparavant opté pour des orbites elliptiques et augmenté ainsi le nombre des orbites quantifiées possibles que pourrait occuper un électron lorsqu'un atome était dans un état d'énergie donné, tel que n = 2. Bohr et Sommerfeld avaient envisagé ces orbites, qu'elles soient circulaires ou elliptiques, comme se situant sur un plan. En essayant de rendre compte de l'effet Zeeman, Sommerfeld s'aperçut que l'orientation de l'orbite était la composante vitale manquante. Dans un champ magnétique, un électron peut choisir un plus grand nombre d'orbites autorisées orientées dans des directions variées par rapport au champ. Sommerfeld introduisit ce qu'il appela le nombre quantique « magnétique » *m* pour quantifier l'orientation de ces orbites. Pour un nombre quantique principal *n*, *m* ne peut avoir que des valeurs allant de –n à n[53]. Si n = 2, alors *m* a les valeurs suivantes : –2, –1, 0, 1, 2.

« Je ne crois pas avoir rien lu avec plus de joie que vos superbes travaux », écrivit Bohr à Sommerfeld en mars 1916. L'orientation des orbites des électrons, ou « quantification spatiale », fut expérimentalement confirmée cinq ans plus tard en 1921. Elle rendit disponibles des états d'énergie supplémentaires, à présent identifiés par les trois nombres quantiques *n*, *k*, et *m*, qu'un électron pouvait occuper en présence d'un champ magnétique externe conduisant à l'effet Zeeman.

La nécessité étant la mère de l'invention, Sommerfeld avait été forcé d'introduire ses deux nouveaux nombres quantiques *k* et *m* pour expliquer des faits révélés par les expériences. S'appuyant largement sur les travaux de Sommerfeld, d'autres chercheurs expliquèrent l'effet Stark comme résultant de changements dans l'espacement entre niveaux d'énergie dus à la présence d'un champ électrique. Bien qu'il subsiste encore des points faibles, comme l'incapacité à reproduire l'intensité relative des raies spectrales, les succès de l'atome de Bohr-Sommerfeld renforcèrent la réputation de Bohr et lui permirent d'obtenir la création de son propre institut à Copenhague. Il allait devenir, comme le dirait plus tard Sommerfeld, « le metteur en scène de la physique atomique [54] » au travers de ses recherches et de l'inspiration qu'il donnait aux autres.

C'était un compliment qui aurait enchanté Bohr, lui qui voulait depuis toujours reproduire la manière dont Rutherford dirigeait son laboratoire, et l'état d'esprit qu'il avait réussi à créer chez tous ceux qui y travaillaient. Bohr avait appris de son mentor plus que de la physique. Il avait vu comment Rutherford avait réussi à galvaniser un groupe de jeunes physiciens pour qu'ils donnent le meilleur d'eux-mêmes. En 1917, Bohr entreprit de reproduire à Copenhague ce qu'il avait eu la chance de vivre à Manchester. Il prit contact avec les autorités pour la création d'un institut de physique théorique à l'université. Des amis facilitèrent la décision en réunissant des fonds pour le terrain et la construction. Celle-ci commença l'année suivante, peu après la fin de la guerre, sur un chantier au bord d'un beau parc non loin du centre de la capitale.

Les travaux venaient tout juste de commencer lorsque arriva une lettre qui troubla Bohr. Rutherford lui proposait une chaire permanente de physique théorique à Manchester. « Je crois que nous devrions essayer à nous deux de faire prospérer la physique [55] », écrivait Rutherford. C'était tentant, mais Bohr ne pouvait pas tourner le dos au Danemark juste au moment où son pays allait lui donner tout ce qu'il désirait. S'il avait rejoint Rutherford, celui-ci serait peut-être resté à Manchester. Mais, en 1919, il partit prendre la succession de J. J. Thomson comme directeur du laboratoire Cavendish à Cambridge.

Surnommé immédiatement l'institut Bohr, l'Universitetets Institut for Teoretisk Fysik fut officiellement inauguré le 3 mars 1921 [56]. Les Bohr avaient déjà emménagé dans l'appartement de sept pièces au premier étage avec leur nombreuse famille. Après les bouleversements de la guerre et les années difficiles de l'après-guerre, l'institut fut bientôt le havre de créativité souhaité par Bohr. Il devint rapidement un pôle d'attraction pour beaucoup des plus brillants jeunes physiciens du monde entier, mais le plus talentueux d'entre eux resterait toujours un marginal.

CHAPITRE 5

Lorsque Einstein rencontra Bohr

« Voilà les fous qui ne s'occupent pas de la théorie des quanta [1] », dit Einstein à un collègue tandis qu'ils regardaient par la fenêtre de son bureau à l'Institut de physique théorique, au troisième étage du bâtiment des sciences de l'Université allemande de Prague. Après son arrivée de Zurich en avril 1911, il avait remarqué, perplexe, que le parc sous ses fenêtres semblait être fréquenté uniquement par des femmes le matin, et par des hommes l'après-midi. Tandis qu'il se débattait avec son propre démon, il découvrit que ce beau jardin dépendait d'un asile d'aliénés. Einstein avait du mal à vivre avec le quantum et la nature duelle de la lumière. « Je tiens à vous assurer par avance que je ne suis pas le quantifieur de lumière orthodoxe pour qui vous me prenez [2] », informa-t-il Hendrik Lorentz. C'était là une impression fausse qui venait, prétendait-il, « de ma manière imprécise de m'exprimer dans mes articles [3] ». Bientôt, il renonça même à se demander si « les quanta existaient pour de vrai [4] ». Lorsqu'il rentra du premier congrès Solvay en novembre 1911 sur « La théorie du rayonnement et les quanta », Einstein avait déjà décidé qu'il en avait assez et mit en veilleuse la lubie du quantum. Les quatre années suivantes, tandis que Bohr et son atome occupaient le devant de la scène, Einstein abandonna pour de bon le quantum pour essayer d'élargir sa théorie de la relativité jusqu'à ce qu'elle englobe la gravitation.

En 1882, l'université de Prague, fondée au milieu du XIVe siècle, fut partagée en deux entités séparées par la langue et la nationalité, l'une tchèque et l'autre allemande. Cette division reflétait une société dans laquelle Tchèques et Allemands nourrissaient les uns envers les autres une hostilité et une méfiance profondément enracinées. Après l'ambiance décontractée et tolérante de la Suisse et l'atmosphère cosmopolite de Zurich, Einstein était mal à l'aise à Prague, en dépit de sa chaire de professeur et du salaire élevé qui lui permettait de vivre dans un certain confort. Tout cela ne fournissait qu'un quantum de consolation en face d'un isolement insidieux.

À la fin de 1911, alors que Bohr envisageait de quitter Cambridge pour Manchester, Einstein voulait désespérément retourner en Suisse. Un sauveur familier se manifesta. Récemment nommé doyen de la section physique et mathématiques de leur ancien « Poly » devenu l'ETH, l'École polytechnique fédérale, son vieil ami Marcel Grossmann lui proposait une chaire de professeur à Zurich. Bien qu'il soit assuré d'obtenir ce poste, il y avait des formalités à observer. Il fallait par-dessus tout demander l'avis d'éminents physiciens sur la nomination éventuelle d'Albert Einstein. L'une des personnalités sollicitées fut le théoricien français numéro un, Henri Poincaré, qui décrivit Einstein comme « l'un des esprits les plus originaux [5] » qu'il connaisse. Le Français admirait en particulier la facilité avec laquelle Einstein s'adaptait à de nouveaux concepts, sa capacité à voir au-delà des principes classiques et, quand il était « en présence d'un problème de physique [à] envisager promptement toutes les possibilités [6] ». En juillet 1912, Einstein rentra en grand maître de la physique à Zurich, là où jadis il n'avait pas réussi à décrocher un poste d'assistant.

Il était inévitable que, tôt où tard, Einstein devienne une cible de choix pour les hommes de Berlin. En juillet 1913, Max Planck et Walther Nernst prirent le train pour Zurich. Ils savaient qu'il ne serait pas facile de persuader Einstein de retourner dans un pays qu'il avait quitté depuis presque vingt ans, mais ils étaient prêts à lui faire une proposition qu'il ne pourrait assurément pas refuser.

Lorsque Einstein les rencontra à leur descente du train, il devina l'objet de leur visite, mais pas les détails de la proposition qu'ils allaient lui faire. Élu tout récemment membre de la prestigieuse Académie des sciences prussienne, il se voyait offrir l'un des deux seuls postes rémunérés par un salaire. C'était déjà un grand honneur, mais les deux émissaires de la science allemande lui proposaient en plus une affectation exceptionnelle de professeur-chercheur sans obligation d'enseignement, et la direction du Kaiser-Wilhelm-Institut de physique théorique une fois qu'il serait créé.

Il avait besoin de temps pour méditer sur l'offre sans précédent de trois emplois au lieu d'un. Planck et Nernst s'octroyèrent une courte excursion touristique en train pendant qu'Einstein réfléchissait. Il les informa qu'ils sauraient sa réponse lorsqu'il les accueillerait à leur retour en gare de Zurich : s'il arborait une rose rouge, il irait à Berlin ; si elle était blanche, il resterait à Zurich. Dès qu'ils descendirent du train, Planck et Nernst comprirent qu'ils avaient gagné en voyant Einstein sur le quai, une rose rouge à la main.

Une partie de l'attraction que Berlin exerçait sur lui était qu'il serait enfin libre « de [s]'adonner pleinement à la rumination [7] » sans aucune obligation d'enseignement. Mais cette liberté s'accompagnait de l'obligation d'avoir à produire le genre de physique qui avait fait de lui le savant le plus demandé au monde. « Les Berlinois spéculent sur moi comme si j'étais une poule pondeuse de concours, dit-il à un collègue après son dîner d'adieux, mais je ne sais pas si je peux encore pondre des œufs [8]. » Après avoir fêté son trente-cinquième anniversaire à Zurich, Einstein s'installa à Berlin fin mars 1914. Quelles qu'aient pu être les réserves qu'il avait nourries à l'encontre d'un retour en Allemagne, il ne tarda pas à s'enthousiasmer : « La stimulation intellectuelle est à foison ici, il y en a carrément trop [9]. » Planck, Nernst, Heinrich Rubens et les autres étaient tous à sa portée, mais il avait une autre raison de trouver excitant l'« odieux [10] » Berlin : sa cousine Elsa Löwenthal.

Deux ans plus tôt, en mars 1912, Einstein avait commencé une liaison avec cette divorcée de trente-six ans, qui avait deux petites filles, Ilse, treize ans, et Margot, onze ans. « Je traite ma femme comme une employée que je ne peux pas renvoyer [11] », confia-t-il à Elsa. Une fois installé à Berlin, Einstein disparaissait souvent pendant plusieurs jours sans explication. Puis, un beau jour, il quitta complètement le domicile familial et élabora une liste remarquable des conditions sous lesquelles il serait disposé à revenir. Si Mileva les acceptait, elle deviendrait en effet une employée plutôt qu'une épouse. Une employée que son époux était à présent décidé à congédier.

Einstein exigeait : « 1. que mes vêtements et mon linge soient toujours bien rangés, propres et en bon état ; 2. que je prenne mes trois repas quotidiens *dans ma pièce* ; 3. que l'ordre règne dans ma chambre à coucher et mon cabinet de travail, et, en particulier, que l'usage du bureau me soit *exclusivement* réservé. » En outre, elle devait « renoncer à toutes relations personnelles » et s'abstenir de le critiquer « soit en paroles, soit par gestes devant mes enfants ». Finalement, il tenait à ce que Mileva se conforme « aux points suivants : 1. Vous ne devez ni vous attendre à aucune intimité de ma part ni m'adresser de reproche à quelque sujet que ce soit. 2. Vous devez immédiatement cesser de m'adresser la parole si je l'exige. 3. Vous devez immédiatement et sans protester quitter ma chambre ou mon cabinet de travail si je l'exige [12] ».

Mileva accepta ses exigences et Einstein regagna le domicile familial. Mais cela ne pouvait pas durer. Fin juillet, au bout de trois mois seulement à Berlin, Mileva et les garçons repartirent à Zurich. Debout sur le quai, Einstein leur dit adieu d'un signe de la main et pleura – peut-être pas Mileva et ce qu'ils avaient vécu ensemble, mais sans doute le départ de ses deux fils. Quelques semaines plus tard, il savourait le plaisir de vivre seul « dans mon grand appartement, et dans une tranquillité intacte [13] ». Une tranquillité dont jouiraient bien peu de gens lorsque l'Europe basculerait dans la guerre.

« Un jour, la grande guerre européenne naîtra d'un incident stupide quelconque dans les Balkans [14] », aurait dit Bismarck. Ce jour-là était le dimanche 28 juin 1914, et « l'incident stupide » fut l'assassinat à Sarajevo de l'archiduc François-Ferdinand, héritier des couronnes d'Autriche et de Hongrie. L'Autriche, soutenue par l'Allemagne, déclara la guerre à la Serbie. L'Allemagne déclara la guerre à la Russie, alliée de la Serbie, le 1er août et à la France deux jours plus tard. La Grande-Bretagne, qui garantissait l'indépendance de la Belgique, déclara la guerre à l'Allemagne après qu'elle eut violé la neutralité de la Belgique [15]. « L'Europe, dans sa folie, s'est maintenant embarquée dans quelque chose d'incroyablement absurde [16] », écrivit Einstein le 14 août à son ami Paul Ehrenfest.

Tandis qu'Einstein « flottait sereinement au gré de [ses] méditations pacifiques » et ressentait seulement « un mélange de pitié et de dégoût [17] », Nernst, à cinquante ans, s'engagea comme conducteur d'ambulance. Planck, lui, incapable de réprimer ses élans patriotiques, déclara : « C'est un sentiment grandiose de pouvoir se déclarer allemand [18]. » Convaincu qu'il vivait une époque glorieuse, Planck, recteur de l'université de Berlin, envoyait ses étudiants mourir dans les tranchées au nom d'une « guerre juste ». Einstein fut consterné de découvrir que Planck, Nernst, Röntgen et Wien étaient au nombre des quatre-vingt-treize sommités qui signèrent l'*Appel au monde cultivé*.

Ce manifeste fut publié le 4 octobre 1914 dans les grands journaux allemands et dans d'autres quotidiens de par le monde. Ses signataires protestaient contre les « mensonges et les diffamations avec lesquels nos ennemis essaient de souiller la pureté de la cause allemande dans l'impitoyable lutte à mort qui nous a été imposée [19] ». Ils affirmaient que l'Allemagne n'était en rien responsable de la guerre, qu'elle n'avait pas violé la neutralité de la Belgique et n'avait pas commis d'atrocités. L'Allemagne était « une nation cultivée pour qui l'héritage de Goethe, de Beethoven et de Kant est aussi sacré que ses chaumières et ses lopins de terre [20] ».

Planck ne tarda pas à regretter d'avoir signé le manifeste et commença à s'excuser en privé auprès de ses collègues et amis étrangers. Parmi tous ceux qui avaient prêté leur nom aux faussetés et aux demi-vérités de ce qu'on finit par appeler le *Manifeste des quatre-vingt-treize*, Einstein s'était attendu à mieux de la part de Planck. Même le chancelier allemand avait publiquement avoué que la neutralité de la Belgique avait été violée : « Nous essaierons de compenser le préjudice que nous causons dès que notre objectif militaire sera atteint [21]. »

En tant que citoyen suisse, Einstein ne fut pas sollicité pour ajouter sa signature. Il était toutefois profondément inquiet de l'effet à long terme du chauvinisme nationaliste effréné de ce manifeste et participa à la production d'un contre-manifeste intitulé *Appel aux Européens*. Il demandait aux « hommes cultivés de toutes les nations » de veiller à ce que « les conditions de la paix ne devinssent pas la source de futures guerres [22] ». Il contestait l'attitude exprimée par le *Manifeste des quatre-vingt-treize* comme « indigne de ce que le monde entier comprenait jusqu'ici par le terme de culture, et ce serait une catastrophe si elle était couramment adoptée par les gens cultivés [23] ». Il stigmatisait les intellectuels allemands pour s'être comportés « presque comme un seul homme, comme s'ils avaient abandonné tout désir ultérieur d'une continuation des relations internationales [24] ». Ce manifeste n'eut toutefois que quatre signataires, Einstein compris.

Au printemps 1915, l'attitude de ses collègues en Allemagne et à l'étranger avait plongé Einstein dans un profond découragement : « Même les érudits des différentes nations se comportent comme si on les avait amputés du cerveau il y a huit mois [25]. » Tout espoir de voir la guerre se terminer rapidement s'évaporait bientôt et, en 1917, Einstein était déjà « constamment très déprimé par la tragédie sans fin à laquelle nous sommes obligés d'assister [26] ». « Même la fuite habituelle dans la physique ne marche pas toujours [27] », avoua-t-il à Lorentz. Or les quatre années de guerre se révélèrent être une de ses périodes les plus productives et les plus créatives : Einstein publia un livre, une cinquantaine d'articles scientifiques et acheva en 1915 son chef-d'œuvre – la théorie de la relativité générale.

Même avant Newton, on supposait que le temps et l'espace, fixes et distincts, formaient la scène sur laquelle se déroulait la dramaturgie sans fin du cosmos. C'était une arène où les masses, longueurs et temps étaient absolus et invariables. C'était un théâtre dans lequel les distances spatiales et les intervalles de temps étaient identiques pour tous les observateurs. Or Einstein découvrit que les masses, longueurs et temps n'étaient pas absolus ni invariables. Les distances spatiales et les intervalles de temps dépendaient du mouvement relatif des observateurs. Du point de vue de son jumeau resté sur Terre, pour un astronaute voyageant à une vitesse proche de celle de la lumière, le temps se ralentit (les aiguilles d'une horloge en mouvement sont plus lentes), l'espace se contracte (la longueur d'un objet en mouvement diminue) et la masse d'un objet en mouvement s'accroît. Telles étaient les conséquences de la relativité « restreinte », et toutes seraient confirmées par des expériences au XXe siècle, mais cette théorie ne prenait pas en compte l'accélération. La relativité « générale » le ferait. Au milieu de ses efforts pour la construire, Einstein déclara qu'à côté d'elle la relativité restreinte était « un jeu d'enfant [28] ». Juste au moment où le quantum contestait la conception traditionnelle de la réalité dans le domaine atomique, Einstein permit à l'humanité de mieux comprendre la vraie nature de l'espace et du temps. La relativité générale était sa théorie de la gravitation, et elle conduirait d'autres à envisager l'origine de l'Univers par le big bang.

Dans la théorie newtonienne de la gravitation, la force d'attraction gravitationnelle entre deux objets tels que le Soleil et la Terre ou une pomme et la Terre était proportionnelle au produit de leurs masses respectives et inversement proportionnelle au carré de la distance séparant leurs centres de gravité. Sans contact entre les masses, la gravité de la physique newtonienne était une force mystérieuse qui agissait « à distance ». Dans la relativité générale, en revanche, la gravité est due à la déformation de l'espace causée par la présence d'une masse importante. Si la Terre gravite autour du Soleil, ce n'est pas parce qu'elle est tirée par quelque mystérieuse force invisible, mais à cause de la courbure de l'espace produite par la masse énorme du Soleil. Bref, la matière déforme l'espace et l'espace déformé dit à la matière comment se mouvoir.

En novembre 1915, Einstein testa sa théorie de la relativité générale en l'appliquant à une caractéristique insolite de l'orbite de Mercure qui ne pouvait s'expliquer par la théorie newtonienne de la gravitation. Dans sa course autour du Soleil, Mercure ne reproduit pas exactement la même trajectoire à chaque nouvelle orbite. Les astronomes disposaient de mesures précises montrant que l'orbite de Mercure était affectée d'une légère rotation. Einstein se servit de sa théorie de la relativité générale pour calculer ce décalage orbital (dit du périhélie de Mercure). Lorsqu'il vit que le chiffre, quarante-trois secondes d'arc par siècle, correspondait aux meilleures données disponibles compte tenu des marges d'erreur, il eut des palpitations et l'impression de frôler la crise cardiaque. « Cette théorie est d'une beauté incomparable [29] », écrivit-il. Ses rêves les plus audacieux enfin réalisés, Einstein était satisfait, mais cet effort herculéen l'avait totalement épuisé. Une fois remis, il retourna au quantum.

En mai 1914, pendant qu'il travaillait sur la relativité générale, Einstein fut l'un des premiers à comprendre que l'expérience de Franck-Hertz était une confirmation de l'existence de niveaux d'énergie dans les atomes et « une vérification frappante de l'hypothèse quantique [30] ». En été 1916, Einstein lui-même eut une « brillante idée [31] » sur l'émission et l'absorption de la lumière par l'atome. Elle le conduisit à « une dérivation étonnamment simple, dirais-je, *la* dérivation de la formule de Planck[32] ». Bientôt, Einstein fut convaincu que les « quanta de lumière sont pratiquement confirmés[33] ». Toutefois, il lui en coûtait quelque peu. Il avait été obligé d'abandonner la causalité stricte de la physique classique et d'introduire la notion de probabilité dans le domaine atomique.

Einstein avait déjà proposé des solutions de rechange, mais, cette fois-ci, il pouvait dériver la loi de Planck à partir de l'atome quantique de Bohr. Commençant par un atome de Bohr simplifié avec seulement deux niveaux d'énergie, il identifia trois façons dont un électron pourrait sauter d'un niveau à l'autre. Lorsqu'un électron saute d'un niveau d'énergie supérieur à un niveau inférieur et émet un quantum de lumière, c'est ce qu'Einstein appela une « émission spontanée ». Elle ne se produit que lorsque l'atome est excité. Le deuxième type de saut quantique se produit lorsqu'un atome entre en état d'excitation quand un électron absorbe un quantum de lumière et saute d'un niveau d'énergie inférieur à un niveau supérieur. Bohr avait invoqué ces deux types de sauts quantiques pour expliquer l'origine des spectres d'émission et d'absorption atomiques, mais Einstein en révélait maintenant un troisième : l'« émission stimulée ». Elle se produit lorsqu'un quantum de lumière percute un électron dans un atome déjà excité. Au lieu d'absorber ce quantum de lumière, l'électron est « stimulé » – poussé à sauter vers un niveau d'énergie inférieur et à émettre un quantum de lumière. Quarante ans plus tard, l'émission stimulée serait à l'origine du laser, acronyme pour « amplification de la lumière par émission stimulée de rayonnement » (*Light Amplification by Stimulated Emission of Radiation*).

Einstein découvrit également que le quantum possédait une quantité de mouvement, qui, à la différence de l'énergie, est une grandeur vectorielle ; elle possède à la fois une direction et une valeur. Toutefois, ses équations montraient clairement que l'instant exact de la transition spontanée d'un niveau d'énergie à un autre et la direction dans laquelle un atome émet un quantum de lumière étaient entièrement aléatoires. L'émission spontanée était comme la période d'un échantillon radioactif, dans laquelle la moitié des atomes se désintègrent en un certain temps – la demi-vie – sans qu'on puisse déterminer quand un atome donné se désintégrera. De même, il serait possible de calculer la probabilité qu'une transition spontanée se produise, mais les détails exacts en seraient entièrement régis par le hasard, sans lien entre la cause et l'effet. Ce concept d'une probabilité de transition qui abandonnait l'instant et la direction de l'émission d'un quantum de lumière au seul « hasard » était, pour Einstein, une « faiblesse » de sa théorie – une faiblesse qu'il était disposé à tolérer momentanément dans l'espoir qu'elle disparaîtrait avec le développement ultérieur de la physique quantique [34].

Einstein était embarrassé par la révélation que le hasard et les probabilités étaient à l'œuvre au cœur de l'atome quantique. La causalité semblait menacée, même s'il ne doutait plus de la réalité des quanta [35]. « En plus, cette histoire de causalité me cause des tas d'ennuis, écrivit-il à Max Born en janvier 1920. Pourra-t-on jamais appréhender l'absorption et l'émission quantiques de lumière en exigeant une causalité totale, ou alors devrait-il subsister un résidu statistique ? Je dois avouer qu'en la matière je n'ai pas le courage de mes convictions. Mais je serais très malheureux si je devais renoncer à la causalité *totale* [36]. »

Ce qui troublait Einstein ressemblait à la situation d'une pomme qu'on tient au-dessus du sol, puis qu'on lâche, mais qui ne tombe pas. Une fois que la pomme est lâchée, elle se trouve dans un état instable par rapport à l'état au repos sur le sol, si bien que la gravité agit immédiatement sur la pomme et la *fait* tomber. Si la pomme se comportait comme un électron dans un atome excité, alors, au lieu de retomber dès qu'on la lâche, elle resterait suspendue au-dessus du sol et tomberait à un moment imprévisible qui ne peut se calculer qu'en termes de probabilités. Il y a peut-être une très forte probabilité pour que la pomme tombe dans un délai très court, mais il y a une petite probabilité pour qu'elle flotte carrément au-dessus du sol pendant des heures. Un électron à l'intérieur d'un atome excité sautera vers un état d'énergie inférieur, ce qui conduira à l'état fondamental, plus stable, de l'atome, mais l'instant exact de cette transition est livré aux caprices du hasard[37]. En 1924, Einstein répugnait encore à accepter ce qu'il avait découvert : « Je trouve très intolérable l'idée qu'un électron exposé à un rayonnement choisisse *de sa propre initiative* non seulement le moment où il sautera, mais aussi sa direction. Dans ce cas, j'aimerais mieux être cordonnier ou même employé dans une maison de jeux que physicien[38]. »

Il était inévitable que des années d'efforts intellectuels intenses associées à sa vie agitée de célibataire exigent leur dû. En 1917, Einstein s'effondra, en proie à de violentes douleurs à l'estomac ; on diagnostiqua une affection hépatique. En l'espace de deux mois, il perdit vingt-huit kilos à mesure que sa santé se détériorait. Ce fut le début d'une série de maladies – calculs biliaires, ulcère du duodénum et jaunisse, entre autres – qui le harcelèrent les années suivantes. On lui prescrivit beaucoup de repos et un régime strict. C'était plus facile à dire qu'à faire, car la vie avait été radicalement transformée par les épreuves et les tribulations de la guerre. Même les pommes de terre étaient devenues rares à Berlin, et la plupart des Allemands souffraient de la faim. Peu en moururent, certes, mais la malnutrition fit des victimes. On estime à quatre-vingt-huit mille le nombre des décès attribuables à pareille sous-alimentation en 1915. Ce chiffre s'éleva à plus de cent vingt mille l'année suivante et des émeutes éclatèrent dans plus de trente villes allemandes. Ce n'était guère surprenant, vu que les gens étaient forcés de manger du pain fait avec de la paille écrasée au lieu de froment.

La liste de ces *ersatz* ne cessait de s'allonger ; des téguments végétaux mélangés à des peaux animales remplaçaient la viande et on buvait du « café » à base de radis grillés. La cendre était travestie en poivre et les gens étalaient sur leur pain un mélange de soude et d'amidon comme si c'était du beurre. La faim permanente transformait chats, rats et chevaux en propositions appétissantes pour les Berlinois. Si un cheval tombait mort en pleine rue, il était prestement dépecé. « Les gens se battaient pour avoir les meilleurs morceaux, le visage et les vêtements couverts de sang [39] », relata un témoin d'un de ces incidents.

La vraie nourriture était rare, mais encore disponible pour qui avait les moyens de se l'offrir. Einstein avait plus de chance que d'autres, car il recevait des colis de vivres de sa famille dans le sud du pays et de ses amis en Suisse. Au milieu de toutes ces souffrances, Einstein avait l'impression d'être « comme une goutte d'huile sur l'eau, isolé par la mentalité et la conception de la vie [40] ». Mais il avait besoin qu'on s'occupe de lui, aussi emménagea-t-il à contrecœur dans un appartement libre juste à côté de celui d'Elsa. Comme Mileva n'était toujours pas disposée à divorcer, Elsa avait maintenant Einstein aussi près d'elle que les convenances le permettaient. En soignant Einstein tout au long de sa convalescence, Elsa eut l'occasion idéale de le forcer à faire tout ce qu'il fallait pour obtenir un divorce d'avec Mileva. Einstein n'avait aucunement l'intention de se lancer une deuxième fois dans un mariage précipité après avoir subi « l'équivalent de dix ans de prison [41] » pendant le premier, mais il finit par se laisser fléchir. Mileva accepta le divorce après qu'Einstein lui eut proposé d'augmenter les mensualités qu'il lui versait déjà, de la désigner comme bénéficiaire de sa pension de réversion, et lui eut offert l'argent qu'il toucherait pour le prix Nobel qu'il était sûr de recevoir tôt ou tard. En 1918, ayant été sélectionné six fois dans les huit années précédentes, il allait à coup sûr recevoir le prix très prochainement.

Albert et Elsa se marièrent en juin 1919. Il avait quarante ans, elle en avait trois de plus. Ce qui se passa ensuite était au-delà de tout ce qu'Elsa aurait pu imaginer. Avant la fin de l'année, la vie des jeunes mariés fut transformée lorsque Einstein devint mondialement célèbre. Il fut salué comme le « nouveau Copernic » par certains, tourné en dérision par d'autres.

En février 1919, juste au moment où Einstein et Mileva venaient enfin de divorcer, deux expéditions appareillèrent de Grande-Bretagne. L'une se dirigeait vers l'île de Principe au large des côtes de l'Afrique occidentale, l'autre vers Sobral, dans le Nordeste brésilien. Chaque destination avait été soigneusement choisie par les astronomes comme site parfait pour observer l'éclipse de soleil du 29 mai. Leur dessein était de tester une prédiction centrale de la théorie einsteinienne de la relativité générale, la déviation de la lumière par la gravité. Le principe était de photographier des étoiles à proximité immédiate du Soleil qui ne seraient visibles que pendant les quelques minutes d'obscurité produites par une éclipse solaire totale. En réalité, évidemment, ces étoiles n'étaient nullement proches du Soleil, mais leur lumière passait très près de lui avant d'atteindre la Terre.

Ces clichés seraient comparés à ceux pris la nuit six mois plus tôt, lorsque la position de la Terre par rapport au Soleil assurait que la lumière de ces mêmes étoiles ne passait aucunement au voisinage du Soleil. La déviation de la lumière due à la masse du Soleil déformant l'espace-temps autour de lui serait révélée par de menus changements dans la position des étoiles d'un jeu de clichés à l'autre. La théorie d'Einstein prédisait la valeur exacte du décalage à observer. Lors d'une rare réunion commune de la Royal Society et de la Royal Astronomical Society le 6 novembre à Londres, la crème de la science britannique se rassembla pour apprendre si Einstein avait raison ou non [42].

RÉVOLUTION DANS LA SCIENCE
UNE NOUVELLE THÉORIE DE L'UNIVERS
Les idées de Newton renversées

Telles étaient les manchettes de l'article en page douze du *Times* de Londres le lendemain matin. Trois jours plus tard, le 10 novembre, le *New York Times* publia un article avec pas moins de six titres et intertitres : « Les lumières bousculées dans les cieux », « Les hommes de science plus ou moins en émoi devant les résultats de l'observation de l'éclipse », « La théorie d'Einstein triomphe », « Les étoiles ne sont pas là où elles semblent être ni là où les calculs les situaient, mais il n'y a pas de raison de s'inquiéter », « Un livre pour douze sages », « C'est le nombre total des gens qui pourraient le comprendre dans le monde [43] », dit Einstein lorsque ses audacieux éditeurs l'acceptèrent. Einstein n'avait jamais rien dit de tel, mais c'était bon pour le tirage, et la presse se jeta sur la sophistication mathématique de la théorie et sur l'idée d'un espace courbe.

L'un de ceux qui contribua sans le vouloir à la mystique entourant la relativité générale était sir J. J. Thomson, le président de la Royal Society. « Einstein vient peut-être de signer la plus grandiose prouesse de la pensée humaine, déclara-t-il plus tard à un journaliste, mais personne n'a encore réussi à énoncer en langage clair ce qu'est réellement la théorie d'Einstein [44]. » En fait, Einstein avait déjà publié, à la fin de 1916, le premier ouvrage de vulgarisation sur les relativités générale et restreinte [45].

« La théorie de la relativité générale est accueillie avec un franc enthousiasme par mes collègues [46] », rapporta Einstein à son ami Heinrich Zangger en décembre 1917. Toutefois, dans les jours et les semaines qui suivirent les premières dépêches confirmant la déviation de la lumière, il s'éleva beaucoup de voix pour déverser du mépris sur « la soudaine célébrité du Dr Einstein [47] » et sa théorie. Un critique se distingua en décrivant la relativité comme « des absurdités vaudou » et « la progéniture tarée d'une colique mentale [48] ». Soutenu par des grands noms comme Planck et Lorentz, Einstein adopta la seule conduite raisonnable : il ignora ses détracteurs.

En Allemagne, Einstein était déjà bien connu du grand public lorsque le *Berliner Illustrierte Zeitung* consacra toute sa première page à une photo de lui, avec la légende : « Une nouvelle figure de l'histoire mondiale dont les recherches signifient une remise en question totale de la nature, et sont comparables aux intuitions de Copernic, Kepler et Newton. » Tout comme il refusait de se laisser éreinter par ses détracteurs, Einstein conservait un certain recul par rapport à la perspective d'être sacré successeur de trois grands savants de l'Histoire. « Depuis que le résultat de la déviation de la lumière a été rendu public, il s'est créé un tel culte autour de ma personne que j'ai l'impression d'être une idole païenne, déplorait-il peu après que l'*Illustrierte Zeitung* fut dans les kiosques. Mais ça aussi, si Dieu le veut, ça passera [49]. » Il n'en fut rien.

Une partie de la fascination du grand public pour Einstein et ses travaux s'expliquait par le fait que le monde était encore aux prises avec les conséquences de la Première Guerre mondiale. L'armistice fut signé le 11 novembre 1918 à 11 heures du matin. Deux jours plus tôt, le 9 novembre, Einstein avait annulé son cours sur la relativité « pour cause de révolution [50] ». Plus tard, le même jour, l'empereur Guillaume II abdiqua et s'enfuit en Hollande tandis que la République était proclamée depuis un balcon du Reichstag. Les problèmes économiques étaient au nombre des défis les plus difficiles qu'affrontait la jeune République de Weimar. L'inflation progressait déjà : les Allemands perdaient confiance dans leur monnaie et s'affairaient à vendre des marks ou à acheter tout ce qu'ils pouvaient avant que le cours baisse encore.

C'était un cercle vicieux que les réparations de guerre précipitèrent dans une spirale incontrôlée, et l'économie s'effondra lorsque l'Allemagne ne put effectuer ses remboursements en bois et en charbon vers la fin de 1922. Le dollar américain s'échangeait alors contre 7 000 marks. Ce n'était rien, toutefois, en comparaison de l'hyperinflation qui fit rage en 1923. En février, 42 000 marks s'échangeaient contre un dollar. En novembre, le dollar valait 4 210 500 000 000 marks. Un verre de bière coûtait 150 milliards de marks et un pain 80 milliards. Le pays était au bord de l'implosion et l'inflation ne fut jugulée qu'à l'aide de prêts américains et d'une réduction des réparations de guerre.

Au milieu de ces épreuves, ces histoires de déformation de l'espace, de déviation des rayons lumineux et de décalages stellaires que seuls « douze sages » pouvaient comprendre excitaient l'imagination populaire. Or tout un chacun croyait pouvoir appréhender intuitivement des concepts comme le temps et l'espace. Tant et si bien que pour Einstein le monde semblait être un « bizarre asile de fous » où « le moindre cocher et le moindre garçon de café se disputent pour savoir si oui ou non la théorie de la relativité est correcte [51] ».

La célébrité internationale d'Einstein et ses opinions pacifistes bien connues firent de lui la cible facile d'une campagne haineuse. « Il y a un fort antisémitisme ici, et les réactions politiques sont violentes [52] », écrivit-il à Ehrenfest en décembre 1919. Il ne tarda pas à recevoir des lettres de menace et, à l'occasion, des insultes verbales de la part d'énergumènes postés dans la rue lorsqu'il quittait son domicile ou son bureau. En février 1920, un groupe d'étudiants d'extrême droite perturba son cours à l'université, et l'un d'entre eux cria même : « Je vais trancher la gorge de ce sale juif [53]. » Mais les dirigeants politiques de la République de Weimar savaient quel atout représentait Einstein s'il fallait restaurer d'urgence la réputation scientifique de l'Allemagne, dont les savants étaient exclus des congrès internationaux après la guerre. Le ministre de la Culture écrivit à Einstein en apprenant la nouvelle de l'incident et l'assura que l'Allemagne « était et sera toujours fière de vous compter, très estimable *Herr Professor*, parmi les plus beaux fleurons de notre science [54] ».

Niels Bohr tenait autant que quiconque à œuvrer pour que les relations personnelles entre savants des deux camps opposés soient rétablies le plus vite possible après la fin de la guerre. En tant que ressortissant d'un pays neutre, Bohr n'éprouvait aucun ressentiment envers ses collègues allemands. Il fut l'un des premiers à envoyer une invitation à un savant allemand lorsqu'il demanda à

Arnold Sommerfeld de donner une conférence à Copenhague. « Nous avons eu de longues discussions sur le principe général de la théorie des quanta et sur son application à toutes sortes de problèmes atomiques détaillés [55] », dit Bohr après la visite de Sommerfeld. Exclus pour un certain temps encore des réunions internationales, les scientifiques allemands, comme leurs hôtes, connaissaient la valeur de ces invitations personnelles. Aussi, lorsqu'il en reçut une de Max Planck pour donner une conférence sur l'atome quantique et la théorie des spectres atomiques à Berlin, Bohr ne fut que trop heureux d'accepter. La date fut fixée au mardi 27 avril 1920 ; il était tout en émoi à la pensée de rencontrer Planck et Einstein pour la première fois.

« Il doit posséder un intellect de première classe, extrêmement critique, qui voit loin et ne perd jamais de vue le grand dessein [56]. » Tel fut le jugement porté par Einstein sur le jeune Danois, qui avait six ans de moins que lui. On était en octobre 1919, et pareille appréciation incita Planck à faire venir Bohr à Berlin. Einstein l'admirait depuis longtemps. En été 1905, lorsque la tempête créatrice qui s'était déchaînée dans son esprit commença à se calmer, Einstein ne trouva rien de « vraiment excitant [57] » à quoi s'attaquer ensuite. « Il y aurait évidemment la question des raies spectrales, dit-il à son ami Conrad Habicht, mais je crois qu'une relation simple entre ces phénomènes et ceux déjà étudiés n'existe pas du tout, si bien que, pour le moment, le sujet ne me semble pas très prometteur [58]. »

Le flair d'Einstein pour débusquer un problème méritant qu'on s'y attaque était inégalé. Délaissant le mystère des raies spectrales, il trouva la formule $E = mc^2$, qui énonce que masse et énergie sont mutuellement convertibles. Pour autant qu'il sache, le Tout-Puissant riait à ses dépens en le menant « par le bout du nez [59] ». Aussi, lorsqu'en 1913 Bohr lui montra comment son atome quantifié résolvait l'énigme des spectres atomiques, ce fut pour Einstein « comme un miracle[60] ».

Le mélange inquiétant d'excitation et d'appréhension qui avait tenaillé l'estomac de Bohr quand il avait quitté la gare pour se diriger vers l'université disparut dès qu'il rencontra Planck et Einstein. Ils le mirent à l'aise en abandonnant rapidement les civilités pour parler physique. Les deux hommes n'auraient pas pu être plus dissemblables. Planck incarnait la formalité et la rectitude prussienne, tandis qu'Einstein, avec ses grands yeux, ses cheveux en désordre et son pantalon légèrement trop court, donnait l'impression d'un homme à l'aise avec lui-même, sinon avec le monde troublé dans lequel il vivait. Bohr accepta l'invitation de Planck d'habiter chez lui pendant son séjour.

Bohr dit plus tard que ses journées à Berlin se passèrent à « discuter de physique théorique du matin à la nuit[61] ». C'était la pause idéale pour un homme qui adorait parler physique. Il apprécia particulièrement le déjeuner que les jeunes physiciens avaient donné en son honneur et dont ils avaient réussi à exclure tous les « gros bonnets ». C'était l'occasion pour eux de cuisiner Bohr après que sa conférence les eut « quelque peu déprimés, parce que nous avions l'impression de ne pas en avoir compris grand-chose[62] ». Einstein, lui, comprit parfaitement bien ce que soutenait Bohr, et ce n'était pas à son goût.

Comme pratiquement tous les autres physiciens, Bohr ne croyait pas à l'existence des quanta de lumière d'Einstein. Il admettait, comme Planck, que le rayonnement soit émis et absorbé sous forme de quanta, mais pas que le rayonnement lui-même soit quantifié. Il y avait pour lui carrément trop de preuves en faveur de la théorie ondulatoire de la lumière mais, avec Einstein dans l'auditoire, Bohr annonça à cette assemblée de physiciens : « Je n'envisagerai pas le problème de la nature du rayonnement[63]. » Toutefois, il avait été profondément impressionné par les travaux d'Einstein en 1916 sur l'émission spontanée et stimulée du rayonnement et sur les transitions des électrons entre les niveaux d'énergie. Einstein avait réussi là où il avait échoué en montrant que tout était affaire de hasard et de probabilités.

Le fait que sa théorie ne puisse prédire ni l'instant ni la direction de l'émission d'un quantum de lumière lorsqu'un électron saute d'un niveau d'énergie à un niveau inférieur continuait de troubler Einstein. « Néanmoins, avait-il écrit en 1916, j'ai pleinement confiance en la fiabilité de la démarche choisie[64]. » Il croyait que c'était une démarche qui finirait par conduire à une restauration de la causalité. Dans sa conférence, Bohr soutint qu'aucune détermination exacte de l'instant et de la direction n'était jamais possible. Les deux hommes se retrouvèrent dans deux camps opposés. Dans les jours qui suivirent, chacun tenta de convaincre l'autre tandis qu'ils se promenaient ensemble dans les rues de Berlin ou dînaient chez Einstein.

« Peu de gens dans ma vie m'ont donné autant de plaisir par leur seule présence que vous, écrivit Einstein à Bohr dès que celui-ci fut rentré à Copenhague. J'étudie actuellement vos superbes publications et – sauf si d'aventure je reste bloqué sur quelque passage – j'ai le plaisir de voir sous mes yeux votre visage réjoui et juvénile, et vos souriantes explications[65]. » Einstein n'exagérait pas. Le Danois lui avait fait une impression profonde et durable. « Bohr était ici, et je suis tout autant amoureux de lui que vous l'êtes, dit-il à Paul Ehrenfest quelques jours plus tard. Il est comme un enfant sensible et arpente ce monde dans une sorte de transe hypnotique[66]. » Bohr tenait également à essayer d'exprimer, dans son allemand quelque peu rugueux, ce qu'il avait ressenti en rencontrant Einstein : « Ce fut pour moi l'une de mes plus grandioses expériences de vous avoir rencontré et de vous avoir parlé. Vous ne pouvez pas imaginer quelle inspiration ce fut pour moi d'apprendre vos opinions de vous-même en personne[67]. » Bohr en eut encore l'occasion peu après, lorsque Einstein lui rendit une brève visite à Copenhague, en août, au retour d'un voyage en Norvège.

« C'est un homme très doué et excellent, écrivit Einstein à Lorentz après avoir rencontré Bohr. Il est de bon augure pour la physique que les physiciens de premier plan soient aussi, pour la plupart, des gens splendides[68]. » Einstein était devenu la cible de deux individus qui ne l'étaient pas. Philipp Lenard, dont Einstein avait utilisé les travaux en 1905 à l'appui de sa théorie des quanta de lumière, et Johannes Stark, découvreur de la décomposition des raies spectrales par un champ électrique, étaient devenus des antisémites forcenés. Ces deux Prix Nobel étaient derrière une organisation qui s'était intitulée Groupe de travail des scientifiques allemands pour la préservation de la science pure, dont l'objectif principal était de dénoncer Einstein et la relativité[69]. Le 24 août 1920, le groupe tint une réunion dans la Salle philharmonique de Berlin pour attaquer la relativité qualifiée de « physique juive » et dénoncer son créateur comme plagiaire et charlatan. Pas le moins du monde intimidé, Einstein se rendit sur place avec Walther Nernst et assista depuis une loge privée à cette séance où il était traîné dans la boue. Il refusa de mordre à l'hameçon et ne dit rien.

La presse publia une lettre, signée par Walther Nernst, Heinrich Rubens et Max von Laue, qui défendait Einstein contre ces scandaleuses accusations. Nombre de ses amis et collègues furent donc consternés lorsque Einstein lui-même écrivit un article intitulé « Ma réponse » pour le *Berliner Tagesblatt.* Einstein faisait remarquer que s'il n'avait pas été juif et internationaliste, ni lui ni ses travaux n'auraient été attaqués. Il regretta presque immédiatement de s'être laissé emporter au point d'écrire l'article. « Tout le monde doit sacrifier de temps en temps sur l'autel de la stupidité, pour plaire à la Déité et à la race humaine [70] », écrivit-il au physicien Max Born et à sa femme. Il était très conscient, leur disait-il, que son statut de célébrité impliquait que « comme dans le conte de fées où le héros change en or tout ce qu'il touche, avec moi, tout tourne à la polémique dans les journaux [71] ». Le bruit courut bientôt qu'il se pourrait qu'Einstein quitte le pays, mais il choisit de rester à Berlin, « le lieu auquel je suis le plus étroitement attaché par des liens humains et scientifiques [72] ».

Au cours des deux années qui suivirent leurs rencontres à Berlin et Copenhague, Einstein et Bohr poursuivirent chacun de leur côté leur lutte avec le quantum. « Je suppose que c'est une bonne chose d'avoir autant de sujets de distraction, écrivit Einstein à Ehrenfest en mars 1922, sinon le problème du quantum m'aurait expédié à l'asile de fous [73]. » Un mois plus tard, Bohr avouait à Sommerfeld : « Ces dernières années, je me suis souvent senti très seul sur le plan scientifique, avec l'impression que mes efforts pour développer systématiquement et du mieux que je pouvais les principes de la théorie quantique ont rencontré très peu de compréhension [74]. » Cette impression d'isolement n'allait pas durer. En juin 1922, il se rendit en Allemagne et donna une mémorable série de conférences étalées sur onze jours à l'université de Göttingen, qu'on finit par appeler les *Bohr Festspiele* – le « festival Bohr ».

Plus d'une centaine de physiciens jeunes et vieux vinrent de tout le pays pour entendre Bohr expliquer son modèle d'atome à couches d'électrons. C'était sa nouvelle théorie sur la disposition des électrons à l'intérieur de l'atome qui expliquait le placement et le groupement des éléments dans la table périodique. Il avançait que des couches orbitales d'électrons, comme les pelures d'un oignon, entouraient le noyau atomique. Chacune de ces couches était en fait composée d'un ensemble ou sous-ensemble d'orbites d'électrons et ne pouvait héberger qu'un certain nombre maximal d'électrons[75]. Des éléments qui partageaient les mêmes propriétés chimiques, soutenait Bohr, le faisaient parce qu'ils avaient le même nombre d'électrons dans leur couche extérieure.

D'après le modèle de Bohr, les onze électrons du sodium sont disposés sur trois couches en configuration 2, 8 et 1. Les cinquante-cinq électrons du césium sont disposés dans une configuration 2, 8, 18, 18, 8, 1. C'est parce que la couche extérieure de ces deux éléments possède un seul électron que le sodium et le césium ont des propriétés chimiques similaires. Au cours de ses conférences, Bohr se servit de sa théorie pour énoncer une prédiction. L'élément inconnu de numéro atomique 72 serait chimiquement similaire au zirconium, de numéro atomique 40, et au titanium, de numéro atomique 22, deux éléments rangés dans la même colonne de la table périodique. Il n'appartiendrait pas, déclara Bohr, au groupe des « terres rares » qui étaient de chaque côté de lui sur la table, contrairement à ce que d'autres avaient prédit.

Einstein n'assista pas aux conférences de Bohr à Göttingen, car il craignait pour sa vie après l'assassinat du ministre des Affaires étrangères allemand, qui était juif.

Walther Rathenau, un industriel de premier plan, était en poste depuis quelques mois seulement lorsqu'il fut abattu en plein jour le 24 juin 1922, devenant ainsi la trois cent cinquante-quatrième victime d'un assassinat politique de la droite depuis la fin de la guerre. Einstein était de ceux qui avaient tenté de dissuader Rathenau de ne pas prendre un poste aussi en vue dans le gouvernement. Quand il le fit, la presse de droite parla d'« une provocation absolument inouïe de la population [76] ».

« Ici, nous sommes quotidiennement sur les nerfs depuis l'ignoble assassinat de Rathenau, écrivit Einstein à Maurice Solovine. Je suis toujours sur mes gardes ; j'ai cessé mes cours et suis officiellement absent, bien que je sois en réalité ici tout le temps [77]. » Averti par des sources dignes de foi qu'il était une cible de choix pour un assassinat, Einstein confia à Marie Curie qu'il songeait à abandonner son poste à l'Académie prussienne pour trouver un endroit tranquille où s'installer en simple citoyen [78]. Car l'homme qui, dans sa jeunesse, détestait l'autorité, était devenu une figure d'autorité. Il n'était plus un simple physicien, mais le porte-parole de la science allemande, un représentant de la République de Weimar et de l'identité juive.

Malgré ce tumulte, Einstein lut les articles publiés par Bohr, y compris « La structure des atomes et les propriétés physiques et chimiques des éléments » qui parut dans le *Zeitschrift für Physik* en mars 1922. Presque un demi-siècle plus tard, il se rappela que les « couches d'électrons des atomes [de Bohr] et leur signification pour la chimie furent pour moi comme un miracle – et le sont encore aujourd'hui [79] ». C'était, poursuivait Einstein, « la forme de musicalité la plus haute dans la sphère de la pensée ». Ce que Bohr avait accompli relevait effectivement autant de l'art que de la science. En se servant de preuves rassemblées à partir d'une variété de sources différentes tels que les spectres atomiques et la chimie, Bohr avait construit un atome après l'autre, couche par couche, comme autant de pelures d'oignon, jusqu'à ce qu'il ait intégralement reconstitué tous les éléments de la table périodique.

Au cœur de la démarche de Bohr résidait sa conviction que les règles quantiques s'appliquent à l'échelle atomique, mais que toute conclusion qu'on pourrait en tirer ne doit pas entrer en conflit avec des observations effectuées à l'échelle macroscopique, là où s'applique la physique classique. Ce « principe de correspondance », ainsi qu'il l'avait nommé, lui permit d'éliminer à l'échelle atomique des idées qui, une fois extrapolées, ne correspondaient pas aux résultats dont on savait qu'ils étaient corrects en physique classique. Depuis 1913, le principe de correspondance aidait Bohr à réduire l'écart entre le quantique et le classique. D'aucuns le considéraient comme « une baguette magique [...] qui ne fonctionnait pas en dehors de Copenhague [80] », se rappela l'assistant de Bohr, Hendrik Kramers. D'autres auraient peut-être eu du mal à l'agiter, mais Einstein reconnut là un collègue sorcier au travail.

Quelles qu'aient pu être les réserves concernant le manque de mathématiques pures et dures pour sous-tendre la théorie de Bohr appliquée à la table périodique, tout le monde avait été impressionné par les dernières idées du Danois et acquis une meilleure appréciation des problèmes restant à résoudre. « Mon séjour à Göttingen a été de bout en bout une expérience merveilleuse et instructive, écrivit Bohr après son retour à Copenhague, et je ne peux dire à quel point j'ai été enchanté de l'amitié que tout le monde m'a témoignée [81]. » Il ne se sentait plus sous-estimé ni isolé. Dans le courant de l'année, il en eut encore une fois la confirmation, si besoin était.

Les télégrammes de félicitations s'accumulaient sur le bureau de Bohr à Copenhague, mais aucun ne le toucha plus que celui envoyé de Cambridge. « Nous sommes enchantés que vous ayez reçu le prix Nobel, écrivait Rutherford. Je sais que ce n'était qu'une simple question de temps, mais rien ne vaut le fait accompli. C'est la reconnaissance bien méritée de vos sublimes travaux et tout le monde ici est ravi d'apprendre la nouvelle [82]. » Dans les jours qui suivirent l'annonce du prix Nobel, Bohr n'avait cessé de penser à Rutherford. « J'ai puissamment senti à quel point je vous suis redevable, dit-il à son ancien mentor, non seulement pour votre influence directe sur mes travaux et pour votre inspiration, mais aussi pour votre amitié pendant les douze années écoulées depuis que j'ai eu la grande chance de vous rencontrer pour la première fois à Manchester [83]. »

L'autre personne à laquelle Bohr ne pouvait s'empêcher de penser était Einstein. Il était enchanté et soulagé d'apprendre, le jour où il recevait le prix Nobel 1922, qu'Einstein venait de recevoir le prix Nobel 1921, qui avait été reporté d'une année. « Je sais combien peu j'ai mérité cette distinction, écrivit-il à Einstein, mais j'aimerais dire qu'il est particulièrement heureux que votre contribution fondamentale dans le domaine particulier dans lequel je travaille ainsi que les contributions de Rutherford et de Planck fussent reconnues avant qu'on eût envisagé de me conférer pareil honneur [84]. »

Einstein était sur le bateau qui l'emmenait de l'autre côté du globe quand la liste des lauréats du prix Nobel fut annoncée. Le 8 octobre, craignant pour sa sécurité, Einstein était parti avec Elsa pour une tournée de conférences au Japon. « Je saluai cette occasion d'être longtemps absent d'Allemagne, ce qui m'éloignerait d'un danger momentanément accru [85]. » Il ne rentra pas à

Berlin avant février 1923. Le circuit de six semaines originellement prévu se transforma en une grande tournée qui dura cinq mois et au cours de laquelle il reçut une touchante lettre de félicitations de la part de Niels Bohr. Il y répondit pendant le voyage de retour : « Je peux dire sans exagérer que [votre lettre] m'a fait autant plaisir que le prix Nobel. Je trouve particulièrement charmant que vous ayez craint d'avoir reçu le prix avant moi – ça, c'est typiquement Bohr[86]. »

Un tapis de neige recouvrait la capitale suédoise le 10 décembre 1922 lorsque les invités se réunirent à Stockholm dans la Grande Salle de l'Académie de musique pour assister à la remise des prix Nobel. La cérémonie commença à 17 heures en présence du roi Gustave V. L'ambassadeur d'Allemagne en Suède reçut le prix pour le compte d'Einstein, absent, mais seulement après avoir gagné une bataille diplomatique contre les Suisses à propos de la nationalité du physicien. Les Suisses affirmèrent qu'Einstein était l'un des leurs jusqu'au moment où les Allemands découvrirent qu'en acceptant sa nomination à l'Académie prussienne en 1914 Einstein était automatiquement devenu citoyen allemand alors même qu'il n'avait pas renoncé à la nationalité suisse.

Einstein, qui avait renoncé à la nationalité allemande en 1896 et avait acquis la nationalité suisse cinq ans plus tard, fut surpris d'apprendre qu'il était allemand après tout. Que cela lui plaise ou non, les besoins de la République de Weimar lui imposaient la double nationalité. « Par une application de la théorie de la relativité au goût des lecteurs, écrivait Einstein en novembre 1919 dans un article pour le *Times* de Londres, aujourd'hui je suis qualifié de savant allemand en Allemagne et présenté comme juif suisse en Angleterre. Si un jour je deviens une *bête noire*, ces appellations seront inversées et je serai un juif suisse pour les Allemands et un homme de science allemand pour les Anglais [87] ! » Einstein serait peut-être revenu sur ces paroles s'il avait été présent au banquet Nobel et avait entendu l'ambassadeur allemand proposer un toast pour exprimer « la joie de mes concitoyens en voyant qu'une fois de plus l'un d'eux a pu réussir quelque chose pour l'humanité tout entière [88] ».

Bohr se leva après l'ambassadeur allemand et prononça un bref discours comme l'exigeait la tradition. Après avoir rendu hommage à J. J. Thomson, Rutherford, Planck et Einstein, Bohr proposa un toast à la coopération internationale pour l'avancement de la science, « qui est, si je puis dire, en cette époque si déprimante à bien des égards, l'une des lueurs d'espoir dans l'existence humaine [89] ». Vu l'occasion, il est compréhensible qu'il ait choisi d'oublier l'exclusion toujours en vigueur des Allemands des congrès internationaux. Le lendemain, Bohr était sur un terrain plus ferme lorsqu'il donna sa conférence Nobel sur « La structure de l'atome » : « L'état actuel de la théorie atomique, commença-t-il, est caractérisé par le fait que non seulement nous croyons avoir démontré l'existence des atomes sans contestation possible, mais que nous croyons même avoir une connaissance intime des éléments constitutifs des atomes individuels [90]. » Ensuite, après avoir brossé un panorama des progrès de la physique atomique dont il avait été une figure si centrale pendant la dernière décennie, Bohr conclut sa conférence sur une annonce spectaculaire.

Dans ses conférences de Göttingen, Bohr avait prédit les propriétés que devrait posséder l'élément manquant de numéro atomique 72 d'après sa théorie de la configuration des électrons à l'intérieur de l'atome. Au même moment fut publié un article donnant les grandes lignes d'une expérience effectuée à Paris qui confirmait l'hypothèse française rivale selon laquelle l'élément 72 serait un membre de la famille des « terres rares » qui occupaient les cases 57 à 71 de la table périodique. Après le choc initial, Bohr commença à avoir des doutes sérieux sur la validité des résultats français. Par bonheur, son vieil ami George Hevesy, qui était à Copenhague, et Dirk Coster, un autre chercheur invité, conçurent une expérience pour résoudre la querelle entourant l'élément 72.

Bohr était déjà parti pour Stockholm lorsque Hevesy et Coster terminèrent leurs recherches. Coster téléphona à Bohr la veille de sa conférence et put lui annoncer que des « quantités appréciables » de l'élément 72 avaient été isolées, élément « dont les propriétés chimiques sont très semblables à celles du zirconium et franchement différentes de celles des terres rares [91] ». Cet élément fut baptisé plus tard hafnium en l'honneur de l'ancien nom de Copenhague ; c'était le couronnement approprié des travaux de Bohr sur la configuration des électrons à l'intérieur des atomes qu'il avait commencés à Manchester dix ans plus tôt [92].

En juillet 1923, Einstein donna sa conférence Nobel sur la théorie de la relativité dans le cadre des fêtes du tricentenaire de la fondation de Göteborg, en Suède. Il rompit avec la tradition en choisissant la relativité, alors que le prix Nobel lui avait été décerné « pour ses travaux en physique mathématique et en particulier pour sa découverte de la loi de l'effet photo-électrique [93] ». En limitant le champ du prix à la « loi », la formule mathématique qui rendait compte de l'effet photoélectrique, le comité Nobel évitait adroitement de souscrire à l'explication physique controversée d'Einstein – le quantum de lumière. « En dépit de sa valeur heuristique, toutefois, l'hypothèse des quanta de lumière, qui est absolument irréconciliable avec ce qu'on appelle les phénomènes d'interférence, ne peut nous éclairer sur la nature du rayonnement [94] », avait déclaré Bohr pendant sa propre conférence Nobel. C'était le refrain familier repris alors par tout physicien digne de ce nom. Mais lorsque Einstein se rendit à Copenhague pour rencontrer Bohr, qu'il n'avait pas vu depuis presque trois ans, il savait qu'une expérience effectuée par un jeune Américain signifiait qu'il n'était plus seul à défendre le quantum de lumière. Bohr avait appris avant Einstein la nouvelle tant redoutée.

En février 1923, Bohr reçut une lettre datée du 21 janvier, dans laquelle Arnold Sommerfeld attirait son attention sur « la chose la plus intéressante qu'il m'ait été donné d'éprouver scientifiquement en Amérique[95] ». Il avait troqué pendant un an Munich pour Madison, dans le Wisconsin, et réussi à échapper aux pires moments de l'hyperinflation qui allait engloutir l'Allemagne. Ce fut, financièrement parlant, une décision judicieuse pour Sommerfeld. Et prendre connaissance des travaux de Compton avant ses collègues européens fut une prime inespérée.

Compton avait fait une découverte qui contestait la validité de la théorie ondulatoire des rayons X. Puisque les rayons X, disait Sommerfeld, étaient des ondes électromagnétiques, une forme de lumière invisible de très courte longueur d'onde, la théorie ondulatoire de la lumière, malgré toutes les données en sa faveur, avait de sérieux ennuis. « Je ne sais pas si je devrais mentionner ses résultats », écrivait Sommerfeld quelque peu timidement, car l'article de Compton n'avait pas encore été publié. « Je veux attirer votre attention sur le fait que nous devrions peut-être finalement nous attendre à une leçon inédite et tout à fait fondamentale[96]. » Une leçon qu'Einstein essayait d'enseigner avec plus ou moins d'enthousiasme depuis 1905 : la lumière était quantifiée.

Arthur Holly Compton était l'un des tous premiers jeunes expérimentateurs américains. Son PhD de l'université de Princeton lui avait été conféré en 1916 pour une étude de l'intensité des rayons X réfléchis par des cristaux. Après avoir enseigné un an à l'université du Minnesota, Compton abandonna le campus pour l'industrie. Mais au bout de deux ans seulement, il changea d'avis et obtint une bourse de recherche pour étudier un an à Cambridge avec Rutherford, qui venait tout juste de quitter Manchester pour prendre la direction du laboratoire Cavendish. Les impressionnantes références universitaires de Compton lui valurent d'être nommé, à vingt-huit ans seulement, professeur et directeur du département de physique à l'université Washington de Saint Louis en 1920. Ses recherches sur la diffusion des rayons X menées deux ans plus tard seraient décrites comme « le tournant décisif de la physique du XXe siècle [97] ».

Compton projeta un faisceau de rayons X sur divers éléments légers comme le carbone (sous forme de graphite) et mesura le « rayonnement secondaire ». Lorsque les rayons X percutaient la cible, la plupart la traversaient, mais certains étaient déviés sous des angles variés. C'étaient ces rayons « secondaires » ou diffusés qui intéressaient Compton. Il voulait savoir s'il y avait un changement quelconque dans la longueur d'onde des rayons X diffusés par rapport à celle des rayons qui traversaient la cible.

Il découvrit que la longueur d'onde des rayons diffusés était toujours légèrement plus grande que celle du faisceau des rayons X « primaires » ou incidents. D'après la théorie ondulatoire, elles auraient dû être strictement identiques.

Compton comprit que la différence de longueur d'onde (et donc de fréquence) signifiait que les rayons X secondaires n'étaient pas les mêmes que ceux qui avaient été projetés sur la cible. C'était aussi inattendu que de projeter un rayon de lumière rouge sur une surface métallique et de découvrir que la lumière réfléchie était bleue [98]. Incapable de faire concorder ses données de diffusion avec les prédictions d'une théorie ondulatoire des rayons X, Compton se tourna vers les quanta de lumière d'Einstein. Presque immédiatement, il trouva que « la longueur d'onde et l'intensité des rayons diffusés sont ce qu'elles devraient être si un quantum de rayonnement rebondissait sur un électron comme une boule de billard rebondit sur une autre [99] ».

Si les rayons X se présentaient sous forme de quanta, alors un faisceau de rayons X serait similaire à une collection de boules de billard microscopiques frappant la cible. Certaines passeraient au travers sans rien toucher. D'autres percuteraient des électrons à l'intérieur des atomes du matériau cible. Dans une telle collision, un quantum de rayon X perdrait de l'énergie en étant dévié et l'électron reculerait sous l'impact. Puisque l'énergie d'un quantum de rayon X est donnée par l'équation de Planck-Einstein $E = h\nu$, où h est la constante de Planck et ν la fréquence du rayon X, alors toute perte d'énergie doit entraîner une baisse de fréquence. Étant donné que la fréquence est intimement liée à la longueur d'onde, la longueur d'onde associée à un quantum de rayons X diffusé augmente. Compton élabora une analyse mathématique détaillée de la manière dont l'énergie perdue par le rayon X incident et le changement consécutif de longueur d'onde (ou de fréquence) du rayon X diffusé dépendait de l'angle de diffusion.

Personne n'avait jamais observé les mouvements de recul des électrons dont Compton croyait qu'ils devaient accompagner la diffusion des rayons X. Mais personne n'avait cherché à les observer non plus. Lorsqu'il le fit,

Compton ne tarda pas à les trouver. « La conclusion manifeste, dit-il, serait que les rayons X, et donc la lumière elle aussi, consistent en unités discrètes progressant dans des directions définies, chaque unité possédant l'énergie $h\nu$ et la quantité de mouvement correspondante h/λ [100]. » L'« effet Compton », l'augmentation de la longueur d'onde des rayons X quand ils sont diffusés par des électrons, était la preuve incontestable de l'existence des quanta de lumière, que nombre de physiciens réfutaient jusqu'alors, au mieux, comme relevant de la science-fiction. C'est en supposant que l'énergie et la quantité de mouvement se conservent dans la collision entre un quantum de rayon X et un électron que Compton put expliquer ses résultats. En 1916, Einstein avait été le premier à découvrir que les quanta de lumière possédaient une quantité de mouvement, propriété corpusculaire.

En novembre 1922, Compton annonça sa découverte lors d'un congrès à Chicago [101]. Juste avant Noël, il acheva son article et l'envoya à la *Physical Review*, mais les rédacteurs de la revue ne saisirent pas la signification de son contenu et il ne fut pas publié avant mai 1923. Ce retard évitable permit au physicien néerlandais Pieter Debye de coiffer Compton au poteau en publiant la première analyse complète de la découverte. Debye, un ancien assistant de Sommerfeld, avait soumis son article à une revue allemande en mars 1923. Contrairement à leurs homologues américains, les rédacteurs allemands reconnurent l'importance de ce travail et le publièrent le mois suivant. Cependant, Debye et tous les autres physiciens portèrent la découverte au crédit du talentueux jeune Américain qui obtint ainsi la reconnaissance qu'il méritait. Elle fut complète lorsqu'il reçut le prix Nobel en 1927. Entre-temps, le quantum de lumière d'Einstein avait été rebaptisé photon [102].

Deux mille personnes avaient assisté à sa conférence Nobel de Göteborg en juillet 1923, mais Einstein savait que la plupart étaient venues pour le voir plutôt que pour l'entendre. Dans le train qui le conduisait à Copenhague, il se préparait à rencontrer un homme qui boirait ses moindres paroles et ne serait probablement pas d'accord avec lui. Il s'était écoulé presque trois ans depuis la dernière fois qu'ils s'étaient vus pour s'entretenir de physique. Quand il descendit du train, Bohr était là pour l'accueillir. « Nous avons pris le tramway et nous étions dans une discussion si animée que nous avons raté notre arrêt et sommes allés beaucoup trop loin [103] », se rappela Bohr presque quarante ans plus tard. Ils conversaient en allemand sans se soucier des regards curieux des autres voyageurs. On ne sait pas précisément de quoi ils avaient débattu pendant cet aller-retour, mais ils avaient sûrement parlé de l'effet Compton, qu'Arnold Sommerfeld décrirait bientôt comme « probablement la découverte la plus importante qui ait pu être faite dans l'état actuel de la physique [104] ». Bohr n'était pas convaincu. Il refusait d'admettre que la lumière soit composée de quanta. C'était Bohr, et non Einstein qui était maintenant en minorité. Pour Sommerfeld, il ne faisait aucun doute que Compton avait « sonné le glas de la théorie ondulatoire du rayonnement [105] ».

Comme les héros maudits des westerns qu'il regarderait plus tard dans sa vie avec de jeunes membres de son équipe, Bohr n'avait plus l'avantage du nombre lorsqu'il fit son baroud d'honneur contre le quantum de lumière. En collaboration avec son assistant Hendrik Kramers et John Slater, un jeune théoricien américain de passage, Bohr proposa de sacrifier le principe de la conservation de l'énergie. C'était une composante vitale de l'analyse conduisant à l'effet Compton. Si ce principe n'était pas strictement appliqué à l'échelle atomique comme il l'était dans l'univers quotidien de la physique classique, alors l'effet Compton n'était plus une preuve irréfutable de l'existence des quanta de lumière einsteiniens. Ce qu'on appellerait plus tard la proposition BKS (Bohr-Kramers-Slater) était en apparence une suggestion radicale, mais c'était en vérité un geste désespéré qui montrait à quel point Bohr abhorrait la théorie quantique de la lumière.

Le principe de la conservation de l'énergie n'avait jamais été testé expérimentalement au niveau atomique et Bohr croyait que l'étendue de sa validité demeurait une question sans réponse dans des processus comme l'émission spontanée de quanta de lumière. Einstein croyait que l'énergie et la quantité de mouvement se conservaient dans toute collision individuelle entre un photon et un électron ; pour Bohr, ce n'était valide qu'en tant que moyenne statistique. Il fallut attendre 1925 pour que des expériences effectuées par Compton, qui était alors à l'université de Chicago, et par Hans Geiger et Walther Bothe au Physikalische-Technische Reichanstalt de Berlin confirment que la quantité de mouvement et l'énergie se conservaient lors de collisions entre un photon et un électron. Einstein avait raison et Bohr avait tort.

Le 20 avril 1924, plus sûr de lui que jamais, plus d'un an avant que des expériences réduisent les sceptiques au silence, Einstein résuma éloquemment la situation pour les lecteurs du *Berliner Tagesblatt* : « Il y a donc maintenant deux théories de la lumière, l'une comme l'autre indispensables et – comme on doit l'avouer aujourd'hui malgré vingt ans d'efforts acharnés de la part des physiciens théoriciens – sans aucun lien logique [106]. » Il voulait dire que la théorie ondulatoire comme la théorie des quanta étaient en quelque sorte valides en même temps. On ne pouvait invoquer les quanta de lumière pour expliquer les phénomènes ondulatoires associés avec la lumière, telles que les interférences et la diffraction. Inversement, une explication exhaustive de l'effet Compton et de l'effet photoélectrique ne pouvait être fournie sans recourir à la théorie quantique de la lumière. La lumière était de nature duelle, à la fois ondulatoire et corpusculaire, et les physiciens étaient totalement obligés de l'accepter.

Un beau matin, peu après la publication de l'article du *Tagesblatt*, Einstein reçut un paquet expédié de Paris, à en croire le cachet de la poste. En l'ouvrant, il découvrit un mot rédigé par un vieil ami qui sollicitait son opinion sur l'insolite thèse de doctorat écrite par un prince français sur la nature de la matière.

CHAPITRE 6

Le prince de la dualité

« La science est une vieille dame qui n'a pas peur des hommes mûrs [1] », lui avait dit un jour son père. Mais lui, comme son frère aîné, avait été séduit par la science. On se serait attendu que le prince Louis Victor Pierre Raymond de Broglie, membre d'une des plus éminentes familles nobles françaises, suive les traces de ses illustres ancêtres. Les de Broglie, originaires du Piémont, servaient les rois de France en tant que soldats, hommes d'État et diplomates depuis le milieu du XVIIe siècle. En reconnaissance des services qu'il avait rendus, un ancêtre se vit conférer le titre de duc par Louis XV en 1742. Le fils du duc, Victor François, infligea une défaite cuisante à un ennemi du Saint-Empire romain germanique et l'Empereur reconnaissant le récompensa par le titre de prince. Il s'ensuivait que tous ses descendants seraient soit princes, soit princesses. C'est ainsi qu'un jeune savant serait un jour à la fois un prince allemand et un duc français [2]. C'est une généalogie invraisemblable pour l'homme qui apporta une contribution essentielle à la physique quantique, contribution décrite par Einstein comme « le premier faible rayon de lumière sur la pire des énigmes de notre physique [3] ».

Cadet des quatre enfants survivants, Louis naquit à Dieppe le 15 août 1892. Conformément à leur statut social élevé, les de Broglie étaient instruits dans la demeure ancestrale par des précepteurs. Alors que d'autres garçons auraient pu réciter les noms des grandes locomotives de l'époque, Louis pouvait réciter les noms de tous les ministres de la Troisième République. Au grand amusement de sa famille, il commença à prononcer des discours inspirés par les rubriques politiques des journaux. Avec un grand-père qui avait été président du Conseil, on ne tarda pas « à prédire pour Louis un brillant avenir d'homme d'État [4] », se rappela sa sœur Pauline. Ç'aurait pu être le cas si son père n'était pas mort en 1906, quand il avait quatorze ans.

Son frère aîné Maurice, à trente et un ans, était maintenant chef de famille. Ainsi que l'exigeait la tradition, Maurice avait visé une carrière militaire, mais avait choisi la marine plutôt que l'armée de terre. À l'École navale, il excellait dans les matières scientifiques. Le jeune officier prometteur qu'il était trouva la marine dans une période de transition au tournant du XXe siècle. Étant donné son intérêt pour les sciences, Maurice ne tarda pas à s'impliquer dans des tentatives pour élaborer un système efficace de communication sans fil entre vaisseaux. En 1902, il publia son premier article sur les « ondes radioélectriques » et vit sa détermination renforcée, malgré l'opposition de son père, de quitter la marine pour se consacrer à la recherche scientifique. En 1904, après neuf ans de service, il quitta la marine. Son père mourut deux ans plus tard et il dut assumer de nouvelles responsabilités en tant que duc de Broglie, sixième du nom.

Sur le conseil de Maurice, on envoya Louis à l'école. « Ayant moi-même éprouvé l'inconvénient d'une pression exercée sur les études d'un jeune homme, je m'abstins de donner à mon frère une direction d'études rigide, bien qu'à certains moments ses vacillations m'aient donné quelques inquiétudes [5] », écrivit-il un demi-siècle plus tard. Louis était bon en français, en histoire, en physique et en philosophie. En mathématiques et en chimie, ses résultats étaient passables. Au bout de trois ans, en 1909, Louis termina ses études secondaires avec à la fois le baccalauréat de philosophie et le baccalauréat de mathématiques. Un an plus tôt, Maurice avait obtenu son doctorat sous la direction de Paul Langevin au Collège de France et installé un laboratoire dans sa demeure parisienne rue Chateaubriand. Au lieu de solliciter un poste dans une université, créer son laboratoire personnel dans lequel il s'adonnerait à sa nouvelle vocation contribua à adoucir la déception de certains membres de la famille devant le fait qu'un de Broglie abandonne le métier des armes pour la science.

À l'époque, contrairement à Maurice, Louis visait une carrière plus traditionnelle et étudiait l'histoire médiévale à l'université de Paris. Toutefois, à vingt ans, le jeune prince découvrit que l'étude critique des textes, sources et documents du passé ne l'intéressait guère. Son frère, se rappela Maurice plus tard, n'était « pas loin de perdre foi en lui-même [6] ». Une partie du problème était son intérêt grandissant pour la physique encouragé par les heures passées avec Maurice dans le laboratoire de ce dernier. L'enthousiasme de son frère aîné pour sa recherche sur les rayons X s'était révélé contagieux. Toutefois, Louis était assailli de doutes quant à ses capacités, doutes qui s'aggravèrent lorsqu'il échoua à un examen de physique. Il se demanda si son destin était d'être un raté. « Envolées la gaieté et l'exaltation de l'adolescence ! Le brillant bavardage de son enfance avait été réduit au silence par la profondeur de ses réflexions [7]. » C'est ainsi que Maurice se rappelait l'introverti qu'il reconnaissait à peine. D'après son frère, Louis allait devenir « un érudit austère et indompté, qui répugnait à quitter son domicile [8] ».

La première fois que Louis se rendit à l'étranger, ce fut à Bruxelles en octobre 1911 [9]. Il avait dix-neuf ans. Après avoir quitté la marine, son aîné Maurice était, au fil des années, devenu un savant très respecté, spécialiste de la physique des rayons X. Lorsque arriva une lettre l'invitant à être l'un des deux secrétaires scientifiques chargés de la gestion du tout premier congrès Solvay, il accepta sans hésiter. Ce n'était certes qu'une fonction administrative, mais l'occasion de débattre du quantum avec des sommités comme Planck, Einstein ou Lorentz était carrément trop belle pour être négligée. Les Français seraient bien représentés. Curie, Poincaré, Perrin et Langevin, son ancien directeur de thèse, seraient tous présents.

Séjournant à l'hôtel Métropole comme tous les délégués, Louis garda ses distances. Ce n'est qu'une fois rentré à Paris et lorsque Maurice lui rapporta les discussions sur le quantum qui s'étaient tenues au premier étage que Louis commença à manifester un intérêt croissant pour la nouvelle physique. Lorsque le compte rendu des débats fut publié, Louis le lut avec enthousiasme et décida de devenir physicien, Il avait déjà troqué ses livres d'histoire contre des manuels de physique et obtenu sa licence ès sciences en 1913. Il fut obligé de mettre ses projets en suspens, car un an de service militaire l'attendait. Malgré la demi-douzaine de maréchaux de France dont les de Broglie pouvaient se vanter, Louis entra dans l'armée de terre comme simple soldat, affecté au corps du Génie en garnison près de Paris. Avec l'aide de Maurice, il fut bientôt muté au service des Transmissions radiophoniques [10]. Tout espoir de retour à l'étude de la physique s'évapora quand éclata la Première Guerre mondiale. Il passa les quatre années suivantes en tant qu'ingénieur des transmissions affecté à l'émetteur radio de la tour Eiffel.

Démobilisé en août 1919, Louis de Broglie acceptait mal d'avoir passé six ans sous l'uniforme, entre vingt et un et vingt-sept ans. Il était plus que jamais décidé à continuer dans la voie qu'il avait choisie. Il fut aidé et encouragé par Maurice, et suivit les recherches que son frère menait sur les rayons X et l'effet photoélectrique dans son laboratoire bien équipé. Les deux frères eurent de longues discussions sur l'interprétation des expériences en cours. Maurice rappela à Louis « la valeur pédagogique des sciences expérimentales » et que « les constructions théoriques de la science n'ont aucune valeur à moins d'être soutenues par les faits [11] ». Il écrivit une série d'articles sur l'absorption des rayons X tout en songeant à la nature du rayonnement électromagnétique. De Broglie admettait que la théorie ondulatoire et la théorie corpusculaire de la lumière soient en un certain sens toutes les deux correctes, puisque aucune ne pouvait à elle seule expliquer à la fois la diffraction, l'interférence et l'effet photoélectrique.

En 1922, l'année où Einstein fit une conférence à Paris sur l'invitation de Paul Langevin et se heurta à une réception hostile pour être resté à Berlin pendant toute la durée de la guerre, de Broglie écrivit un article dans lequel il adoptait explicitement « l'hypothèse des quanta de lumière ». Il avait déjà accepté l'existence d'« atomes de lumière » à un moment où Compton n'avait pas encore communiqué quoi que ce soit sur ses expériences. Lorsque l'Américain publia ses résultats et l'analyse de la diffusion des rayons X par les électrons, confirmant ainsi l'existence des quanta de lumière einsteiniens, de Broglie avait déjà appris à vivre avec l'insolite dualité de la lumière. D'autres, toutefois, ne plaisantaient qu'à moitié quand ils disaient qu'il leur fallait enseigner la théorie ondulatoire de la lumière les lundis, mercredis et vendredis, et la théorie corpusculaire les mardis, jeudis et samedis.

« Après une longue réflexion dans la solitude et la méditation, écrivit plus tard de Broglie, j'eus soudain l'idée, en 1923, que la découverte faite par Einstein en 1905 devrait être généralisée en l'étendant à toutes les particules matérielles et notamment aux électrons [12]. » De Broglie avait osé poser cette simple question : si les ondes lumineuses peuvent se comporter comme des particules, des particules telles que les électrons peuvent-elles se comporter comme des ondes ? Sa réponse était oui. Il découvrit que s'il attribuait à un électron une « onde associée fictive » de fréquence ν et de longueur d'onde λ, il pouvait expliquer l'emplacement exact des orbites dans l'atome de Bohr. Un électron ne pouvait occuper que les orbites pouvant accepter un nombre entier de longueurs d'onde de son « onde associée fictive ».

En 1913, pour empêcher son modèle de l'atome d'hydrogène de s'effondrer quand l'électron en orbite perdait son énergie par rayonnement et s'écrasait en spirale sur le noyau, Bohr avait été forcé d'imposer une condition pour laquelle il ne pouvait proposer aucune autre justification : un électron en orbite stationnaire autour du noyau n'émettait pas de rayonnement. L'idée de De Broglie – traiter les électrons comme des ondes stationnaires – différait radicalement de la conception des électrons comme particules gravitant autour d'un noyau atomique.

On peut facilement produire des ondes stationnaires dans des cordes attachées aux deux extrémités, telles qu'elles sont utilisées dans les violons et les guitares. Pincer une de ces cordes produit une variété d'ondes

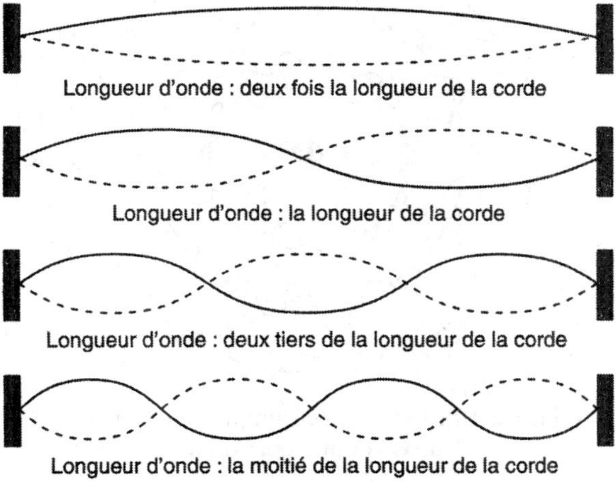

Figure 9 : Ondes stationnaires d'une corde vibrante attachée aux deux extrémités.

stationnaires dont la caractéristique essentielle est qu'elles sont composées d'un nombre entier de demi-longueurs d'onde. La plus grande onde stationnaire possible a une longueur d'onde double de celle de la corde. L'onde stationnaire suivante est composée de deux de ces unités d'une demi-longueur d'onde, ce qui donne une longueur d'onde égale à la longueur physique de la corde. La suivante est une onde stationnaire consistant en trois demi-longueurs d'onde, et ainsi de suite en montant la gamme. Cette séquence numérique d'ondes stationnaires est la seule qui soit physiquement possible et chaque onde a sa propre énergie. Étant donné la relation entre fréquence et longueur d'onde, cela équivaut à dire qu'une corde de guitare, une fois pincée, ne peut vibrer

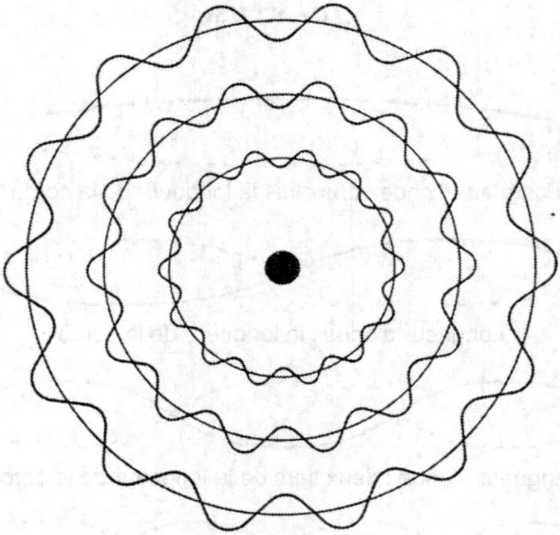

Figure 10 : Ondes électroniques stationnaires dans l'atome quantique.

qu'à certaines fréquences, en commençant par la plus basse, la note fondamentale ou tonique.

De Broglie se rendit compte que cette « exigence du nombre entier » limitait les orbites d'électrons possibles dans l'atome de Bohr à celles dotées d'une circonférence permettant la formation d'ondes stationnaires. Ces ondes stationnaires électroniques n'étaient pas bornées à chaque extrémité comme sur un instrument de musique, mais se formaient parce qu'un nombre entier de pareilles longueurs d'onde pouvait tenir sur la circonférence de l'orbite. S'il n'y avait pas de coïncidence exacte, il ne pouvait y avoir d'onde stationnaire, et donc pas d'orbite stationnaire non plus.

Si on considère un électron comme une onde stationnaire autour du noyau au lieu d'une particule en orbite, alors il ne subirait aucune accélération et donc pas de perte continuelle de rayonnement qui lui ferait percuter le noyau tandis que l'atome s'effondrerait. Ce que Bohr avait introduit uniquement pour sauver son atome quantique trouvait sa justification dans la dualité onde-particule de De Broglie. Lorsqu'il effectua les calculs, de Broglie trouva que le nombre quantique principal de Bohr, *n*, ne caractérisait que les orbites dans lesquelles des ondes stationnaires associées aux électrons pouvaient exister autour du noyau de l'atome d'hydrogène. C'était la raison pour laquelle toutes les autres orbites étaient interdites dans le modèle de Bohr.

Lorsque de Broglie essaya d'expliquer pourquoi toutes les particules devraient être considérées comme ayant la dualité onde-particule dans trois brefs articles publiés en automne 1923, on ne vit pas très clairement quelle était la nature de la relation entre les particules et l'« onde associée fictive ». De Broglie suggérait-il un phénomène comparable au mouvement de l'indigène hawaïen chevauchant une vague ? Il se confirma plus tard que pareille interprétation ne pouvait fonctionner et que les électrons – et toutes les autres particules – se comportaient exactement comme les photons : ils sont à la fois ondes et particules.

De Broglie développa ses idées pour en faire une thèse de doctorat qu'il présenta au printemps 1924. Les formalités nécessaires pour l'acceptation de la thèse et sa lecture par les examinateurs firent que de Broglie ne la soutint pas avant le 25 novembre. Trois des quatre examinateurs étaient professeurs à la Sorbonne ; Jean Perrin, qui avait contribué à tester la théorie d'Einstein du mouvement brownien et recevrait le prix Nobel en 1926 ; Charles Mauguin, physicien émérite qui travaillait sur les propriétés des cristaux ; et Élie Cartan, mathématicien de renommée mondiale. Le dernier membre du jury était l'examinateur externe, Paul Langevin, le seul qui soit vraiment compétent en matière de physique quantique et de relativité. Avant de soumettre officiellement le texte de sa thèse, de Broglie prit contact avec Langevin et lui demanda d'examiner ses conclusions. Langevin accepta et confia plus tard à un collègue : « J'emporte avec moi la thèse du petit frère. Ça m'a l'air tiré par les cheveux [13]. »

Les idées de De Broglie étaient peut-être chimériques, mais Langevin se donna le temps de les examiner. Il avait besoin de l'avis d'un tiers. Il savait qu'en 1909 Einstein avait publiquement déclaré que les recherches futures en matière de rayonnement révéleraient une sorte de fusion de la particule et de l'onde. Les expériences de Compton avaient convaincu presque tout le monde qu'Einstein avait raison en ce qui concernait la lumière. Après tout, c'étaient apparemment des particules en collision avec des électrons. Et voilà que de Broglie suggérait la même sorte de fusion, une dualité onde-particule, pour toute la matière. Il avait même une formule qui associait la longueur d'onde λ de la « particule » à sa quantité de mouvement p, $\lambda = h/p$, où h est la constante de Planck. Langevin demanda au prince physicien un deuxième exemplaire de sa thèse et l'envoya à Einstein. « Il a soulevé un coin du grand voile [14] », répondit Einstein à Langevin.

Ce jugement d'Einstein suffit à Langevin et aux autres membres du jury. Ils félicitèrent de Broglie pour « avoir poursuivi avec une maîtrise remarquable un effort qu'il fallait tenter afin de triompher des difficultés au milieu desquelles se trouvaient les physiciens [15] ». Mauguin avoua plus tard qu'« à l'époque » il « ne croyait pas à l'existence physique des ondes associées à des grains de matière [16] ». Tout ce que Perrin savait avec certitude était que de Broglie était « très intelligent [17] ». Quant au reste, il n'en avait aucune idée. À trente-deux ans, avec l'appui d'Einstein, le lauréat n'était plus seulement le prince Louis Victor Pierre Raymond de Broglie, mais avait acquis le droit de se faire appeler tout simplement Louis de Broglie, docteur ès sciences.

Avoir une idée, c'était déjà quelque chose, mais pouvait-elle être testée ? En septembre 1923, de Broglie avait vite compris que, si la matière a des propriétés ondulatoires, alors un faisceau d'électrons devrait se propager comme un faisceau lumineux ou des rides à la surface d'un étang – il devrait être diffracté. Dans un de ses brefs articles écrits cette année-là, de Broglie avait prédit qu'un « groupe d'électrons qui passe à travers une ouverture exiguë devrait montrer des effets de diffraction [18] ». Il essaya en vain de persuader les expérimentateurs chevronnés travaillant dans le laboratoire personnel de son frère de mettre son idée à l'épreuve. Occupés par d'autres projets, ils estimèrent que les expériences étaient carrément trop difficiles à effectuer. Déjà redevable à son frère Maurice d'attirer constamment son « attention sur l'importance et l'indéniable exactitude de la caractéristique duelle – corpusculaire et ondulatoire – du rayonnement [19] », Louis n'alla pas plus avant.

Or Walther Elsasser, jeune physicien de l'université de Gôttingen, fit remarquer que, si de Broglie avait raison, un simple cristal devrait diffracter un faisceau d'électrons qui le frapperait : l'espace entre atomes adjacents dans un cristal serait assez petit pour qu'un objet de la taille d'un électron révèle sa nature ondulatoire. « Jeune homme, vous êtes assis sur une mine d'or [20] », dit Einstein à Elsasser lorsqu'il entendit parler de l'expérience qu'il proposait. Ce n'était pas une mine d'or, mais quelque chose d'un peu plus précieux : un prix Nobel. Mais, comme dans toute ruée vers l'or, il ne faut pas trop attendre avant de prendre la route. Elsasser attendit et deux autres, qui posèrent leurs jalons avant lui, s'emparèrent du Nobel.

Clinton Davisson, trente-quatre ans, chercheur à la Western Electric de New York – qui deviendrait les Laboratoires Bell –, étudiait les effets d'un faisceau d'électrons percutant diverses cibles métalliques lorsqu'un jour, en avril 1925, il se produisit quelque chose de bizarre. Une bouteille d'air liquide explosa dans son laboratoire et brisa le tube à vide contenant la cible en nickel qu'il utilisait. Le métal exposé à l'air se mit à rouiller. En chauffant le nickel pour le nettoyer, Davisson transforma accidentellement le réseau de minuscules cristaux en un petit nombre de gros cristaux, qui provoquèrent la diffraction des électrons. En poursuivant ses expériences, il se rendit vite compte que ses résultats étaient différents. Sans savoir qu'il avait diffracté des électrons, il releva simplement les données et les publia.

« Nous serons à Oxford dans un mois, ça semble impossible, non ? Nous devrions en profiter, ma Lottie chérie – ce sera une deuxième lune de miel, et elle devrait être encore plus agréable que la première[21] », écrivait Davisson à sa femme en juillet 1926. Ayant confié leurs enfants à des parents aux États-Unis, les Davisson pouvaient s'octroyer une pause bien méritée et visiter l'Angleterre avant de se diriger sur Oxford pour le congrès de l'Association britannique pour l'avancement de la science. C'est là que Davisson fut stupéfait d'apprendre que certains physiciens pensaient que les résultats de son expérience confirmaient les idées d'un prince français. Il n'avait jamais entendu parler de Louis de Broglie ni de sa suggestion que la dualité onde-particule puisse être étendue à toute la matière. En quoi Davisson n'était pas le seul.

Peu de gens avaient lu les trois articles succincts de De Broglie, car ils avaient paru en français dans les *Comptes rendus de l'Académie des sciences.* Et ceux qui connaissaient l'existence de sa thèse de doctorat étaient encore moins nombreux. De retour à New York, Davisson et un collègue, Lester Germer, entreprirent immédiatement de vérifier si les électrons étaient vraiment diffractés. Il leur fallut attendre janvier 1927 pour avoir des preuves concluantes que la matière était diffractée, qu'elle se comportait effectivement comme des ondes. Davisson avoua plus tard que les expériences originelles avaient en réalité été effectuées « en marge », dans le sillage d'autres qu'il avait menées pour le compte de ses employeurs, alors en procès avec une société concurrente.

Max Knoll et Ernst Ruska mirent rapidement à profit la nature ondulatoire de l'électron avec l'invention en 1931 du microscope électronique. Aucune particule plus petite qu'environ la moitié de la longueur d'onde de la lumière blanche ne peut absorber ni réfléchir les ondes lumineuses de façon à se rendre visible sous un microscope classique. Mais les ondes électroniques, avec des longueurs d'onde plus de cent mille fois plus petites que celles de la lumière, le pouvaient. La fabrication commerciale du premier microscope électronique commença en Angleterre en 1935.

Entre-temps, à Aberdeen, en Écosse, le physicien anglais George Paget Thomson effectuait ses propres expériences avec des faisceaux d'électrons tandis que Davisson et Germer poursuivaient leurs recherches sur le même sujet. Il avait lui aussi assisté au congrès de la BAAS à Oxford où les travaux de De Broglie avaient été abondamment commentés. Thomson, qui se passionnait pour la nature de l'électron, commença immédiatement des expériences pour détecter la diffraction des électrons. Mais, au lieu de cristaux, il utilisa des films minces, spécialement préparés, qui produisirent un motif de diffraction dont les caractéristiques correspondaient en tous points aux prédictions de De Broglie. Tantôt la matière se comporte comme une onde s'étalant sur une région étendue de l'espace, tantôt comme une particule localisée en un point unique de l'espace.

Ce fut un remarquable coup du sort : la nature duelle de la matière était incarnée dans la famille Thomson. George Thomson reçut le prix Nobel de physique en 1937 avec Davisson pour la découverte de la nature ondulatoire de l'électron. Son père, sir J. J. Thomson, avait reçu le prix Nobel de physique en 1906 pour la découverte de la nature corpusculaire de l'électron.

Pendant un quart de siècle, la plupart des développements dans la physique quantique et ses applications – depuis la loi du rayonnement du corps noir énoncée par Planck jusqu'au quantum de lumière d'Einstein, depuis l'atome quantique de Bohr jusqu'à la dualité onde-particule de la matière prédite par de Broglie – furent le produit du mariage mal assorti des concepts quantiques et de la physique classique. En 1925, cette union était de plus en plus fragilisée. « Plus la théorie quantique a de succès, plus elle paraît stupide [22] », avait écrit Einstein dès mai 1912. Il fallait une nouvelle théorie, une nouvelle mécanique de l'univers quantique. « La découverte de la mécanique quantique au milieu des années 1920, déclara le lauréat Nobel Steven Weinberg, a été la révolution la plus profonde en physique théorique depuis la naissance de la physique moderne au XVIIe siècle [23]. » Vu le rôle décisif des jeunes physiciens dans cette révolution qui façonna le monde moderne, ce furent là les années de la *Knabenphysik* – « la physique des petits jeunes ».

II

LA PHYSIQUE DES PETITS JEUNES

« En ce moment, la physique est à nouveau très confuse ; en tout cas, c'est trop compliqué pour moi, et je voudrais bien être acteur de cinéma ou quelque chose dans ce goût-là et n'avoir jamais entendu parler de physique. »

Wolfgang PAULI

« Plus je pense à la portion physique de la théorie de Schrödinger, plus je la trouve répugnante. Ce qu'écrit Schrödinger sur la possibilité de visualisation de sa théorie "n'est probablement pas tout à fait exact", en d'autres termes, c'est des foutaises. »

Werner HEISENBERG

« Si toutes ces fichues histoires de saut quantique devaient vraiment perdurer, je regretterais d'avoir touché à la théorie des quanta. »

Erwin SCHRÖDINGER

CHAPITRE 7

Les docteurs du spin

« On se demande ce qu'il faut admirer le plus, la compréhension psychologique nécessaire au développement des idées, la sûreté de la déduction mathématique, la profondeur de l'intuition physique, l'aptitude à produire des présentations lucides et systématiques, les connaissances en littérature, le traitement exhaustif du sujet, ou la sûreté de l'appréciation critique [1]. » Einstein était sûrement impressionné par le « travail abouti, d'une conception grandiose » dont il venait de rendre compte. Il avait du mal à croire que cet article sur la relativité – 237 pages plus 394 notes – était l'œuvre d'un physicien de vingt et un ans qui était encore étudiant et avait juste dix-neuf ans quand on lui avait demandé de l'écrire. L'irascible Wolfgang Pauli, surnommé plus tard « le Courroux de Dieu », était considéré comme « un génie comparable à Einstein lui-même [2] ». « En fait, du point de vue de la science pure, estimait son ancien patron Max Born, il se peut qu'il ait été plus grand qu'Einstein [3]. »

Wolfgang Ernst Pauli naquit le 25 avril 1900 à Vienne, capitale encore tenaillée par l'anxiété fin de siècle tout en prenant du bon temps. Son père, qui s'appelait aussi Wolfgang, avait d'abord été médecin, mais avait abandonné la médecine pour la science et profité de l'occasion pour changer son patronyme de Pascheles en Pauli. La transformation fut complète lorsqu'il se convertit au catholicisme, craignant que la marée montante de l'antisémitisme ne menace ses ambitions universitaires. Son fils grandit en ignorant tout du passé juif de sa famille. À l'université, lorsqu'un autre étudiant lui dit qu'il devait être juif, Wolfgang junior fut stupéfait : « Moi ? Non. Personne ne me l'a jamais dit et je ne crois pas que je sois juif[4]. » Ce n'est qu'en revenant chez ses parents aux vacances suivantes qu'il apprit d'eux la vérité. Son père se sentit conforté dans sa décision lorsque après avoir gravi tous les échelons il obtint en 1902 un poste de professeur très convoité et fut nommé directeur d'un institut de chimie médicale nouvellement créé à l'université de Vienne.

La mère de Pauli, Bertha, était une journaliste et romancière viennoise bien connue. Grâce à son cercle d'amis et de connaissances, Wolfgang et sa sœur Hertha, de six ans sa cadette, s'étaient habitués à voir des célébrités des arts et des sciences au domicile familial. Pacifiste et socialiste, sa mère influença fortement Pauli. Plus le conflit mondial s'appesantit sur son adolescence, « plus il se rebella contre la guerre et, en général, contre l'"establishment" tout entier », se rappela un ami[5]. Lorsque Bertha mourut deux semaines avant son quarante-neuvième anniversaire en novembre 1927, un article nécrologique de la *Neue Freie Presse* la décrivit comme « l'une des rares vraies fortes personnalités parmi les Autrichiennes[6] ».

Doué pour les études, le jeune Wolfgang était cependant loin d'être un élève modèle, car il trouvait l'école peu motivante. Il commença donc à prendre des cours particuliers de physique, en guise de compensation. Lorsqu'il était forcé d'endurer un cours particulièrement fastidieux au lycée, il lisait les articles d'Einstein sur la relativité générale, qu'il cachait sous son pupitre. La physique avait toujours tenu une grande place dans sa jeunesse, en la personne de son parrain, le physicien et philosophe des sciences autrichien Ernst Mach. Pauli dirait plus tard que ce contact avec Mach, qu'il vit pour la dernière fois en été 1914, fut « l'événement le plus important dans ma vie intellectuelle [7] ».

En septembre 1918, Pauli abandonna le « désert spirituel [8] » qu'était Vienne. L'Empire austro-hongrois était au bord de l'extinction, le passé glorieux de Vienne s'était terni, mais c'était l'absence de physiciens théoriciens de haute volée à l'université de la capitale qu'il déplorait. Il aurait pu aller presque n'importe où, mais il choisit Munich pour étudier avec Arnold Sommerfeld. Ayant récemment refusé la proposition d'une chaire de professeur à Vienne, Arnold Sommerfeld était déjà responsable de la physique à l'université de Munich depuis une douzaine d'années lorsque Pauli arriva. Dès le début, en 1906, Sommerfeld entreprit de créer un institut qui soit « une pépinière de la physique théorique [9] ». Il n'était pas aussi prestigieux que celui que Bohr allait bientôt créer à Copenhague – il ne comportait que quatre salles : le bureau de Sommerfeld, un amphithéâtre, une salle de séminaires et une petite bibliothèque. Il y avait aussi un grand laboratoire au sous-sol ; c'est là qu'en 1912 la théorie de Max von Laue, à savoir que les rayons X étaient des ondes électromagnétiques ultracourtes, fut testée et confirmée, donnant une notoriété immédiate à la « pépinière » de Sommerfeld.

Sommerfeld était un enseignant exceptionnel qui avait le chic pour poser à ses étudiants des problèmes qui testaient – sans les excéder, toutefois – les limites de leurs capacités. Depuis qu'il était à Munich, Sommerfeld avait déjà pris en charge plus que son compte de jeunes physiciens de talent, mais il avait décelé en Pauli un sujet rare et exceptionnellement prometteur. Il n'était pas facile d'impressionner Sommerfeld, or en janvier 1919, un article sur la relativité générale écrit par Pauli avant son départ de Vienne venait d'être publié. Il avait dans sa « pépinière » un étudiant de première année, qui n'avait pas encore dix-neuf ans et était déjà considéré par les autres comme un expert en relativité.

Pauli se fit rapidement connaître – et redouter – pour ses critiques caustiques et incisives des idées et hypothèses nouvelles. D'aucuns l'appelleraient plus tard « la conscience de la physique » à cause de ses principes intransigeants. Corpulent, les yeux globuleux, il était l'incarnation parfaite du Bouddha de la physique, mais avec une langue acérée. Chaque fois qu'il était profondément plongé dans ses pensées, Pauli se balançait inconsciemment d'arrière en avant. On reconnaissait unanimement que sa compréhension intuitive des problèmes physiques était inégalée chez ses contemporains et, probablement, même pas surpassée par celle d'Einstein. Il jugeait ses propres travaux encore plus sévèrement que ceux d'autrui. À certains moments, Pauli comprenait trop bien la physique et ses problèmes, ce qui gênait le libre exercice de ses facultés créatrices. Des découvertes qu'il aurait pu faire si son imagination et son intuition avaient joui d'un peu plus de liberté rendirent célèbres des collègues moins talentueux, mais plus spontanés.

La seule personne avec qui il soit demeuré modeste était Sommerfeld. Même avec son statut de physicien de renommée mondiale, chaque fois que Pauli se trouvait en présence de son ancien maître, ceux qui avaient été la cible de ses jugements caustiques étaient toujours sidérés de voir le « Courroux de Dieu » lui répondre avec des « *Ja, Herr Professor* » ou « *Nein, Herr Professor* ». Ils reconnaissaient à peine l'homme qui avait un jour assené à un malheureux collègue : « Ça ne me gêne pas que vous pensiez lentement, mais je proteste quand vous publiez plus vite que vous ne pensez [10]. » Une autre fois, à propos d'un article qu'il venait de lire, il avait lâché : « Il n'est même pas faux [11]. » Il n'épargnait personne. « Vous savez, ce que dit M. Einstein n'est pas si stupide que ça [12] », dit-il devant un amphithéâtre bondé alors qu'il n'était que simple étudiant. Sommerfeld, assis au premier rang, n'aurait jamais toléré pareille remarque de la bouche d'un de ses autres étudiants. Aucun d'eux n'aurait osé la proférer, de toute façon. Quand il s'agissait de physique, Pauli était plein d'assurance et dépourvu d'inhibitions, même en présence d'Einstein.

Dans une confirmation manifeste de la haute estime en laquelle il tenait Pauli, Sommerfeld lui demanda de l'aider à rédiger l'article Relativité pour l'*Enzyklopädie der mathematischen Wissenschaften.* Sommerfeld avait accepté de diriger le cinquième volume de cette somme des connaissances mathématiques, qui était consacré à la physique. Après qu'Einstein se fut désisté, Sommerfeld décida d'écrire lui-même l'article Relativité, mais s'aperçut qu'il n'aurait guère le temps de le faire. Il avait besoin d'aide et se tourna vers Pauli. Lorsque Sommerfeld vit le premier jet, « c'était si magistral que je renonçai à toute collaboration [13] ». C'était non seulement une brillante exposition des théories de la relativité, mais une analyse sans équivalent dans la littérature existante. Elle demeura pendant des dizaines d'années le texte de référence dans ce domaine et suscita les éloges enthousiastes d'Einstein. L'article parut en 1921, deux mois après que Pauli eut obtenu son doctorat.

L'étudiant Wolfgang Pauli préférait passer ses soirées à profiter de la vie nocturne de Munich, dans un café ou un autre ; ensuite, il rentrait chez lui travailler avec une grande intensité jusqu'à l'aube. Il assistait rarement aux cours le lendemain matin, et se présentait aux environs de midi. Mais il suivait suffisamment l'enseignement de Sommerfeld pour être attiré par les mystères de la physique quantique. « Je n'échappai pas au choc qu'éprouvait tout physicien accoutumé au mode de pensée classique en découvrant pour la première fois le postulat fondamental de la théorie des quanta énoncé par Bohr [14] », dira Pauli plus de trente ans plus tard. Mais il se reprit très vite et s'attela à la rédaction de sa thèse de doctorat.

Sommerfeld lui avait imposé la tâche d'appliquer les règles quantiques de Bohr et les améliorations qu'il leur avait lui-même apportées à la molécule d'hydrogène ionisée, dans laquelle un électron avait été arraché à l'un des deux atomes composant la molécule. Comme on pouvait s'y attendre, Pauli produisit une analyse impeccable au niveau de la théorie. Le seul problème était que ses résultats ne concordaient pas avec les données expérimentales. Habitué à une succession de réussites, Pauli fut chagriné par ce désaccord entre théorie et expérience. Sa thèse fut toutefois considérée comme la première preuve solide que les limites externes de l'atome quantique de Bohr-Sommerfeld avaient été atteintes. La manière *ad hoc* dont la physique quantique avait été boulonnée sur la physique classique avait toujours été peu satisfaisante et Pauli venait de démontrer que le modèle de Bohr-Sommerfeld ne pouvait même pas traiter la molécule d'hydrogène ionisé, sans parler des atomes plus complexes. En octobre 1921, après avoir obtenu son doctorat, Pauli quitta Munich pour Göttingen afin de prendre le poste d'assistant du professeur de physique théorique.

Max Born, trente-huit ans, personnage clé dans le développement futur de la physique quantique, venait de Francfort ; il était arrivé dans la petite ville universitaire six mois seulement avant Pauli. Il avait grandi à Breslau, capitale de ce qui était alors la province prussienne de Silésie, et était plus attiré par les mathématiques que par la physique. Comme celui de Pauli, le père de Max Born était un médecin et universitaire très cultivé. Professeur d'embryologie, Gustav Born conseilla à son fils de ne pas se spécialiser trop tôt une fois inscrit à l'université de Breslau. Born choisit les mathématiques et astronomie, mais pas avant d'avoir assisté à des cours de physique, chimie, zoologie, philosophie, logique. Après des études poursuivies, entre autres, aux universités de Heidelberg et de Zurich, Born obtint son doctorat en mathématiques à l'université de Göttingen en 1906.

Juste après, il commença un an de service militaire obligatoire, vite interrompu à cause de son asthme. Il passa six mois à Cambridge, où il assista aux cours de J. J. Thomson, puis rentra à Breslau pour commencer des travaux de recherche expérimentale. Mais, ayant rapidement découvert qu'il ne possédait ni la patience ni les talents nécessaires à un expérimentateur compétent, Born se tourna vers la physique théorique. En 1912, il avait assez de références pour devenir *Privatdozent* au département de mathématiques mondialement célèbre de Göttingen, où l'opinion dominante était que « la physique est beaucoup trop difficile pour les physiciens [15] ».

La résolution par Born d'une série de problèmes en utilisant la puissance de techniques mathématiques inconnues de la plupart des physiciens lui valut en 1914 un poste de professeur extraordinaire à Berlin. Juste avant que la guerre éclate, cet épicentre de la science allemande accueillit un autre nouvel arrivant : Albert Einstein. Les deux hommes, qui avaient une passion commune pour la musique, devinrent bientôt bons amis. Lorsque la guerre commença, Born fut appelé sous les drapeaux. Après une affectation comme opérateur radio dans l'armée de l'air, il passa le reste de la guerre à mener des recherches en artillerie pour le compte de l'armée de terre. En garnison près de Berlin, Born eut la chance de pouvoir assister à des séminaires à l'université, à des séances de la Société de physique allemande et à des soirées musicales au domicile d'Einstein.

Après la guerre, au printemps 1919, Max von Laue, professeur titulaire de physique à Francfort, suggéra à Born qu'ils échangent leurs postes. Laue, qui avait reçu le prix Nobel en 1914 pour l'utilisation des cristaux dans la diffraction des rayons X, voulait travailler avec Planck, son ancien directeur de thèse, qu'il idolâtrait comme savant. Encouragé par Einstein à « accepter sans équivoque », Born s'empressa de donner son accord, car cet échange signifierait une promotion au grade de professeur en titre et plus d'indépendance [16]. Moins de deux ans plus tard, Born partit à Göttingen prendre la direction de l'Institut de physique théorique. Il était déterminé à édifier sur d'humbles bases – une petite salle, un assistant et une secrétaire à temps partiel –, un institut qui rivaliserait avec celui de Sommerfeld à Munich. L'une de ses priorités était de s'assurer le concours de Wolfgang Pauli, qu'il décrivait comme « le plus grand talent dans le domaine de la physique qui ait émergé ces dernières années [17] ». Born avait déjà essayé d'attirer Pauli à Francfort, mais Pauli, qui avait opté de rester à Munich pour terminer son doctorat, avait décliné sa proposition. Grâce à un don du banquier américain Henry Goldman, qui désapprouvait la dureté des conditions imposées à l'Allemagne après la guerre, Born disposa d'assez d'argent pour engager un « assistant personnel ». Et cette fois-ci, il eut son homme.

« W. Pauli est maintenant mon assistant ; il est étonnamment intelligent, et très capable [18] », écrivit Born à Einstein. Born ne tarda pas à découvrir que son collaborateur avait une manière très personnelle de faire les choses. Pauli était certes brillant, mais il n'avait pas perdu l'habitude de travailler tard dans la nuit et de se coucher aux aurores après de longues heures d'intense réflexion. Chaque fois qu'il ne pouvait faire cours à 11 heures, le seul moyen qu'avait Born de s'assurer que Pauli le remplace était d'envoyer sa bonne le réveiller à 10 h 30.

Il était évident depuis le début que son titre d'« assistant » était symbolique. Born avoua plus tard qu'il apprenait plus de Pauli qu'il ne pouvait enseigner à cet « enfant prodige ». Et c'est non sans tristesse qu'il le vit partir en avril 1922, lorsque Pauli fut nommé assistant à l'université de Hambourg. Échanger l'existence tranquille de la petite ville universitaire qu'il avait du mal à supporter contre la vie nocturne trépidante de la grande cité hanséatique n'était pas la seule raison motivant sa décision de quitter Göttingen si vite. Lorsqu'il s'attaquait à un problème de physique, Pauli faisait confiance à son intuition puissamment aiguisée pour développer un raisonnement logiquement impeccable. Born recourait plus spontanément aux mathématiques et les laissait prendre le pas dans la recherche d'une solution.

Deux mois plus tard, en juin 1922, Pauli était de retour à Göttingen pour assister à la célèbre série de conférences de Bohr et rencontrer le grand physicien danois pour la première fois. Bohr demanda à Pauli s'il voulait passer un an à Copenhague comme son assistant, car il avait besoin d'un collaborateur pour l'aider à relire ses travaux en cours en vue de leur publication en allemand. Pauli fut décontenancé par cette proposition. « Je répondis avec l'assurance dont seul un jeune homme est capable : “Je ne crois pas que les exigences scientifiques que vous allez m'imposer me causeront la moindre difficulté, mais l'apprentissage d'une langue étrangère comme le danois dépasse de loin mes capacités." Je me rendis à Copenhague en automne 1922, et mes deux assertions se révélèrent fausses[19]. » Ce fut aussi, reconnut-il plus tard, le début d'une « phase nouvelle[20] » dans sa vie.

À Copenhague, en plus d'aider Bohr, Pauli s'efforça sérieusement d'expliquer l'effet Zeeman dit « anormal » – une caractéristique des spectres atomiques dont le modèle de Bohr-Sommerfeld ne pouvait rendre compte. Si des atomes étaient exposés à un champ magnétique intense, les spectres atomiques résultants contenaient des raies qui se subdivisaient. Lorentz ne tarda pas à démontrer que la physique classique prédisait la décomposition d'une raie en un doublet ou un triplet – le phénomène connu sous le nom d'« effet Zeeman normal » et dont l'atome de Bohr ne pouvait pas rendre compte[21]. Sommerfeld vint opportunément secourir Bohr avec deux nouveaux nombres quantiques et leur modèle modifié résolut le problème. Il impliquait une série de nouvelles règles pour le saut des électrons d'une orbite (ou niveau d'énergie) à une autre, fondées sur trois « nombres quantiques » *n, k* et *m* décrivant les dimensions, la forme et l'orientation de l'orbite. Mais les réjouissances furent de courte durée, car on découvrit que la décomposition de la raie rouge alpha de l'hydrogène était moindre que ce à quoi on s'attendait. La situation empira quand il se confirma que certaines raies se divisaient en quatre composantes et plus au lieu de deux ou trois.

Bien que qualifié d'effet Zeeman « anormal » parce que les raies supplémentaires ne pouvaient s'expliquer ni par la théorie des quanta existante ni par la physique classique, il était en réalité bien plus répandu que l'effet dit « normal ». Pour Pauli, cela dénotait rien de moins que « l'échec profondément enraciné des principes théoriques connus jusqu'ici [22] ». Il s'imposa la tâche de rectifier cette triste situation. Mais il eut beau essayer, il ne put expliquer ce qui se passait. « Jusqu'ici, j'ai fait fausse route de bout en bout [23] », écrivait-il à Sommerfeld en juin 1923. Il était consumé par le problème et avoua plus tard avoir été totalement désespéré pendant quelque temps.

Un jour, un autre physicien de l'institut le rencontra en flânant dans les rues de Copenhague. « Vous avez l'air très malheureux », lui dit son collègue en souriant. Pauli se retourna vers lui et dit : « Comment peut-on avoir l'air heureux quand on pense à l'effet Zeeman anormal [24] ? » Recourir à des règles *ad hoc* pour décrire la structure complexe des spectres atomiques, c'en était trop pour Pauli. Il voulait une explication plus profonde, plus fondamentale des phénomènes. Il pensait qu'une partie du problème résidait dans les conjectures impliquées dans la théorie de la table périodique de Bohr. Décrivait-elle vraiment la disposition correcte des électrons à l'intérieur des atomes ?

En 1922, on croyait que les électrons du modèle Bohr-Sommerfeld évoluaient dans des « couches » tridimensionnelles. Ce n'était pas des couches ou « coquilles » physiques, mais des niveaux d'énergie, à l'intérieur des atomes, autour desquels les électrons semblaient se regrouper. Un indice vital qui aida Bohr à élaborer son nouveau modèle à couches d'électrons était la stabilité des gaz dits « rares » : hélium, néon, argon, krypton, xénon et radon [25]. Avec les numéros atomiques 2, 10, 18, 36, 54 et 86, les énergies relativement élevées exigées pour ioniser un atome d'un gaz rare – arracher un électron et le transformer en un ion positif –, plus leur répugnance à s'associer chimiquement avec d'autres atomes pour former des composés suggéraient que les configurations d'électrons dans ces atomes étaient extrêmement stables et consistaient en « couches saturées ».

Les propriétés chimiques des gaz rares contrastaient fortement avec celles des éléments qui les précédaient dans la table périodique – l'hydrogène et les halogènes : fluor, chlore, brome, iode et astate. Tous ces éléments, de numéro atomique 1, 9, 17, 35, 53 et 85, forment facilement des composés. Contrairement aux gaz rares chimiquement inertes, l'hydrogène et les halogènes s'unissaient à d'autres atomes parce qu'ils capturaient dans l'opération un électron supplémentaire et remplissaient ainsi l'unique place vacante dans la couche externe. Au terme de ce processus, l'ion négatif résultant possédait un ensemble complet ou « saturé » de couches d'électrons et obtenait ainsi la configuration électronique très stable d'un atome de gaz rare. Inversement, les éléments alcalins – lithium, sodium, potassium, rubidium, césium et francium – perdaient facilement un électron en formant des composés et devenaient des ions positifs avec une configuration d'électrons de type gaz rare.

Les propriétés chimiques de ces trois groupes d'éléments constituèrent une partie des preuves qui amenèrent Bohr à avancer que l'atome de chaque élément d'une rangée horizontale de la table périodique est formé à partir de l'élément précédent par addition d'un électron à la couche externe. Chaque rangée se terminerait par un gaz rare dans lequel la couche externe était saturée. Puisque seuls les électrons à l'extérieur des couches saturées, appelés électrons de valence, participaient aux réactions chimiques, les atomes possédant le même nombre d'électrons de valence partageaient des propriétés chimiques similaires et occupaient la même colonne de la table périodique. Les halogènes ont tous sept électrons dans la couche externe ; il ne leur faut qu'un seul électron supplémentaire pour la saturer et acquérir une configuration de type gaz rare. En revanche, les éléments alcalins ont tous un seul électron de valence.

Ce furent ces idées que Pauli entendit Bohr développer lors de ses conférences de Göttingen en juin 1922. Sommerfeld avait salué l'atome à couches de Bohr comme « la plus grande avancée dans la structure atomique depuis 1913 [26] ». S'il pouvait mathématiquement reconstruire les numéros 2, 8, 18, etc., des éléments des différentes rangées de la table périodique, alors ce serait, dit Sommerfeld à Bohr, « la réalisation des rêves les plus audacieux de la physique [27] ». En réalité, il n'y avait pas de raisonnement mathématique pur et dur derrière le nouveau modèle à couches de l'atome. Même Rutherford dit à Bohr qu'il avait du mal à « [se] représenter comment vous arrivez à vos conclusions [28] ». Il fallait néanmoins prendre les idées de Bohr au sérieux, surtout après que la révélation spectaculaire de sa conférence Nobel, à savoir que l'élément inconnu de numéro atomique 72, le futur hafnium, n'était pas une terre rare, eut été ultérieurement confirmée. Il n'y avait toutefois pas de principe organisateur ni de critères derrière le modèle atomique à couches de Bohr. C'était une ingénieuse improvisation fondée sur une série de données chimiques et physiques qui pouvaient, dans une large mesure, expliquer les propriétés chimiques des différents groupes d'éléments dans la table périodique. Son couronnement avait été l'identification du hafnium.

Alors que Pauli continuait de se tourmenter à propos de l'effet Zeeman anormal et des insuffisances du modèle atomique de Bohr, son séjour à Copenhague se termina. En septembre 1923, il rentra à Hambourg, où, au début de l'année suivante, le simple assistant qu'il était fut promu *Privatdozent*.

Copenhague étant facilement accessible par train et ferry *via* la mer Baltique, Pauli se rendait fréquemment à l'institut de Bohr. Il avait conclu que le modèle de Bohr ne pourrait fonctionner que s'il y avait une restriction sur le nombre d'électrons pouvant occuper une couche donnée. Sinon, en contradiction avec les résultats des spectres atomiques, rien n'empêchait apparemment tous les électrons d'un atome quelconque d'occuper le même état stationnaire, le même niveau d'énergie. Fin 1924, Pauli découvrit la règle organisatrice fondamentale, le « principe d'exclusion » fournissant la justification théorique qui avait manqué au modèle atomique à couches élaboré empiriquement par Bohr.

Pauli s'inspirait des recherches d'Edmund Stoner, trente-cinq ans, un étudiant de Cambridge qui travaillait encore à son doctorat sous la direction de Rutherford lorsqu'en octobre 1924 son article « La répartition des électrons entre les niveaux atomiques » fut publié dans le *Philosophical Magazine.* Stoner affirmait que l'électron périphérique – ou de valence – d'un atome alcalin a autant d'états d'énergie à sa disposition qu'il y a d'électrons dans la dernière couche saturée du premier gaz rare inerte qui le suit dans la table périodique. Par exemple, l'électron de valence du lithium pourrait occuper un quelconque des huit états d'énergie possibles, 8 étant exactement le nombre des électrons dans la couche saturée correspondante du néon. L'idée de Stoner impliquait qu'un nombre quantique principal donné *n* corresponde à une couche électronique de Bohr qui soit totalement pleine ou « saturée » quand le nombre des électrons qu'elle contient atteint le double de son nombre d'états d'énergie possibles.

Si on attribue à chaque électron à l'intérieur d'un atome les nombres quantiques *n*, *k* et *m*, et que chaque ensemble unique de nombres désigne un niveau d'énergie (ou une orbite) distinct(e), alors, d'après Stoner, le nombre des états d'énergie possibles pour, disons, n = 1, 2 et 3 serait 2, 8 et 18. Pour la première couche, n = l, k = l et m = 0. Telles sont les seules valeurs que puissent avoir les trois nombres quantiques et elles désignent l'état d'énergie (1, 1, 0). Mais, toujours selon Stoner, la première couche est saturée quand elle contient deux électrons, soit deux fois le nombre d'états d'énergie disponibles. Pour n = 2, soit k = 1 et m = 0, soit k = 2 et m = –l, 0, 1. Ainsi, dans cette deuxième couche, quatre ensembles possibles de nombres quantiques peuvent être attribués à l'électron de valence et aux états d'énergie qu'il peut occuper : (2, 1, 0), (2, 2, –1), (2, 2, 0), (2, 2, 1). Par conséquent, la couche n = 2 peut héberger 8 électrons quand elle est pleine. La troisième couche, n = 3, a 9 états d'énergie possibles pour les électrons : (3, 1, 0), (3, 2, –1), (3, 2, 0), (3, 2, 1), (3, 3, –2), (3, 3, –1), (3, 3, 0), (3, 3, 1), (3, 3, 2) [29]. D'après la règle de Stoner, la couche n = 3 peut donc contenir un nombre maximal de 18 électrons.

Pauli avait lu le numéro d'octobre du *Philosophical Magazine*, mais pas l'article de Stoner. Peu connu pour ses qualités athlétiques, Pauli sprinta jusqu'à la bibliothèque pour le lire après l'avoir vu mentionné par Sommerfeld dans sa préface de la quatrième édition de son manuel *Structure atomique et raies spectrales* [30]. Pauli se rendit compte que, pour une valeur donnée de *n*, le nombre total d'états d'électrons disponibles dans un atome, *N*, était équivalent à toutes les valeurs possibles que pouvaient prendre les nombres quantiques *n*, *k* et *m*, et était égal à $2n^2$. La règle de Stoner donnait la série correcte de nombres 2, 8, 18, 32, etc., pour les éléments sur les rangées de la table périodique. Mais pourquoi le nombre des électrons dans une couche saturée était-il deux fois la valeur de N ou de n^2 ? Pauli trouva la réponse : il fallait attribuer un quatrième nombre quantique aux électrons dans les atomes.

Contrairement aux trois autres nombres quantiques, le nouveau nombre de Pauli ne pouvait avoir que deux valeurs, aussi l'appela-t-il *Zweideutigkeit* (« ambivalence »). C'était cette « ambivalence » qui doublait le nombre des états d'électrons, le faisant passer de N à 2N (ou de n^2 à $2n^2$). Là où il n'y avait qu'un seul état d'énergie avec un ensemble unique de trois nombres quantiques *n, k*, et *m*, il y avait maintenant deux états d'énergie : *n, k, m*, A et *n, k, m*, B. Ces états supplémentaires expliquaient la décomposition énigmatique des raies spectrales dans l'effet Zeeman anormal. Ce quatrième nombre quantique « ambivalent » conduisit alors Pauli au principe d'exclusion, l'un des grands commandements de la nature : dans un atome, il ne peut y avoir deux électrons qui aient le même ensemble de quatre nombres quantiques.

Les propriétés chimiques d'un élément ne sont pas déterminées par le nombre total des électrons dans son atome, mais uniquement par la répartition de ses électrons de valence. Si tous les électrons d'un atome occupaient le niveau d'énergie le plus bas, alors tous les éléments auraient la même chimie.

C'était le principe d'exclusion de Pauli qui gérait l'occupation des couches dans le nouveau modèle atomique de Bohr et les empêchait de se rassembler au niveau le plus bas. Il fournissait l'explication sous-jacente à la disposition des éléments dans la table périodique et à la saturation des couches chez les gaz rares chimiquement inertes. Or, malgré ces succès, Pauli avouait dans son article « Sur la relation entre la saturation des groupes d'électrons dans les atomes et la structure complexe des spectres », rédigé en janvier et publié le 21 mars

1925 dans le *Zeitschrift für Physik* : « Nous ne pouvons donner une raison plus précise à cette règle [31]. »

Pourquoi quatre nombres quantiques et non trois étaient-ils nécessaires pour préciser la position des électrons à l'intérieur d'un atome ? Mystère. On admettait depuis les travaux fondateurs de Bohr et de Sommerfeld qu'un électron atomique gravitant autour d'un noyau se meut dans trois dimensions et exige donc trois nombres quantiques pour sa description. Quelle était la signification physique du quatrième nombre quantique de Pauli ?

À la fin de l'été 1925, deux étudiants de troisième cycle néerlandais, Samuel Goudsmit et George Uhlenbeck, se rendirent compte que l'« ambivalence » proposée par Pauli n'était pas simplement un nombre quantique de plus. Contrairement aux trois nombres quantiques existants *n*, *k* et *m* qui spécifiaient respectivement le moment angulaire de l'électron sur son orbite, la forme de cette orbite et son orientation spatiale, l'« ambivalence » était une propriété intrinsèque de l'électron que Goudsmit et Uhlenbeck appelèrent « spin [32] ». Ce terme trop imagé évoquait en anglais des objets en rotation sur eux-mêmes, alors que le « spin » de l'électron était un concept purement quantique qui résolvait certains des problèmes dont souffrait encore la théorie de la structure atomique tout en fournissant une justification physique élégante du principe d'exclusion.

George Uhlenbeck, qui avait vingt-quatre ans, avait apprécié son séjour à Rome comme précepteur du fils de l'ambassadeur néerlandais. Il avait décroché ce poste en septembre 1922 après avoir obtenu l'équivalent d'une licence de physique à l'université de Leyde. Ne voulant plus être à la charge de ses parents, Uhlenbeck avait trouvé là l'occasion idéale d'être financièrement autonome pendant qu'il travaillerait à sa thèse de troisième cycle. Dispensé de l'obligation d'assister à des cours, il apprit pratiquement tout ce dont il avait besoin dans les livres, ne regagnant l'université que pour le trimestre d'été. Quand il rentra à Leyde en juin 1925, il ne savait pas s'il devait ou non aller jusqu'au doctorat et alla consulter Paul Ehrenfest, qui avait succédé en 1912 à Hendrik Lorentz comme professeur de physique, après qu'Einstein eut choisi Zurich.

Ehrenfest, né à Vienne en 1880, avait été un étudiant du grand Boltzmann. En collaboration avec sa femme Tatiana, qui était mathématicienne, il avait produit une série d'articles importants en mécanique statistique tandis qu'il gagnait sa vie en enseignant la physique à Vienne, Göttingen et Saint-Pétersbourg. Dans les vingt ans où il exerça en tant que successeur de Lorentz, Ehrenfest fit de Leyde un centre de physique théorique et devint ainsi l'une des figures les plus respectées dans cette branche. Il était célèbre pour sa capacité à clarifier des domaines difficiles de la physique plutôt que pour des théories originales de son cru. Son ami Einstein décrivit plus tard Ehrenfest comme « le meilleur enseignant dans notre profession [...] passionnément préoccupé par le développement et la destinée des hommes, en particulier ses étudiants [33] ». C'est cette sollicitude qui conduisit Ehrenfest à proposer à un Uhlenbeck hésitant un poste d'assistant pour deux ans, le temps qu'il obtienne son doctorat. Cette proposition était irrésistible et Uhlenbeck accepta. Ehrenfest, qui veillait à ce que ses physiciens stagiaires travaillent autant que possible en binôme, lui présenta un autre doctorant, Samuel Goudsmit.

Goudsmit, qui avait dix-huit mois de moins qu'Uhlenbeck, avait déjà publié des articles bien accueillis sur les spectres atomiques. Il était arrivé à Leyde en 1919, peu après Uhlenbeck, qui avait qualifié le premier article de Goudsmit, écrit à dix-huit ans, de « manifestation présomptueuse de confiance en soi », mais « très digne d'éloges[34] ». Vu les doutes qu'Uhlenbeck nourrissait quant à son avenir, un collaborateur plus jeune que lui et manifestement talentueux aurait pu l'intimider, mais ce ne fut pas le cas. « La physique, déclara Goudsmit vers la fin de sa vie, n'était pas une profession, mais une vocation, comme la poésie créatrice, la composition musicale ou la peinture[35]. » Toutefois, s'il avait choisi la physique, c'était simplement parce qu'il avait aimé la science et les mathématiques à l'école. Ce fut Ehrenfest qui fit naître chez l'adolescent une authentique passion pour la physique en lui imposant d'analyser la structure fine des spectres atomiques et d'y rechercher un ordre. Goudsmit n'était pas excessivement studieux, mais Ehrenfest avait remarqué qu'il possédait un talent surprenant pour extraire un sens de données empiriques.

Lorsque Uhlenbeck rentra à Leyde après son séjour romain, Goudsmit passait déjà trois jours par semaine à travailler dans le laboratoire de spectroscopie de Pieter Zeeman à Amsterdam. « Le problème avec vous est que je ne sais pas quoi vous demander, vous ne connaissez que les raies spectrales[36] », dit Ehrenfest à Goudsmit un jour qu'il désespérait de lui imposer un sujet pour un examen sans cesse reporté. Bien qu'il craigne que le flair de Goudsmit pour la spectroscopie ait une influence pernicieuse sur le développement général de sa personnalité de physicien, Ehrenfest lui demanda d'enseigner à Uhlenbeck la théorie des spectres atomiques. Après qu'Uhlenbeck fut mis au courant des derniers développements en la matière, Ehrenfest voulut que les deux jeunes chercheurs travaillent ensemble sur les doublets des raies alcalines – la décomposition des raies produite par un champ magnétique extérieur. « Il ne savait rien ; il posait toutes ces questions que je n'ai jamais posées[37] », dit

Goudsmit. Quelles qu'aient pu être ses limitations, Uhlenbeck avait une connaissance exhaustive de la physique classique qui l'amenait à poser des questions intelligentes et à mettre Goudsmit au défi de les résoudre. Ehrenfest avait été bien inspiré de les associer, s'assurant ainsi que chacun apprenne de l'autre.

Pendant l'été 1925, Goudsmit apprit à Uhlenbeck tout ce qu'il savait sur les raies spectrales. Puis, un jour, ils discutèrent du principe d'exclusion, dont Goudsmit estimait qu'il n'était qu'une règle *ad hoc* – encore une – pour mettre un peu plus d'ordre dans l'épouvantable confusion des données spectrales. Toutefois, Uhlenbeck trouva immédiatement une idée que Pauli avait déjà réfutée.

Un électron pouvait se mouvoir dans les directions suivantes : de haut en bas, d'avant en arrière et de gauche à droite. Chacune de ces différentes manières de se mouvoir était ce que les physiciens appelaient un « degré de liberté ». Pour Uhlenbeck, le nouveau nombre quantique de Pauli signifiait que l'électron disposait d'un degré supplémentaire de liberté. Un quatrième nombre quantique impliquait que l'électron devait tourner sur lui-même, estimait Uhlenbeck. Or en physique classique pareil mouvement de toupie est une rotation en trois dimensions. Donc, si les électrons tournaient de cette manière, comme la Terre en rotation sur son axe, il n'y aurait pas besoin d'un quatrième nombre quantique. Pauli affirmait que son nouveau nombre quantique se rapportait à quelque chose « qui ne peut se décrire d'un point de vue classique [38] ».

En physique classique, la rotation ordinaire peut s'orienter dans n'importe quelle direction. Uhlenbeck, lui, proposait une rotation quantique, le « spin » – une rotation « à deux valeurs », spin « vers le haut » et spin « vers le bas ». Il se représenta ces deux états possibles de spin sous la forme d'un électron qui, comme une sorte de toupie, tourne sur un axe vertical soit dans le sens des aiguilles d'une montre, soit dans le sens inverse tandis qu'il gravite autour du noyau atomique. Ce faisant, l'électron générerait son propre champ magnétique et se comporterait comme un barreau aimanté subatomique. L'électron peut s'aligner soit dans la même direction qu'un champ magnétique appliqué de l'extérieur, soit dans la direction opposée. Au début, on croyait que toute orbite d'électron autorisée pourrait héberger une paire d'électrons, à condition que l'un ait un spin « en haut » et l'autre, un spin « en bas ». Ces deux directions de spin ont deux énergies très similaires mais non identiques, produisant deux niveaux d'énergie légèrement différents, ce qui expliquait les doublets des raies alcalines – deux raies très proches au lieu d'une seule.

Uhlenbeck et Goudsmit démontrèrent que le spin de l'électron pouvait être de plus ou moins un demi, valeurs qui satisfaisaient à la restriction « d'ambiguïté » énoncée par Pauli pour le quatrième nombre quantique [39].

À la mi-octobre 1925, Uhlenbeck et Goudsmit avaient déjà écrit un article d'une page et le montrèrent à Ehrenfest. Il leur suggérera d'inverser l'ordre alphabétique habituel pour le nom des auteurs. Puisque Goudsmit avait déjà publié plusieurs articles de bonne tenue sur les spectres atomiques, Ehrenfest craignait que les lecteurs ne prennent Uhlenbeck pour son jeune collaborateur. Goudsmit accepta, vu que « c'était Uhlenbeck qui avait eu l'idée du spin [40] ». Mais Ehrenfest avait des doutes quant à la validité du concept proposé. Il écrivit à Hendrik Lorentz pour solliciter « son jugement et son avis sur une idée très spirituelle [d'Uhlenbeck] à propos des spectres [41] ».

À soixante-douze ans, Lorentz, qui était officiellement en retraite et habitait Haarlem, se rendait à Leyde une fois par semaine pour enseigner. Uhlenbeck et Goudsmit vinrent le trouver un lundi matin après son cours. « Lorentz ne nous a pas découragés, dit Uhlenbeck. Il était un peu réticent, il a dit que c'était intéressant et qu'il allait y réfléchir[42]. » Une ou deux semaines plus tard, Uhlenbeck retourna à Leyde pour entendre le verdict de Lorentz, qui lui donna une liasse de papiers bourrés de calculs soutenant une objection à la notion même de spin. Un point à la surface d'un électron en rotation, lui fit remarquer Lorentz, dépasserait la vitesse de la lumière – ce qui est interdit par la théorie einsteinienne de la relativité restreinte. Un autre problème apparut bientôt. La séparation prédite pour les doublets des raies alcalines par l'hypothèse du spin était le double de la valeur mesurée. Uhlenbeck demanda à Ehrenfest de ne pas communiquer l'article. Trop tard : Ehrenfest l'avait déjà envoyé à une revue. « Vous êtes l'un et l'autre assez jeunes pour pouvoir vous permettre une bêtise[43] », répondit Ehrenfest à Uhlenbeck en guise de réconfort.

Lorsque l'article d'Uhlenbeck et Goudsmit parut le 20 novembre, Bohr fut profondément sceptique. En décembre, il se rendit à Leyde pour participer à la fête commémorant le cinquantième anniversaire du doctorat de Lorentz. Lorsque le train entra en gare de Hambourg, Pauli était sur le quai pour demander à Bohr ce qu'il pensait du spin de l'électron. Ce concept était « très intéressant », déclara Bohr. Pauli savait que Bohr pensait exactement le contraire. « Très intéressant », c'était sa manière habituelle de rejeter gentiment une idée fausse. Le spin de l'électron avait un défaut. Comment, demandait Bohr, un électron se déplaçant dans le champ électrique du noyau à charge positive pourrait-il éprouver le champ magnétique nécessaire à la production de la structure fine ? En arrivant à Leyde, Bohr fut accueilli à la gare par deux autres hommes qui voulaient avoir son opinion sur le spin : MM. Einstein et Ehrenfest.

Bohr décrivit succinctement son objection quant au champ magnétique et fut stupéfait d'entendre Ehrenfest lui annoncer qu'Einstein avait déjà résolu ce problème en invoquant la relativité. L'explication d'Einstein, avouerait Bohr plus tard, était une « totale révélation ». Il était maintenant fermement persuadé que tous les problèmes restants seraient tôt ou tard résolus jusqu'au dernier. L'objection de Lorentz se fondait sur la physique classique, dont il était un des maîtres. Or le spin de l'électron était un concept quantique. Ce problème particulier n'était donc pas aussi grave qu'il n'avait semblé à première vue. Le physicien britannique Llewellyn Thomas résolut le deuxième problème. Il montra qu'une erreur dans le calcul du mouvement relatif de l'électron sur son orbite autour du noyau était responsable du facteur 2 surnuméraire dans la formation des doublets. « Je n'ai jamais faibli dans ma conviction que nous sommes arrivés au terme de nos chagrins [44] », écrivit Bohr en mars 1926.

Au retour, Bohr rencontra encore d'autres collègues. Lorsque le train s'arrêta à Göttingen, Werner Heisenberg, qui venait de terminer quelques mois plus tôt son assistanat auprès de Bohr, et Pascual Jordan l'attendaient à la gare, impatients de savoir ce qu'il avait à dire sur le spin. C'était, leur déclara-t-il, une importante percée. En retournant à Copenhague, Bohr passa par Berlin afin de pouvoir assister aux réjouissances du vingt-cinquième anniversaire commémorant la célèbre conférence de Planck devant la Société de physique allemande, qui était considérée comme la naissance officielle du quantum. Pauli le guettait ; s'il était descendu tout exprès de Hambourg, c'était pour interroger une fois de plus Bohr à propos du spin. Comme il le craignait, Bohr avait changé d'avis et était devenu le prophète du spin. Nullement impressionné par ses tentatives initiales pour le convertir, Pauli lui dit carrément que le spin quantique n'était qu'une « nouvelle hérésie de Copenhague[45] ».

Un an plus tôt, il avait totalement réfuté l'idée du spin de l'électron quand elle avait été proposée pour la première fois par Ralph Kronig, vingt et un ans, Américain d'origine allemande. Au cours d'une odyssée de deux ans d'un centre de la physique européenne à l'autre après avoir obtenu son PhD à l'université Columbia, Kronig arriva à Tübingen le 9 janvier 1925, avant de passer les dix mois suivants à l'institut de Bohr. Kronig, qui s'intéressait à l'effet Zeeman anormal, fut en émoi lorsque son hôte, Alfred Landé, lui annonça que Pauli arrivait le lendemain. Il venait s'entretenir avec Landé du principe d'exclusion avant de soumettre son article à publication. Ayant étudié sous la direction de Sommerfeld et servi plus tard comme assistant de Born à Francfort, Landé était très bien considéré par Pauli. Il montra à Kronig une lettre que Pauli lui avait écrite en novembre de l'année passée.

Pauli écrivit des milliers de lettres dans sa vie. Sa réputation grandissait, le nombre de ses correspondants augmentait, et ses lettres étaient très appréciées ; elles circulaient et étaient commentées. Pour Bohr, qui savait voir au-delà de la verve sarcastique de Pauli, une telle lettre était un événement. Il la glissait dans la poche de sa veste et la gardait sur lui des jours entiers, la montrant à quiconque s'intéressait de près ou de loin au problème ou à l'idée que Pauli disséquait. Sous prétexte de rédiger un brouillon de réponse, Bohr imaginait tout haut un dialogue, comme si Pauli était assis en face de lui en train de fumer la pipe. « Nous avons probablement tous peur de Pauli ; il n'empêche que nous n'avons pas peur de lui au point de ne pas oser l'avouer [46] », plaisanta-t-il un jour.

Kronig se rappela plus tard que sa « curiosité fut éveillée [47] » quand il lut la lettre de Pauli à Landé. Pauli y expliquait la nécessité d'attribuer à chaque électron à l'intérieur d'un atome un ensemble unique de quatre nombres quantiques et les conséquences que cela entraînait. Kronig commença immédiatement à réfléchir à l'interprétation physique possible du quatrième nombre quantique et trouva l'idée d'un électron en rotation sur lui-même. Il se rendit vite compte des difficultés associées à pareil électron tournoyant. Toutefois, comme il trouvait « l'idée fascinante [48] », Kronig passa le reste de la journée à élaborer la théorie et à faire les calculs. Il avait trouvé une bonne partie de ce qu'Uhlenbeck et Goudsmit annonceraient en novembre. Lorsqu'il expliqua sa découverte à Landé, les deux hommes attendirent impatiemment que Pauli arrive et donne son approbation. Kronig fut déconcerté quand Pauli ridiculisa la notion de spin de l'électron : « C'est sûrement une idée très astucieuse, lui dit Pauli, mais la nature n'est pas comme ça [49]. » Pauli avait rejeté la proposition de Kronig avec une telle ferveur que Landé essaya d'atténuer le choc : « Oui, si Pauli le dit, alors ce n'est pas comme ça [50]. » Découragé, Kronig abandonna son idée.

Incapable de contenir sa colère lorsqu'on s'empressa d'accueillir le spin présenté par Uhlenbeck et Goudsmit, Kronig écrivit en mars 1926 à Hendrik Kramers, l'assistant de Bohr. Il lui rappela qu'il avait été le premier à suggérer l'existence du spin, mais n'avait pas publié d'article à cause de la réaction sarcastique de Pauli. « À l'avenir, je ferai plus confiance à mon propre jugement et moins à celui d'autrui [51] », se plaignait-il en regrettant de l'avoir compris trop tard. Troublé par la lettre de Kronig, Kramers la montra à Bohr. Se rappelant sans aucun doute son propre rejet du spin de l'électron lorsque Kronig en avait discuté avec lui et d'autres pendant son séjour à Copenhague, Bohr lui écrivit pour exprimer « [sa] consternation et [ses] profonds regrets [52] ». « Je n'aurais pas du tout évoqué cette affaire, répliqua Kronig, hormis pour taquiner les physiciens du type prédicateur, qui sont toujours ô combien persuadés de l'exactitude de leur propre opinion et s'en enorgueillissent [53]. »

Kronig avait beau se sentir dépossédé, il eut la délicatesse de demander à Bohr de ne pas mentionner cette triste histoire en public, car « ça ne ferait guère plaisir à Goudsmit et Uhlenbeck [54] ». Il savait qu'ils n'avaient rien à se reprocher. Toutefois, Goudsmit comme Uhlenbeck prirent conscience de ce qui s'était passé. Uhlenbeck reconnaîtrait plus tard ouvertement que Goudsmit et lui « n'étaient manifestement pas les premiers à proposer une rotation quantifiée de l'électron, et qu'il ne fait pas de doute que Ralph Kronig a anticipé ce qui était certainement l'essentiel de nos idées au printemps 1925, et que, s'il a renoncé à publier ses résultats, c'est avant tout parce que Pauli l'en avait dissuadé [55] ». C'était la preuve, dit un physicien à Goudsmit, « que l'infaillibilité de la Déité ne s'étend pas à son vicaire autoproclamé sur Terre [56] ».

En privé, Bohr croyait que Kronig « était un imbécile [57] ». S'il était convaincu de la justesse de son idée, alors il aurait dû publier son article sans se préoccuper du qu'en-dira-t-on. « Publier ou périr » est une règle à ne pas oublier dans le monde scientifique. Kronig avait dû aboutir à une conclusion similaire. Son accès initial d'amertume envers Pauli lorsqu'il était passé à côté de la découverte du spin s'était dissipé à la fin de 1927. À vingt-huit ans seulement, Pauli fut nommé professeur de physique théorique à l'ETH de Zurich. Il demanda à

Kronig, qui séjournait encore une fois à Copenhague, de le rejoindre comme assistant. « Chaque fois que je dirai quelque chose, contredisez-moi avec des arguments détaillés [58] », écrivit Pauli à Kronig lorsque celui-ci eut accepté sa proposition.

En mars 1926, les problèmes qui avaient conduit Pauli à rejeter le spin étaient déjà tous résolus. « Maintenant, il ne me reste plus qu'à *capituler complètement* [59] », écrivit-il à Bohr. Des années plus tard, la plupart des physiciens supposèrent que Goudsmit et Uhlenbeck avaient eu le prix Nobel – après tout, le spin était l'une des idées fondatrices de la physique du XXe siècle, un concept quantique entièrement nouveau. Or la polémique entre Pauli et Kronig fit que le comité Nobel refusa de conférer aux deux docteurs du spin néerlandais sa prestigieuse distinction. Pauli s'en voulut toujours d'avoir découragé Kronig. Et d'avoir reçu le prix Nobel en 1945 pour la découverte du principe d'exclusion tandis que les Néerlandais en étaient spoliés. « J'étais tellement stupide quand j'étais jeune [60] ! » dirait-il plus tard.

Le 7 juillet 1927, Uhlenbeck et Goudsmit obtinrent leur doctorat l'un derrière l'autre, à une heure d'intervalle. Au mépris des conventions, Ehrenfest, toujours aussi prévenant, l'avait ainsi organisé. Il leur avait aussi trouvé à tous deux des postes à l'université du Michigan. Vu la pénurie de débouchés à l'époque, dirait Goudsmit à la fin de sa vie, le poste aux USA « fut pour moi beaucoup plus significatif qu'un prix Nobel [61] ».

Goudsmit et Uhlenbeck fournirent la première preuve solide que la théorie des quanta avait atteint les limites de ses possibilités d'application. Les théoriciens ne pouvaient plus recourir à la physique classique pour y prendre pied avant d'en « quantifier » un secteur, parce qu'il n'y avait pas de contrepartie classique au concept quantique de spin. Les découvertes de Pauli et des deux docteurs du spin néerlandais furent les dernières réussites de l'« ancienne » théorie des quanta. La crise menaçait. L'état de la physique « était, d'un point de vue méthodologique, un lamentable pot-pourri d'hypothèses, de principes, de théorèmes et de recettes de calcul plutôt qu'une théorie logique et cohérente [62] ». Le progrès était souvent fondé sur des conjectures et intuitions astucieuses plutôt que sur le raisonnement scientifique.

« En ce moment, la physique est à nouveau très confuse ; en tout cas, c'est trop compliqué pour moi, et je voudrais bien être acteur de cinéma ou quelque chose dans ce goût-là et n'avoir jamais entendu parler de physique, écrivit Pauli en 1925, quelque six mois après avoir découvert le principe d'exclusion. Maintenant, j'espère quand même que Bohr va nous tirer de là avec une nouvelle idée. Je le supplie de le faire de toute urgence, et lui transmets mes salutations et mes remerciements pour toute la gentillesse et la patience qu'il m'a témoignées [63]. » Mais Bohr n'avait pas de réponses à « nos ennuis théoriques actuels [64] ». En ce printemps 1925, il semblait que seul un magicien du quantum pourrait faire se matérialiser la « nouvelle » théorie des quanta dont on avait tant besoin – la mécanique quantique.

CHAPITRE 8

Le magicien du quantum

« Sur une nouvelle interprétation de la cinématique et des relations mécaniques par la théorie des quanta » : l'article que tout le monde attendait et que certains avaient espéré écrire. Le rédacteur en chef du *Zeitschrift für Physik* le reçut le 29 juillet 1925. Dans le résumé préliminaire, l'auteur déclarait audacieusement son ambitieux dessein : « Établir une base pour la mécanique quantique théorique, exclusivement fondée sur des relations entre des grandeurs qui, en principe, sont observables. » Quelque quinze pages plus loin, son objectif atteint, Werner Heisenberg avait posé les fondations de la physique de l'avenir. Qui était ce *Wunderkind*, ce jeune prodige allemand, et comment avait-il réussi là où tous les autres avaient échoué ?

Werner Karl Heisenberg naquit le 5 décembre 1901 à Würzburg. Il avait huit ans lorsque son père fut nommé professeur titulaire de la seule chaire de philologie byzantine existant en Allemagne, à l'université de Munich. La famille s'installa donc dans la capitale bavaroise. Heisenberg et son frère Erwin, qui avait presque deux ans de plus que lui, se retrouvèrent dans un appartement spacieux dans la banlieue chic de Schwabing au nord de Munich. Ils fréquentèrent le prestigieux Maximiliansgymnasium où Max Planck avait étudié quarante ans plus tôt. C'était aussi le lycée que dirigeait son grand-père. Les enseignants avaient peut-être été tentés de traiter le petit-fils du proviseur avec plus d'égards que les autres élèves, mais ils découvrirent que c'était inutile. « Il a le coup d'œil pour repérer l'essentiel, et il ne se perd jamais dans les détails. Ses processus mentaux en grammaire et en mathématique fonctionnent rapidement et d'ordinaire sans faute [1] », signalait son professeur lors de sa première année au lycée.

August Heisenberg, éternel enseignant, concevait toutes sortes de distractions intellectuelles pour ses fils. En particulier, il les encourageait constamment à pratiquer des jeux mathématiques et à résoudre des problèmes. Quand il mettait les deux frères en concurrence, il était manifeste que Werner était le plus doué des deux pour les mathématiques. Vers l'âge de douze ans, il se mit à apprendre le calcul intégral et, afin de satisfaire ses nouveaux appétits, il demanda à son père de lui rapporter des livres de mathématiques de la bibliothèque universitaire. Voyant là l'occasion d'améliorer les aptitudes de son fils à la compréhension du grec et du latin, il commença à lui fournir des ouvrages écrits dans ces deux langues. Werner fut fasciné par les œuvres des philosophes grecs. Puis arriva la Première Guerre mondiale et, avec elle, la fin de l'univers confortable et protégé qu'avait connu Heisenberg pendant ces années vitales pour sa formation.

La fin de la guerre apporta dans son sillage le chaos politique et économique d'un bout à l'autre de l'Allemagne, mais peu d'endroits en souffrirent plus intensément que Munich et la Bavière. Le 7 avril 1919, les extrémistes socialistes déclarèrent la Bavière « république soviétique ». En attendant qu'arrivent les troupes envoyées par Berlin pour rétablir le gouvernement, ceux qui s'opposaient aux révolutionnaires s'organisèrent dans des milices paramilitaires. Heisenberg et quelques-uns de ses amis s'engagèrent dans l'une d'elles. Ses obligations se limitaient essentiellement à rédiger des rapports et à faire des courses. « Nos aventures se terminèrent au bout de quelques semaines, raconta-t-il plus tard. Ensuite, les fusillades cessèrent et le service militaire devint de plus en plus monotone [2]. » À la fin de la première semaine de mai, la « république soviétique » avait été impitoyablement écrasée, avec plus d'un millier de morts.

La dure réalité de l'après-guerre conduisit les adolescents bourgeois comme Heisenberg à embrasser les idéaux romantiques d'une époque plus ancienne et à rejoindre des mouvements de jeunesse comme les *Pfadfinder* (« éclaireurs »), l'équivalent allemand des scouts. D'autres, voulant plus d'indépendance, créèrent leurs propres groupes, clubs et associations. Heisenberg était le chef d'un tel groupe formé par les jeunes élèves de son école. Les membres du *Gruppe Heisenberg* faisaient des randonnées et du camping dans la campagne bavaroise tout en discutant du monde nouveau qu'allait créer leur génération.

En été 1920, après avoir terminé ses études au Gymnasium si brillamment qu'il décrocha une bourse prestigieuse, Heisenberg projetait d'étudier les mathématiques à l'université de Munich. Mais un entretien désastreux lui enleva tout espoir d'y parvenir. Découragé, il sollicita l'avis de son père. Celui-ci s'arrangea pour que Werner rencontre un de ses vieux amis, Arnold Sommerfeld. Bien que ce « petit bonhomme trapu, l'air martial avec sa moustache noire, semble plutôt austère [3] », Heisenberg ne se sentit pas intimidé. Il avait confusément l'impression que, malgré les apparences, il y avait là un homme « qui se préoccupait sincèrement du sort des jeunes [4] ». Le père de Heisenberg avait déjà signalé à Sommerfeld que son fils s'intéressait particulièrement à la relativité et à la physique atomique. « Vous êtes bien trop exigeant, dit Sommerfeld à Werner. Vous ne pouvez vraiment pas commencer par ce qui est le plus difficile et espérer que le reste vous tombera tout cuit dans la bouche [5]. » Toujours impatient d'encourager et de recruter des talents bruts à façonner, il se radoucit : « Il se peut que vous sachiez quelque chose ; il se peut que vous ne sachiez rien. Nous allons voir [6]. »

Sommerfeld autorisa le jeune Werner, alors âgé de dix-huit ans, à assister au séminaire de recherche pour étudiants avancés qu'il dirigeait. Heisenberg avait de la chance. Avec l'institut de Niels Bohr à Copenhague et le groupe de Max Born à Göttingen, l'institut de Sommerfeld allait, dans les années à venir, former le triangle d'or de la physique quantique. Lorsque Heisenberg assista à son premier séminaire, il « repéra un étudiant brun avec un visage quelque peu énigmatique au troisième rang [7] ». C'était Wolfgang Pauli. Sommerfeld avait déjà présenté Heisenberg au corpulent Viennois quand il lui avait montré son modeste institut lors de sa première visite. Le professeur n'avait pas hésité à l'informer, une fois que Pauli se fut suffisamment éloigné, qu'il considérait ce garçon comme l'un de ses étudiants les plus doués. Se rappelant que Sommerfeld lui avait suggéré qu'il pourrait apprendre beaucoup de lui, Heisenberg s'assit à côté de Pauli.

« Tu ne trouves pas qu'il a tout l'air d'un capitaine de hussards, non [8] ? » chuchota Pauli lorsque Sommerfeld entra. Ce fut le début d'une relation professionnelle qui dura toute une vie sans jamais complètement s'épanouir en une amitié personnelle plus intime. Ils étaient carrément trop différents. Heisenberg était plus calme, plus sociable, plus discret et moins critique que Pauli. Il avait une passion romantique pour la nature et adorait faire des randonnées et du camping avec ses amis. Pauli était attiré par les cabarets, les tavernes et les cafés. Heisenberg avait abattu une demi-journée de travail tandis que Pauli dormait encore profondément dans son lit. Or Pauli exerça une forte influence sur Heisenberg et ne manqua jamais une occasion de lui dire, en plaisantant : « Tu es un parfait imbécile [9]. »

Pendant qu'il rédigeait son éblouissante analyse de la théorie des quanta, ce fut Pauli qui détourna Heisenberg de la relativité einsteinienne et l'orienta vers l'atome quantique – domaine de recherche plus fécond s'il voulait se faire une réputation. « En physique atomique, nous avons encore une foule de résultats expérimentaux non interprétés, dit-il à Heisenberg. Ce que la nature prouve ici, elle le contredit ailleurs – apparemment –, et il n'est toujours pas possible de se faire une idée, même à moitié cohérente, de la relation sous-jacente [10]. » Il était vraisemblable, estimait Pauli, que tout le monde continuerait d'« avancer à tâtons dans un épais brouillard [11] » pendant quelques années encore. En écoutant Pauli, Heisenberg tomba inexorablement sous l'empire du quantum.

Il se vit bientôt confier par Sommerfeld un « petit problème » à résoudre en physique atomique. Il lui fallait analyser certaines nouvelles données expérimentales sur la décomposition des raies spectrales dans un champ magnétique et élaborer une formule qui la reproduirait. Pauli avertit Heisenberg que Sommerfeld escomptait la découverte de lois nouvelles à la suite du déchiffrement de ces données inédites, attitude qui, d'après Pauli, s'apparentait à « une sorte de mystique des nombres. » Mais il avouait que, pour l'instant, « personne n'[avait] rien suggéré de mieux [12] ». Le principe d'exclusion et le spin de l'électron étaient encore dans les limbes du futur.

En ignorant les règles communément acceptées de la physique quantique, Heisenberg pouvait aller là où d'autres, prisonniers d'une démarche plus prudente et plus rationnelle, hésitaient à se risquer. Ce qui lui permit de construire une théorie qui expliquait apparemment l'effet Zeeman anormal. Heisenberg fut soulagé quand Sommerfeld, qui avait déjà rejeté une première mouture de sa théorie, sanctionna la publication de la dernière version. Bien qu'il s'avéra plus tard être entaché d'erreur, son premier article scientifique, écrit à vingt ans, attira sur Heisenberg l'attention des grands physiciens européens. Bohr était l'un de ceux qui prirent note du message.

Heisenberg rencontra Bohr pour la première fois en juin 1922, lorsque Sommerfeld et certains de ses étudiants se rendirent à Göttingen pour assister à la série de conférences de Bohr sur la physique atomique. Ce qui frappa Heisenberg, c'est à quel point Bohr était précis dans le choix de son vocabulaire. « Chacune de ses phrases soigneusement formulées révélait un long enchaînement de pensées sous-jacentes, de réflexions philosophiques, qui étaient sous-entendues, mais jamais complètement exprimées [13]. » Heisenberg n'était pas le seul à deviner que Bohr aboutissait à ses conclusions grâce à son intuition et à son inspiration plutôt que par des calculs détaillés. À la fin de la troisième conférence, Heisenberg se leva pour signaler quelques difficultés qui subsistaient dans un article dont Bohr avait fait l'éloge. Lorsque les participants commencèrent à circuler à la fin de la discussion, Bohr trouva Heisenberg et lui demanda s'il voulait bien l'accompagner l'après-midi dans une randonnée dans la montagne proche. Cette promenade dura trois heures, et Heisenberg écrivit plus tard que « [sa] vraie carrière scientifique commença seulement cet après-midi-là [14] ». Pour la première fois, il vit qu'« un des fondateurs de la théorie des quanta était dans une inquiétude profonde devant ses difficultés [15] ». Bohr invita

Heisenberg à passer un trimestre à Copenhague. Heisenberg vit brusquement s'ouvrir devant lui un avenir « plein d'espoir et de nouvelles possibilités [16] ».

Copenhague attendrait. Sommerfeld, qui devait partir aux États-Unis, s'était arrangé pour qu'en son absence Heisenberg étudie avec Max Born à Göttingen. Bien qu'il ressemble « à un simple fils de fermier, avec des cheveux blonds coupés courts, des yeux limpides et brillants et une expression charmante [17] », Born découvrit rapidement que Heisenberg était bien plus que tout cela. Il était « facilement aussi doué que Pauli [18] », confia-t-il à Einstein. Une fois rentré à Munich, Heisenberg se hâta d'achever sa thèse de doctorat sur la turbulence des fluides, sujet que Sommerfeld lui avait imposé pour élargir ses connaissances et sa compréhension de la physique. Toutefois, pendant la soutenance, son incapacité à répondre à des questions simples de physique expérimentale, comme le pouvoir séparateur d'un télescope, faillit lui coûter son doctorat. Wilhelm Wien, le professeur de physique expérimentale, fut consterné quand Heisenberg peina pour expliquer le fonctionnement d'une pile électrique. Wien voulait recaler ce théoricien parvenu, mais accepta le compromis proposé par Sommerfeld : Heisenberg aurait son doctorat, mais avec mention passable. Pauli avait eu la mention très bien.

Le soir même, humilié, Heisenberg fit ses valises et prit le train de nuit. Il ne pouvait supporter de rester une minute de plus à Munich et s'enfuit à Göttingen. « Je fus stupéfié lorsqu'un beau matin, bien avant l'heure prévue, il se présenta soudain devant moi avec une expression gênée [19] », se rappela Born plus tard. Heisenberg, anxieux, lui raconta sa soutenance, craignant que Born ne veuille plus de lui comme assistant. Impatient d'asseoir la réputation grandissante de Göttingen dans le domaine de la physique atomique, Born était persuadé que Heisenberg se ressaisirait, et il le lui dit.

Born était convaincu qu'il fallait reconstruire la physique de fond en comble. Le pot-pourri de règles quantiques et de physique classique qui était au cœur de l'atome de Bohr-Sommerfeld devait céder la place à une nouvelle théorie logiquement cohérente que Born baptisa « mécanique quantique ». Il n'y avait là rien de nouveau pour les physiciens qui essayaient de débrouiller les problèmes de la théorie atomique. Cela confirmait toutefois la prise de conscience, en 1923, d'une situation de crise larvée devant l'incapacité des physiciens à franchir le Rubicon atomique. Pauli claironnait déjà à qui voulait bien l'entendre que l'impossibilité d'expliquer l'effet Zeeman anormal était la preuve « qu'il nous faut créer quelque chose de fondamentalement nouveau [20] ». Après l'avoir rencontré, Heisenberg jugea que Bohr était celui qui avait le plus de chances de faire la percée.

Heisenberg et Pauli, qui était l'assistant de Bohr à Copenhague depuis l'automne 1922, se tenaient mutuellement informés des tout derniers développements dans leurs instituts respectifs grâce à un échange de lettres régulier. Heisenberg, comme Pauli, avait travaillé lui aussi sur l'effet Zeeman anormal. Quelques jours avant Noël 1923, il écrivit à Bohr dans l'espoir d'avoir son avis sur ses tout derniers efforts. Heisenberg, qui s'attendait à des critiques, reçut une invitation à passer quelques semaines à Copenhague. Le samedi 15 mars, six semaines après avoir reçu la lettre de Bohr, Heisenberg était à Copenhague, Blegdamsvej 5, devant l'immeuble néo-classique de trois étages avec son toit de tuiles rouges. Au-dessus de l'entrée principale, Heisenberg aperçut l'inscription qui accueillait tous les visiteurs : *Universitetets Institut for Teoretisk Fysik. Alias* l'institut Bohr.

Heisenberg s'aperçut que seule la moitié de l'immeuble – le sous-sol et le rez-de-chaussée – était dévolue à la physique. Le reste était réservé au logement. Bohr et sa famille en expansion habitaient un appartement élégamment meublé qui occupait tout le premier étage. La bonne, le concierge et les invités étaient logés au dernier étage. Au rez-de-chaussée, à côté de la salle de conférences avec ses six longues rangées de bancs en bois se trouvaient une bibliothèque bien fournie et les bureaux de Bohr et de son assistant. Il y avait aussi une salle de travail de dimensions modestes pour les visiteurs. Malgré son nom, l'institut comportait un laboratoire principal au sous-sol et deux petits laboratoires au premier étage.

L'institut manquait déjà de place avec un personnel permanent de six personnes et presque une douzaine de visiteurs qui y travaillaient. Bohr tirait déjà des plans pour agrandir les lieux. Au cours des deux années suivantes, le terrain adjacent fut acheté et deux nouveaux bâtiments furent ajoutés à l'institut, doublant ainsi sa capacité. Bohr et sa famille libérèrent le premier étage pour emménager dans une grande maison construite spécialement pour eux juste à côté. Les travaux d'agrandissement entraînèrent une rénovation substantielle du bâtiment d'origine : plus d'espace pour les bureaux, une salle à manger, et un appartement indépendant de trois pièces au dernier étage. C'est là que Pauli et Heisenberg séjournèrent souvent au fil des années.

Il y avait une chose que personne à l'institut ne voulait manquer : l'arrivée du courrier matinal. Les lettres des parents et amis étaient toujours bienvenues, mais c'était la correspondance émanant de collègues lointains et les revues scientifiques qu'on s'arrachait et qu'on lisait de près pour avoir les toutes dernières nouvelles des frontières de la physique. Cependant, tout ne tournait pas autour de la physique, même si elle était au centre de la plupart des conversations. Il y avait des soirées musicales, des parties de ping-pong, des randonnées, et des sorties pour voir les tout derniers films.

Heisenberg était arrivé plein d'espoir, mais au bout de quelques jours, il dut déchanter. Il croyait pouvoir s'entretenir avec Bohr dès qu'il avait franchi le seuil de l'institut, or c'est à peine s'il l'avait vu. Habitué à être le meilleur, Heisenberg dut brusquement affronter la meute internationale des brillants physiciens de Bohr. Il était intimidé. Ils parlaient tous plusieurs langues, alors qu'il avait parfois des difficultés à s'exprimer clairement en allemand. Tandis que rien ne lui plaisait plus que de se promener dans la campagne allemande avec ses amis, tous ses collègues de l'institut lui semblaient posséder une connaissance du monde qui lui échappait. Toutefois, il n'y avait rien de plus décourageant pour lui que de s'apercevoir qu'ils s'y connaissaient bien mieux que lui en physique atomique.

Tout en essayant de panser les plaies de son amour-propre, Heisenberg se demanda s'il aurait un jour l'occasion de travailler avec Bohr. Il était assis dans la chambre d'amis lorsqu'il fut surpris par un coup frappé à la porte. Bohr entra d'un pas majestueux. Après s'être excusé d'avoir été si occupé, il lui proposa un tour du Sjælland à pied. Il y avait peu de chances, expliqua Bohr, qu'il soit seul assez longtemps à l'institut pour qu'ils puissent avoir le moindre entretien sérieux. Y avait-il un meilleur moyen de se connaître que quelques jours de marche et de conversation ? C'était le passe-temps favori de Bohr.

Tôt le lendemain matin, Bohr et Heisenberg prirent le tramway qui les conduisit au nord de la capitale et commencèrent leur randonnée. Bohr demanda à Heisenberg de lui parler de son enfance et de lui dire ce qu'il se rappelait du début de la guerre dix ans plus tôt. Tout en remontant vers le nord, ils parlèrent non de physique, mais du pour et du contre de la guerre, de l'implication de Heisenberg dans les mouvements de jeunesse, et de l'Allemagne. Après avoir passé la nuit dans une auberge, ils se rendirent à la maison de campagne de Bohr à Tisvilde avant de retourner à l'institut le troisième jour. Cette randonnée de cent soixante kilomètres produisit sur Heisenberg l'effet qu'escomptait Bohr et que Heisenberg désirait ardemment. Ils se connurent plus rapidement.

Ils avaient certes parlé de physique atomique, mais quand ils rentrèrent finalement à Copenhague, c'était Bohr l'homme plutôt que le physicien qui avait captivé Heisenberg. « Je suis bien sûr absolument enchanté des journées que je passe ici [21] », écrivit-il à Pauli. Il n'avait encore jamais rencontré un homme comme Bohr, avec qui il pouvait parler de tout et de n'importe quoi. Malgré son souci sincère du bien-être de tout un chacun dans son institut, Sommerfeld se maintenait dans le rôle typiquement allemand du *Herr Professor*, un cran au-dessus de ses subordonnés. À Göttingen, Heisenberg n'aurait pas osé aborder avec Born l'éventail des sujets dont Bohr et lui avaient si librement discuté. Il ne le savait pas, mais c'était son vieil ami Wolfgang Pauli, sur les traces duquel il semblait toujours marcher, qui était derrière l'accueil chaleureux de Bohr.

Pauli s'intéressait toujours vivement à ce que faisait Heisenberg et les deux chercheurs se tenaient mutuellement informés de leurs toutes dernières idées. Pauli était retourné à l'université de Hambourg lorsqu'il apprit que Heisenberg allait passer quelques semaines à Copenhague, et il écrivit immédiatement à Bohr. Venant d'un homme déjà célèbre pour ses remarques acerbes, sa description de Heisenberg comme un « talentueux génie » qui « ferait un jour puissamment avancer la science » fit grande impression sur Bohr[22]. Mais avant qu'arrive ce jour, Pauli était sûr que la physique de Heisenberg devrait être soutenue par une démarche philosophique plus cohérente.

Pauli estimait que, pour triompher des problèmes affectant la physique atomique, il était indispensable de cesser d'émettre des hypothèses *ad hoc* arbitraires chaque fois que des expériences produisaient des données en désaccord avec la théorie existante. Pareille démarche ne pourrait que masquer les problèmes sans jamais conduire à leur solution. Vu sa compréhension profonde de la relativité, Pauli était un fervent admirateur d'Einstein et de la manière dont il avait échafaudé sa théorie en recourant à un nombre restreint d'hypothèses et de principes directeurs. Croyant que c'était là la démarche correcte à adopter en physique atomique, Pauli voulut imiter Einstein en établissant les principes philosophiques et physiques sous-jacents avant de passer à l'élaboration des outils mathématiques formels indispensables qui assuraient la cohérence de la théorie. En 1923, c'était une démarche qui l'avait déjà plongé dans le désespoir. Il avait certes évité d'introduire des hypothèses non justifiables, mais il n'avait pu trouver une explication cohérente et logique de l'effet Zeeman anormal.

« J'espère qu'alors vous ferez progresser la théorie atomique d'une manière décisive et résoudrez plusieurs des problèmes avec lesquels je me suis tourmenté en vain et qui sont trop ardus pour moi, écrivit Pauli à Bohr. J'espère aussi que Heisenberg rentrera ensuite à Göttingen avec une attitude philosophique dans sa façon de penser[23]. » Lorsque le jeune Allemand arriva, Bohr était bien préparé. Pendant les deux semaines que dura le séjour de Heisenberg, leurs discussions se concentrèrent sur les principes de la physique tandis qu'ils se promenaient dans le Faelledpark, à côté de l'institut, ou bavardaient devant une bouteille de vin le soir. Bien des années plus tard, Heisenberg décrirait ces deux semaines avec Bohr en mars 1924 comme « un don du ciel [24] ».

« Bien sûr, il va me manquer (c'est un homme charmant, digne et très intelligent, qui est devenu très cher à mon cœur), mais son intérêt passe avant le mien, et votre souhait est pour moi décisif [25] », écrivit Born à Bohr quand Heisenberg l'eut informé d'une invitation à revenir à Copenhague pour un séjour prolongé. Born, qui devait passer l'hiver suivant à enseigner aux États-Unis pendant un semestre, n'aurait pas besoin des services de son précieux assistant avant mai 1925. Fin juillet, alors qu'il avait achevé avec succès son *Habilitationschrift* et acquis le droit d'enseigner dans les universités allemandes, Heisenberg partit pour une randonnée de trois semaines en Bavière.

Quand il retourna à l'institut de Bohr le 17 septembre 1924, Heisenberg n'avait que vingt-deux ans, mais il avait déjà écrit sous son seul nom ou en collaboration une impressionnante douzaine d'articles sur la physique quantique. Il avait encore beaucoup à apprendre et savait que Bohr était l'enseignant qu'il lui fallait. « J'ai appris de Sommerfeld l'optimisme, à Göttingen les mathématiques, et de Bohr la physique [26] », dit-il plus tard. Les sept mois suivants, Heisenberg se familiarisa avec la démarche adoptée par Bohr pour surmonter les problèmes qui accablaient la théorie des quanta. Si Sommerfeld et Born étaient eux aussi troublés par les mêmes incohérences et difficultés, aucun des deux ne l'était autant que Bohr. C'est à peine s'il pouvait s'obliger à parler d'autre chose.

À partir de ces intenses discussions, Heisenberg « se rendit compte à quel point il était difficile de réconcilier les résultats d'une expérience avec ceux d'une autre [27] ». Parmi ces expériences se trouvait celle de Compton – la diffusion des rayons X par les électrons qui venait à l'appui des quanta de lumière einsteiniens. Les difficultés semblaient carrément se multiplier avec de Broglie, qui étendait la dualité onde-particule à l'ensemble de la matière. Bohr, qui avait appris à Heisenberg tout ce qu'il savait, nourrissait de grands espoirs pour son jeune protégé : « À présent tout est dans les mains de Heisenberg – pour trouver un moyen de sortir des difficultés [28]. »

Fin avril 1925, Heisenberg, de retour à Göttingen, remerciait Bohr de son hospitalité et avouait sa « tristesse d'être obligé de continuer pitoyablement tout seul à l'avenir [29] ». Il avait néanmoins appris une leçon précieuse à partir de ses discussions avec Bohr et de son dialogue permanent avec Pauli : il fallait que quelque chose de fondamental cède. Heisenberg croyait savoir de quoi il pourrait s'agir quand il essaya de résoudre un vieux problème : l'intensité des raies de l'hydrogène. L'atome quantique de Bohr-Sommerfeld pouvait expliquer la fréquence des raies de l'hydrogène, mais pas leurs variations d'intensité. Heisenberg eut l'idée de séparer ce qui était observable de ce qui ne l'était pas. L'orbite d'un électron gravitant autour du noyau d'un atome d'hydrogène n'était pas observable. Heisenberg décida donc d'abandonner le concept d'électrons gravitant autour du noyau atomique. C'était un pas audacieux, mais qu'il était maintenant disposé à faire après avoir longtemps détesté les tentatives de représentation graphique de l'inobservable.

À Munich, l'adolescent Heisenberg « s'enthousiasma pour l'idée que les plus petites particules de matière puissent se réduire à une forme mathématique [30] ». À peu près à la même époque, il tomba dans un de ses manuels sur une illustration qu'il trouva consternante.

Afin d'expliquer comment un atome de carbone et deux atomes d'oxygène formaient une molécule de dioxyde de carbone, les atomes étaient dessinés avec des crochets et des œillets grâce auxquels ils pouvaient tenir ensemble. Heisenberg trouva l'idée des électrons en orbite tout aussi farfelue et abandonna toute tentative pour se représenter ce qui se passait à l'intérieur d'un atome. Il décida d'ignorer tout ce qui n'était pas observable et concentra son attention sur les seules grandeurs mesurables en laboratoire : les fréquences et intensités des raies associées à la lumière émise ou absorbée lorsqu'un électron sautait d'un niveau d'énergie à un autre.

Avant même que Heisenberg adopte cette nouvelle stratégie, Pauli avait déjà exprimé ses doutes quant à l'utilité des orbites d'électrons plus d'un an auparavant. « La question la plus importante me semble être celle-ci : *dans quelle mesure peut-on vraiment parler d'orbites précises d'électrons en état stationnaire*[31] », avait-il souligné dans une lettre à Bohr en février 1924. Quoiqu'il soit déjà bien engagé sur la voie qui le conduirait au principe d'exclusion, et qu'il se préoccupe de la saturation des couches d'électrons, Pauli répondit néanmoins à sa propre question dans une autre lettre à Bohr en décembre : « Nous ne devons pas enchaîner les atomes avec nos préjugés – auxquels appartient aussi, à mon avis, la supposition que les orbites d'électrons existent au sens de la mécanique ordinaire –, mais nous devons, au contraire, adapter nos concepts à l'expérience[32]. » Il fallait cesser de faire des compromis et d'essayer d'héberger les concepts quantiques dans le cadre confortable et familier de la physique classique. Il fallait que les physiciens se libèrent. Le premier à le faire fut Heisenberg, lorsqu'il adopta pragmatiquement le credo positiviste que la science devrait se fonder sur des faits observables et tenta d'élaborer une théorie qui se fondait seulement sur les grandeurs observables.

En juin 1925, un peu plus d'un mois après être rentré de Copenhague, Heisenberg rongeait son frein à Göttingen. Il avait du mal à progresser dans le calcul de l'intensité des raies de l'hydrogène et l'avouait dans une lettre à ses parents. Il se plaignait que « tout le monde ici fait quelque chose de différent, et [que] personne ne fait rien qui en vaille la peine [33] ». Un rhume des foins sévère achevait de le démoraliser : « Je n'arrivais plus à voir clair, dira-t-il plus tard, j'étais vraiment très mal en point [34]. » Il était à bout et avait besoin de prendre du recul. Compatissant, Born lui accorda deux semaines de congé. Le dimanche 7 juin, Heisenberg prit le train de nuit pour le port de Cuxhaven sur la côte de Basse-Saxe. Arrivé tôt le matin, fatigué et le ventre vide, Heisenberg chercha une auberge pour prendre son petit déjeuner puis s'embarqua sur le ferry pour l'île de Helgoland, rocher nu et isolé dans la mer du Nord. Possession britannique à l'origine, avant qu'elle soit échangée contre Zanzibar en 1890, l'île se trouvait à cinquante kilomètres de l'Allemagne et faisait à peine deux kilomètres carrés. C'est là que Heisenberg espérait trouver le soulagement dans l'air marin revigorant, dépourvu de pollen.

« En arrivant, j'ai dû faire une sale impression avec ma tête enflée ; en tout cas, ma logeuse a conclu au premier coup d'œil que je m'étais battu et a promis de me soigner si je souffrais encore [35] », se rappela Heisenberg à l'âge de soixante-dix ans. La pension se trouvait au sommet de la face sud de cette île insolite taillée dans le grès rouge. De son balcon au deuxième étage, Heisenberg jouissait d'une vue magnifique sur le village en contrebas, sur la plage et sur la mer sombre et menaçante au-delà. Les jours suivants, il eut « amplement l'occasion de réfléchir à la remarque de Bohr disant qu'une partie de l'infini semble être à la portée de ceux qui regardent de l'autre côté de la mer[36] ». C'est dans cet état d'esprit méditatif qu'il se détendit en lisant Goethe, en faisant des promenades quotidiennes autour de la petite station et en prenant des bains de mer. N'ayant guère de sujets de distraction, Heisenberg tourna une fois de plus ses pensées vers les problèmes de la physique atomique. Mais ici, à Helgoland, il ne ressentait plus l'angoisse qui l'avait récemment tourmenté. Détendu et sans souci, il s'empressa de jeter par-dessus bord le lest mathématique qu'il avait apporté de Göttingen et essaya de résoudre l'énigme de l'intensité des raies spectrales[37].

Dans sa quête d'une nouvelle mécanique pour l'univers quantifié de l'atome, Heisenberg se concentra sur les fréquences et les intensités relatives des raies produites lorsqu'un électron saute instantanément d'un niveau d'énergie à un autre. Il n'avait pas d'autre choix ; c'étaient les seules données disponibles sur ce qui se passait à l'intérieur de l'atome. En dépit des images suscitées par l'évocation de bonds ou sauts quantiques, un électron ne « sautait » pas dans l'espace d'un niveau d'énergie à l'autre comme un garçonnet sautant d'un mur sur le trottoir en dessous. Il était simplement à un endroit et, l'instant suivant, il apparaissait à un autre endroit sans avoir été ailleurs entre-temps. Heisenberg admettait que toutes les observables, ou tout ce qui leur était associé, relevaient du mystère et de la magie du saut quantique d'un électron d'un niveau d'énergie à un autre. Le pittoresque système solaire miniature dans lequel chaque électron gravitait autour d'un astre nucléaire était définitivement périmé.

Sur l'île hospitalière vierge de tout pollen, Heisenberg élabora une méthode de comptabilité pour envisager tous les sauts quantiques – ou transitions – d'électrons qui puissent se produire entre les différents niveaux d'énergie. La solution qu'il trouva pour coder les informations sur les grandeurs observables, chacune associée à deux niveaux d'énergie, fut d'utiliser un tableau de nombres dans lequel les rangées étaient associées à un niveau et les colonnes à un autre :

ν_{11}	ν_{12}	ν_{13}	ν_{14}	...	ν_{1n}
ν_{21}	ν_{22}	ν_{23}	ν_{24}	...	ν_{2n}
ν_{31}	ν_{32}	ν_{33}	ν_{34}	...	ν_{3n}
ν_{41}	ν_{42}	ν_{43}	ν_{44}	...	ν_{4n}
⋮	⋮	⋮	⋮		⋮
ν_{m1}	ν_{m2}	ν_{m3}	ν_{m4}	...	ν_{mn}

Tel était le tableau pour l'ensemble complet des fréquences possibles des raies qui puissent être théoriquement émises par un électron lorsqu'il saute entre deux niveaux d'énergie différents. Si un électron effectue un saut quantique du niveau d'énergie E_2 au niveau d'énergie inférieur E_1, une raie est émise, dont la fréquence est désignée par ν_{21} dans le tableau. La raie de fréquence ν_{12} ne se rencontrerait que dans le spectre d'absorption, puisqu'elle est associée à un électron du niveau d'énergie E_1 qui absorbe un quantum d'énergie, $E_2 - E_1$, assez pour sauter au niveau E_2. Une raie de fréquence ν_{mn} serait émise lorsqu'un électron saute entre deux niveaux quelconques dont les énergies sont E_m et E_n, avec *m* plus grand que *n*. Toutes les fréquences ν_{mn} ne sont pas exactement observées. Par exemple, la mesure de ν_{11} est impossible, puisque ce serait la fréquence de la raie émise dans une transition du niveau d'énergie E_1 au niveau d'énergie E_1 – une impossibilité physique. Par conséquent, ν_{11} est égal à zéro, comme toutes les fréquences potentielles lorsque m = n. L'ensemble ν_{mn} de toutes les fréquences différentes de zéro serait formé des rangées réellement présentes dans le spectre d'émission d'un élément particulier.

Un autre tableau pourrait être dressé à partir du calcul des taux de transition entre les différents niveaux d'énergie. Si la probabilité a_{mn} d'une transition particulière du niveau d'énergie E_m au niveau E_n est élevée, alors cette transition a plus de chances de survenir qu'une autre. La raie spectrale produite, de fréquence ν_{mn}, serait plus intense qu'une raie correspondant à une transition moins probable. Heisenberg comprit que les probabilités de transition a_{nm} et les fréquences ν_{mn} pourraient, au terme de quelques adroites manipulations théoriques, aboutir à une contrepartie quantique pour chaque grandeur observable connue dans la mécanique newtonienne, comme par exemple la position et la quantité de mouvement.

Mais Heisenberg commença par songer aux orbites des électrons. Il imagina un atome dans lequel un électron gravitait autour du noyau à une grande distance de celui-ci – à l'instar de Neptune tournant autour du Soleil plutôt que Mercure. C'était pour empêcher qu'un électron en perdition vienne s'écraser sur le noyau en rayonnant son énergie que Bohr avait introduit le concept d'orbites stationnaires. Toutefois, conformément à la physique classique, la fréquence orbitale d'un électron – le nombre d'orbites complètes qu'il décrit par seconde – sur une telle orbite exagérée est égale à la fréquence du rayonnement qu'il émet.

Ce n'était pas une hypothèse en l'air, mais une utilisation judicieuse du principe de correspondance – la passerelle conceptuelle voulue par Bohr entre les domaines quantique et classique. L'orbite électronique hypothétique envisagée par Heisenberg était si vaste qu'elle était à la frontière de ces domaines. Ici, dans cette zone intermédiaire, la fréquence orbitale de l'électron était égale à la fréquence du rayonnement qu'il émettait. Heisenberg savait que pareil électron à l'intérieur d'un atome était assimilable à un oscillateur « virtuel » – ou hypothétique – qui pourrait produire toutes les fréquences du spectre. Max Planck avait adopté une démarche comparable un quart de siècle plus tôt. Toutefois, alors que Planck avait recouru à la force brute et à des hypothèses *ad hoc* pour élaborer une formule dont il savait déjà qu'elle était correcte, Heisenberg se laissait guider par le principe de correspondance sur le terrain familier de la physique classique. Une fois l'oscillateur mis en marche, Heisenberg pouvait en calculer les propriétés, telles que sa quantité de mouvement p, son déplacement par rapport à sa position d'équilibre q, et sa fréquence d'oscillation. La raie spectrale de fréquence ν_{mn} serait émise par un élément d'une série d'oscillateurs individuels. Heisenberg savait qu'une fois qu'il aurait résolu les problèmes physiques dans ce territoire non balisé où se rencontraient physique quantique et physique classique il pourrait extrapoler pour explorer l'intérieur inconnu de l'atome.

Ce fut un soir tard sur Helgoland que toutes les pièces du puzzle commencèrent à se rassembler. La théorie intégralement construite sur les observables semblait reproduire tous les phénomènes, mais contrevenait-elle à la loi de la conservation de l'énergie ? Si c'était le cas, elle s'effondrerait comme un château de cartes. Dans son excitation et sa nervosité, à mesure qu'il s'approchait de la preuve que sa théorie était cohérente sur le plan théorique comme sur le plan mathématique, notre physicien de vingt-quatre ans commença à faire de simples erreurs d'arithmétique en vérifiant ses calculs. Il était presque 3 heures du matin lorsque Heisenberg posa sa plume avec l'assurance que sa théorie ne violait pas l'une des lois les plus fondamentales de la physique. Il était transporté de joie, mais troublé. « Au début, j'étais profondément inquiet, se rappela-t-il plus tard. J'avais l'impression qu'à travers la surface des phénomènes atomiques je contemplais un intérieur d'une insolite beauté, et je fus presque saisi de vertige à la pensée qu'il me fallait maintenant sonder ce trésor de structures mathématiques que la nature avait si généreusement étalé devant moi [38]. » Il était trop excité pour dormir. Aux premières lueurs de l'aube, Heisenberg se rendit donc à pied jusqu'à la pointe sud de l'île, là où, depuis des jours, il voulait monter au sommet d'un rocher en promontoire sur la mer. Sustenté par l'adrénaline de la découverte, il le gravit « sans trop de problèmes et attendit que le Soleil se lève [39] ».

À la froide lumière du jour, l'euphorie et l'optimisme initiaux de Heisenberg retombèrent. Sa nouvelle physique semblait ne fonctionner qu'avec l'aide d'une sorte de bizarre multiplication où X multiplié par Y n'était pas égal à Y multiplié par X. Avec des nombres ordinaires, peu importe dans quel ordre on les multiplie : 4 × 5 donne exactement le même résultat que 5 × 4, soit 20. Les mathématiciens appellent commutativité cette propriété. Les nombres obéissent à la commutativité de la multiplication, si bien que (4 × 5) – (5 × 4) est toujours égal à zéro. C'était une règle de mathématiques que tout enfant connaissait et Heisenberg fut profondément troublé en découvrant que, lorsqu'il multipliait ensemble deux tableaux, le résultat dépendait de l'ordre dans lequel ils étaient multipliés. (A × B) – (B × A) n'était pas toujours égal à zéro [40].

Comme la signification de la bizarre multiplication qu'il avait été forcé d'utiliser continuait de lui échapper, Heisenberg regagna le continent le vendredi 19 juin et se dirigea droit sur Hambourg et Wolfgang Pauli. Quelques heures plus tard, après avoir reçu des encouragements de la part de son critique le plus sévère, Heisenberg repartit pour Göttingen, où il lui faudrait se mettre à peaufiner et à rédiger ce qu'il avait découvert. Deux jours seulement plus tard, alors qu'il s'attendait à avancer vite, il écrivit à Pauli que « les tentatives pour élaborer une mécanique quantique ne progressent que lentement [41] ». Au fil des jours, la frustration de Heisenberg augmenta : il n'arrivait pas à appliquer sa nouvelle méthode à l'atome d'hydrogène.

Heisenberg avait beau avoir des doutes, il y avait au moins une chose dont il était certain : dans tout calcul, seules les relations entre grandeurs « observables », ou entre celles qu'on pouvait mesurer en principe, sinon en réalité, étaient permises. Prenant comme postulat l'observabilité de toutes les grandeurs figurant dans ses équations, il consacra « l'intégralité de ses maigres efforts » à un seul dessein, « exterminer et remplacer correctement le concept des trajectoires orbitales que nul ne peut observer [42] ».

« Mes propres travaux n'avancent pas trop bien en ce moment », écrivit Heisenberg à son père fin juin 1925. Guère plus d'une semaine plus tard, il avait rédigé l'article qui marqua le début d'une ère nouvelle dans la physique quantique. Doutant encore de ce qu'il avait accompli et de sa vraie signification, Heisenberg expédia une copie de son article à Pauli. En s'excusant, il lui demanda de le lire et de le lui renvoyer sous deux ou trois jours. La raison de cette précipitation était que Heisenberg devait donner une conférence à l'université de Cambridge le 28 juillet. Avec ses autres engagements, il ne pourrait vraisemblablement pas rentrer à Göttingen avant fin septembre et voulait « soit achever [l'article] dans les derniers jours de ma présence ici, soit le brûler [43] ». Pauli accueillit l'article « avec jubilation [44] ». Il offrait, écrivit-il à un collègue, « un nouvel espoir, et une jouissance renouvelée de la vie. Bien que ce ne soit pas la solution de l'énigme, je crois qu'il est maintenant à nouveau possible d'aller de l'avant [45] ». L'homme qui fit ce pas dans la bonne direction était le destinataire du deuxième exemplaire de l'article.

Max Born n'avait aucune idée de ce que Werner avait fait depuis qu'il était rentré de la petite île en mer du Nord. Il fut donc surpris lorsque Heisenberg lui remit l'article et lui demanda de juger s'il valait ou non la peine d'être publié. Débordé de travail, Born mit l'article de côté. Et lorsque, deux jours plus tard, il le lut à tête reposée pour prononcer un jugement sur ce que Heisenberg lui avait présenté comme un « article dément », il tomba immédiatement sous le charme. Il lui apparut bientôt que Heisenberg manifestait une hésitation peu naturelle de sa part dans les idées qu'il mettait en avant. Était-ce parce qu'il avait été forcé d'utiliser une bizarre règle de multiplication ? Même à la fin de son article, il louvoyait encore : « Si une méthode pour déterminer des données de mécanique quantique en utilisant des relations entre grandeurs observables, telle qu'elle est proposée ici, peut être considérée comme satisfaisante en principe, ou si, après tout, cette méthode représente une approche bien trop grossière du problème physique consistant à élaborer une mécanique quantique théorique, problème manifestement très complexe à l'heure actuelle – cela ne pourra se décider que par une investigation mathématique plus poussée de la méthode qui a été très superficiellement employée ici [46]. »

Que signifiait cette mystérieuse loi de multiplication ? Born était tellement obsédé par cette question qu'il ne put guère penser à autre chose pendant les jours et les nuits suivants. Il était troublé par le fait qu'il y avait là quelque chose de vaguement familier, sans pouvoir l'identifier exactement. « Le tout dernier article de Heisenberg, qui paraîtra sous peu, semble assez mystérieux, mais il est certainement correct et profond [47] », écrivit Born à Einstein, alors même qu'il était encore incapable d'expliquer l'origine de la multiplication. Tout en louant les jeunes physiciens de son institut, et Heisenberg en particulier, Born avouait que « rien que suivre leurs pensées exige[ait] parfois de moi des efforts considérables [48] ». Après des jours de réflexion, les efforts intenses déployés à cette occasion furent récompensés. Un beau matin, Born se rappela soudain un cours, depuis longtemps oublié, qu'il avait suivi quand il était étudiant et se rendit compte que Heisenberg avait accidentellement retrouvé la multiplication matricielle, dans laquelle X × Y n'est pas toujours égal à Y × X.

En apprenant que le mystère de son étrange loi de multiplication avait été élucidé, Heisenberg se plaignit qu'« [il] ne [savait] même pas ce qu'était une matrice [49] ». Une matrice n'est en fait rien d'autre qu'un tableau de nombres placé dans une série de rangées et de colonnes, tout comme ceux que Heisenberg avait construits à Helgoland. Au milieu du XIXe siècle, le mathématicien britannique Arthur Cayley avait découvert comment additionner, soustraire et multiplier des matrices. Si A et B sont des matrices, alors A × B peut donner un résultat différent de B × A. Tout comme les tableaux numériques de Heisenberg, les matrices ne sont pas nécessairement commutables. Bien qu'elles soient des traits confirmés du paysage mathématique, les matrices étaient néanmoins un territoire peu familier pour les physiciens théoriciens de la génération de Heisenberg.

Une fois que Born eut correctement identifié les origines de la bizarre multiplication, il savait qu'il avait besoin d'aide pour transformer le projet original de Heisenberg en un cadre théorique cohérent qui embrasserait les aspects multiples de la physique atomique. Il connaissait l'homme idéal pour cette tâche, très au fait des mathématiques comme des complexités de la physique quantique. Par un heureux hasard, lui aussi serait à Hanovre, où Born devait se rendre pour assister à une réunion de la Société de physique allemande. Une fois sur place, il sollicita immédiatement Wolfgang Pauli. Born demanda à son ancien assistant de collaborer avec lui. « Oui, je sais que vous avez un faible pour les formalismes ennuyeux et compliqués », telle fut la réponse sarcastique et négative de Pauli. Il ne voulait pas s'associer aux projets de Born : « Vous allez seulement gâcher les idées physiques de Heisenberg avec vos futiles mathématiques[50]. » Se sentant incapable de progresser par ses propres moyens, Born se tourna, en désespoir de cause, vers l'un de ses propres étudiants.

En choisissant Pascual Jordan, vingt-deux ans, Born avait, sans le savoir, trouvé le collaborateur idéal pour la tâche qui l'attendait. Entré à la Technische Hochschule de Hanovre en 1921 avec l'intention d'étudier la physique, Jordan trouva les cours assez médiocres et abandonna la physique pour les mathématiques. Un an plus tard, il s'installa à Göttingen pour étudier la physique. Toutefois, il assistait rarement aux cours de physique, qui commençaient trop tôt, à partir de 7 ou 8 heures du matin. C'est alors qu'il rencontra Born. Sous sa direction, Jordan commença à étudier la physique sérieusement pour la première fois. « Il fut non seulement mon professeur, qui présenta le vaste monde de la physique à l'étudiant que j'étais – ses cours combinaient à merveille la clarté intellectuelle et d'une vue d'ensemble qui élargissait les horizons, déclarerait Jordan plus tard. Mais il fut aussi, je tiens à le dire, la personne qui, après mes parents, exerça l'influence la plus profonde, la plus longue et la plus durable sur ma vie [51]. »

Sous la houlette de Born, il ne tarda pas à se concentrer sur les problèmes de la structure atomique. Jordan, qui bégayait et manquait un peu d'assurance, appréciait la patience de Born chaque fois qu'ils discutaient des tout derniers articles touchant la théorie atomique. Tout à fait par hasard, il était arrivé à Göttingen juste à temps pour assister aux *Bohr Festspiele*, et, comme Heisenberg, il avait été inspiré par les conférences du Danois et les discussions qui suivirent. Après sa thèse de doctorat soutenue en 1924, Jordan travailla brièvement avec d'autres avant que Born lui demande de collaborer avec lui dans une tentative d'explication de la largeur des raies spectrales. Jordan est « exceptionnellement intelligent et astucieux et est capable de penser bien plus rapidement et sûrement que moi [52] », écrivit Born à Einstein en juillet 1925.

À cette date, Jordan avait déjà entendu parler des toutes dernières idées de Heisenberg. Avant de quitter Göttingen fin juillet, Heisenberg fit un exposé devant un cercle restreint d'étudiants et d'amis sur sa tentative pour élaborer une mécanique quantique exclusivement fondée sur les relations entre propriétés observables. Lorsque Born sollicita sa collaboration, Jordan sauta sur cette occasion de reformuler et de prolonger les idées originelles de Heisenberg en une théorie systématique de la mécanique quantique. Born, qui venait d'envoyer l'article de Heisenberg au *Zeitschrift für Physik*, ignorait que Jordan, par sa formation mathématique, connaissait bien la théorie matricielle. En appliquant ces méthodes à la physique quantique, Born et Jordan posèrent en deux mois les fondations d'une nouvelle mécanique quantique que d'autres appelleraient mécanique matricielle [53].

Une fois que Born eut identifié la règle de multiplication de Heisenberg comme une redécouverte de la multiplication matricielle, il trouva rapidement une formule matricielle qui associait la position q et la quantité de mouvement p avec une expression comprenant la constante de Planck : $pq - qp = (ih/2\pi)I$, où I est ce que les mathématiciens appellent une matrice identité. Elle permettait d'écrire la partie droite de l'équation comme une matrice. C'est à partir de cette équation fondamentale, qui utilisait les méthodes des mathématiques matricielles, que l'ensemble de la mécanique quantique fut construit dans les mois qui suivirent. Born était fier d'être « la première personne à écrire une loi physique avec des symboles non commutables [54] ». Mais « ce n'était qu'une conjecture, et mes tentatives pour la prouver échouèrent [55] », se rappela-t-il plus tard. Quelques jours seulement après avoir pris connaissance de la formule, Jordan trouva la dérivation mathématique rigoureuse correspondante. Rien d'étonnant alors que Born annonce déjà à Bohr qu'à part Heisenberg et Pauli il tenait Jordan pour « le plus doué de mes jeunes collègues [56] ».

En août, Born passa ses vacances d'été en Suisse avec sa famille, et Jordan resta à Göttingen pour rédiger un article à remettre fin septembre au plus tard. Pendant qu'il était sous presse, ils en envoyèrent un exemplaire à Heisenberg, qui se trouvait alors à Copenhague. « Tenez, j'ai reçu un article de Born, auquel je ne comprends rien du tout, dit Heisenberg à Bohr en lui remettant le texte. Il est plein de matrices, et je sais à peine ce que c'est [57]. »

Heisenberg était loin d'être le seul à mal connaître les matrices, mais il se mit à apprendre énergiquement ces nouvelles mathématiques et posséda le sujet suffisamment bien pour commencer à collaborer avec Born et Jordan pendant qu'il était encore à Copenhague. Il y retourna à la mi-octobre pour les aider à rédiger la version définitive de ce qu'on appellerait le *Drei-Männer-Arbeit*, la « collaboration à trois » dans laquelle Heisenberg, Born et Jordan présentaient la première formulation logiquement cohérente de la mécanique quantique – la nouvelle physique de l'atome qu'on attendait depuis longtemps.

Toutefois, certains exprimaient déjà des réserves au sujet du travail initial de Heisenberg. Einstein écrivit à Paul Ehrenfest : « À Göttingen, ils y croient (moi pas) [58]. » Bohr estimait que c'était « une étape d'importance probablement fondamentale », mais qu'« il n'[était] pas encore possible d'appliquer [cette] théorie aux problèmes de la structure atomique » [59]. Or Pauli s'était affairé à utiliser la nouvelle mécanique précisément dans ce but, tandis que Heisenberg, Born et Jordan se concentraient sur le développement de la théorie. Début novembre, ils étaient encore en train de rédiger leur *Drei-Männer-Arbeit* lorsque Pauli, dans un stupéfiant tour de force, réussit à appliquer la mécanique matricielle. Il avait accompli pour la mécanique matricielle ce que Bohr avait accompli pour la vieille théorie des quanta – reproduire le spectre de l'atome d'hydrogène. Pour Heisenberg, comme si ça ne suffisait pas, il avait calculé l'effet Stark – l'influence d'un champ électrique extérieur sur le spectre. Avant d'apprendre le succès de Pauli, « j'étais moi-même un peu malheureux de ne pas avoir réussi à dériver le spectre de l'hydrogène à partir de la nouvelle théorie [60] », se rappellerait plus tard Heisenberg. Pauli avait produit la première confirmation concrète de la nouvelle mécanique quantique.

« Les équations fondamentales de la mécanique quantique », annonçait le titre. Born était à Boston depuis presque un mois, dans le cadre d'une tournée de conférences de cinq mois aux États-Unis, lorsqu'un matin de décembre 1925 il ouvrit son courrier et eut « l'une des plus grosses surprises [61] » de sa vie scientifique. En lisant l'article signé par un certain P.A.M. Dirac, étudiant en dernière année de doctorat à l'université de Cambridge, Born se rendit compte que « tout était parfait en un certain sens [62] ». En outre, il découvrit bientôt que Dirac avait envoyé son article, qui contenait les détails pratiques de la mécanique quantique, aux *Proceedings of the Royal Society* neuf jours entiers avant l'achèvement du *Drei-Männer-Arbeit*. Qui était donc ce Dirac ? se demanda Born, et comment avait-il fait pour en arriver là ?

Paul Adrien Maurice Dirac avait vingt-trois ans en 1925. Fils d'un Suisse francophone, Charles, et d'une Anglaise, Florence, il était le deuxième de trois enfants. Son père était un personnage si autoritaire et si dominateur qu'à sa mort en 1935 Dirac écrivit : « Je me sens beaucoup plus libre à présent [63]. » Traumatisé par l'obligation de garder le silence en présence de son père, professeur de français, pendant toute son enfance, Dirac était devenu un homme avare de paroles. « Mon père avait décrété que je ne devrais lui parler qu'en français. Il croyait que ce serait bien pour moi d'apprendre le français de cette manière. Puisque j'avais découvert que je ne pouvais pas m'exprimer en français, il valait mieux que je garde le silence au lieu de parler anglais [64]. » Sa préférence pour le silence, héritage d'une enfance et d'une adolescence profondément malheureuses, deviendrait légendaire.

Dirac s'intéressait aux sciences pures, mais il se conforma à l'avis de son père et s'inscrivit en électrotechnique à l'université de Bristol. Trois ans plus tard, bien qu'il ait obtenu son diplôme avec mention très bien, il n'arrivait pas à trouver de poste d'ingénieur. Comme les perspectives d'emploi étaient peu encourageantes dans le marasme persistant de l'après-guerre en Grande-Bretagne, Dirac accepta une bourse d'études de deux ans pour suivre des cours de mathématiques dans son université d'origine. Il aurait préféré l'inscription qu'on lui proposait à Cambridge, mais la bourse qu'il avait obtenue était insuffisante pour couvrir tous les frais entraînés par les études dans cette université prestigieuse. Toutefois, en 1923, après avoir obtenu sa licence en mathématiques, il arriva finalement à Cambridge comme étudiant en doctorat avec l'aide d'une bourse du ministère de la Recherche scientifique et industrielle. Son directeur de thèse était le gendre de Rutherford, Ralph Fowler.

Dirac maîtrisait parfaitement la théorie einsteinienne de la relativité, qui avait fait grand bruit dans le monde entier en 1919 quand il était encore élève-ingénieur, mais connaissait très mal l'atome quantique de Bohr, concept déjà vieux de dix ans. Jusqu'à son arrivée à Cambridge, Dirac avait toujours tenu les atomes pour « des objets très hypothétiques[65] » qui ne valaient guère la peine qu'on s'en soucie. Il changea bientôt d'avis et entreprit de rattraper le temps perdu.

L'existence tranquille et retirée d'un futur physicien théoricien de Cambridge était taillée sur mesure pour Dirac, timide et introverti. On laissait les thésards travailler par eux-mêmes soit dans leurs chambres au collège soit à la bibliothèque. D'autres auraient eu du mal à supporter jour après jour une absence de contacts humains, mais Dirac était ravi d'être seul dans sa chambre à réfléchir. Même lorsqu'il s'octroyait un moment de détente le dimanche en allant se promener, il le faisait seul.

Comme Bohr, qu'il rencontra pour la première fois en 1925, Dirac choisissait très soigneusement ses mots, à l'écrit comme à l'oral. S'il faisait un exposé et qu'on lui demande d'expliquer un détail qui n'avait pas été compris, Dirac répétait souvent *verbatim* ce qu'il venait de dire. Bohr était venu à Cambridge donner une conférence sur les problèmes de la théorie des quanta ; Dirac avait été impressionné par l'homme, mais pas par son argumentation. « Ce que je voulais, c'étaient des énoncés qui puissent s'exprimer sous forme d'équations, et les travaux de Bohr fournissaient très rarement de tels énoncés [66] », dirait-il plus tard. Heisenberg, en revanche, arriva de Göttingen pour donner une conférence après avoir passé des mois à faire précisément la sorte de physique que Dirac aurait trouvée stimulante. Mais il n'en apprit pas l'existence par Heisenberg, qui choisit de ne pas en faire mention dans son exposé sur la spectroscopie atomique.

Ce fut Ralph Fowler qui signala les travaux de Heisenberg à l'attention de Dirac lorsqu'il lui donna des épreuves de l'article que l'Allemand allait publier sous peu. Heisenberg avait séjourné chez Fowler lors de sa brève visite et discuté de ses toutes dernières idées avec son hôte, qui lui avait demandé alors un exemplaire de son article. Lorsqu'il le reçut, Fowler, manquant de temps pour l'examiner à fond, le transmit à Dirac en lui demandant son avis. La première fois qu'il lut l'article, début septembre, Dirac eut du mal à le suivre et ne prit pas la mesure de la percée qu'il représentait. Puis, au bout de deux semaines, il comprit brusquement que le fait que $A \times B$ n'était pas égal à $B \times A$ était au cœur même de la démarche novatrice de Heisenberg et « fournissait la clé de tout le mystère[67] ».

Dirac élabora une théorie mathématique qui le conduisit lui aussi à la formule $pq - qp = (ih/2\pi)I$ en distinguant ce qu'il appela les nombres *q* des nombres *c*, et les grandeurs non commutables (A × B n'est pas égal à B × A) de celles qui le sont (A × B = B × A). Dirac montra que la mécanique quantique diffère de la mécanique classique en ce que les variables *q* et *p* représentant la position et la quantité de mouvement d'une particule ne sont pas commutables, mais obéissent à la formule qu'il avait trouvée indépendamment de Born, Jordan et Heisenberg. En mai 1926, il obtint son doctorat avec la première thèse au monde ayant pour sujet « La mécanique quantique ». Or, à ce moment-là, les physiciens commençaient déjà à respirer un peu plus librement après avoir été confrontés à la mécanique matricielle, qui était difficile à utiliser, impossible à se représenter, même si elle donnait des réponses correctes.

« Les concepts de Born-Heisenberg nous ont coupé le souffle à tous et ont produit une impression profonde sur tous les gens portés sur la théorie, écrivit Einstein à Hedwig Born. Au lieu d'une plate résignation, il y a maintenant une singulière tension chez nous autres engourdis[68]. » Lesquels furent tirés de leur torpeur par un physicien autrichien qui, tout en poursuivant une liaison amoureuse, trouva le temps de produire une version entièrement différente de la mécanique quantique qui évitait ce qu'Einstein appelait « le véritable calcul par magie[69] » de Heisenberg.

CHAPITRE 9

« Un sursaut érotique tardif »

« Je ne sais même pas ce qu'est une matrice », s'était plaint Heisenberg en apprenant les origines de la bizarre règle de multiplication qui était au cœur de sa nouvelle physique. C'était une réaction fréquente chez les physiciens quand ils étaient mis en présence de sa mécanique matricielle. Quelques mois plus tard, cependant, Erwin Schrödinger leur proposa une autre solution qu'ils s'empressèrent d'adopter. Son ami le grand mathématicien allemand Hermann Weyl décrirait plus tard la stupéfiante prouesse de Schrödinger comme le produit d'« un sursaut érotique tardif [1] ». À trente-huit ans, le coureur de jupons impénitent qu'était Schrödinger découvrit la mécanique ondulatoire tout en s'adonnant au plaisir d'une rencontre amoureuse secrète lors des fêtes de Noël 1925 dans la station de ski helvétique d'Arosa. Plus tard, après avoir fui l'Allemagne nazie, il scandalisa d'abord Oxford, puis Dublin, se mettant en ménage sous un même toit avec son épouse et une de ses maîtresses.

« Sa vie privée semblait bizarre aux bourgeois que nous étions, écrivit Born quelques années après la mort de Schrödinger en 1961. Mais tout cela n'a pas d'importance. C'était un homme adorable, indépendant d'esprit, amusant, capricieux, gentil et généreux, et il avait un cerveau des plus parfaits et des plus efficaces [2]. »

Erwin Rudolf Josef Alexander Schrödinger naquit à Vienne le 12 août 1887. Sa mère voulait l'appeler Wolfgang, comme Goethe, mais elle laissa son mari honorer la mémoire d'un frère aîné mort enfant. Rudolf, le père de Schrödinger, était donc l'unique héritier de l'entreprise familiale prospère qui fabriquait du linoléum et de la toile cirée, ce qui mit fin à ses espoirs de faire carrière dans les sciences après avoir étudié la chimie à l'université de Vienne. Erwin savait que l'existence confortable et sans souci dont il avait joui avant la Première Guerre mondiale n'était possible que parce que son père avait sacrifié ses aspirations personnelles sur l'autel du devoir.

Avant même de savoir lire et écrire, Schrödinger faisait un compte rendu des activités de chaque jour, qu'il dictait à un adulte serviable. Enfant précoce, il reçut l'enseignement de précepteurs jusqu'à l'âge de onze ans. À la rentrée 1898, il commença à fréquenter l'Akademisches Gymnasium de Vienne. Presque depuis son premier jour de classe jusqu'à son départ du lycée huit ans plus tard, Schrödinger fut un excellent élève. Il était toujours premier de sa classe sans paraître faire beaucoup d'efforts. Un ancien camarade racontait que « surtout en mathématiques et en physique, Schrödinger avait le don de comprendre immédiatement et directement, sans aucun travail à la maison, tout ce qui était traité en cours et de le mettre en application [3] ». En réalité, c'était un élève consciencieux qui travaillait dur chez lui entre les quatre murs de son bureau personnel.

Schrödinger, comme Einstein, avait horreur d'apprendre par cœur et d'être forcé de retenir des faits inutiles. Il aimait néanmoins la logique stricte sous-jacente à la grammaire du grec et du latin. Sa grand-mère maternelle étant anglaise, il commença à apprendre la langue très tôt et la parlait presque aussi couramment que l'allemand. Il apprit ensuite le français et l'espagnol et était capable de donner des conférences dans ces langues, chaque fois que l'occasion l'exigeait. Très versé dans la littérature et la philosophie, il adorait également le théâtre, la poésie et l'art. Schrödinger était exactement le genre de personne qui donnerait à Werner Heisenberg un léger complexe d'infériorité. Quand on demanda un jour à Paul Dirac s'il jouait d'un instrument, il répondit qu'il n'avait jamais essayé. Schrödinger non plus, qui, comme son père, n'aimait pas la musique.

En 1906, après avoir obtenu son baccalauréat, Schrödinger attendait impatiemment le jour où il commencerait à étudier la physique à l'université de Vienne sous la direction de Ludwig Boltzmann. Malheureusement, le légendaire théoricien se suicida quelques semaines avant le début des cours. Friedrich Hasenöhrl, un ancien étudiant de Boltzmann, fut nommé son successeur. Il serait l'un des rares privilégiés à être invités au premier congrès Solvay en 1911. Hasenöhrl était un enseignant remarquable qui captivait et inspirait ses étudiants ; il faisait cours sans notes.

Avec ses yeux gris-bleu et sa crinière blonde, Schrödinger ne manquait pas de faire impression, même avec son mètre soixante-cinq. À présent qu'il s'était révélé un élève exceptionnel au Gymnasium, on attendait beaucoup de lui. Il ne déçut pas ces espoirs et fut reçu premier à tous ses examens. Contre toute attente, étant donné son intérêt prononcé pour la physique théorique, c'est avec une thèse « Sur la conduction de l'électricité à la surface des isolateurs en atmosphère humide » qu'il obtint son doctorat en mai 1910 – une recherche expérimentale qui montrait que Schrödinger, contrairement à Pauli et à Heisenberg, était parfaitement à l'aise au laboratoire. À vingt-trois ans, le Dr Schrödinger disposait d'un été de liberté avant de se présenter au service militaire le 1er octobre 1910.

Tous les jeunes gens valides d'Autriche-Hongrie faisaient trois ans de service militaire obligatoire. Mais, en tant que diplômé de l'Université, il put opter pour une formation d'officier d'un an, qui lui conférait le grade correspondant dans les rangs de la réserve. Une fois rendu à la vie civile en 1911, il obtint un poste d'assistant auprès du professeur de physique expérimentale dans son université d'origine. Il se rendit compte qu'il n'avait pas l'étoffe d'un expérimentateur, mais ne regretta jamais cette étape dans sa carrière. « Je suis de ces théoriciens qui savent, pour l'avoir observé directement, ce que signifie effectuer une mesure, écrivit-il plus tard. À mon avis, ce serait mieux qu'il y en ait plus [4]. »

En janvier 1914, Schrödinger, à vingt-six ans, devint *Privatdozent* à l'université de Vienne. À l'époque, en Autriche comme partout ailleurs, il y avait peu de perspectives de postes en physique théorique. La route menant à la chaire de professeur qu'il convoitait lui semblait longue et difficile. Il caressa donc l'idée d'abandonner la physique. Ensuite, en août de la même année, la Première Guerre mondiale éclata et il fut appelé au service militaire actif. La chance lui sourit dès le début. En tant qu'officier d'artillerie, on l'envoya défendre une position fortifiée gardant un col de haute montagne sur le front italien. Le seul vrai danger qu'il ait affronté durant ses diverses affectations fut l'ennui. C'est alors qu'il commença à recevoir des livres de philosophie et des revues scientifiques qui mirent un peu de piment dans sa morne existence. « C'est ça, la vie : dormir, manger et jouer aux cartes [5] ? » écrivait-il dans son journal avant qu'arrivent les premiers colis. Seules la philosophie et la physique l'empêchèrent de sombrer dans le désespoir : « Je ne demande plus quand la guerre finira, mais si elle finira tout court [6]. »

À son grand soulagement, Schrödinger fut muté à Vienne au printemps 1917. Il passa le reste de l'année à enseigner la physique à l'université et la météorologie dans une école pour officiers de la défense antiaérienne. Schrödinger termina la guerre, comme il l'écrivit plus tard, « sans être blessé ni malade, et sans grande distinction [7] ». Comme pour la plupart de ses contemporains, les premières années de l'après-guerre furent difficiles pour Schrödinger et ses parents. L'entreprise familiale fut acculée à la fermeture. L'empire des Habsbourg s'effondra et la situation s'aggrava lorsque les Alliés victorieux maintinrent un blocus qui affama la population. Des milliers de gens moururent de faim et de froid pendant l'hiver 1918-1919 à Vienne, et les Schrödinger, n'ayant guère de quoi acheter de la nourriture au marché noir, étaient souvent obligés de manger à la soupe populaire du quartier. Au début de 1920, le salut se présenta à Schrödinger sous la forme d'une offre de poste à l'université d'Iéna. Le salaire était juste suffisant pour lui permettre d'épouser Annemarie Bertel, vingt-trois ans.

Les Schrödinger arrivèrent à Iéna en avril, mais ils n'y restèrent que six mois : en octobre, Erwin fut nommé professeur extraordinaire à la Technische Hochschule de Stuttgart. La rémunération était plus importante, et, après ses expériences des dernières années, cela ne lui était pas indifférent. Au printemps 1921, les universités de Kiel, Hambourg, Breslau et Vienne cherchaient toutes à créer des chaires de physique théorique. La candidature de Schrödinger, qui s'était déjà bâti une solide réputation, était sérieusement prise en considération par toutes les quatre. Il accepta la proposition d'une chaire de professeur à Breslau.

À trente-quatre ans, Schrödinger aurait pu réaliser ainsi l'ambition de tout universitaire, or à Breslau il jouissait du titre, mais pas du salaire correspondant. Il s'empressa donc d'accepter lorsque l'université de Zurich lui offrit un poste de professeur. Peu après son arrivée en Suisse en octobre 1921, on diagnostiqua chez Schrödinger une bronchite, et, peut-être, la tuberculose. Les négociations entourant son avenir professionnel et la mort de ses parents dans les deux années précédentes l'avaient ébranlé. « En fait, j'étais tellement *kaputt* que je ne pouvais plus avoir d'idées raisonnables [8] », dit-il plus tard à Wolfgang Pauli. Les médecins l'envoyèrent dans un sanatorium à Arosa. C'est dans cette station alpine de haute altitude, non loin de Davos, qu'il passa les neuf mois suivants à se rétablir. Loin d'être inactif, il trouva assez d'énergie et d'enthousiasme pour publier plusieurs articles.

À Zurich, les années passaient et Schrödinger commença à se demander s'il apporterait un jour la contribution majeure à la physique qui le mettrait au premier rang des physiciens contemporains. Au début de 1925, il avait trente-sept ans, ayant depuis longtemps célébré ce trentième anniversaire qu'on disait être la date limite dans la vie créative d'un théoricien. À ses doutes quant à sa valeur professionnelle vinrent s'ajouter un mariage en péril à cause d'infidélités réciproques. À la fin de l'année, ce mariage serait plus fragile que jamais, mais Schrödinger effectuerait la percée qui lui assurerait sa place dans le Panthéon de la physique.

Il s'intéressait de plus en plus activement aux tout derniers développements en physique atomique et quantique. En octobre 1925, il lut un article qu'Einstein avait écrit dans le courant de l'année. Une note signalant la thèse de Louis de Broglie sur la dualité onde-corpuscule attira son attention. Intrigué par l'estampille d'Einstein sur ce qu'il décrivait comme un « article notable » qui contenait « une interprétation géométrique très remarquable de la règle quantique de Bohr-Sommerfeld »,

Schrödinger entreprit d'acquérir un exemplaire de la thèse de De Broglie, sans savoir que les articles du prince français étaient déjà disponibles depuis près de deux ans. Deux semaines plus tard, le 3 novembre, Schrödinger écrivit à Einstein : « Il y a quelques jours, j'ai lu avec le plus grand intérêt l'ingénieuse thèse de De Broglie, que j'ai enfin pu me procurer [9]. »

D'autres commençaient aussi à la remarquer, mais en l'absence de toute confirmation expérimentale, peu furent aussi réceptifs aux idées de De Broglie qu'Einstein et Schrödinger. À Zurich, tous les quinze jours, des physiciens de l'université tenaient une réunion formelle avec ceux de l'ETH pour un colloque paritaire. Pieter Debye, le professeur de physique de l'ETH, présidait les séances ; il demanda à Schrödinger de faire un exposé sur les travaux de De Broglie. Aux yeux de ses collègues, Schrödinger était un théoricien accompli, aux talents variés, qui avait produit des contributions solides mais peu remarquables dans une quarantaine d'articles embrassant des domaines aussi divers que la radioactivité, la physique statistique, la relativité générale et la théorie des couleurs. Il y avait dans le nombre quelques articles favorablement accueillis qui démontraient sa capacité d'absorber, d'analyser et d'organiser les travaux d'autrui.

Le 23 novembre, Felix Bloch, un étudiant de vingt et un ans, était présent lorsque « Schrödinger nous expliqua avec une admirable clarté comment de Broglie associait une onde à une particule et comment il pouvait obtenir les règles de quantification de Niels Bohr et de Sommerfeld en exigeant qu'un nombre entier d'ondes soit logé sur une orbite stationnaire [10] ». En l'absence d'une confirmation expérimentale de la dualité onde-particule, qui devrait attendre 1927, Debye trouva tout cela tiré par les cheveux et « plutôt puéril [11] ». La physique des ondes, n'importe lesquelles, depuis les ondes sonores jusqu'aux ondes électromagnétiques, même les ondes se propageant sur une corde de violon, exige une équation qui les décrive. Il n'y avait pas d'« équation d'onde » dans la présentation de Schrödinger : de Broglie n'avait jamais essayé d'en dériver une pour ses ondes de matière. Einstein non plus après qu'il eut consulté la thèse du prince français. Le jugement de Debye « semblait tout à fait trivial et ne fit apparemment pas grande impression [12] », se rappela Bloch cinquante ans plus tard.

Schrödinger savait que Debye avait raison : « On ne peut pas avoir d'ondes sans équation d'onde [13]. » Il décida presque aussitôt de trouver l'équation qui manquait aux ondes de matière de De Broglie. En rentrant de ses vacances de Noël, Schrödinger fut en mesure d'annoncer lors du colloque suivant, qui eut lieu début janvier 1926 : « Mon collègue Debye a suggéré qu'on devrait avoir une équation d'onde ; eh bien, j'en ai trouvé une [14] ! » D'une séance à l'autre, Schrödinger s'était emparé des idées de De Broglie et les avait développées en une théorie complètement aboutie de la mécanique quantique.

Schrödinger savait exactement ce qu'il avait à faire et par où commencer. De Broglie avait testé son idée de la dualité onde-particule en reproduisant les orbites d'électrons autorisées dans l'atome de Bohr comme celles où seul pourrait tenir un nombre entier d'ondes électroniques stationnaires. Schrödinger savait que l'insaisissable équation d'onde qu'il cherchait devrait reproduire le modèle tridimensionnel de l'atome d'hydrogène avec des ondes stationnaires tridimensionnelles. L'atome d'hydrogène serait le test décisif pour l'équation d'onde qu'il lui fallait débusquer.

Peu après s'être mis en chasse, Schrödinger crut avoir précisément trouvé pareille équation. Lorsque toutefois il l'appliqua à l'atome d'hydrogène, elle donna des réponses erronées. La source de l'échec résidait dans le fait que de Broglie avait développé et présenté la dualité onde-particule sous l'angle de la théorie einsteinienne de la relativité restreinte. Marchant sur les traces de De Broglie, Schrödinger avait commencé par chercher une équation d'onde qui soit de forme « relativiste » et en avait trouvé une. Uhlenbeck et Goudsmit avaient découvert le concept du spin quelques mois plus tôt, mais leur article ne fut pas publié avant fin novembre 1925. Schrödinger avait trouvé une équation d'onde relativiste, or elle ne tenait évidemment pas compte de la notion inédite de spin et donc ne concordait pas avec les résultats expérimentaux [15].

À l'approche des vacances de Noël, Schrödinger commença à concentrer ses efforts sur la découverte d'une équation d'onde sans se soucier de la relativité. Il savait qu'une telle équation serait fausse pour des électrons se mouvant à des vitesses proches de celle de la lumière, auxquelles la relativité ne pouvait être ignorée. Cependant, pour l'objectif qu'il s'était assigné, cette équation suffirait. Mais, bientôt, il n'y eut pas que la physique pour accaparer son esprit. Anny et lui s'affrontaient dans une série de scènes de ménage prolongées qui duraient plus qu'à l'ordinaire. Malgré les infidélités et les menaces de divorce, ils semblaient l'un comme l'autre incapables de se séparer de façon permanente et peu désireux de le faire. Schrödinger voulait s'échapper pendant deux semaines. On ne sait pas quel prétexte il trouva, mais il quitta sa femme et Zurich pour le pays des merveilles hivernal de sa station de ski alpine favorite, Arosa, et un rendez-vous avec une de ses anciennes conquêtes.

Schrödinger était enchanté de retrouver le cadre familier et confortable de la villa Herwig. C'était là qu'Anny et lui avaient passé les deux dernières vacances de Noël, mais il n'eut guère le temps de se sentir coupable pendant les quelque quinze jours où il s'adonna à sa passion pour la mystérieuse dame, activité qui ne l'empêcha pas de poursuivre sa recherche de l'équation d'onde. « En ce moment, je me débats avec une nouvelle théorie atomique, écrivit-il le 27 décembre. Si seulement j'en savais plus en mathématiques ! Je suis très optimiste quant à l'issue de cette affaire, et si jamais... je peux trouver la solution, je m'attends que ça soit tout ce qu'il y a de plus beau [16]. » Six mois de créativité soutenue suivirent ce « sursaut érotique tardif [17] » dans sa vie. Inspiré par sa muse innommée, Schrödinger avait découvert une équation d'onde, mais était-ce bien la bonne ?

Schrödinger ne « dériva » pas son équation d'onde ; il n'y avait pas de manière rigoureusement logique d'y procéder à partir de la physique classique. Au lieu de quoi il l'élabora à partir de la formule onde-particule de De Broglie liant la longueur d'onde d'une particule à sa quantité de mouvement, et d'équations confirmées de la physique classique. Si simple que cela puisse paraître, il fallut toute l'habileté et l'expérience de Schrödinger pour être le premier à l'écrire. Ce fut le fondement sur lequel il construisit l'édifice de la mécanique ondulatoire dans les mois qui suivirent. Mais, d'abord, il lui fallait prouver que c'était bien l'équation d'onde recherchée. Appliquée à l'atome d'hydrogène, donnerait-elle les valeurs correctes pour les niveaux d'énergie ?

Une fois rentré à Zurich en janvier 1926, Schrödinger constata que son équation réussissait à reproduire la série discrète des niveaux d'énergie de l'atome d'hydrogène selon Bohr et Sommerfeld. Le résultat obtenu par Schrödinger, des « orbitales » tridimensionnelles, était plus complexe que les ondes électroniques stationnaires unidimensionnelles de De Broglie logées sur des orbites circulaires. L'énergie qui leur était associée était créée en tant que partie intégrante des solutions acceptables de l'équation d'onde de Schrödinger. Quant aux additions *ad hoc* exigées par l'atome quantique de Bohr-Sommerfeld, elles étaient bannies une fois pour toutes – tous les raffinements qui évoquaient auparavant un bricolage contestable émergeaient à présent naturellement du cadre de la mécanique ondulatoire selon Schrödinger. Même les mystérieux sauts quantiques des électrons d'une orbite à l'autre semblaient être éliminés par les transitions harmonieuses et sans solution de continuité d'une onde stationnaire tridimensionnelle autorisée à une autre.

L'article « La quantification comme problème de valeurs propres [18] » fut reçu par les *Annalen der Physik* le 27 janvier 1926. Publié le 13 mars, il présentait sa version de la mécanique quantique et de son application à l'atome d'hydrogène.

Dans une carrière couvrant une cinquantaine d'années, la production annuelle moyenne d'articles de Schrödinger s'élevait à quarante pages imprimées. En 1926, il publia deux cent cinquante-six pages dans lesquelles il démontra comment la mécanique ondulatoire pouvait résoudre avec succès une gamme de problèmes en physique atomique. Il trouva aussi une version temporalisée de son équation qui pouvait se colleter avec des « systèmes » évoluant avec le temps, notamment les processus impliquant l'absorption et l'émission de rayonnement et la diffusion du rayonnement par les atomes.

Le 20 février, tandis que l'article était préparé pour l'impression, Schrödinger utilisa pour la première fois le terme *Wellenmechanik* – mécanique ondulatoire – quand il lui fallut nommer sa théorie inédite. Elle contrastait fortement avec la froide et austère mécanique matricielle qui proscrivait jusqu'à la suggestion d'une possibilité de visualisation. Schrödinger, lui, offrait aux physiciens une solution de rechange rassurante et familière qui se proposait d'expliquer le fonctionnement de l'univers quantique en des termes plus proches de la physique du XIXe siècle que de la formulation hautement abstraite de Heisenberg. À la place des mystérieuses matrices, Schrödinger recourait aux équations différentielles, élément essentiel de l'outillage mathématique de tout physicien. La mécanique matricielle de Heisenberg donnait aux physiciens la discontinuité et des sauts quantiques, mais rien qui soit matière à représentation quand ils tentaient d'apercevoir fugitivement le mécanisme interne de l'atome. Schrödinger leur annonçait qu'ils n'avaient plus besoin de « supprimer l'intuition et de n'opérer qu'avec des concepts abstraits tels que des probabilités de transition, des niveaux d'énergie et autres choses du même genre [19] ». On ne sera donc pas surpris d'apprendre que les physiciens enthousiasmés s'empressèrent d'accueillir la mécanique ondulatoire à bras ouverts.

Dès qu'il eut reçu des tirés à part de son article, Schrödinger les envoya aux collègues dont l'opinion lui importait le plus. Planck lui répondit le 2 avril qu'il avait lu l'article « comme un enfant impatient d'apprendre la solution d'une énigme qui le tourmentait depuis longtemps [20] ». Deux semaines plus tard, Schrödinger reçut une lettre d'Einstein : « L'idée à la base de vos travaux porte la marque d'un authentique génie [21]. » « Votre approbation et celle de Planck valent plus pour moi que la moitié des trésors du monde [22] », répondit Schrödinger. Einstein était convaincu que Schrödinger avait fait une percée décisive, « tout comme je suis convaincu que la méthode de Heisenberg-Born est trompeuse [23] ».

D'autres mirent un peu plus longtemps à apprécier pleinement le produit du « sursaut érotique tardif » de Schrödinger. Sommerfeld jugea d'abord que la mécanique ondulatoire était « de la folie pure » avant de changer d'avis et de déclarer que « bien que l'exactitude de la mécanique matricielle soit incontestable, sa manipulation est extrêmement complexe et effroyablement abstraite. Schrödinger est maintenant venu à notre secours [24] ». Beaucoup d'autres collègues respirèrent plus librement en apprenant et en commençant d'utiliser les concepts plus familiers incarnés dans la mécanique ondulatoire au lieu de se débattre avec la formulation abstraite et exotique de Heisenberg et de ses collègues de Göttingen. « L'équation de Schrödinger a été pour nous un grand soulagement, écrivit le jeune docteur du spin George Uhlenbeck, car nous n'étions plus obligés d'apprendre les matrices et leur bizarre mathématique [25]. » Au lieu de quoi Ehrenfest, Uhlenbeck et leurs collègues de Leyde passèrent des semaines « devant le tableau noir, parfois plusieurs heures d'affilée [26] » afin d'apprendre toutes les splendides ramifications de la mécanique ondulatoire.

Tout proche qu'il soit des physiciens de Göttingen, Pauli reconnut quand même la signification de ce qu'avait accompli Schrödinger et fut profondément impressionné. Pauli s'était creusé la cervelle jusqu'à la dernière once de matière grise pour appliquer avec succès la mécanique matricielle à l'atome d'hydrogène. Plus tard, tout le monde fut stupéfié par la vitesse et la virtuosité dont il avait alors fait preuve. Pauli envoya son article au *Zeitschrift für Physik* le 17 janvier 1926, dix jours seulement avant que Schrödinger envoie son premier article aux *Annalen der Physik*. Lorsqu'il vit la facilité relative avec laquelle la mécanique ondulatoire permettait à Schrödinger de s'attaquer à l'atome d'hydrogène, Pauli n'en revint pas. « Je crois que ces travaux sont parmi les plus significatifs qui aient été récemment publiés, confia-t-il à Pascual Jordan. Lisez l'article soigneusement et religieusement [27]. » Peu de temps après, en juin, Born décrivit la mécanique ondulatoire comme « la forme la plus profonde des lois quantiques [28] ».

La conversion apparente de Born à la mécanique ondulatoire ne « fit pas tellement plaisir [29] » à Heisenberg, comme il le dit à Jordan. Bien qu'il reconnaisse que l'article de Schrödinger était « incroyablement intéressant [30] » avec son recours à des mathématiques plus familières, Heisenberg croyait fermement qu'en matière de physique sa mécanique matricielle décrivait mieux ce qui se passait au niveau atomique. « D'emblée, Heisenberg ne partageait pas mon opinion que votre mécanique ondulatoire est physiquement plus significative que notre mécanique quantique [31] », confia Born à Schrödinger en mai 1927. Ce n'était déjà plus un secret pour personne. Et Heisenberg ne voulait pas le cacher non plus. Les enjeux étaient trop élevés.

Lorsque arriva l'été 1925, il n'y avait toujours pas de mécanique quantique – la théorie qui ferait pour la physique atomique ce que la mécanique newtonienne avait fait pour la physique classique. Un an plus tard, il y avait deux théories concurrentes, aussi incompatibles que les ondes et les particules. Mais qui donnaient des réponses identiques quand on les appliquait aux mêmes problèmes. Quel était donc le rapport – à supposer qu'il y en ait un – entre la mécanique matricielle et la mécanique ondulatoire ? Schrödinger commença à se pencher sur la question dès qu'il eut achevé ce premier article novateur, ou un peu plus tard. Au bout de deux semaines, il ne trouva pas de lien. « Par conséquent, écrivit-il à Wilhelm Wien, j'ai moi-même renoncé à poursuivre mes recherches [32]. » Il était à peine déçu et avoua que « le calcul matriciel m'était déjà insupportable bien avant que je songe de près ou de loin à ma théorie [33] ». Mais il ne put s'empêcher de creuser jusqu'à ce qu'il ait trouvé le lien, au début du mois de mars.

Ces deux théories qui semblaient si différentes tant par la forme que par le contenu, l'une employant des équations d'onde et l'autre l'algèbre matriciel, l'une décrivant des ondes et l'autre des particules, étaient mathématiquement équivalentes [34]. Il n'était donc pas étonnant qu'elles donnent exactement les mêmes réponses. L'avantage d'avoir deux formalismes différents – mais équivalents – en mécanique quantique devint vite évident. Pour la plupart des problèmes que rencontraient les physiciens, la mécanique ondulatoire de Schrödinger offrait la voie la plus facile vers la solution. Toutefois, pour d'autres, comme ceux impliquant le spin, c'était la démarche matricielle de Heisenberg qui prouvait sa valeur.

Toutes les querelles possibles sur la question de savoir laquelle des deux théories était correcte ayant été étouffées avant même qu'on puisse les tester, l'attention se détourna du formalisme mathématique pour se porter sur l'interprétation physique. Les deux théories étaient peut-être techniquement équivalentes, mais la nature de la réalité physique qui résidait au-delà des mathématiques était totalement différente : ondes et continuité chez Schrödinger, particules et discontinuité chez Heisenberg. Chacun était convaincu que sa propre théorie saisissait la vraie nature de la réalité physique. Ils ne pouvaient avoir raison tous les deux.

Au début, il n'y avait pas d'animosité personnelle entre Schrödinger et Heisenberg lorsqu'ils commencèrent chacun à contester l'interprétation de l'autre en matière de mécanique quantique. Mais le ton monta rapidement. En public et dans leurs articles, ils réussissaient tous les deux, en général, à brider leurs vrais sentiments. Dans leur correspondance, en revanche, plus besoin de tact ni de retenue. Lorsque au début il tenta – sans succès – de prouver l'équivalence des mécaniques ondulatoire et matricielle,

Schrödinger fut quelque peu soulagé de constater qu'il n'y en avait peut-être pas, puisque « je frissonne à la seule pensée d'être obligé plus tard de présenter le calcul matriciel à un étudiant de première année comme la description correcte de la nature de l'atome [35] ». Dans son article « Sur le rapport entre la mécanique quantique de Heisenberg-Born-Jordan et la mienne », Schrödinger prit grand soin de distancier sa mécanique ondulatoire de la mécanique matricielle. « Ma théorie s'inspirait de L. de Broglie et de remarques brèves mais infiniment perspicaces d'A. Einstein, expliqua-t-il. Je n'avais aucunement conscience d'une relation génétique avec Heisenberg [36]. » Schrödinger concluait qu'« à cause du manque de visualisation » dans la mécanique matricielle, « je l'ai trouvée décourageante, pour ne pas dire répugnante [37] ».

Heisenberg fit preuve d'encore moins de diplomatie au sujet de la continuité que Schrödinger voulait rétablir dans le royaume atomique où, en ce qui le concernait, c'était la discontinuité qui régnait. « Plus je pense à la portion physique de la théorie de Schrödinger, plus je la trouve répugnante, dit-il à Pauli en juin. Ce qu'écrit Schrödinger sur la possibilité de visualisation de sa théorie "n'est probablement pas tout à fait exact", en d'autres termes, c'est des foutaises [38]. » Deux mois plus tôt, en avril, Heisenberg avait semblé plus conciliant quand il avait trouvé la mécanique ondulatoire « incroyablement intéressante [39] ». Mais les gens qui avaient fréquenté Niels Bohr reconnurent que Heisenberg employait précisément l'antiphrase chère au Danois, qui qualifiait toujours de « très intéressante » une idée ou une argumentation qu'il désapprouvait en réalité. De plus en plus frustré, tandis qu'au fil des semaines un nombre croissant de ses collègues abandonnaient la mécanique matricielle pour la facilité de la mécanique ondulatoire, Heisenberg finit par craquer. Et lorsque Born lui-même

– un comble ! – se mit à utiliser l'équation d'onde de Schrödinger, il eut bien du mal à l'admettre. Dans un accès de colère, Heisenberg qualifia Born de « traître ».

Il se peut qu'il ait été jaloux de la popularité grandissante de la solution de remplacement proposée par Schrödinger pour la mécanique matricielle, mais, après son découvreur, ce fut Heisenberg qui fut responsable du deuxième grand triomphe de la mécanique ondulatoire. L'attitude de Born l'avait peut-être agacé, mais lui aussi avait été séduit par la facilité mathématique avec laquelle la démarche de Schrödinger pouvait s'appliquer aux problèmes atomiques. En juillet 1926, Heisenberg utilisa la mécanique ondulatoire pour expliquer les raies spectrales de l'atome d'hélium [40]. Au cas où d'aucuns surinterpréteraient son adoption de la formulation rivale, Heisenberg prit soin d'expliquer que ce n'était qu'une simple question de convenance. Le fait que les deux théories soient mathématiquement équivalentes signifiait qu'il pouvait se servir de la mécanique ondulatoire tout en ignorant les « images intuitives » que Schrödinger peignait avec elle. Cependant, avant même que Heisenberg expédie son article, Born avait utilisé la palette de Schrödinger pour peindre un tableau entièrement différent sur la même toile lorsqu'il découvrit que les probabilités étaient au cœur de la mécanique ondulatoire et de la réalité quantique.

Schrödinger n'essayait pas de brosser un nouveau tableau, mais tentait de restaurer l'ancien. Pour lui, il n'y avait pas de sauts quantiques entre différents niveaux d'énergie à l'intérieur d'un atome, rien que des transitions en continu d'une onde stationnaire à une autre – l'émission de rayonnement étant le produit de quelque phénomène de résonance exotique. Il croyait que la mécanique ondulatoire permettrait de rétablir une image « intuitive » classique de la réalité physique, faite de continuité, de causalité et de déterminisme. Born n'était pas d'accord. « La prouesse de Schrödinger se réduit à quelque chose de purement mathématique, sa physique est lamentable [41] », dit-il à Einstein. Born se servait de la mécanique ondulatoire pour brosser un tableau surréaliste de la réalité à base de discontinuité, d'acausalité et de probabilités, alors que Schrödinger tentait de peindre une toile de maître en s'inspirant de Newton. Ces deux images de la réalité s'articulent autour d'interprétations différentes de la « fonction d'onde », symbolisée par Ψ, la lettre grecque psi, dans l'équation d'onde de Schrödinger.

Schrödinger savait depuis le début que sa version de la mécanique quantique avait un défaut. Selon les lois du mouvement de Newton, si la position d'un électron comme sa vélocité sont connues à un certain moment, alors il est théoriquement possible de déterminer exactement où il sera à un moment ultérieur. Or les ondes sont bien plus difficiles à saisir qu'une particule. Une pierre jetée dans un étang produit des ondes en forme de rides qui se propagent à sa surface. Où est l'onde exactement ? Contrairement à une particule, une onde n'est pas localisée en un seul endroit : c'est une perturbation qui transporte de l'énergie dans un milieu. Comme les spectateurs impliqués dans un phénomène de « houle » sur les gradins d'un stade, une onde liquide – une vague – n'est rien d'autre que des molécules d'eau individuelles qui s'agitent verticalement.

Toutes les ondes, quelles que soient leur taille et leur forme, peuvent être décrites par une équation qui cartographie mathématiquement leur mouvement, exactement comme le font les équations de Newton pour une particule. La fonction d'onde, Ψ, représente l'onde elle-même et en décrit la forme à un instant donné. La fonction d'onde d'une ride se propageant à la surface d'un étang précise la taille de la perturbation de l'eau – l'amplitude de l'onde – en un point quelconque x à l'instant *t*. Lorsque Schrödinger découvrit l'équation d'onde pour les ondes matérielles de De Broglie, la fonction d'onde était la partie inconnue. Résoudre l'équation pour une situation physique particulière, telle que l'atome d'hydrogène, aboutirait à la fonction d'onde. Il restait toutefois une question à laquelle Schrödinger avait du mal à répondre : qu'est-ce qui ondulait ou oscillait ?

Dans le cas de vagues ou d'ondes sonores, la réponse était évidente : des molécules d'eau ou d'air. La lumière avait plongé les physiciens dans la perplexité au XIXe siècle. Ils avaient été forcés d'invoquer le mystérieux « éther » comme l'indispensable milieu au travers duquel se propageait la lumière, jusqu'à ce qu'on découvre que la lumière était une onde électromagnétique où des champs électriques et magnétiques imbriqués produisaient l'oscillation. Schrödinger pensait que les ondes de matière étaient aussi réelles que n'importe laquelle de ces autres sortes d'ondes plus familières. Mais quel était le milieu dans lequel circulait une onde électronique ? Cette question équivalait à demander ce que représente la fonction d'onde dans l'équation d'onde de Schrödinger. Pendant l'été 1926 circulait un petit quatrain humoristique qui résumait la situation à laquelle étaient confrontés Schrödinger et ses collègues :

Erwin ne cesse de calculer
Avec son psi ondulatoire,
Mais à quoi ça peut ressembler,
Ça, on aimerait bien le savoir[42].

Schrödinger proposa finalement que la fonction d'onde d'un électron était intimement liée à la répartition en nuage de sa charge électrique tandis qu'il se mouvait dans l'espace. En mécanique ondulatoire, la fonction d'onde n'était pas une grandeur susceptible d'être directement mesurée parce qu'elle était ce que les mathématiciens appellent un nombre complexe. Le nombre 4 + 3i en est un exemple ; il consiste en deux parties, l'une « réelle », l'autre « imaginaire ». 4 est un nombre ordinaire, c'est la partie « réelle » du nombre complexe 4 + 3i. La partie « imaginaire », 3i, n'a pas de signification physique parce que *i* est la racine carrée de –1. La racine carrée d'un nombre est simplement un autre nombre qui, multiplié par lui-même, redonne le premier. La racine carrée de 4 est 2 puisque 2 × 2 = 4. Il n'existe pas de nombre qui, multiplié par lui-même, soit égal à –1. Tandis que 1 × 1 = 1, –1 × –1 est lui aussi égal à 1, puisque d'après les lois de l'algèbre, moins par moins donne plus.

La fonction d'onde n'était pas observable ; c'était quelque chose d'intangible qu'on ne pouvait mesurer. Toutefois, le carré du module d'un nombre complexe donne un nombre réel associé avec quelque chose qu'on peut réellement mesurer au laboratoire [43]. Le carré de $|4 + 3i|$ est 25 [44]. Schrödinger pensait que le carré du module de la fonction d'onde d'un électron $|\Psi(x,t)|^2$ mesurait la densité étalée de la charge électrique à l'endroit x à l'instant t.

Schrödinger introduisit comme partie intégrante de son interprétation de la fonction d'onde le concept de « paquet d'onde » pour représenter l'électron puisqu'il contestait l'idée même que les particules puissent exister. Il soutenait qu'un électron n'était une particule « qu'en apparence » et non en réalité, malgré des preuves expérimentales écrasantes de sa nature corpusculaire. Schrödinger croyait qu'un électron corpusculaire était une illusion. En réalité, il n'y avait que des ondes. Toute manifestation d'un électron corpusculaire était due à un groupe d'ondes matérielles superposées en un paquet

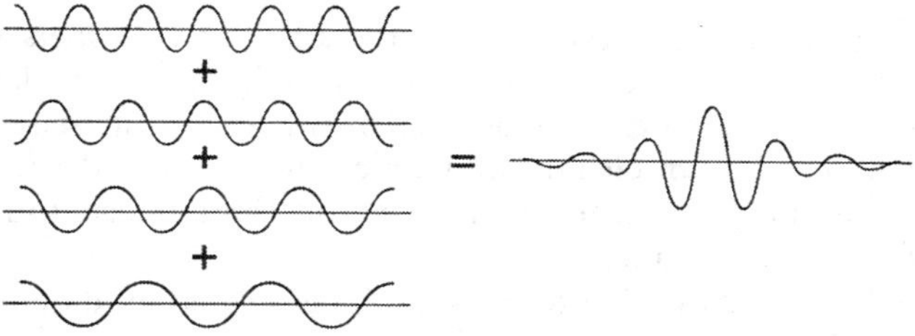

Figure 11 : Paquet d'ondes formé par la superposition d'un groupe d'ondes.

d'ondes. Un électron en mouvement ne serait alors qu'un paquet d'ondes progressant comme l'impulsion déclenchée lorsqu'on secoue une corde tendue fixée à une de ses extrémités. Un paquet d'ondes qui aurait l'apparence d'une particule exigerait une collection d'ondes de différentes longueurs interférant les unes avec les autres de telle manière qu'elles s'annulent mutuellement au-delà du paquet.

Si abandonner les particules et tout assimiler à des ondes était le prix à payer pour débarrasser la physique de la discontinuité et des sauts quantiques, alors cela en valait la peine, estimait Schrödinger. Toutefois, son interprétation rencontra bientôt des difficultés, car elle était physiquement intenable.

D'abord, la représentation de l'électron comme paquet d'ondes commença à s'effondrer lorsqu'on découvrit que les ondes qui le constituaient se disperseraient dans l'espace à un tel point qu'elles devraient se propager à une vitesse excédant celle de la lumière s'il fallait les associer à la détection expérimentale d'un électron ayant l'apparence d'une particule. Schrödinger eut beau essayer, il ne trouva pas le moyen d'éviter cette dispersion du paquet d'ondes. Constitué d'ondes de fréquence – et donc de longueur – variable, le paquet d'ondes, en progressant dans l'espace, ne tarderait pas à se disperser puisque les ondes individuelles se déplaçaient à des vitesses différentes. Un rassemblement quasi instantané, une localisation en un point unique de l'espace devrait se produire chaque fois qu'un électron serait détecté sous forme de particule.

Ensuite, lorsqu'on tenta d'appliquer l'équation d'onde à l'hélium et d'autres atomes, la vision de la réalité sous-jacente aux mathématiques de Schrödinger disparut, transformée en un espace multidimensionnel abstrait qu'il était impossible de se représenter.

La fonction d'onde d'un électron code tout ce qu'il faut savoir sur son onde unique tridimensionnelle. Or la fonction d'onde des deux électrons de l'atome d'hélium ne pouvait pas s'interpréter comme deux ondes tridimensionnelles existant dans l'espace tridimensionnel ordinaire. Au lieu de quoi les mathématiques suggéraient une onde unique au sein d'un étrange espace à six dimensions. À chaque progression d'un élément à l'autre sur la table périodique, le nombre des électrons augmentait d'une unité et trois dimensions supplémentaires étaient exigées. Si le lithium, troisième élément de la table, exigeait un espace à neuf dimensions, alors il fallait un espace à 276 dimensions pour loger l'uranium. Il était inconcevable que les ondes occupant ces espaces multidimensionnels abstraits soient des ondes physiques réelles grâce auxquelles Schrödinger espérait rétablir la continuité et éliminer les sauts quantiques.

L'interprétation de Schrödinger ne pouvait pas non plus rendre compte de l'effet photoélectrique ni de l'effet Compton. Des questions restaient sans réponse : comment un paquet d'ondes pouvait-il posséder une charge électrique ? La mécanique ondulatoire pouvait-elle intégrer le nouveau concept quantique de spin ? Mais si la fonction d'onde de Schrödinger ne représentait pas des ondes réelles dans l'espace tridimensionnel ordinaire, qu'étaient-elles ? Ce fut Max Born qui fournit la réponse.

Born approchait du terme d'un séjour de cinq mois aux États-Unis lorsque le premier article de Schrödinger sur la mécanique ondulatoire parut en mars 1926. En le lisant une fois rentré à Göttingen en avril, il fut complètement pris « par surprise [45] », comme d'autres avant lui. Le terrain de la physique quantique s'était spectaculairement modifié en son absence. À partir de rien, ou presque, comprit immédiatement Born, Schrödinger avait échafaudé une théorie « d'une puissance et d'une élégance fascinantes [46] ». Il reconnut sans tarder la « supériorité de la mécanique ondulatoire en tant qu'outil mathématique », comme le démontrait la facilité relative avec laquelle elle avait résolu « le problème atomique fondamental [47] » – l'atome d'hydrogène. Après tout, il avait fallu le talent prodigieux d'un Wolfgang Pauli pour appliquer la mécanique matricielle à l'atome d'hydrogène. Born avait peut-être été pris par surprise, mais l'idée d'ondes d'électrons lui était déjà familière bien avant que paraisse l'article de Schrödinger.

« Une lettre d'Einstein avait attiré mon attention sur la thèse de De Broglie peu après sa publication, mais j'étais trop absorbé dans nos spéculations pour l'étudier attentivement [48] », avouerait Born plus d'un demi-siècle plus tard. Dès juillet 1925, il avait trouvé le temps d'étudier les travaux de De Broglie, et il écrivit à Einstein que « la théorie ondulatoire de la matière pourrait avoir une très grande importance [49] ». Enthousiasmé, il avait déjà commencé à « émettre quelques hypothèses sur les ondes de De Broglie [50] », confia-t-il à Einstein. Mais c'est alors qu'il délaissa les idées de De Broglie pour essayer de comprendre la bizarre règle de multiplication trouvée dans un article que lui avait remis Heisenberg. À présent, presque un an plus tard, Born résolut certains des problèmes rencontrés par la mécanique ondulatoire, mais pour un prix bien plus élevé que celui exigé par Schrödinger avec son sacrifice des particules.

Le rejet des particules et des sauts quantiques préconisé par Schrödinger allait un peu trop loin pour Born. Il constatait régulièrement à Göttingen ce qu'il appelait « la fécondité du principe corpusculaire [51] » dans les expériences sur les collisions atomiques. Born admettait la fécondité du formalisme de Schrödinger, mais rejetait l'interprétation de l'Autrichien. « Il est nécessaire, écrivait Born vers la fin de 1926, de laisser complètement tomber les images physiques de Schrödinger qui visent à ressusciter la théorie classique du continuum, de n'en retenir que le formalisme et de donner à celui-ci un nouveau contenu physique [52]. » Déjà convaincu « que les particules ne pouvaient pas être carrément abolies [53] », il découvrit un moyen de les mêler aux ondes en recourant aux probabilités quand il trouva une nouvelle interprétation de la fonction d'onde.

Born avait travaillé sur l'application de la mécanique matricielle aux collisions atomiques pendant son séjour en Amérique. De retour en Allemagne avec la théorie de Schrödinger brusquement à sa disposition, il se repencha sur la question et produisit deux articles fondateurs qui portaient le même titre, « La mécanique quantique des phénomènes de collision ». Le premier, qui n'avait que quatre pages, fut reçu le 25 juin par le rédacteur en chef du *Zeitschrift für Physik* et publié le 10 juillet. Dix jours plus tard, le second article, plus achevé et plus raffiné que le premier, était envoyé [54]. Alors que Schrödinger renonçait à l'existence des particules, Born, dans sa tentative pour les sauver, proposa une interprétation de la fonction d'onde qui mettait en question un dogme fondamental de la physique – le déterminisme.

L'univers newtonien est purement déterministe et ne laisse aucune place au hasard. En physique classique, une particule possède à un instant donné une quantité de mouvement et une position définies. Les forces qui agissent sur la particule déterminent la manière dont sa quantité de mouvement et position varient avec le temps. La seule manière dont des physiciens comme James Clerk Maxwell et Ludwig Boltzmann puissent rendre compte des propriétés d'un gaz consistant en un grand nombre de telles particules était de recourir aux probabilités et de se contenter d'une description statistique. Cette retraite forcée dans l'analyse statistique venait de la difficulté qu'il y a à suivre les mouvements d'un nombre aussi gigantesque de particules. Les probabilités étaient une conséquence de l'ignorance humaine dans un univers déterministe où tout se déroulait conformément aux lois de la nature. Si l'état présent d'un système quelconque et les forces agissant sur lui sont connues, alors ce qui lui arrivera dans l'avenir est déjà déterminé. En physique classique, le déterminisme est relié par un cordon ombilical à la causalité – tout effet à une cause.

Comme dans une collision entre deux boules de billard, l'électron qui percute un atome peut être dévié dans presque toutes les directions. Toutefois, là s'arrête la similitude, soutint Born en énonçant un principe surprenant. Dans le cas d'une collision atomique, la physique ne pouvait répondre à la question « Quel est l'état après la collision ? » mais seulement à la question « Quelle est la probabilité d'un effet donné de la collision [55] ? ». « C'est ici que réside tout le problème du déterminisme [56] », avoua Born. Il était impossible de déterminer exactement où était l'électron après la collision. Le mieux que la physique puisse faire, selon Born, était de calculer la probabilité qu'un électron soit dévié d'un certain angle. Tel était le « nouveau contenu physique » de Born et il s'articulait entièrement autour de son interprétation de la fonction d'onde.

La fonction d'onde elle-même n'a pas de réalité physique ; elle existe dans le domaine mystérieux et fantomatique du possible. Elle traite de possibilités abstraites, comme tous les angles possibles sous lesquels un électron pourrait être dévié à la suite d'une collision avec un atome. Il y a vraiment un monde de différence entre le possible et le probable. Born soutint que le carré du module de la fonction d'onde, un nombre réel et non un nombre complexe, habite l'univers du probable. Porter le module de la fonction d'onde au carré ne donne pas la position réelle de l'électron, mais seulement la probabilité – les chances – qu'il aura d'être *ici* plutôt que *là* [57]. Par exemple, si la valeur de la fonction d'onde d'un électron en X est le double de sa valeur en Y, alors la probabilité qu'il soit en X est quatre fois plus grande que la probabilité qu'il soit en Y. L'électron pourrait se trouver en X, en Y ou ailleurs.

Niels Bohr affirmerait bientôt qu'avant qu'une observation ou une mesure soit effectuée, un objet microphysique tel qu'un électron n'existe nulle part. Entre une mesure et la suivante, il n'a pas d'existence en dehors des possibilités abstraites de la fonction d'onde. C'est seulement quand une observation ou une mesure est effectuée que « la fonction d'onde s'effondre » : l'un des états « possibles » de l'électron devient l'état « réel » et la probabilité de toutes les autres possibilités devient zéro.

Pour Born, l'équation de Schrödinger décrivait une onde de probabilité. Il n'y avait pas en réalité d'ondes électroniques, seulement des ondes de probabilité abstraites. « Du point de vue de notre mécanique quantique, il n'existe aucune grandeur qui, dans un cas individuel, détermine causalement l'effet d'une collision [58] », écrivit Born. Et il avouait : « J'ai moi-même tendance à abandonner le déterminisme dans le monde atomique[59]. » Or, tandis que « le mouvement des particules obéit à des règles de probabilité », Born fit remarquer que « la probabilité elle-même se propage suivant la loi de la causalité[60] ».

Il fallut à Born l'intervalle entre son premier et son second article pour pleinement comprendre qu'il avait introduit dans la physique une probabilité d'un genre nouveau. La « probabilité quantique », faute d'un terme plus parlant, n'était pas la probabilité classique de l'ignorance qui pouvait théoriquement être éliminée, mais une caractéristique intrinsèque de la réalité atomique. Par exemple, le fait qu'il soit impossible de prédire quand un atome individuel se désintégrerait dans un échantillon radioactif en dépit de la certitude qu'il y en aurait un qui le ferait n'était pas dû à une connaissance imparfaite, mais au résultat de la nature probabiliste des règles quantiques gouvernant la désintégration radioactive.

Schrödinger réfuta l'interprétation probabiliste de Born. Il n'admettait pas qu'une collision d'un électron ou d'une particule alpha avec un atome soit « absolument accidentelle », c'est-à-dire « complètement indéterminée[61] ». Car, si Born avait raison, il n'y avait pas moyen d'éviter les sauts quantiques et la causalité était menacée une fois de plus. En novembre 1926, il écrivit à Born : « J'ai toutefois l'impression que vous-même et d'autres, qui partagent essentiellement votre opinion, êtes trop profondément sous le charme de ces concepts (comme les états stationnaires, les sauts quantiques, etc.) qui ont obtenu le droit de cité dans notre pensée depuis une douzaine d'années ; par conséquent, vous ne pouvez rendre complètement justice à une tentative pour rompre avec cette façon de penser[62]. » Schrödinger n'abandonna jamais son interprétation de la mécanique ondulatoire et sa tentative pour rendre les phénomènes atomiques représentables. « Je ne peux pas m'imaginer un électron en train de sauter comme une puce[63] », dit-il un jour.

La nouvelle physique de la mécanique ondulatoire se répandit comme une traînée de poudre dans la communauté des physiciens européens au printemps 1926, et beaucoup voulaient entendre Schrödinger débattre de sa théorie en personne. Zurich était très excentré par rapport au triangle d'or quantique formé par Copenhague, Göttingen et Munich. Lorsque Wilhelm Wien et Arnold Sommerfeld l'invitèrent à donner deux conférences à Munich, Schrödinger s'empressa d'accepter. La première conférence, le 21 juillet, eut pour cadre le « colloque du mercredi » de Sommerfeld, tandis que la deuxième, le 23, serait donnée devant la section bavaroise de la Société de physique allemande. La première se passa sans incident. Pas la seconde. Heisenberg, qui était à l'époque établi à Copenhague, était revenu à Munich juste à temps pour assister aux deux conférences de Schrödinger avant de partir en randonnée.

Assis dans l'amphithéâtre bondé de l'institut de physique, Heisenberg écouta sans broncher jusqu'au bout l'exposé de Schrödinger, intitulé « Nouveaux résultats de la mécanique ondulatoire ». Pendant la séance de questions et de réponses qui suivit, il fut en proie à une agitation grandissante et finalement ne put garder le silence. Il se leva donc, et tous les regards étaient fixés sur lui, car tout le monde attendait de savoir ce qu'il aurait à dire. La théorie de Schrödinger, fit-il remarquer, ne pouvait expliquer ni la loi du rayonnement de Planck, ni l'expérience de Franck-Hertz, ni l'effet Compton, ni l'effet photoélectrique, qui tous ne pouvaient s'expliquer sans la discontinuité et les sauts quantiques – les concepts même que Schrödinger cherchait à éliminer.

Certains membres de l'auditoire exprimaient déjà leur désapprobation devant les remarques d'un jeune homme de vingt-quatre ans, et Schrödinger allait répondre, lorsque Wien, agacé, se leva et intervint. Le vieux physicien, raconta plus tard Heisenberg à Pauli, « m'a presque mis à la porte de l'amphi [64] ». Le contentieux entre Wien et Heisenberg remontait aux études de ce dernier à Munich et à sa médiocre prestation, lors de sa soutenance de thèse, sur tout sujet ayant trait de près ou de loin à la physique expérimentale. « Jeune homme, le Pr. Schrödinger répondra certainement à toutes ces questions le moment venu, dit-il à Heisenberg en lui intimant d'un geste de se rasseoir. Vous devez comprendre que c'en est maintenant fini des sauts quantiques et autres absurdités [65]. » Nullement démonté, Schrödinger répondit qu'il était persuadé que tous les obstacles restants seraient levés en temps utile.

Heisenberg ne put s'empêcher de déplorer plus tard que Sommerfeld, son ancien mentor, qui avait assisté à l'incident au premier rang de l'auditoire, ait « succombé à la force de persuasion des mathématiques de Schrödinger [66] ». Heisenberg était ébranlé et découragé : il avait été forcé de quitter l'arène en vaincu avant d'avoir livré bataille en bonne et due forme. Il avait besoin de se ressaisir. « Il y a quelques jours, j'ai assisté ici à deux conférences de Schrödinger, écrivit-il à Jordan, et je suis fermement convaincu de la fausseté de l'interprétation physique de la MQ qu'il a présentée [67]. » Il savait déjà que sa seule conviction ne suffisait pas, car « les mathématiques de Schrödinger représentent un grand progrès [68] ». Après sa désastreuse intervention, Heisenberg était rentré « non sans tristesse » et avait le soir même envoyé une missive à Bohr depuis les premières lignes du conflit quantique.

Après avoir lu la version présentée par Heisenberg des événements de Munich, Bohr invita Schrödinger à Copenhague pour donner une conférence et participer à

« quelques discussions dans le cercle restreint de ceux qui travaillent ici à l'Institut, dans lesquelles nous pourrons aborder plus en profondeur les questions sans réponse de la théorie atomique [69] ». Lorsque Schrödinger descendit du train à Copenhague le 1er octobre, Bohr l'attendait sur le quai de la gare. C'était la première fois qu'ils se rencontraient.

Après l'échange des politesses d'usage, la discussion commença. À en croire Heisenberg, elle « se poursuivit tous les jours depuis les premières heures du matin jusqu'à tard dans la nuit [70] ». Schrödinger n'aurait guère de chances d'échapper au questionnement continuel de Bohr les jours suivants. Il installa Schrödinger dans sa chambre d'amis pour prolonger autant que possible leurs délibérations permanentes. Bien qu'il soit d'ordinaire le plus attentionné des hôtes, Bohr, dans son désir de convaincre Schrödinger de son erreur, sembla, même à Heisenberg, se comporter en « fanatique impitoyable qui n'était pas disposé à faire la moindre concession ni à admettre qu'il ait pu jamais se tromper [71] ». Bohr et Schrödinger défendaient passionnément leurs convictions profondément enracinées quant à l'interprétation physique de la nouvelle mécanique. Ni l'un ni l'autre n'était prêt à faire la moindre concession sans opposer une violente résistance. Chacun se jetait sur la moindre faiblesse ou imprécision dans l'argumentation de l'autre.

Au cours d'une de ces discussions, Schrödinger affirma que « toute cette idée de sauts quantiques est de la pure fantasmagorie. — Mais cela ne prouve pas qu'il n'y ait pas de sauts quantiques », rétorqua Bohr. Cela prouvait seulement, poursuivit-il, que « nous ne pouvons pas les imaginer ». Le ton monta d'un cran. « Vous ne pouvez pas sérieusement essayer de mettre en doute tout le fondement de la théorie des quanta ! » protesta Bohr. Schrödinger admit qu'il restait encore beaucoup de choses à expliquer en détail, mais que Bohr, lui non plus, « n'avait toujours pas découvert une interprétation physique satisfaisante de la mécanique quantique ». Sous les assauts de Bohr, Schrödinger finit par craquer. « Si toutes ces fichues histoires de saut quantique devaient vraiment perdurer, je regretterais d'avoir jamais touché à la théorie quantique. — Mais nous vous sommes extrêmement reconnaissants de l'avoir fait, répondit Bohr. Votre mécanique ondulatoire a apporté une telle contribution à la clarté et à la simplicité mathématique qu'elle représente une avancée gigantesque par rapport à toutes les formes précédentes de la mécanique quantique [72]. »

Au bout de quelques jours de ce régime impitoyable, Schrödinger tomba malade sous le stress et dut s'aliter. Alors même que son épouse faisait son possible pour soigner leur invité, Bohr continuait la discussion, assis sur le coin du lit : « Mais sûrement, Schrödinger, vous devriez voir que… » Il voyait bien, mais uniquement avec les lunettes qu'il portait depuis longtemps, et il n'était pas disposé à les échanger contre celles prescrites par Bohr. Il n'y avait eu pratiquement aucune chance que les deux hommes aboutissent à un accord. Aucun ne réussit à convaincre l'autre. « On ne pouvait pas s'attendre à une vraie compréhension puisque à l'époque aucun des deux camps n'était en mesure de proposer une interprétation complète et cohérente de la mécanique quantique [73] », écrivit plus tard Heisenberg. Schrödinger n'admettait pas que la théorie des quanta puisse représenter une rupture totale avec la réalité classique. Pour Bohr, il n'était pas question de revenir aux concepts familiers d'orbites et de trajectoires continues dans le domaine atomique. Le saut quantique allait s'imposer, n'en déplaise à Schrödinger.

Une fois rentré à Zurich, Schrödinger décrivit la démarche « vraiment remarquable » de Bohr pour aborder les problèmes de l'atome dans une lettre à Wilhelm Wien. « Il est absolument convaincu que toute compréhension au sens usuel de ce terme est impossible. La conversation est donc presque immédiatement détournée vers des questions philosophiques et, bientôt, on ne sait plus si on est vraiment aligné sur les positions qu'il est en train d'attaquer, ou si on devrait sérieusement attaquer les positions qu'il défend [74]. » Toutefois, en dépit de leurs différences sur le plan théorique, Bohr et « surtout » Heisenberg s'étaient comportés envers Schrödinger « avec une gentillesse touchante, une sollicitude bienveillante et attentive », et l'ambiance « avait été parfaitement aimable et cordiale, sans le moindre nuage [75] ». L'éloignement et quelques semaines de recul avaient fortement atténué l'impression d'un calvaire.

Une semaine avant Noël 1926, Schrödinger et son épouse se rendirent en Amérique. Il avait accepté l'invitation de l'université du Wisconsin, où il devait donner une série de conférences pour la somme princière de 2 500 dollars. Il sillonna ensuite les États-Unis pour donner presque cinquante conférences. Lorsqu'il rentra à Zurich en avril 1927, il avait déjà décliné plusieurs offres d'emploi. Il visait une cible bien plus considérable, la chaire de Planck à Berlin.

Nommé en 1892, Planck allait prendre sa retraite le 1er octobre 1927 avec le titre de professeur émérite. Heisenberg, à vingt-quatre ans, était trop jeune pour un poste si élevé. Arnold Sommerfeld était le premier choix. Or, à cinquante-neuf ans, comme il avait déjà créé à Munich un centre de physique théorique de classe mondiale, il déclina la proposition. Il ne restait plus que Schrödinger et Max Born. Schrödinger l'emporta ; sa découverte de la mécanique ondulatoire avait été déterminante. En août 1927, Schrödinger s'installa à Berlin et y trouva quelqu'un qui était tout aussi peu satisfait que lui de l'interprétation probabiliste de Born : Albert Einstein.

Einstein avait été le premier à introduire les probabilités dans la physique quantique en 1916 lorsqu'il fournit l'explication de l'émission de quanta de lumière quand un électron sautait d'un niveau d'énergie à un autre. Dix ans plus tard, Born avait avancé une interprétation de la fonction d'onde et de la mécanique ondulatoire qui pouvait rendre compte du caractère probabiliste des sauts quantiques. Elle avait un prix qu'Einstein n'était pas disposé à payer – la renonciation à la causalité.

En décembre 1926, Einstein avait exprimé son inquiétude grandissante devant le rejet de la causalité et du déterminisme dans une lettre à Born. « La mécanique quantique est certes imposante. Mais une voix intérieure me dit que ce n'est pas encore la réalité. Cette théorie a beau être très parlante, elle ne nous rapproche pas vraiment du secret du “Vieux”. Moi, en tout cas, je suis convaincu qu'il ne joue pas aux dés [76]. » Tandis que les positions se précisaient sur le champ de bataille quantique, Einstein inspira, sans le savoir, une autre percée stupéfiante, l'une des plus importantes et des plus profondes réussites de l'histoire des quanta, le principe d'incertitude.

CHAPITRE 10

Incertitude à Copenhague

Debout devant le tableau noir, ses notes étalées sur la table devant lui, Werner Heisenberg était tendu. Le jeune et brillant physicien avait toutes les raisons de l'être. C'était le mercredi 28 avril 1926, et il était sur le point de donner une conférence de deux heures sur la mécanique matricielle au célèbre colloque de physique de l'université de Berlin. Quels qu'aient pu être les mérites de Munich ou de Göttingen, Berlin – et Heisenberg le savait très bien – était « le bastion de la physique allemande [1] ». Son regard scruta les visages dans l'auditoire et s'arrêta sur quatre hommes assis au premier rang, tous Prix Nobel : Max von Laue, Walther Nernst, Max Planck et Albert Einstein.

La nervosité qu'il avait ressentie devant cette « première occasion de rencontrer tant d'hommes célèbres » ne tarda pas à se dissiper et il exposa « clairement », jugea-t-il, « les concepts et les fondements mathématiques de ce qui était alors une théorie très peu conventionnelle [2] ». Après la conférence, comme le public se dispersait, Einstein invita Heisenberg à l'accompagner chez lui à pied. Pendant la demi-heure de trajet jusqu'à la Haberlandstrasse, Einstein interrogea Heisenberg sur sa famille, ses études et ses premières recherches. Ce n'est que lorsqu'ils furent confortablement installés dans son appartement que la vraie conversation commença. Einstein sonda « l'arrière-plan philosophique de mes travaux récents [3] », se rappela Heisenberg. « Vous supposez l'existence d'électrons à l'intérieur de l'atome, et vous avez probablement raison de le faire, dit Einstein. Mais vous refusez d'envisager leurs orbites, alors même que nous pouvons observer des trajectoires d'électrons dans une chambre de Wilson. J'aimerais beaucoup en savoir plus sur les raisons qui vous incitent à émettre pareilles hypothèses [4]. » C'était exactement ce qu'avait espéré Heisenberg – une chance de gagner Einstein à sa cause.

« Nous ne pouvons observer les orbites des électrons à l'intérieur de l'atome, répondit Heisenberg, mais le rayonnement qu'un atome émet lors des décharges nous permet de déduire les fréquences de ses électrons et les amplitudes correspondantes [5]. » Prenant de l'assurance, il expliqua que « puisqu'une bonne théorie doit se fonder sur des grandeurs directement observables, j'ai estimé plus correct de m'en tenir à celles-ci, en les traitant, pour ainsi dire, comme représentatives des orbites des électrons [6] ». « Mais vous ne croyez pas sérieusement, protesta Einstein, que seules les grandeurs observables doivent figurer dans une théorie physique [7] ? » Cette question s'attaquait aux bases mêmes sur lesquelles Heisenberg avait édifié sa nouvelle mécanique. « N'est-ce pas précisément ce que vous avez fait avec la relativité ? » répliqua Heisenberg. « Un bon truc ne devrait pas être utilisé deux fois, dit Einstein en souriant. Il se peut que j'aie recouru à cette sorte de raisonnement, admit-il, mais c'est quand même une absurdité [8]. » Bien qu'il puisse être heuristiquement utile de garder à l'esprit ce qu'on a réellement observé, il soutint qu'en principe « c'est une grande erreur que d'essayer de fonder une théorie sur les seules grandeurs observables. En réalité, c'est exactement le contraire qui se produit. C'est la théorie qui décide de ce que nous pouvons observer [9] ». Qu'entendait Einstein par là ?

Presque un siècle auparavant, le philosophe français Auguste Comte avait soutenu que, si toute théorie doit se fonder sur l'observation, l'esprit a également besoin d'une théorie pour effectuer des observations. Einstein essaya d'expliquer que l'observation était un processus complexe impliquant des présuppositions sur les phénomènes qui sont utilisées dans les théories. « Le phénomène observé détermine certains événements dans notre dispositif de mesure, dit Einstein. Ce qui introduit de nouveaux processus dans ce dispositif, lesquels, par des cheminements complexes, finissent par créer des impressions sensorielles et contribuent à en fixer les effets dans notre conscience [10]. » « Ces effets, affirmait Einstein, dépendent de nos théories. Et dans votre théorie, dit-il à Heisenberg, vous supposez très manifestement que tout le mécanisme de la transmission de la lumière, depuis l'atome en vibration jusqu'au spectroscope ou l'œil humain, fonctionne exactement comme il est censé le faire depuis toujours, c'est-à-dire essentiellement selon la loi de Maxwell. Si ce n'était plus le cas, vous ne pourriez plus observer aucune des grandeurs que vous qualifiez d'observables [11]. » « Votre assertion selon laquelle vous n'introduisez que des grandeurs observables est par conséquent une hypothèse portant sur une propriété de la théorie que vous essayez de formuler [12]. » « J'étais totalement déconcerté par l'attitude d'Einstein, bien que je trouve ses arguments convaincants [13] », avoua plus tard Heisenberg.

Quand il était encore à l'Office des brevets, Einstein avait étudié l'œuvre du physicien Ernst Mach, pour qui le but de la science n'était pas de discerner la nature de la réalité, mais de décrire des données expérimentales – les « faits » – aussi succinctement que possible. Tout concept scientifique devait être compris sous l'angle de sa définition opérationnelle – une prescription de la manière dont il pouvait être mesuré. C'est effectivement sous l'influence de cette philosophie qu'Einstein contesta les concepts, établis de longue date, d'un espace et d'un temps absolus. Mais un Einstein plus mûr et plus sage avait depuis longtemps abandonné la démarche de Mach, comme il l'expliqua à Heisenberg, parce qu'elle « néglige pour ainsi dire le fait que le monde existe réellement, que nos impressions sensorielles sont fondées sur quelque chose d'objectif[14] ».

En quittant l'appartement, déçu de n'avoir pu convaincre Einstein, Heisenberg avait besoin de prendre une décision qui pourrait avoir des répercussions durables sur son avenir. Dans trois jours, le 1er mai 1926, il devait être à Copenhague pour prendre son double poste d'assistant de Bohr et d'enseignant à l'université. Or on lui offrait le poste de professeur titulaire de physique à l'université de Leipzig. Heisenberg savait que c'était un honneur considérable vu son extrême jeunesse, mais devait-il accepter ? Heisenberg avait parlé à Einstein de son dilemme. Il lui conseilla fermement d'aller travailler avec Bohr. Le lendemain, Heisenberg annonça à ses parents stupéfaits qu'il refusait le poste de professeur à Leipzig. « Si je continue à produire de bons articles, écrivit-il pour les rassurer – et se rassurer lui-même –, j'aurai toujours une autre proposition ; sinon, je ne suis pas à la hauteur de la tâche[15]. »

« Heisenberg est maintenant ici et nous sommes tous très occupés par des discussions sur ce nouveau développement dans la théorie des quanta et sur les perspectives grandioses qu'il ouvre[16] », écrivit Bohr à Rutherford à la mi-mai 1926. Heisenberg était logé à l'institut « dans une confortable petite mansarde aux murs en pente[17] » qui donnait sur Faelled Park. Bohr et sa famille avaient récemment emménagé dans la luxueuse et spacieuse villa directoriale attenante. Heisenberg leur rendait régulièrement visite, si souvent qu'il se sentit bientôt « presque chez [lui] chez les Bohr [18] ». La rénovation et l'agrandissement de l'institut avaient pris bien plus de temps que prévu, et Bohr était épuisé. À bout de forces, il contracta une grippe sévère. Tandis qu'il passait les deux mois suivants en convalescence, Heisenberg réussit à appliquer la mécanique ondulatoire pour rendre compte du spectre de l'hélium.

Une fois que Bohr se fut rétabli, Heisenberg ne trouva pas que des avantages à l'avoir comme voisin. « Après 8 ou 9 heures du soir, Bohr, sans prévenir, montait chez moi et disait : "Heisenberg, qu'est-ce que vous pensez de ce problème ?" Ensuite nous commencions à discuter et, très souvent, cela durait jusqu'à minuit ou 1 heure du matin [19]. » Ou alors, Bohr invitait Heisenberg dans la villa pour une conversation qui se prolongeait tard dans la soirée autour d'un ou deux verres de vin.

Tout en travaillant avec Bohr, Heisenberg donnait deux cours de physique théorique par semaine à l'université, et en danois. Il n'était guère plus vieux que ses étudiants, et l'un d'eux ne pouvait à peine croire qu'« il était si intelligent puisqu'il ressemblait à un apprenti menuisier plutôt doué qui sortait d'un stage à l'Institut polytechnique [20] ». Heisenberg s'adapta vite au rythme de la vie à l'institut, et passa d'agréables week-ends à faire de la voile, des promenades à cheval et des randonnées avec ses nouveaux collègues. Mais il y eut de moins en moins de temps pour ces activités après la visite de Schrödinger début octobre 1926.

Schrödinger et Bohr n'avaient pu se mettre d'accord sur l'interprétation physique du formalisme de la mécanique tant matricielle qu'ondulatoire. Heisenberg constata à quel point Bohr était maintenant « terriblement impatient d'aller au fond du problème [21] ». Dans les mois qui suivirent, l'interprétation de la mécanique quantique fut l'unique sujet de conversation entre Bohr et son jeune apprenti tandis qu'ils essayaient de réconcilier la théorie et les données de l'expérience. « Bohr venait souvent dans ma chambre tard le soir pour me parler des difficultés de la théorie des quanta qui nous torturaient tous les deux [22] », se rappela Heisenberg des années plus tard. Rien ne le faisait plus souffrir que la dualité onde-particule. Comme disait Einstein à Ehrenfest : « D'un côté les ondes, de l'autre les quanta ! La réalité de chacun est ferme comme le roc. Mais le diable fait un quatrain avec (et qui rime, en plus) [23]. »

En physique classique, un objet peut être soit une particule, soit une onde ; il ne peut être les deux. Heisenberg avait utilisé les particules et Schrödinger les ondes quand ils avaient découvert leurs versions respectives de la mécanique quantique. Même la démonstration que mécanique matricielle et mécanique ondulatoire étaient mathématiquement équivalentes n'avait pas encore débouché sur une compréhension plus profonde de la dualité onde-particule. Le cœur de tout le problème, dit Heisenberg, était que personne ne pouvait répondre aux questions : « Un électron est-il maintenant une onde ou une particule, et comment se comporte-t-il si je fais ceci ou cela, etc. [24] ? » Plus Bohr et Heisenberg réfléchissaient à la dualité onde-particule, plus la situation empirait. « Comme un chimiste qui essaie d'obtenir un poison de plus en plus concentré à partir d'une certaine solution, se rappela Heisenberg, nous essayions de concentrer le poison du paradoxe [25]. » La tension montait entre les deux hommes, car ils adoptèrent chacun une démarche différente pour résoudre le problème.

Dans sa recherche d'une interprétation physique de la mécanique quantique, de ce que la théorie révélait de la nature de la réalité au niveau atomique, Heisenberg s'engageait totalement du côté des particules, des sauts quantiques et de la discontinuité. Pour lui, l'aspect corpusculaire était dominant dans la dualité onde-particule. Il n'était pas disposé à ménager un espace pour loger le moindre concept qui soit, de près ou de loin, lié à l'interprétation de Schrödinger. Heisenberg était horrifié de voir que Bohr voulait « jouer avec les deux systèmes [26] ». Contrairement au jeune Allemand, il n'avait pas épousé la mécanique quantique et n'était jamais tombé sous le charme du formalisme mathématique. Alors que la première escale de Heisenberg restait les mathématiques, Bohr avait levé l'ancre et cherchait à comprendre la physique derrière les mathématiques. En sondant des concepts quantiques tels que la dualité onde-particule, il visait plus à saisir le contenu physique d'une idée que les mathématiques qui l'enveloppaient. Bohr croyait qu'il fallait trouver un moyen d'autoriser l'existence simultanée des particules et des ondes dans toute description complète des processus atomiques. Réconcilier ces deux concepts contradictoires était pour lui la clé qui ouvrirait la porte à une interprétation physique cohérente de la mécanique quantique.

Depuis la découverte par Schrödinger de la mécanique ondulatoire, l'opinion générale était qu'il y avait une théorie quantique de trop. Il fallait une formulation unique, et ce, d'autant plus que les deux théories étaient mathématiquement équivalentes. Ce furent Dirac et Jordan, indépendamment l'un de l'autre, qui trouvèrent pareil formalisme au cours de l'automne. Dirac, qui était arrivé à Copenhague en septembre pour un séjour de six mois, démontra que les mécaniques matricielle et ondulatoire n'étaient que des cas particuliers d'une formulation plus abstraite de la mécanique quantique appelée théorie de la transformation. Il ne manquait plus qu'une interprétation physique du formalisme. Et cette recherche commençait à se montrer épuisante.

« Comme nos conversations se prolongeaient souvent bien après minuit sans aboutir à une conclusion satisfaisante malgré des efforts redoublés depuis plusieurs mois, se rappela Heisenberg, nous avons fini par être totalement éreintés et assez tendus [27]. » Bohr décida qu'il n'en pouvait plus et partit skier à Guldbrandsdalen, en Norvège, pendant quatre semaines en février 1927. Heisenberg était heureux de le voir partir – il allait « pouvoir réfléchir à ces problèmes désespérément compliqués sans être dérangé [28] ». Aucun n'était plus pressant que celui de la trajectoire d'un électron dans une chambre de Wilson.

Quand Bohr rencontra Rutherford à Cambridge lors du banquet des jeunes chercheurs du Cavendish en décembre 1911, il fut frappé par l'enthousiasme avec lequel le Néo-Zélandais salua la récente invention par C.T.R. Wilson de la chambre à brouillard. L'Écossais avait réussi à créer du brouillard dans une petite chambre aux parois en verre contenant de l'air saturé de vapeur d'eau. Refroidir l'air en le laissant se détendre provoque une condensation de la vapeur sous forme de gouttelettes minuscules sur des particules de poussière, produisant ainsi du brouillard. Bientôt, Wilson put créer du « brouillard » même après avoir éliminé toute trace de poussière dans la chambre. La seule explication qu'il puisse proposer était que le brouillard était formé par la condensation sur les ions présents dans l'air à l'intérieur de la chambre. Il y avait toutefois une autre possibilité. Le rayonnement traversant la chambre pouvait arracher des électrons aux atomes présents dans l'air et former des ions, laissant ainsi dans son sillage une trace formée de minuscules gouttelettes d'eau. On découvrit rapidement que c'était exactement ce que faisait le rayonnement. Wilson avait apparemment donné aux physiciens un instrument pour observer les trajectoires des particules alpha et bêta émises par les substances radioactives.

Les particules suivaient des trajectoires bien définies, mais pas les ondes, puisqu'elles se diffusent en se propageant. Or la mécanique quantique n'autorisait pas l'existence des trajectoires de particules clairement visibles par tout le monde dans une chambre de Wilson. Le problème semblait insurmontable. Mais il devait être possible, et Heisenberg en était convaincu, d'établir un lien entre ce qui était observé dans la chambre de Wilson et la théorie des quanta « si difficile que cela puisse paraître [29] ».

Un soir qu'il travaillait tard dans la solitude de son petit appartement sous les combles de l'institut, Heisenberg laissa vagabonder ses pensées en réfléchissant à l'énigme des trajectoires d'électrons dans la chambre de Wilson, trajectoires dont la mécanique matricielle disait qu'elles ne devraient pas exister. Tout à coup lui revint un écho de la conversation chez Einstein à Berlin : « C'est la théorie qui décide ce que nous pouvons observer [30]. » Persuadé qu'il tenait là une piste, Heisenberg avait besoin de s'éclaircir les idées pour réfléchir. Bien qu'il soit minuit passé depuis longtemps, il décida d'aller se promener dans le Faelled Park voisin.

Sentant à peine le froid, il commença à se concentrer sur la nature précise de la trace laissée par l'électron dans une chambre de Wilson. « Nous avions toujours dit ô combien spécieusement on pouvait observer la trajectoire de l'électron dans la chambre de Wilson [31], écrivit-il plus tard. Mais ce que nous observions réellement était peut-être beaucoup moins que cela. Peut-être avions-nous simplement vu une série de taches discrètes et mal définies à travers lesquelles l'électron avait passé. En fait, nous ne voyons dans une chambre de Wilson que des gouttelettes d'eau individuelles qui doivent certainement être beaucoup plus grosses que l'électron [32]. » Heisenberg pensa qu'il n'y avait pas de trajectoire continue, ininterrompue. Bohr et lui-même n'avaient pas posé les bonnes questions. Celle à laquelle il fallait répondre était : « La mécanique quantique peut-elle représenter le fait qu'un électron se trouve approximativement en un endroit donné et qu'il se déplace approximativement avec une vélocité donnée ? »

Heisenberg regagna en hâte l'institut et commença à manipuler les équations qu'il connaissait si bien. La mécanique quantique imposait apparemment des restrictions sur ce qui pouvait être connu et observé. Mais comment la théorie décidait-elle de ce qui peut et de ce qui ne peut pas être observé ? La réponse était le principe d'incertitude.

Heisenberg avait découvert que la mécanique quantique interdit, à un instant donné, la détermination précise simultanée de la position et de la quantité de mouvement d'une particule. Il est possible de mesurer exactement soit où se trouve un électron soit à quelle vitesse il se déplace, mais pas les deux à la fois. C'était le prix exigé par la Nature pour connaître exactement l'une de ces valeurs. Plus l'une était connue avec précision, moins l'autre pouvait l'être. Heisenberg savait que, s'il avait raison, cela signifiait qu'aucune expérience effectuée à l'intérieur du royaume atomique du quantum ne réussirait à transgresser les limites imposées par le principe d'incertitude. Il était bien sûr impossible de « prouver » pareille affirmation, mais Heisenberg était certain qu'il devait en être ainsi, puisque tous les processus impliqués dans pareille expérience, quelle qu'elle soit, « devaient nécessairement satisfaire aux lois de la mécanique quantique[33] ».

Les jours suivants, il testa le principe d'incertitude, ou, comme il préférait l'appeler, le principe d'indétermination. Dans le laboratoire de son esprit, il effectua une série d'« expériences de pensée » imaginaires où il serait possible de mesurer simultanément la quantité de mouvement et la position avec une précision que ce principe disait impossible. Lorsque au fil des calculs il s'avéra que les limites fixées par le principe d'incertitude n'avaient pas été transgressées, une expérience en particulier prouva à Heisenberg qu'il avait réussi à démontrer que : « C'est la théorie qui décide de ce que nous pouvons et ne pouvons pas observer. »

Heisenberg avait déjà discuté avec un ami des difficultés impliquées par le concept des orbites d'électrons. Son ami soutenait qu'il devrait être en principe possible de construire un microscope permettant d'observer les trajectoires des électrons à l'intérieur de l'atome. Toutefois, pareille expérience était à présent hors de question, car, d'après Heisenberg, « pas même le meilleur microscope du monde ne pourrait franchir les limites fixées par le principe d'incertitude[34] ». Il ne lui restait plus qu'à le prouver en essayant de déterminer la position exacte d'un électron en mouvement.

« Voir » un électron exigeait un microscope d'un genre particulier. Les microscopes ordinaires utilisent la lumière visible pour éclairer un objet, puis effectuent la mise au point sur le faisceau réfléchi pour obtenir une image. Les longueurs d'onde de la lumière visible sont beaucoup plus grandes que l'électron et on ne pouvait donc pas s'en servir pour déterminer sa position exacte – les ondes lumineuses déferleraient par-dessus lui comme des vagues par-dessus un galet. Il fallait donc un microscope utilisant les rayons gamma, « lumière » de longueur d'onde extrêmement courte et de fréquence très élevée, pour repérer exactement sa position. En 1923, Arthur Compton avait étudié les collisions de rayons X avec des électrons et en avait tiré la preuve concluante de l'existence des quanta de lumière annoncés par Einstein. Heisenberg imagina que, comme dans une collision entre deux boules de billard, lorsqu'un photon de rayon gamma percute l'électron, il est dévié et renvoyé dans le microscope tandis que l'électron recule sous le choc.

Toutefois, l'impact du photon gamma provoque une poussée discontinue plutôt qu'une transition sans heurt dans la quantité de mouvement de l'électron. Puisque la quantité de mouvement que possède un objet est égale à sa masse multipliée par sa vélocité, tout changement affectant sa vélocité induit un changement correspondant dans sa quantité de mouvement [35]. Lorsque le photon gamma percute l'électron, il en modifie brutalement la vélocité. Le seul moyen de minimiser le changement discontinu affectant la quantité de mouvement de l'électron est de réduire l'énergie du photon et d'atténuer ainsi l'impact de la collision. Pour ce faire, il convient d'utiliser une lumière de plus grande longueur d'onde et de moindre fréquence. Or ce changement de longueur d'onde ne permet plus de déterminer la position exacte de l'électron. Plus la position de l'électron est déterminée avec précision, plus sa quantité de mouvement devient incertaine, indéterminée et imprécise – et vice versa [36].

Heisenberg démontra que si Δp et Δq (où Δ est la lettre grecque delta majuscule) sont l'« imprécision » ou l'« incertitude » avec lesquelles sont connues la quantité de mouvement *p* et la position *q*, alors Δp multiplié par Δq est toujours supérieur ou égal à $h/2\pi$, ce qu'on peut écrire $\Delta p \Delta q \geq h/2\pi$, où *h* est la constante de Planck [37].

Telle était la forme mathématique du principe d'incertitude ou de l'« imprécision dans la connaissance des mesures simultanées » de la position et de la quantité de mouvement. Heisenberg découvrit également une « relation d'incertitude » impliquant un autre couple de ce qu'on appelle des variables conjuguées, l'énergie et le temps. Si ΔE et Δt sont les incertitudes avec lesquelles on peut déterminer l'énergie E d'un système et le moment où E est observé, alors $\Delta E \Delta t \geq h/2\pi$.

Au début, certains pensèrent que le principe d'incertitude était simplement le résultat des carences technologiques des dispositifs de mesure utilisés dans une expérience. Si on pouvait améliorer le matériel, croyaient-ils, alors l'incertitude disparaîtrait. Ce malentendu naquit de la manière dont Heisenberg essaya d'extraire la signification du principe d'incertitude – par le recours à des *Gedankenexperimente*, expériences imaginaires utilisant un matériel parfait dans des conditions idéales. Or, affirmait Heisenberg, l'incertitude était simplement un trait intrinsèque de la réalité. Il ne serait jamais possible de faire reculer les limites fixées par la valeur de la constante de Planck et imposées par les relations d'incertitude quant à la précision de ce qui est observable dans l'univers atomique. Plutôt que d'« incertain » ou d'« indéterminé », il aurait peut-être été plus correct de parler d'« inconnaissable » à propos de cette remarquable découverte.

Heisenberg pensait que c'était l'action même de mesurer la position de l'électron qui rendait impossible la détermination précise et simultanée de sa quantité de mouvement. Pour lui, la raison était simple : l'électron est perturbé d'une manière imprévisible lorsqu'il est heurté par le photon utilisé pour « le voir » afin de déterminer sa position. C'était cette perturbation inévitable pendant l'action de mesurer que Heisenberg identifiait comme l'origine de l'incertitude[38].

Il estimait que cette explication était appuyée par l'équation fondamentale de la mécanique quantique : $pq - qp = -ih/2\pi$, où *p* et *q* sont la quantité de mouvement et la position d'une particule. C'était l'incertitude inhérente à la nature qui était derrière la non-commutativité – le fait que *p* multiplié par *q* n'est pas égal à *q* multiplié par *p*. Si une expérience visant à localiser un électron était suivie d'une autre destinée à mesurer sa vélocité (et donc sa quantité de mouvement *p*), elles donneraient deux valeurs précises. Multiplier les deux valeurs l'une par l'autre donne un résultat A. Toutefois, répéter les expériences dans l'ordre inverse – mesurer d'abord la vélocité, ensuite la position – conduirait à un résultat totalement différent, B. Dans chaque cas, la première mesure a causé une perturbation qui a affecté le résultat de la seconde. S'il n'y avait pas eu de perturbation – différente dans chaque expérience –, alors $p \times q$ serait la même chose que $q \times p$. Et comme $pq - qp$ serait alors égal à zéro, il n'y aurait pas d'incertitude et pas d'univers quantique.

Heisenberg était enchanté de constater que les pièces du puzzle coïncidaient exactement. Sa version de la mécanique quantique était construite à partir de matrices représentant des observables, telles que la position et la quantité de mouvement, qui ne sont pas commutables. Depuis qu'il avait découvert l'étrange règle qui faisait de l'ordre dans lequel deux tableaux de nombres étaient multipliés une composante essentielle du cadre mathématique de sa nouvelle mécanique, la raison physique de cet état de choses était restée enveloppée de mystère. Il avait maintenant levé le voile. C'était, d'après Heisenberg, « seulement l'incertitude spécifiée par $\Delta p \Delta q \geq h/2\pi$ » qui « ménage un espace pour la validité des relations[39] » dans $pq - qp = -ih/2\pi$. C'était l'incertitude, affirmait-il, qui

« rend cette équation possible sans exiger que soit modifiée la signification physique des grandeurs *p* et *q*[40] ».

Le principe d'incertitude avait révélé une différence fondamentale profonde entre la mécanique quantique et la mécanique classique. En physique classique, la position comme la quantité de mouvement d'un objet peuvent, en principe, être simultanément déterminées avec toute la précision voulue. Si la position et la vélocité étaient connues avec précision à tout moment donné, alors la trajectoire d'un objet – passée, présente et future – pourrait être cartographiée exactement elle aussi. Ces concepts de la physique de tous les jours, établis depuis longtemps, « peuvent aussi être définis avec exactitude pour les processus atomiques[41] », disait Heisenberg. Toutefois, les limitations de ces concepts sont mises à nu lorsqu'on tente de mesurer simultanément un couple de variables conjuguées : la position et la quantité de mouvement, ou l'énergie et le temps.

Pour Heisenberg, le principe d'incertitude était la passerelle entre l'observation des trajectoires apparentes d'électrons dans une chambre de Wilson et les mathématiques de la mécanique quantique. En construisant ce pont entre la théorie et l'expérience, il supposa que « seules peuvent se présenter dans la nature des situations expérimentales qui peuvent s'exprimer dans le formalisme mathématique[42] » de la mécanique quantique. Il était convaincu que, si la mécanique quantique disait qu'une chose ne pouvait se produire, alors elle ne se produisait pas. « L'interprétation physique de la mécanique quantique, écrivit Heisenberg dans son mémoire sur le principe d'incertitude, est encore pleine de distorsions internes qui se manifestent dans les querelles sur la continuité contre la discontinuité et sur les particules contre les ondes[43]. »

C'était une situation regrettable, et elle s'était créée à cause de concepts qui étaient le fondement de la physique classique depuis le jour où Newton « n'accorda la nature qu'approximativement[44] » au niveau atomique. Heisenberg croyait qu'avec une analyse plus précise de concepts tels que la position, la quantité de mouvement, la vélocité et la trajectoire d'un électron ou d'un atome il serait peut-être possible d'éliminer « les contradictions jusqu'ici évidentes dans les interprétations physiques de la mécanique quantique[45] ».

Qu'entend-on par « position » dans l'univers quantique ? demanda Heisenberg. Ni plus, ni moins, répondit-il, que le résultat d'une expérience spécifiquement conçue pour mesurer, disons, la « position de l'électron » dans l'espace à un moment donné, « autrement, ce terme n'a pas de sens[46] ». Pour lui, il n'existe carrément pas d'électron avec une position bien définie ou une quantité de mouvement bien définie en l'absence d'une expérience destinée à mesurer sa position ou sa quantité de mouvement. La mesure de la position d'un électron crée un électron-avec-position, tandis que la mesure de sa quantité de mouvement crée un électron-avec-quantité-de-mouvement. L'idée même d'un électron doté d'une « position » ou d'une « quantité de mouvement » définis n'a aucun sens préalablement à l'expérience qui la mesurerait. Heisenberg avait adopté une démarche de définition des concepts au travers de leur mesure qui remontait à Ernst Mach et à ce que les philosophes appelaient l'opérationalisme. Mais c'était plus qu'une redéfinition d'anciens concepts.

Gardant fermement à l'esprit la trace laissée par un électron traversant une chambre de Wilson, Heisenberg examina le concept de la « trajectoire de l'électron ». Une trajectoire est une série ininterrompue, continue de positions occupées par l'électron en mouvement dans l'espace et dans le temps. Selon les nouveaux critères de Heisenberg, observer cette trajectoire expérimentalement implique de mesurer la position de l'électron à chaque point successif de sa trajectoire. Or percuter l'électron avec un photon gamma pour mesurer sa position perturbe sa vitesse et sa trajectoire future ne peut donc pas être prédite avec certitude. Dans le cas d'un électron atomique « gravitant » autour d'un noyau, un photon de rayon gamma possède assez d'énergie pour l'éjecter hors de l'atome et un seul point de sa prétendue « orbite » est mesuré et donc connu. Puisque le principe d'incertitude interdit une mesure exacte simultanée de la position et de la vélocité qui définissent la trajectoire d'un électron ou son orbite à l'intérieur d'un atome, il n'y a carrément ni trajectoire ni orbite. La seule chose qui soit connue ou définie avec certitude, dit Heisenberg, est un point unique sur la trajectoire et, « par conséquent, le terme "trajectoire" n'a ici pas de sens définissable [47] ». C'est la mesure qui définit ce qui est mesuré.

Il n'y a pas moyen de savoir, affirmait Heisenberg, ce qui se passe entre deux mesures consécutives : « Il est évidemment tentant de dire que l'électron a dû se trouver quelque part entre les deux observations, et donc qu'il a décrit une sorte de trajectoire ou d'orbite même s'il risque d'être impossible de savoir laquelle [48]. » C'est peut-être tentant, mais, pour Heisenberg, la notion classique de la trajectoire d'un électron comme cheminement continu dans l'espace n'est pas justifiée. Une trajectoire d'électron observée dans une chambre de Wilson « ressemble » à une trajectoire, mais elle n'est rien de plus qu'une série de gouttelettes d'eau abandonnées dans son sillage.

Heisenberg essayait désespérément de comprendre le type de questions auxquelles il était possible de répondre par voie expérimentale après sa découverte du principe d'incertitude. Un dogme fondamental tacitement accepté de la physique classique était qu'un objet en mouvement possédait à la fois une localisation précise dans l'espace à un instant donné et une quantité de mouvement précise indépendamment de toute mesure. À partir du fait qu'on ne peut mesurer à la fois la position et la quantité de mouvement d'un électron avec une précision absolue au même instant, Heisenberg affirmait que l'électron ne possède pas simultanément de valeurs précises pour sa « position » et sa « quantité de mouvement ». Parler comme s'il en possédait ou comme s'il avait une « trajectoire » n'a pas de sens. Il ne sert à rien de spéculer sur la nature de la réalité qui se trouverait au-delà du domaine des observations expérimentales.

Des années plus tard, Heisenberg souligna à maintes reprises que le moment où il se rappela sa conversation avec Einstein à Berlin fut le tournant crucial de son cheminement vers le principe d'incertitude. Or, tandis qu'il avançait sur cette route de la découverte qui se termina dans les profondeurs d'une nuit d'hiver à Copenhague, d'autres avaient fait une partie du chemin avec lui. Son compagnon de route le plus estimé et le plus influent ne fut pas Bohr, mais Wolfgang Pauli.

Tandis que Schrödinger, Bohr et Heisenberg discutaient ferme à Copenhague en octobre 1926, à Hambourg, Pauli examinait tranquillement la collision de deux électrons. Aidé par l'interprétation probabiliste de Born, il découvrit ce qu'il décrivit dans une lettre à Heisenberg comme un « point sombre ». Pauli avait trouvé que, lorsque des électrons entrent en collision, leurs quantités de mouvement respectives « doivent être considérées comme contrôlées » et leurs positions comme « incontrôlées [49] ». Un changement probable affectant la quantité de mouvement était accompagné d'un changement de position simultané mais non déterminable. Pauli avait découvert qu'on ne pouvait pas « poser simultanément la question [50] » de la quantité de mouvement *p* et de la position *q*. « On peut voir le monde avec l'œil p et on peut le voir avec l'œil q, soulignait-il, mais si on ouvre les deux yeux à la fois, on s'égare [51]. »

Le 23 février 1927, Heisenberg écrivit à Pauli une lettre de quatorze pages résumant ses travaux sur le principe d'incertitude. Heisenberg comptait par-dessus tout sur le jugement critique du « Courroux de Dieu » viennois. « Le jour se lève sur la théorie des quanta [52] », répondit Pauli. Tous les doutes qui pouvaient subsister se dissipèrent et, le 9 mars, Heisenberg transforma le contenu de sa lettre en un article prêt à être publié. C'est alors seulement qu'il écrivit à Bohr en Norvège : « Je crois avoir réussi à traiter le cas où aussi bien [la quantité de mouvement] p que [la position] q sont donnés avec une certaine précision [...], j'ai rédigé un projet d'article sur ces problèmes, que j'ai envoyé hier à Pauli [53]. »

Heisenberg choisit de ne communiquer à Bohr ni une copie de l'article ni des détails de ce qu'il avait fait – c'est dire à quel point la tension était montée entre eux. « Je voulais avoir la réaction de Pauli avant le retour de Bohr, parce que, encore une fois, j'avais l'impression que, lorsque Bohr rentrerait, mon interprétation le mettrait en colère, expliqua-t-il plus tard. Je voulais donc d'abord trouver un appui et voir si [l'article] plairait à quelqu'un d'autre [54]. » Le 15 mars, cinq jours après que la lettre fut postée, Bohr était de retour à Copenhague.

Ragaillardi par un mois de ski en Norvège, Bohr régla d'abord des affaires pressantes concernant l'institut avant de lire attentivement l'article de Heisenberg. Lorsque les deux hommes se rencontrèrent pour en discuter, Heisenberg fut horrifié d'entendre Bohr dire qu'il n'était « pas tout à fait correct[55] ». Non seulement Bohr contestait l'interprétation de Heisenberg, mais il avait aussi repéré une erreur dans son analyse de l'expérience imaginaire du microscope à rayons gamma. Le fonctionnement du microscope avait déjà failli causer la perte de Heisenberg quand il était étudiant à Munich ; seule l'intervention de Sommerfeld avait sauvé son doctorat. Peu après, non sans quelque honte, Heisenberg s'était documenté sur les microscopes. Il allait découvrir qu'il lui restait encore à apprendre.

Bohr lui dit qu'il avait tort de placer l'origine de l'incertitude relative à la quantité de mouvement de l'électron dans son sursaut de recul discontinu suite à l'impact du photon gamma. Il soutenait que ce qui interdit la mesure précise de la quantité de mouvement de l'électron n'est pas la nature discontinue et incontrôlable du changement qu'il subit, mais l'impossibilité de mesurer exactement ce changement. L'effet Compton, dit Bohr, permet de déterminer ce changement dans la quantité de mouvement avec une grande exactitude tant que l'angle de déviation du photon à travers l'ouverture du microscope est déterminé avec précision. Toutefois, comme l'ouverture finie de l'objectif limite le pouvoir séparateur du microscope et donc sa capacité à localiser exactement tout objet microphysique, la position de l'électron quand le photon le percute est incertaine. Heisenberg n'avait pas tenu compte de ces détails. Et ce n'était pas tout.

Bohr soutenait qu'une interprétation ondulatoire du quantum de lumière dévié était indispensable pour analyser correctement l'expérience imaginaire. Pour Bohr, c'était la dualité onde-particule du rayonnement et de la matière qui était au cœur de l'incertitude quantique, et il associa les paquets d'ondes de Schrödinger au nouveau principe de Heisenberg. Si l'on considère l'électron comme un paquet d'ondes, il importe alors qu'il soit localisé et non étalé pour qu'il ait une position précise et bien définie. Pareil paquet se forme par la superposition et l'interférence d'un groupe d'ondes. Plus le paquet d'ondes est étroitement localisé, resserré ou confiné, plus grande est la variété des ondes nécessaires, plus étendue est la gamme des fréquences et longueurs d'onde mises en jeu. Une onde isolée possède une quantité de mouvement précise, mais c'était un fait bien établi qu'un groupe d'ondes superposées de longueurs d'onde différentes ne peuvent avoir une quantité de mouvement bien définie. De même, plus la quantité de mouvement d'un paquet d'ondes est définie avec précision, moins il a de composantes et plus il est étalé, ce qui augmente d'autant l'incertitude relative à sa position. La mesure précise simultanée de la position et de la quantité de mouvement est impossible, et Bohr démontra que les relations d'incertitude pouvaient être dérivées du modèle ondulatoire de l'électron.

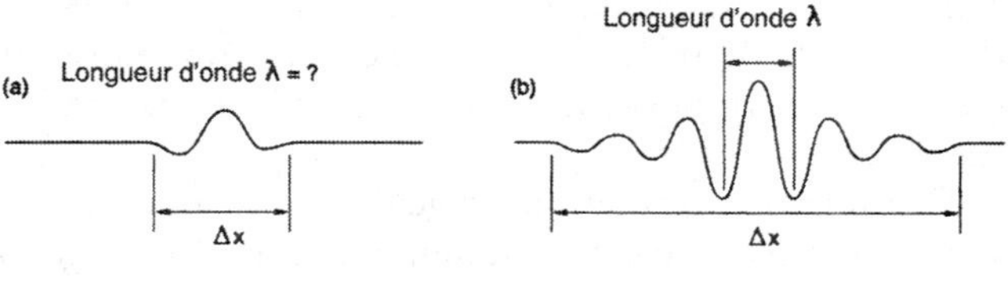

Figure 12 : (a) La position de l'onde peut-être précisément déterminée, mais pas la longueur d'onde (et donc la quantité de mouvement) ; (b) la longueur d'onde peut-être mesurée avec précision, mais pas la position, puisque l'onde est étalée.

Ce qui troublait Bohr, c'était que Heisenberg avait adopté une démarche exclusivement fondée sur les particules et la discontinuité. L'interprétation ondulatoire, estimait Bohr, ne pouvait pas être ignorée. Pour lui, le fait que Heisenberg n'ait pas intégré la dualité onde-particule était un défaut conceptuel majeur. « Je ne savais pas exactement comment répondre à l'argumentation de Bohr, se rappela Heisenberg, alors la discussion s'est terminée sur l'impression générale que Bohr avait une fois de plus démontré que mon interprétation n'était pas correcte [56]. » Heisenberg était furieux et Bohr était chagriné par la réaction inattendue de son jeune protégé.

Comme ils étaient voisins et que leurs bureaux respectifs au rez-de-chaussée de l'institut n'étaient séparés que par la cage d'escalier, Bohr et Heisenberg prirent soin de s'éviter pendant quelques jours avant de se rencontrer pour discuter de l'article sur le principe d'incertitude. Bohr escomptait que Heisenberg, ayant eu le temps de se calmer, entende enfin raison et récrive l'article en conséquence. Or il refusa de procéder à quelque changement que ce soit. « Bohr a essayé d'expliquer que ce n'était pas bien, et que je ne devrais pas publier l'article [57] », dira plus tard Heisenberg. « Je me souviens que ça s'est terminé quand j'ai fondu en larmes parce que je ne pouvais carrément pas supporter cette pression de la part de Bohr [58]. » Les enjeux étaient trop gros pour que Heisenberg puisse accepter de procéder aux modifications exigées.

Sa réputation d'enfant prodige de la physique reposait sur sa découverte de la mécanique matricielle à l'âge de vingt-quatre ans. La popularité grandissante de la mécanique ondulatoire de Schrödinger menaçait de faire ombre à cette stupéfiante prouesse, et même d'en saper les fondements. Heisenberg ne tarda pas à se plaindre du nombre croissant d'articles qui se contentaient de reformuler dans le langage de la mécanique ondulatoire des résultats d'abord obtenus en utilisant des méthodes matricielles. Bien qu'il ait lui aussi utilisé la rivale de la mécanique matricielle comme ensemble bien pratique d'outils mathématiques pour calculer le spectre de l'hélium, Heisenberg nourrissait l'espoir de claquer la porte sur l'interprétation ondulatoire de Schrödinger et sur sa prétention d'avoir restauré la continuité. Avec la découverte du principe d'incertitude et de l'interprétation, fondée sur les particules et la discontinuité, qu'il en avait faite, Heisenberg croyait avoir fermé la porte et l'avoir verrouillée. Il pleura de frustration en essayant d'empêcher Bohr de la rouvrir.

Heisenberg était convaincu que ses perspectives d'avenir étaient intimement liées à la question de savoir si c'étaient des particules ou des ondes, la discontinuité ou la continuité qui finiraient par s'imposer dans le domaine atomique. Il voulait publier le plus tôt possible et contester l'opinion de Schrödinger pour qui la mécanique matricielle était *unanschaulich* (« invisualisable »), impossible à se représenter, et donc physiquement intenable. Schrödinger détestait la discontinuité et une physique à base de particules exactement comme Heisenberg abhorrait une physique qui accueillait les ondes et la continuité. Armé du principe d'incertitude et de ce qu'il estimait être la seule interprétation correcte de la mécanique quantique, Heisenberg partit à l'attaque en reléguant Schrödinger dans une note de bas de page : « Schrödinger décrit la mécanique quantique comme une théorie formelle d'une abstraction effrayante, voire répugnante, et qu'on ne peut aucunement se représenter. On ne peut certes pas surestimer la valeur de la maîtrise mathématique (et, en l'occurrence, physique) des lois de la mécanique quantique rendue possible par la théorie de Schrödinger. Toutefois, sur le plan d'interprétation et des principes physiques, la conception populaire de la mécanique ondulatoire nous a en réalité, ce me semble, détournés précisément des voies indiquées par les articles d'Einstein et de De Broglie d'une part, et par les articles de Bohr et la mécanique quantique [= la mécanique matricielle] d'autre part[59]. »

Le 22 mars 1927, Heisenberg envoya son article, « Sur le contenu perceptuel de la cinématique et de la mécanique quantiques », au *Zeitschrift für Physik*, la revue favorite des théoriciens des quanta[60]. « Je me dispute avec Bohr, écrivit-il à Pauli deux semaines plus tard. En exagérant un aspect ou un autre, on peut discuter de pas mal de choses sans rien dire de nouveau[61]. » Heisenberg, qui croyait avoir réglé définitivement leur compte à Schrödinger et à la mécanique ondulatoire, affrontait maintenant un adversaire bien plus tenace.

Tandis qu'à Copenhague Heisenberg s'affairait à explorer les conséquences du principe d'incertitude, Bohr, sur les pistes enneigées, eut l'intuition de la complémentarité. Pour lui, ce n'était pas une simple théorie, mais le cadre conceptuel – jusqu'ici manquant – nécessaire pour décrire la nature insolite de l'univers quantique. La complémentarité, estimait Bohr, pouvait héberger la nature paradoxale de la dualité onde-particule. Les propriétés ondulatoires et corpusculaires des électrons et des photons, de la matière et du rayonnement, étaient des aspects mutuellement exclusifs mais complémentaires du même phénomène. Ondes et particules étaient les deux faces de la même pièce.

La complémentarité évitait élégamment les difficultés nées de l'obligation d'utiliser deux descriptions classiques disparates, les ondes et les particules, pour décrire un univers non classique. D'après Bohr, les particules comme les ondes étaient indispensables à une description complète de la réalité quantique. Chaque description n'est à elle seule que partiellement vraie. Les photons donnent une image de la lumière, et les ondes en donnent une autre. Elles coexistent, mais, pour éviter les contradictions, il y avait des restrictions. À un instant donné, l'observateur ne peut en voir qu'une seule à la fois. Aucune expérience ne pourrait jamais révéler une particule et une onde en même temps. Bohr affirmait que « des preuves obtenues dans des conditions différentes ne peuvent être appréhendées dans une image unique, mais doivent être considérées comme *complémentaires* au sens que seule la totalité du phénomène épuise les informations possibles sur les objets [62] ».

Bohr trouva un appui pour ses idées émergentes lorsqu'il discerna dans les relations d'incertitude $\Delta p \Delta q \geq h/2\pi$ et $\Delta E \Delta t \geq h/2\pi$ quelque chose que Heisenberg, aveuglé par son intense aversion pour les ondes et la continuité, n'avait pas vu. L'équation de Planck-Einstein $E = h\nu$ et la formule de De Broglie $p = h/\lambda$ incarnaient la dualité onde-particule. L'énergie et la quantité de mouvement sont des propriétés communément associées aux particules, tandis que la fréquence et la longueur d'onde sont l'une et l'autre des caractéristiques des ondes. Chaque équation contenait une variable corpusculaire et une variable ondulatoire. Le sens de cette combinaison de caractéristiques corpusculaires et ondulatoires dans une même équation était une énigme irritante pour Bohr. Après tout, une particule et une onde sont deux entités physiques totalement distinctes.

En corrigeant l'analyse effectuée par Heisenberg de l'expérience imaginaire du microscope, Bohr s'aperçut qu'il en était de même pour les relations d'incertitude. Cette découverte le conduisit à interpréter le principe d'incertitude comme révélateur du degré auquel deux concepts classiques complémentaires mais mutuellement exclusifs, les particules et les ondes ou la quantité de mouvement et la position, pouvaient s'appliquer simultanément sans contradiction dans l'univers quantique [63].

Les relations d'incertitude impliquaient également qu'il fallait faire un choix entre ce que Bohr appelait une description « causale » fondée sur les lois de la conservation de l'énergie et de la quantité de mouvement (E et p dans les relations d'incertitude), et une description « spatio-temporelle » dans laquelle des événements se suivent dans l'espace et le temps (q et t). Ces deux descriptions étaient mutuellement exclusives mais complémentaires, de manière à rendre compte des résultats de toutes les expériences possibles. À la grande consternation de Heisenberg, la « complémentarité » de Bohr avait réduit le principe d'incertitude à une règle particulière révélant les limites, inhérentes à la nature, imposées à toute mesure simultanée de couples complémentaires d'observables telles que la position et la quantité de mouvement, ou à l'usage simultané de deux descriptions complémentaires.

Il y avait encore une divergence d'opinion. Alors que le principe d'incertitude conduisait Heisenberg à soumettre à question l'application au domaine atomique de concepts classiques tels que « particule », « onde », « position », « quantité de mouvement » et « trajectoire », Bohr soutenait que « l'interprétation du matériau expérimental repose essentiellement sur les concepts classiques [64] ». Tandis que Heisenberg insistait sur une définition opérationnelle de ces concepts, une sorte de sens acquis *via* le procédé de mesure, Bohr affirmait que leur sens était déjà fixé par la manière dont ils étaient utilisés en physique classique. « Toute description de processus naturels, avait-il écrit en 1923, doit se fonder sur des idées qui ont été introduites et définies par la théorie classique [65]. » Quelles que soient les restrictions imposées par le principe d'incertitude, ces idées ne pouvaient être remplacées pour la simple raison que toutes les données expérimentales avec lesquelles les théories sont mises à l'épreuve, ainsi que les discussions et interprétations correspondantes, sont forcément exprimées en recourant au langage et aux concepts de la physique classique.

Puisque la physique classique n'était pas vraie au niveau atomique, suggérait Heisenberg, pourquoi devrait-on conserver ces concepts ? « Pourquoi ne dirions-nous pas carrément que nous ne pouvons utiliser ces concepts avec une très grande précision – d'où les relations d'incertitude –, et donc que nous sommes obligés d'abandonner ces concepts dans une certaine mesure [66] ? » se rappela-t-il des années plus tard en tentant d'expliquer son opinion au printemps 1927. S'agissant du quantum, « il nous faut prendre conscience que notre terminologie n'est pas adaptée ». Si les mots sont impuissants, alors la seule option raisonnable pour Heisenberg était de se réfugier dans le formalisme de la mécanique quantique. Après tout, soutenait-il, « un nouveau système mathématique n'est pas plus mal qu'autre chose, parce que ce nouveau système mathématique nous dira alors ce qu'il peut y avoir là-bas et ce qu'il peut ne pas y avoir [67] ».

Bohr n'était pas convaincu. Rassembler toutes les informations sur l'univers quantique, soulignait-il, implique d'effectuer une expérience dont les résultats sont enregistrés par des éclairs fugitifs sur un écran, ou par les tops d'un compteur Geiger, ou encore par les mouvements d'une aiguille sur le cadran d'un voltmètre ou d'un dispositif du même genre. Pareils instruments relèvent de l'univers quotidien du laboratoire de physique, mais ce sont les seuls moyens par lesquels on peut agrandir, mesurer et enregistrer un événement au niveau quantique. C'est l'interaction entre un instrument de laboratoire et un objet microphysique, une particule alpha ou un électron, qui déclenche le top d'un compteur Geiger ou fait bouger l'aiguille d'un voltmètre.

Toute interaction de ce type implique l'échange d'au moins un quantum d'énergie, avec comme conséquence, dit Bohr, « l'impossibilité de toute distinction tranchée entre le comportement d'objets atomiques et les interactions avec les instruments de mesure qui servent à définir les conditions dans lesquelles apparaissent les phénomènes[68] ». Autrement dit, il n'était plus possible de faire la séparation qui existait en physique classique entre l'observateur et l'objet observé, entre le matériel utilisé pour effectuer une mesure et ce qui était mesuré.

Bohr affirmait catégoriquement que c'était la nature spécifique de l'expérience effectuée qui révélait l'aspect soit corpusculaire soit ondulatoire d'un électron ou d'un faisceau lumineux, de la matière ou du rayonnement. Ils ne pouvaient être présents en même temps dans aucune expérience réelle ou possible. Puisque onde et particule étaient des facettes complémentaires mais mutuellement exclusives du même phénomène sous-jacent, il n'y aurait pas de situation expérimentale dans lesquelles elles entreraient en conflit l'une avec l'autre. Lorsque le matériel était réglé pour étudier les interférences lumineuses, comme dans la célèbre expérience de la double fente de Young, c'était la nature ondulatoire de la lumière qui se manifestait. S'il s'agissait d'une expérience pour étudier l'effet photoélectrique en projetant un faisceau lumineux sur une surface métallique, alors c'était la lumière comme corpuscule qui était observée. Demander si la lumière est une onde ou une particule n'a pas de sens. En mécanique quantique, dit Bohr, il n'y a pas moyen de savoir ce que la lumière « est vraiment ». Une seule question vaut la peine d'être posée : est-ce que la lumière « se comporte » comme une particule ou comme une onde ? La réponse est que certaines fois elle se comporte comme une particule, et d'autres fois comme une onde, selon l'expérience choisie.

Bohr donnait un rôle déterminant au choix de l'expérience à effectuer. Heisenberg identifiait l'action de mesurer – pour déterminer, par exemple, la position exacte d'un électron – comme l'origine de la perturbation qui excluait une mesure simultanée précise de sa quantité de mouvement. Bohr admettait qu'il y avait une perturbation. « De fait, notre description habituelle [classique] des phénomènes physiques se fonde entièrement sur l'idée que les phénomènes concernés puissent être observés sans être perturbés d'une manière appréciable [69] », dit-il lors d'une conférence donnée en septembre 1927. Cette déclaration impliquait que pareille perturbation est causée par l'action d'observer les phénomènes dans l'univers quantique. Un mois plus tard, il était plus explicite lorsque, dans un projet d'article, il écrivait « que nulle observation de phénomènes atomiques n'est possible sans qu'ils soient substantiellement perturbés [70] ». Toutefois, Bohr croyait que l'origine de la perturbation ne résidait pas dans l'action de mesurer mais dans le fait que l'expérimentateur soit obligé de choisir un aspect de la dualité onde-particule pour effectuer cette mesure. L'incertitude, affirmait-il, était le prix exigé par la nature pour faire ce choix.

À la mi-avril 1927, tandis qu'il travaillait à la formulation d'une interprétation cohérente de la mécanique quantique à l'intérieur du cadre conceptuel fourni par la complémentarité, Bohr envoya à Einstein, à l'instigation de Heisenberg lui-même, une copie de son article sur le principe d'incertitude. Dans la lettre qui l'accompagnait, Bohr écrivait que c'était une « contribution très importante à la discussion de problèmes généraux de la théorie des quanta [71] ». Son admiration encore intacte en dépit de leurs affrontements permanents et parfois passionnés, Bohr informa Einstein que « Heisenberg montre d'une manière excessivement brillante comment ses relations d'incertitude peuvent être utilisées non seulement dans le développement réel de la théorie des quanta, mais aussi pour l'évaluation de son contenu visualisable[72] ». Il donna ensuite les grandes lignes de certaines de ses propres idées émergentes, qui éclaireraient « les difficultés de la théorie des quanta [qui] sont liées aux concepts, ou plutôt aux termes qui sont utilisés dans la description habituelle de la nature, et qui ont toujours leur origine dans les théories classiques[73] ». Pour une raison inconnue, Einstein choisit néanmoins de ne pas répondre.

Si Heisenberg espérait une réaction d'Einstein, il dut être déçu en rentrant à Copenhague fin avril après avoir passé les vacances de Pâques chez lui à Munich et en randonnée dans les montagnes bavaroises. C'était une pause très nécessaire vu la pression constante à laquelle Bohr le soumettait pour qu'il adhère à son interprétation. « Et je me retrouve donc dans la bataille pour les matrices et contre les ondes, écrivit Heisenberg à Pauli le 31 mai, le jour où parut son article de vingt-sept pages. Dans l'ardeur de cette lutte, j'ai souvent critiqué trop vivement les objections émises par Bohr à l'encontre de mes travaux et, sans m'en rendre compte et sans en avoir eu l'intention, je l'ai ainsi blessé personnellement. Quand je réfléchis maintenant à ces discussions, je peux très bien comprendre qu'elles aient mis Bohr en colère[74]. » La raison de pareille contrition était que, deux semaines auparavant, il avait finalement avoué à Pauli que Bohr avait raison. La diffusion des rayons gamma dans l'ouverture du microscope hypothétique était la base de la relation d'incertitude pour la quantité de mouvement et la position. « Ainsi la relation $\Delta p \Delta q \approx h$ apparaît certes naturellement, mais pas tout à fait comme je l'aurais pensé[75]. » Heisenberg admettait ensuite que « certains points » étaient plus faciles à traiter en se servant de la description ondulatoire de Schrödinger, mais il demeurait fermement convaincu qu'en physique quantique « seules les discontinuités sont intéressantes » et qu'on ne pouvait jamais trop insister dessus. Il avait encore le temps de retirer son article, mais ce serait aller trop loin. « Tous les résultats donnés dans l'article sont corrects après tout, dit-il à Pauli, et je suis aussi d'accord avec Bohr en ce qui les concerne [76]. »

En guise de compromis, Heisenberg ajouta un post-scriptum aux épreuves. « Après la conclusion de l'article ci-dessus, commençait-il, des investigations plus récentes de Bohr ont conduit à un point de vue permettant un approfondissement et un affinement essentiels de l'analyse des corrélations en mécanique quantique esquissées dans ce travail [77]. » Heisenberg reconnaissait ici que Bohr avait attiré son attention sur des points essentiels qu'il avait négligés – que l'incertitude était une conséquence de la dualité onde-particule. Il concluait en remerciant Bohr, et avec la publication de l'article, des mois de querelles et de « lourds malentendus personnels [78] » furent fermement mis entre parenthèses, même s'ils n'étaient pas complètement oubliés. Quelles qu'aient pu être leurs différences, comme dirait plus tard Heisenberg, « tout ce qui comptait maintenant, c'était de présenter les faits de telle manière qu'ils puissent, malgré leur nouveauté, être appréhendés et acceptés par tous les physiciens [79] ».

« J'ai vraiment honte d'avoir donné l'impression d'avoir été tout à fait ingrat [80] », écrivit Heisenberg à Bohr à la mi-juin, peu après que Pauli fut passé à Copenhague. Deux mois plus tard, toujours en proie au remords, il expliqua à Bohr qu'il réfléchissait « presque chaque jour à manière dont les choses se sont produites et je suis confus de n'avoir rien fait pour qu'il en soit autrement [81] ». Son avenir professionnel était le facteur déterminant de sa hâte de publier. Lorsqu'il avait refusé le poste de professeur à Leipzig pour aller à Copenhague,

Heisenberg était persuadé que, s'il continuait à produire de « bons articles [82] », les universités le solliciteraient. Après la publication du mémoire sur les relations d'incertitude, les propositions commencèrent d'arriver. Craignant que Bohr ne se méprenne sur ses intentions, Heisenberg s'empressa de lui expliquer qu'il n'avait pas encouragé d'admirateurs potentiels à cause de leur récente querelle sur le principe d'incertitude. Heisenberg, qui n'avait pas encore vingt-six ans, devint le plus jeune professeur titulaire des universités allemandes quand il accepta une nouvelle proposition de l'université de Leipzig. Il quitta Copenhague fin juin. La vie à l'institut avait déjà retrouvé son cours normal et Bohr continuait de dicter avec une douloureuse lenteur son article sur la complémentarité et ses implications pour l'interprétation de la mécanique quantique.

Il y travaillait avec acharnement depuis avril, et Oskar Klein, un Suédois de trente-deux ans attaché à l'institut, fut la personne vers qui Bohr se tourna pour chercher de l'aide. Tandis que la polémique sur l'incertitude et la complémentarité faisait rage, Hendrik Kramers, l'ancien assistant de Bohr, avertit Klein : « Ne vous impliquez pas dans ce conflit, nous sommes tous les deux trop gentils et trop doux pour participer à ce genre d'affrontement [83]. » Lorsque Heisenberg apprit que Bohr, aidé par Klein, rédigeait un article sur la base « de l'existence des ondes et des particules », il écrivit sur un ton plutôt méprisant à Pauli : « Quand on commence comme ça, alors, bien sûr, on peut rendre tout cohérent [84]. »

Les brouillons se succédaient, et le titre initial, « Les fondements philosophiques de la théorie des quanta » devint « Le postulat quantique et le développement récent de la théorie atomique ». Bohr batailla pour terminer l'article afin de pouvoir le présenter lors d'un congrès de physique qui aurait lieu sous peu, mais ce fut encore une version provisoire. Pour l'instant, il lui faudrait s'en contenter.

Le congrès international de physique de Côme, du 11 au 20 septembre 1927, célébrait le centenaire de la mort du physicien italien Alessandro Volta, inventeur de la pile électrique. Tandis que le congrès battait son plein, Bohr continua de rédiger et de corriger ses notes jusqu'au jour prévu pour sa conférence, le 16 septembre. À l'Istituto Carducci, dans le public impatient d'entendre ce qu'il avait à dire, se trouvaient Born, de Broglie, Compton, Franck, Heisenberg, von Laue, Lorentz, Kramers, Pauli, Planck et Sommerfeld.

Certains membres du public eurent du mal à saisir tous les mots énoncés d'une voix douce par Bohr qui donnait pour la première fois les grandes lignes de son nouveau cadre conceptuel de la complémentarité, suivies d'une présentation du principe d'incertitude de Heisenberg et du rôle de la mesure dans la théorie des quanta. Bohr enchaîna tous ces éléments, y compris l'interprétation probabiliste donnée par Max Born de la fonction d'onde de Schrödinger, de façon à ce qu'ils constituent les bases d'une nouvelle compréhension physique de la mécanique quantique. Les physiciens appelleraient plus tard cette fusion d'idées « l'interprétation de Copenhague ».

Cette conférence était pour Bohr la culmination de ce que Heisenberg décrivit plus tard comme « une étude intensive de toutes les questions concernant l'interprétation de la théorie des quanta à Copenhague [85] ». Au début, même le jeune magicien du quantum était troublé par les réponses du Danois. « Je me souviens de discussions avec Bohr qui se prolongeaient jusqu'au milieu de la nuit et se terminaient presque dans le désespoir, et quand je suis allé me promener seul dans le parc voisin, je n'ai cessé de me répéter la question : La nature peut-elle vraiment être aussi absurde qu'elle nous le semblait dans ces expériences atomiques [86] ? » La réponse de Bohr était un oui sans équivoque. Le rôle central donné à la mesure et à l'observation viciait toutes les tentatives pour découvrir des récurrences dans la nature ou des connexions causales.

Ce fut Heisenberg qui, dans son mémoire sur le principe d'incertitude, préconisa le premier noir sur blanc le rejet d'un des dogmes centraux de la science. « Mais ce qui est faux dans la formulation sèche de la loi de causalité, “Si nous connaissons le présent avec précision, nous pouvons prédire le futur”, n'est pas la conclusion, mais l'hypothèse de base. Même en principe, nous ne pouvons connaître le présent dans tous ses détails [87]. » Ne pas connaître la position et la vélocité initiales exactes d'un électron, par exemple, n'autorise simplement que des probabilités d'une « plénitude de possibilités [88] » de positions et de vélocités futures à calculer. Par conséquent, il est impossible de prédire le résultat exact de la moindre observation ou mesure d'un processus atomique. Seule la probabilité d'un résultat donné parmi un éventail de possibilités peut être prédite avec précision.

L'Univers classique édifié sur les bases posées par Newton était un cosmos mécanique et déterministe. Même après la reconfiguration relativiste d'Einstein, si la position exacte d'un objet – particule ou planète – est connue à un moment donné, alors, en principe, sa position et sa vélocité peuvent être complètement déterminées pour toujours. Dans l'Univers quantique, il n'y avait pas de place pour le déterminisme de l'Univers classique, où tous les phénomènes peuvent se décrire comme le déroulement causal d'événements dans l'espace et dans le temps. « Puisque toutes les expériences sont soumises aux lois de la mécanique quantique, et donc à l'équation $\Delta p \Delta q \approx h$, affirmait audacieusement Heisenberg dans le dernier paragraphe de son article, il s'ensuit que la mécanique quantique établit l'échec final de la causalité [89]. » Tout espoir de la restaurer était aussi « stérile et absurde » que toute croyance prolongée en un univers « réel » caché derrière ce que Heisenberg appelait « l'univers statistique perçu [90] ». C'était une opinion partagée par Bohr, Pauli et Born.

À Côme, deux physiciens brillaient par leur absence. Schrödinger était depuis quelques semaines seulement à Berlin, où il succédait à Planck, et il était très pris par son installation. Einstein avait refusé de fouler le sol de l'Italie fasciste. Bohr devrait attendre un mois seulement avant qu'ils se rencontrent à Bruxelles.

III

LES TITANS S'AFFRONTENT AUTOUR DE LA RÉALITÉ

« Il n'y a pas d'univers quantique. Il n'y a qu'une description mécanique quantique abstraite. »

Niels BOHR

« Je crois encore en la possibilité d'un modèle de la réalité – c'est-à-dire, d'une théorie qui représente les choses elles-mêmes et pas simplement la probabilité qu'elles se produisent. »

Albert EINSTEIN

CHAPITRE 11

Solvay 1927

« Maintenant, je peux écrire à Einstein [1] », nota Hendrik Lorentz le 2 avril 1926. Au début de ce même jour, ce doyen de la physique avait été reçu en audience privée par le roi des Belges. Lorentz avait sollicité et obtenu l'approbation royale pour l'élection d'Einstein au Comité scientifique de l'Institut international de physique créé par l'industriel Ernest Solvay. Lorentz, qu'Einstein avait décrit un jour comme « une merveille d'intelligence, un homme d'un tact exquis », avait également obtenu du souverain la permission d'inviter des physiciens allemands au cinquième congrès Solvay prévu pour le mois d'octobre [2].

« Sa Majesté a exprimé l'opinion que, sept ans après la guerre, les sentiments qu'ils ont suscités devraient être progressivement étouffés, qu'une meilleure compréhension entre les peuples était absolument nécessaire pour l'avenir, et que la science pourrait y contribuer [3] », rapporta Lorentz. Conscient que la brutale violation par l'Allemagne de la neutralité belge en 1914 était encore dans toutes les mémoires, le roi estimait « nécessaire de souligner que, compte tenu de tout ce que les Allemands avaient fait pour la physique, il serait très difficile de les ignorer [4] ». Or ils étaient ignorés et tenus à l'écart par la communauté scientifique internationale depuis la fin de la guerre.

« Le seul Allemand invité est Einstein, à qui on a donné, pour l'occasion, un statut international [5] », confia Rutherford à un collègue avant le troisième congrès Solvay en avril 1921. Einstein décida de ne pas y assister puisque les Allemands en étaient exclus, et, à la place, partit pour une tournée de conférences en Amérique afin de lever des fonds pour la création de l'université hébraïque de Jérusalem. Deux ans plus tard, il annonça qu'il déclinerait toute invitation au quatrième congrès Solvay à cause de l'interdiction renouvelée de la participation allemande. « À mon avis, écrivit-il à Lorentz, il n'est pas juste de faire intervenir la politique dans les affaires scientifiques, et les individus ne devraient pas être responsables [des actes] du gouvernement de la nation à laquelle ils se trouvent appartenir [6]. »

Incapable d'assister au congrès 1921 pour cause d'ennuis de santé, Bohr déclina lui aussi une invitation à « Solvay 1924 ». Il craignait que sa participation ne soit interprétée par certains comme une approbation tacite de la politique d'exclusion des Allemands. Quand Lorentz devint président de la Commission de la coopération intellectuelle de la Société des Nations en 1925, il ne croyait guère que l'interdiction prohibant la participation des scientifiques allemands aux congrès internationaux soit levée dans un avenir proche [7]. Puis, contre toute attente, en octobre de la même année, la porte qui leur faisait obstacle fut déverrouillée, même si elle n'était pas encore ouverte.

Dans un élégant *palazzo* de la petite station de Locarno, à l'extrémité nord du lac Majeur, des traités furent ratifiés dont beaucoup espéraient qu'ils garantiraient la paix future de l'Europe. Locarno était l'endroit le plus ensoleillé de Suisse et le cadre qui convenait à pareil optimisme [8]. Il avait fallu des mois d'intenses négociations diplomatiques pour organiser cette réunion afin que les émissaires de l'Allemagne, de la France et de la Belgique puissent régler les uns avec les autres la stabilisation de leurs frontières après la guerre. Les traités de Locarno ouvrirent la voie à l'acceptation de l'Allemagne dans la Société des Nations en septembre 1926, et sa qualité de membre mit un terme à l'exclusion de ses scientifiques de la scène internationale. Lorsque le roi des Belges donna son consentement, avant les manœuvres finales sur l'échiquier diplomatique, Lorentz écrivit à Einstein pour lui demander d'assister au cinquième congrès Solvay et d'accepter son élection au comité responsable de son organisation. Einstein donna son accord et, dans les mois qui suivirent, les participants furent sélectionnés, le programme fut fixé et les précieuses invitations furent envoyées.

Les invités se répartissaient en trois groupes. Les premiers étaient les membres du Comité scientifique : Hendrik Lorentz (président), Martin Knudsen (secrétaire), Marie Curie, Charles-Eugène Guye, Paul Langevin, Owen Richardson et Albert Einstein [9]. Le deuxième groupe était composé d'un secrétaire scientifique, d'un représentant de la famille Solvay et de trois professeurs de l'Université libre de Bruxelles invités par courtoisie. Le physicien américain Irving Langmuir, qui devait se trouver en Europe à la date du congrès, serait présent en tant qu'invité du Comité.

Les invitations précisaient que « le congrès sera consacré à la nouvelle mécanique quantique et aux questions qui s'y rapportent [10] ». Ce qui se reflétait dans la composition du troisième groupe : Niels Bohr, William L. Bragg, Léon Brillouin, Arthur H. Compton, Louis de Broglie, Pieter Debye, Paul Dirac, Paul Ehrenfest, Ralph Fowler, Werner Heisenberg, Hendrik Kramers, Wolfgang Pauli, Max Planck, Erwin Schrödinger et C.T.R. Wilson.

Les grands maîtres de la théorie des quanta et les jeunes-turcs de la mécanique quantique viendraient donc tous à Bruxelles. Arnold Sommerfeld et Pascual Jordan étaient les plus célèbres des exclus de ce qui ressemblait à l'équivalent chez les physiciens d'un concile théologique réuni pour régler un problème de doctrine controversé. Cinq rapports seraient présentés pendant le congrès : celui de William L. Bragg sur l'intensité de la réflexion des rayons X, celui d'Arthur Compton sur les désaccords entre l'expérience et la théorie électrodynamique du rayonnement, celui de Louis de Broglie sur la nouvelle dynamique quantique, celui de Max Born et de Werner Heisenberg sur la mécanique quantique et celui d'Erwin Schrödinger sur la mécanique ondulatoire. Les deux dernières séances du congrès seraient consacrées à une discussion générale sur tous les sujets touchant à la mécanique quantique.

Deux noms manquaient au programme. Einstein avait été sollicité, mais décida qu'il « n'était pas assez compétent » pour présenter un rapport. « La raison en est, dit-il à Lorentz, que je n'ai pu participer au développement moderne de la théorie des quanta avec l'intensité qui serait nécessaire à cette fin. C'est d'abord parce que j'ai en général trop peu de capacité réceptrices pour suivre pleinement ces orageux développements, ensuite parce que je n'approuve pas la manière de penser purement statistique sur laquelle se fonde cette nouvelle théorie [11]. » Ce ne fut pas une décision facile, puisque Einstein aurait voulu « apporter une contribution d'une certaine valeur à Bruxelles », mais il avoua qu'il avait « maintenant abandonné cet espoir [12] ».

En fait, Einstein avait surveillé de près les « orageux développements » de la nouvelle physique, avait indirectement stimulé et encouragé les travaux de De Broglie et de Schrödinger. Toutefois, dès le début, il avait douté que la mécanique quantique soit une description cohérente et complexe de la réalité. Le nom de Bohr manquait lui aussi à l'appel. Lui non plus n'avait pas directement joué un rôle dans l'élaboration théorique de la mécanique quantique, mais il avait exercé son influence au travers de discussions avec des gens comme Heisenberg, Pauli et Dirac, qui avaient joué ce rôle.

Tous les scientifiques invités au cinquième congrès Solvay sur les « Électrons et photons » savaient qu'il était conçu pour traiter les problèmes les plus pressants du jour, qui relevaient plus de la philosophie que de la physique : la signification de la mécanique quantique. Qu'est-ce que cette nouvelle physique révélait de la réalité ? Bohr croyait avoir trouvé la réponse. Pour beaucoup, il était arrivé à Bruxelles en tant que roi du quantum, mais Einstein était le pape de la physique. Bohr était impatient « d'apprendre sa réaction au tout dernier stade d'un développement qui, à notre avis, est allé loin dans l'élucidation de problèmes qu'il avait, dès le début, si ingénieusement découverts [13] ». L'opinion d'Einstein comptait beaucoup pour Bohr.

Ce fut donc avec de grandes attentes que l'élite des physiciens quantiques de la planète se rassembla sous un ciel gris et couvert, le lundi 24 octobre 1927 à l'institut de physiologie, dans le parc Léopold, pour le début de la première séance. Il avait fallu dix-huit mois pour organiser le congrès, qui avait exigé le consentement d'un souverain et la fin du statut de paria infligé à l'Allemagne.

Après quelques brèves paroles de bienvenue prononcées par Lorentz en sa qualité de président du comité scientifique et de président du congrès, la tâche d'ouvrir les débats échut à William L. Bragg, professeur de physique à l'université de Manchester. Bragg, qui avait trente-sept ans, n'en avait que vingt-cinq lorsqu'il reçut, conjointement avec son père William Henry Bragg, le prix Nobel de physique en 1915 pour avoir inauguré l'utilisation des rayons X dans l'étude de la structure des cristaux. Il était tout désigné pour rendre compte des dernières découvertes concernant les cristaux et de la manière dont ces résultats conduisaient à une meilleure compréhension de la structure atomique. Après la présentation de Bragg, Lorentz sollicita des questions et des contributions de la salle – le programme des séances ménageait suffisamment de temps après chaque rapport pour permettre une discussion approfondie. Bragg, Heisenberg, Dirac, Born, de Broglie et le grand maître hollandais Lorentz lui-même, qui mettait à profit sa maîtrise de l'anglais, de l'allemand et du français pour aider les confrères moins doués pour les langues, furent parmi les intervenants de la séance du matin, avant le déjeuner.

Au cours de la séance de l'après-midi, l'Américain Arthur Compton présenta son rapport sur l'incapacité de la théorie électromagnétique du rayonnement à expliquer l'effet photoélectrique ou l'augmentation de la longueur d'onde des rayons X quand ils sont diffusés par des électrons. Bien qu'il ait reçu une partie du prix Nobel de physique 1927 quelques semaines auparavant, une authentique modestie l'empêcha, pour désigner ce dernier phénomène, de parler de l'effet Compton, nom sous lequel il était universellement connu. Là où la grande théorie de James Clerk Maxwell, datant du XIXe siècle, avait échoué, les quanta de lumière d'Einstein, fraîchement rebaptisés « photons », réussissaient à unir expérience et théorie. Les rapports présentés par Bragg et Compton devaient faciliter la discussion des concepts théoriques. À la fin du premier jour, tous les protagonistes majeurs s'étaient exprimés, sauf un, Einstein.

Après une réception décontractée le mardi matin à l'Université libre de Bruxelles, tout le monde se retrouva l'après-midi pour entendre la communication de Louis de Broglie sur « La nouvelle dynamique des quanta ». S'exprimant en français, de Broglie commença par donner les grandes lignes de sa propre contribution, l'extension à la matière de la dualité onde-particule, et à expliquer comment Schrödinger l'avait ingénieusement développée en mécanique ondulatoire. Ensuite, il s'avança prudemment en concédant qu'il y avait beaucoup de vrai dans les idées de Born, puis suggéra une autre voie que l'interprétation probabiliste de la fonction d'onde de Schrödinger.

Dans la « théorie de l'onde pilote », comme la nomma plus tard de Broglie, un électron existe réellement à la fois comme onde et comme particule, contrairement à l'interprétation de Copenhague où un électron se comporte soit comme une particule, soit comme une onde selon le type d'expérience pratiqué. Les particules comme les ondes existent simultanément, soutint de Broglie, la particule chevauchant l'onde comme le planchiste, la vague. Les ondes conduisant ou « pilotant » les particules d'un endroit à un autre étaient physiquement réelles, contrairement aux ondes de probabilité abstraites de Born. Bohr et ses sympathisants étaient déterminés à affirmer la suprématie de l'interprétation de Copenhague et Schrödinger voulait toujours obstinément promouvoir sa conception de la mécanique ondulatoire. L'onde pilote de De Broglie fut donc contestée. Cherchant l'appui du seul homme capable d'influencer les indécis, de Broglie fut désappointé lorsque Einstein garda le silence.

Le mercredi 26 octobre, les partisans des deux versions rivales de la mécanique quantique s'adressèrent au congrès. Pendant la séance du matin, Heisenberg et Born présentèrent un rapport commun. Il était divisé en quatre sections principales : le formalisme mathématique, l'interprétation physique, le principe d'incertitude et les applications de la mécanique quantique.

Cette présentation, comme la rédaction à quatre mains du rapport, fut un duo. Born, l'homme d'expérience, se chargea de l'introduction et des sections I et II avant de passer la parole à Heisenberg. « La mécanique quantique, commençait leur communication, est fondée sur l'intuition que la différence essentielle entre la physique atomique et la physique classique est la survenance de discontinuités [14]. » Vint ensuite leur coup de chapeau métaphorique aux collègues assis à quelques mètres d'eux : ils firent remarquer que la mécanique quantique était essentiellement « une continuation directe de la théorie des quanta fondée par Planck, Einstein et Bohr [15] ».

Après une présentation de la mécanique matricielle, de la théorie de la transformation de Dirac-Jordan et de l'interprétation probabiliste, ils se tournèrent vers le principe d'incertitude et la « véritable signification de la constante de Planck, *h* [16] ». Elle n'était rien de moins, affirmaient-ils, que « la mesure universelle de l'indétermination qui entre dans les lois de la nature au travers du dualisme des ondes et des corpuscules ». Effectivement, s'il n'y avait pas de dualité onde-particule de la matière et du rayonnement, il n'y aurait pas de constante de Planck ni de mécanique quantique. En conclusion, ils énoncèrent l'opinion provocante que « nous considérons la théorie des quanta comme une théorie close, dont les hypothèses physiques et mathématiques fondamentales ne sont plus susceptibles d'être modifiées [17] ».

Cette clôture impliquait que nul développement futur ne modifierait jamais aucune des caractéristiques fondamentales de la théorie. Pareille prétention d'une complétude et d'une finalité attribuées à la mécanique quantique était plus qu'Einstein n'en pouvait tolérer. Pour lui, la mécanique quantique était certes une réussite impressionnante, mais elle n'était pas encore la vérité. Refusant de mordre à l'hameçon, Einstein ne participa pas à la discussion qui suivit la présentation du rapport. Et personne ne souleva non plus d'objections lorsque seuls Born, Dirac, Lorentz et Bohr s'exprimèrent.

Sentant confusément l'incrédulité d'Einstein devant l'audacieuse affirmation de Born-Heisenberg d'une mécanique quantique comme théorie close sur elle-même, Paul Ehrenfest griffonna quelques mots sur un papier qu'il transmit à Einstein : « Ne riez pas ! Il y a au purgatoire une section réservée aux professeurs de physique quantique théorique, où ils sont obligés d'écouter des cours de physique classique douze heures par jour [18]. » « Je ne ris que de leur naïveté, répondit Einstein. Qui sait qui aura le [dernier] mot dans quelques années ? »

Après le déjeuner, ce fut le tour de Schrödinger d'occuper le devant de la scène pour son rapport sur la mécanique ondulatoire, qu'il présenta en anglais : « Sous ce nom coexistent à présent deux théories, qui sont certes étroitement apparentées, mais non pas identiques [19]. » Il n'y avait en réalité qu'une seule théorie, mais elle était effectivement coupée en deux. Une partie concernait les ondes de l'espace ordinaire tridimensionnel du monde quotidien, tandis que l'autre exigeait un espace multidimensionnel d'une abstraction élevée. Le problème, expliqua Schrödinger, était que pour toute chose à l'exception d'un électron en mouvement, il fallait une onde existant dans un espace à plus de trois dimensions. Tandis que l'électron unique de l'atome d'hydrogène pouvait être hébergé dans l'espace tridimensionnel, l'hélium, avec ses deux électrons, avait besoin de six dimensions. Schrödinger affirmait néanmoins que cet espace multidimensionnel, appelé espace de configuration, n'était qu'un outil mathématique et qu'en dernière analyse, le processus décrit, que ce soit de nombreux électrons en collision avec le noyau d'un atome ou gravitant autour de lui, se déroulait dans l'espace et dans le temps. « En vérité, toutefois, on n'a pas encore abouti à une unification complète des deux conceptions [20] », avoua-t-il avant de les décrire chacune dans leurs grandes lignes.

Bien que les physiciens trouvent plus facile d'utiliser la mécanique ondulatoire, aucun théoricien de premier plan n'était d'accord avec l'interprétation que Schrödinger donnait de la fonction d'onde d'une particule comme représentant la répartition en nuage de ses charges et masse. Nullement découragé par la large acceptation de l'interprétation probabiliste concurrente de Born, Schrödinger insista sur la sienne et remit en question la notion de « saut quantique ».

Depuis qu'il avait reçu l'invitation de s'exprimer à Bruxelles, Schrödinger était intensément conscient du risque d'un affrontement avec les « matriciens ». La discussion commença lorsque Bohr demanda si une allusion à des « difficultés » vers la fin du rapport de Schrödinger impliquait que le résultat donné auparavant était incorrect. Schrödinger répondit aisément à la question de Bohr, mais s'aperçut que Born contestait l'exactitude d'un autre calcul. Quelque peu agacé, il répliqua qu'il était « parfaitement correct et rigoureux et que cette objection de M. Born n'est pas fondée [21] ».

Deux autres physiciens s'exprimèrent encore, puis ce fut le tour de Heisenberg : « M. Schrödinger dit à la fin de son rapport que la discussion qu'il a [ouverte] renforce l'espoir que, lorsque notre connaissance sera plus approfondie, il sera possible d'expliquer et de comprendre en trois dimensions le résultat fourni par la théorie multidimensionnelle. Je ne vois rien dans les calculs de M. Schrödinger qui puisse justifier cet espoir[22]. » Schrödinger soutint que son « espoir d'aboutir à une conception tridimensionnelle n'est pas tout à fait utopique[23] ». Quelques minutes plus tard, le débat se termina, concluant ainsi la première partie du congrès, la présentation des rapports.

Alors qu'il était déjà trop tard pour changer les dates, on s'aperçut qu'à Paris l'Académie des sciences avait choisi le jeudi 27 octobre pour commémorer le centenaire de la mort du physicien français Augustin Fresnel. On décida de suspendre le congrès Solvay pendant un jour et demi afin de permettre à ceux qui le désiraient d'assister à la cérémonie et de revenir pour le temps fort de la conférence, un débat général de grande envergure qui s'étalerait sur les deux dernières séances. Lorentz, Einstein, Bohr, Born, Pauli, Heisenberg et de Broglie furent parmi les vingt physiciens qui se déplacèrent à Paris pour honorer la mémoire d'un frère en esprit.

Au milieu d'un brouhaha discordant de voix demandant à Lorentz en allemand, en français et en anglais la permission de prendre la parole, Paul Ehrenfest se leva brusquement, s'approcha du tableau noir et écrivit : « Et là, le Seigneur confondit toutes les langues de la Terre. » Lorsqu'il regagna sa place, les rires fusèrent, car ses collègues se rendirent compte qu'il ne faisait pas seulement allusion à la tour de Babel biblique. La première séance du débat général débuta le vendredi après-midi, quand Lorentz, en guise d'introduction, essaya de concentrer les esprits sur les problèmes de la causalité, du déterminisme et des probabilités. Les événements quantiques avaient-ils ou non des causes ? Ou, selon ses propres termes : « Ne pourrait-on pas maintenir le déterminisme en en faisant un article de foi ? Faut-il nécessairement élever l'indéterminisme au rang de principe [24] ? » N'ayant plus de réflexions personnelles à proposer, Lorentz invita Bohr à s'adresser au congrès. Tandis qu'il évoquait les « problèmes épistémologiques auxquels nous sommes confrontés en physique quantique [25] », il était clair pour tous ses auditeurs que Bohr tentait de convaincre Einstein de la justesse des solutions de Copenhague.

Lorsque les actes du congrès furent publiés en français en décembre 1928, beaucoup prirent la contribution de Bohr, sur le coup et plus tard, pour l'un des rapports officiels. Quand on lui demanda une version rédigée de ses propos pour les inclure dans les actes, Bohr exigea qu'une version très augmentée de sa conférence de septembre 1927 au congrès de Côme, qui avait été publiée en avril 1928, soit réimprimée à la place de ses remarques. Bohr étant Bohr, on accéda à sa requête [26].

Einstein écouta Bohr exposer sa conviction que la dualité onde-particule était une caractéristique intrinsèque de la nature qui ne s'expliquait que dans le cadre de la complémentarité, et que la complémentarité sous-tendait le principe d'incertitude, lequel révélait les limites d'applicabilité des concepts classiques. Toutefois, expliqua Bohr, la capacité à communiquer sans ambiguïté les résultats d'expériences explorant l'univers quantique exigeait que non seulement les observations elles-mêmes, mais aussi le dispositif expérimental soient décrits dans un langage « convenablement raffiné par le vocabulaire de la physique classique [27] ».

En février 1927, tandis que Bohr s'approchait pas à pas de la complémentarité, Einstein avait donné une conférence à Berlin sur la nature de la lumière. Il affirma qu'au lieu d'une théorie des quanta ou d'une théorie ondulatoire de la lumière, on avait besoin d'« une synthèse de ces deux conceptions [28] ». C'était une opinion qu'il avait exprimée pour la première fois près de vingt ans plus tôt. Là où il avait longtemps espéré voir une sorte de « synthèse », Einstein entendait maintenant Bohr imposer la ségrégation au travers de la complémentarité. C'était soit les ondes, soit les particules, selon l'expérience choisie.

Depuis toujours, les scientifiques procédaient à leurs expériences en supposant tacitement qu'ils étaient des observateurs passifs de la nature, capables de regarder sans perturber ce qu'ils regardaient. Il y avait une distinction parfaitement tranchée entre l'objet et le sujet, entre l'observateur et l'observé. D'après l'interprétation de Copenhague, ce n'était pas vrai dans le domaine atomique, et Bohr identifiait ici ce qu'il appelait l'« essence » de la nouvelle physique – le « postulat quantique [29] ». C'était un terme qu'il avait introduit pour saisir l'existence de la discontinuité dans la nature due à l'indivisibilité du quantum. Le postulat quantique, disait Bohr, ne conduisait pas à une séparation claire de l'observateur et de l'observé. Dans l'exploration de phénomènes atomiques, l'interaction entre ce qui est mesuré et le matériel de mesure signifiait, d'après Bohr, qu'« une réalité autonome au sens physique ordinaire ne peut être attribuée ni au phénomène ni aux dispositifs d'observation [30] ».

La réalité envisagée par Bohr n'existait pas en l'absence de l'observation. D'après l'interprétation de Copenhague, un objet microphysique n'a pas de propriétés intrinsèques. Un électron n'existe pas en un point donné avant qu'une observation ou une mesure soit effectuée pour le localiser. Il ne possède ni vélocité ni aucun autre attribut physique. Entre les mesures, cela n'a pas de sens de demander quelle est la position ou la vélocité de l'électron. Puisque la mécanique quantique est muette quant à une réalité physique qui existerait indépendamment du dispositif de mesure, c'est seulement dans l'acte de la mesure que l'électron devient « réel ». Un électron non observé n'existe pas.

« Il est faux de penser que la tâche de la physique est de trouver comment est la nature [31] », affirmerait plus tard Bohr. « La physique concerne ce que nous pouvons dire de la nature. » Rien de plus. Il croyait que la science n'avait que deux buts, « étendre la portée de notre expérience et la réduire sur mesure [32] ». « Ce que nous appelons science, dit un jour Einstein, n'a qu'un seul but : déterminer ce qui *est* [33]. » À son avis, la physique était une tentative pour saisir la réalité, telle qu'elle est, indépendante de l'observation. C'est en ce sens, dit-il, qu'« on parle de "réalité physique" [34] ». Bohr, armé de la représentation de Copenhague, ne s'intéressait pas à ce qui « est », mais à ce que nous pouvons dire du monde. Comme Heisenberg le déclara plus tard, contrairement aux objets du monde quotidien, « les atomes ou les particules élémentaires elles-mêmes ne sont pas [comme] réels ; ils forment un univers de potentialités et de possibilités plutôt qu'un univers de choses et de faits [35] ».

Pour Bohr et Heisenberg, la transition du « possible » au « réel » avait lieu pendant l'acte d'observation. Il n'y avait pas de réalité quantique sous-jacente existant indépendamment de l'observateur. Pour Einstein, la croyance en l'existence d'une réalité indépendante de l'observateur était essentielle pour l'exercice de la science. Ce qui était en jeu dans le débat sur le point de commencer entre Einstein et Bohr, c'était l'âme de la physique et la nature de la réalité.

Après la communication de Bohr, trois autres orateurs s'étaient déjà exprimés lorsque Einstein indiqua à

Lorentz qu'il désirait rompre le silence qu'il s'était lui-même imposé. « Bien qu'étant conscient du fait que je ne suis pas entré assez profondément dans l'essence de la mécanique quantique, dit-il, je veux néanmoins présenter ici quelques remarques générales [36]. » La mécanique quantique, avait affirmé Bohr, « épuisait les possibilités de rendre compte des phénomènes observables [37] ». Einstein n'était pas d'accord. Une frontière avait été tracée dans les sables microphysiques de l'univers quantique. Einstein savait qu'il lui incombait de montrer que l'interprétation de Copenhague était incohérente et de démolir ainsi les prétentions de Bohr et de ses partisans qui voulaient que la mécanique quantique soit une théorie close et complète. Il recourut à sa tactique favorite – l'expérience de pensée hypothétique effectuée dans le laboratoire de l'esprit.

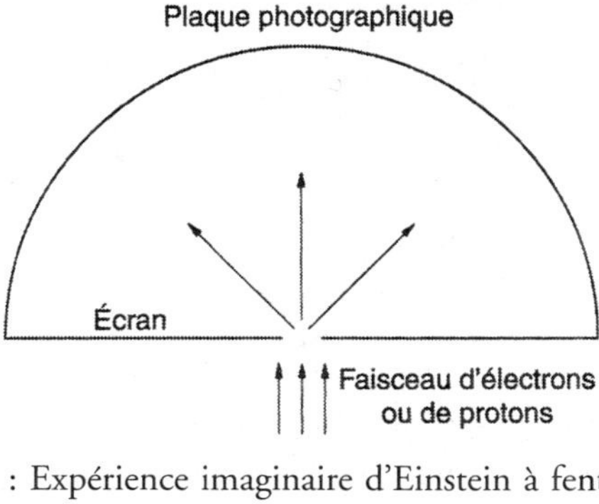

Figure 13 : Expérience imaginaire d'Einstein à fente unique.

Einstein s'approcha du tableau noir et traça une ligne représentant un écran opaque avec une petite fente. Juste derrière l'écran, il dessina une courbe semi-circulaire représentant une plaque photographique. À partir de ce croquis, Einstein donna les grandes lignes de son expérience. Lorsqu'un faisceau d'électrons ou de photons frappe l'écran, certains vont passer à travers la fente et frapper la plaque photographique. À cause de l'étroitesse de la fente, les électrons qui la franchissent vont être diffractés comme autant d'ondes dans toutes les directions possibles. Conformément aux exigences de la théorie des quanta, expliqua Einstein, les électrons sortant de la fente et se dirigeant vers la plaque photographique le font en tant qu'ondes sphériques. Les électrons frappent néanmoins la plaque en tant que particules individuelles. Il y avait, dit Einstein, deux points de vue distincts relatifs à cette expérience imaginaire.

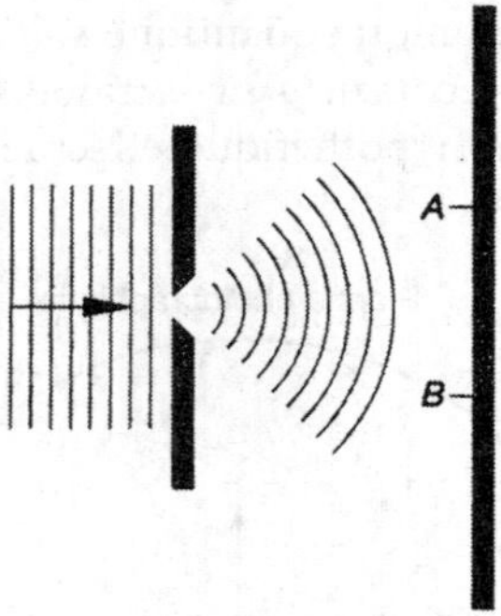

Figure 14 : Interprétation par Bohr de l'expérience imaginaire d'Einstein à fente unique.

Selon l'interprétation de Copenhague, avant que toute observation soit effectuée – et frapper la plaque photographique en constitue une –, il y a une probabilité non nulle de détecter un électron individuel en chaque point de la plaque. Même si l'électron ondulatoire est étalé sur une vaste région de l'espace, au moment précis où un électron particulier est détecté au point A, la probabilité de le trouver au point B ou en un point quelconque ailleurs sur la plaque devient instantanément nulle.

Puisque l'interprétation de Copenhague affirme que la mécanique quantique fournit une description complète des événements électroniques individuels dans l'expérience, le comportement de chaque électron est décrit par une fonction d'onde.

Et c'est là le hic, dit Einstein. Si, préalablement à l'observation, la probabilité de trouver l'électron était « étalée » sur toute la surface de la plaque photographique, alors cette probabilité au point B et partout ailleurs devait forcément être instantanément affectée au moment précis où l'électron frappait la plaque au point A. Une telle instantanéité de l'« effondrement de la fonction d'onde » impliquait la propagation d'une sorte de relation de cause à effet supraluminique interdite par la théorie de la relativité restreinte. Si un événement en A est la cause d'un autre en B, alors il doit s'écouler un laps de temps entre eux pour permettre à un signal de voyager à la vitesse de la lumière de A à B. Einstein estimait que le non-respect de cette exigence, appelée plus tard localité, indiquait que l'interprétation de Copenhague était incohérente et que la mécanique quantique n'était pas une théorie complète de processus individuels. Einstein proposa une autre explication.

Chaque électron qui passe par la fente suit l'une des nombreuses trajectoires possibles jusqu'à ce qu'il frappe la plaque photographique. Toutefois, soutenait Einstein, les ondes sphériques ne correspondent pas à des électrons individuels, mais à « un nuage d'électrons [38] ». La mécanique quantique ne donne pas d'informations sur les processus individuels, mais uniquement sur ce qu'il appela un « ensemble [39] » de processus. Bien que chaque électron individuel de l'ensemble suive sa propre trajectoire distincte de la fente à la plaque, la fonction d'onde ne représente pas un électron individuel, mais le nuage électronique. Par conséquent, le carré du module de la fonction d'onde, $|\psi (A)|^2$, représente non pas la probabilité de trouver un électron particulier en A, mais celle de trouver un membre quelconque de l'ensemble en ce point [40]. C'était, dit Einstein, une interprétation « purement statistique [41] », ce par quoi il voulait dire que la répartition statistique du grand nombre d'électrons frappant la plaque produisait le motif caractéristique de la diffraction.

Bohr, Heisenberg, Pauli et Born ne savaient pas trop où Einstein voulait en venir. Il n'avait pas clairement énoncé son dessein : montrer que la mécanique quantique était incohérente et était donc une théorie incomplète. Certes, pensaient-ils, la fonction d'onde s'effondre instantanément, mais c'était une onde de probabilité abstraite et non une onde véritable se propageant dans l'espace tridimensionnel ordinaire. Il n'était pas non plus possible de choisir entre les deux points de vue décrits par Einstein en se fondant sur l'observation de ce qui arrive à un électron individuel. Dans les deux cas, un électron passe par la fente et frappe la plaque en un point ou un autre.

« Je me trouve dans une position très difficile parce que je ne comprends pas ce qu'Einstein veut prouver, avoua Bohr. C'est sans doute ma faute [42]. » Remarquablement, il dit ensuite : « Je ne sais pas ce qu'est la mécanique quantique. Je crois que nous avons affaire à certaines méthodes mathématiques qui conviennent à la description de nos expériences [43]. » Au lieu de réagir à l'analyse d'Einstein, Bohr se contentait carrément de répéter ses propres conceptions. Le grand maître danois des échecs quantiques relaterait plus tard, dans un article écrit en 1949 pour fêter le soixante-dixième anniversaire de son adversaire, la réponse qu'il donna ce soir-là, le dernier jour du congrès de 1927 [44].

D'après Bohr, l'analyse faite par Einstein de son expérience imaginaire supposait tacitement que l'écran et la plaque photographique avaient l'un comme l'autre une position bien définie dans l'espace et dans le temps. Toutefois, soutenait Bohr, cela impliquait que l'un comme l'autre aient une masse infinie, car c'est uniquement dans ce cas qu'il n'y aurait aucune incertitude sur la position de l'électron ou sur l'instant où il émergerait de la fente. Par conséquent, la quantité de mouvement et l'énergie exactes de l'électron sont inconnues. C'était le seul scénario possible, affirmait Bohr, étant donné que le principe d'incertitude implique que plus la position de l'électron est connue avec précision, plus la mesure concurrente de sa quantité de mouvement doit être imprécise. L'écran infiniment lourd de l'expérience imaginaire d'Einstein ne laissait pas de place à l'incertitude dans la localisation spatio-temporelle de l'électron au niveau de la fente. Toutefois, pareille précision avait son prix : la quantité de mouvement et l'énergie de l'électron étaient complètement indéterminées.

Il était plus réaliste, suggéra Bohr, de supposer que la masse de l'écran n'était pas infinie. Il serait quand même beaucoup plus lourd, mais il bougerait lorsque l'électron passerait par la fente. Alors que pareil mouvement serait trop petit pour être détectable en laboratoire, sa mesure ne présentait aucun problème dans l'univers abstrait de l'expérience imaginaire évidemment pourvue d'instruments de mesure capables d'une précision parfaite. Comme l'écran bouge, la position de l'électron dans l'espace et dans le temps est incertaine pendant le processus de diffraction, ce qui entraîne une incertitude correspondante tant dans sa quantité de mouvement que dans son énergie. Toutefois, par rapport au cas de l'écran infiniment massif, cela conduirait à une prédiction améliorée de l'endroit où l'électron diffracté va frapper la plaque photographique. À l'intérieur des limites imposées par le principe d'incertitude, affirmait Bohr, la mécanique quantique était la description la plus complète possible des événements individuels.

Peu impressionné par la réponse de Bohr, Einstein lui demanda d'envisager la possibilité de contrôler et de mesurer le transfert de la quantité de mouvement et de l'énergie entre l'écran et la particule, qu'elle soit un électron ou un photon, quand elle passait par la fente. Ensuite, soutenait-il, l'état de la particule immédiatement suivante pourrait être déterminé avec une précision plus grande que celle autorisée par le principe d'incertitude. Quand la particule passerait par la fente, dit Einstein, elle serait déviée et sa trajectoire vers la plaque photographique serait déterminée par la loi de la conservation de la quantité de mouvement, laquelle exige que la somme totale des quantités de mouvement de deux corps (la particule et l'écran) en interaction l'un avec l'autre demeure constante. Si la particule est déviée vers le haut, alors l'écran doit être poussé vers le bas, et vice versa.

Ayant ainsi utilisé à ses propres fins l'écran déplaçable introduit par Bohr, Einstein modifia encore plus l'expérience imaginaire en insérant un écran à deux fentes entre l'écran déplaçable et la plaque photographique.

Einstein réduisit alors l'intensité du faisceau jusqu'à ce qu'une seule particule à la fois passe par la fente du premier écran S_1 et une des deux fentes du deuxième écran S_2, avant de frapper la plaque photographique. Comme chaque particule a laissé une marque indélébile là où elle a frappé la plaque, il se passerait quelque chose de remarquable. Ce qui semblait au début être un saupoudrage aléatoire de points deviendrait lentement, en vertu de la loi des statistiques, à mesure qu'un nombre croissant de particules laisseraient leur empreinte, le motif

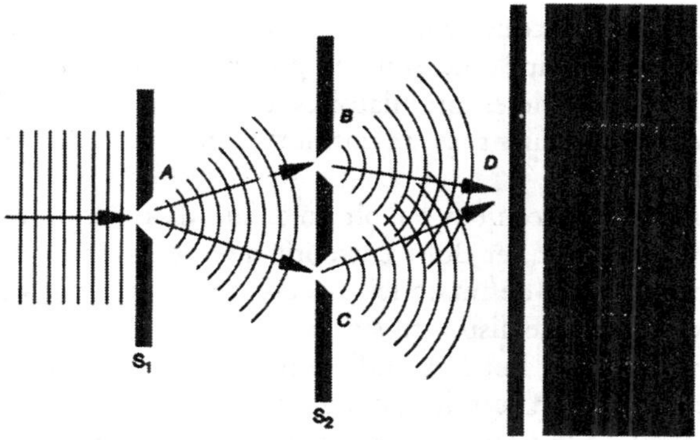

Figure 15 : Expérience imaginaire d'Einstein à deux fentes.
À droite, le motif d'interférence tel qu'il apparaît
sur le dernier écran.

caractéristique de l'interférence alternant bandes obscures et lumineuses. Alors que chaque particule n'était responsable que d'une seule marque d'impact, elle contribuait néanmoins d'une manière décisive, au travers d'un impératif statistique, au motif d'interférence global.

En contrôlant et en mesurant le transfert de la quantité de mouvement entre la particule et le premier écran, il était possible, selon Einstein, de déterminer si la particule était déviée vers la fente supérieure ou inférieure du deuxième écran. À partir de l'endroit où la particule avait frappé la plaque photographique et du mouvement du premier écran, il était possible de déterminer par laquelle des deux fentes elle était passée. Apparemment, Einstein avait conçu une expérience dans laquelle il était possible de déterminer simultanément la position et la quantité de mouvement d'une particule avec une précision supérieure à ce qu'autorisait le principe d'incertitude. Dans la foulée, il avait apparemment contredit un autre dogme fondamental de l'interprétation de Copenhague. Le cadre de la complémentarité défini par Bohr posait comme principe que soit les propriétés corpusculaires, soit les propriétés ondulatoires d'un électron ou d'un photon pouvaient se manifester dans une expérience donnée.

Il devait forcément y avoir un défaut dans l'argumentation d'Einstein, et Bohr entreprit de le trouver en décrivant le type de matériel nécessaire pour procéder à l'expérience. Le dispositif sur lequel il se concentra était le premier écran. Bohr se rendit compte que le contrôle et la mesure du transfert de la quantité de mouvement entre la particule et l'écran reposaient sur la capacité de ce dernier à se déplacer verticalement. C'est l'observation de l'écran en train de se déplacer vers le haut ou vers le bas quand la particule traverse la fente qui permet de déterminer si elle traverse la fente supérieure ou inférieure du deuxième écran avant de frapper la plaque photographique.

Malgré les années qu'il avait passées à l'Office suisse des brevets, Einstein n'avait pas envisagé les détails techniques de l'expérience. Bohr savait que le démon quantique était tapi dans les détails. Il substitua au premier écran un écran suspendu par deux ressorts à un bâti, de façon à ce que son déplacement vertical dû au transfert de la quantité de mouvement d'une particule traversant la fente puisse être mesuré. Le dispositif de mesure était simple : une aiguille attachée au bâti et une échelle gravée sur l'écran lui-même. Il était grossier, mais suffisamment sensible pour permettre l'observation de toute interaction individuelle entre écran et particule dans une expérience imaginaire.

Bohr soutint que si l'écran se mouvait déjà avec une vélocité inconnue plus grande que celle due à l'interaction d'une particule traversant la fente, il serait alors impossible de préciser le degré de transfert de la quantité de mouvement, et, partant, la trajectoire de la particule.

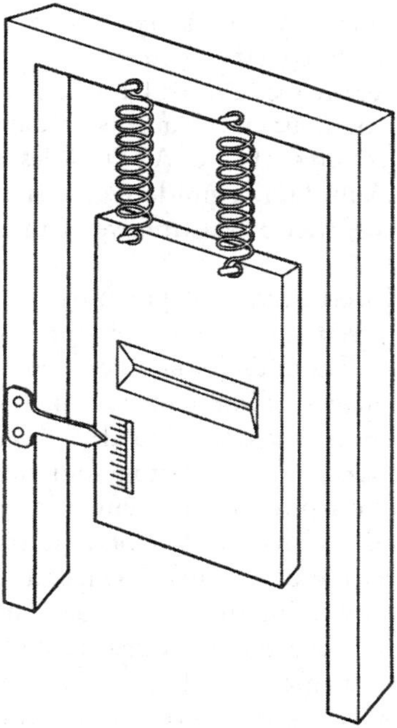

Figure 16 : Conception d'un premier écran déplaçable selon Bohr.

D'un autre côté, s'il était possible de contrôler et de mesurer le transfert de la quantité de mouvement entre la particule et l'écran, le principe d'incertitude impliquait une incertitude simultanée dans la position de l'écran et de la fente. Si précise que soit la mesure de la quantité de mouvement verticale de l'écran, elle était strictement appariée, selon le principe d'incertitude, avec une imprécision correspondante dans la mesure de sa position verticale.

Bohr soutint ensuite que l'incertitude de la position du premier écran détruit le motif d'interférence. Par exemple, le point D sur la plaque photographique est un point d'interférence destructive, un point sombre dans le motif d'interférence. Un déplacement vertical du premier écran produirait un changement dans la longueur des deux trajectoires ABD et ACD. Si les nouvelles longueurs différaient d'une demi-longueur d'onde, alors il y aurait une interférence constructive et un point brillant en D.

Intégrer l'incertitude au déplacement vertical du premier écran S_1 exige de « moyenner » toutes ses positions possibles. Ce qui conduit à une interférence quelque part entre les extrêmes de l'interférence constructive totale et de l'interférence destructive totale, aboutissant à un motif délavé sur la plaque photographique. Contrôler le transfert de la quantité de mouvement entre la particule et le premier écran permet de repérer la trajectoire de la particule traversant une fente du deuxième écran ; or cela détruit le motif d'interférence, soutenait Bohr. Il en conclut que le « contrôle du transfert de la quantité de mouvement » suggéré par Einstein « impliquerait une latitude dans la connaissance de la position du diaphragme [S_1] qui exclurait l'apparition du phénomène d'interférence en question [45] ». Bohr n'avait pas seulement défendu le principe d'interférence, mais aussi la conviction que les aspects ondulatoire et corpusculaire d'un objet micro-physique ne peuvent pas apparaître en même temps dans la même expérience, imaginaire ou non.

La réfutation de Bohr se fondait sur la supposition que contrôler et mesurer la quantité de mouvement transférée sur S_1 avec une précision suffisante pour déterminer ensuite la direction de la particule entraîne une incertitude dans la position de S_1. C'est, expliqua Bohr, à cause de la lecture de l'échelle gravée sur S_1. Pour la lire, il faut l'éclairer, ce qui exige la diffusion de photons à partir de l'écran et entraîne un transfert incontrôlable de quantité de mouvement, empêchant ainsi la mesure précise de celle transférée de la particule à l'écran quand elle traverse la fente. La seule manière d'éliminer l'impact des photons est de ne pas éclairer l'échelle du tout, ce qui la rend illisible. Bohr avait recouru au même principe de « perturbation » dont il avait jadis critiqué l'usage qu'en avait fait Heisenberg pour expliquer l'origine de l'incertitude dans l'expérience imaginaire du microscope à rayons gamma.

Il y avait un autre phénomène curieux associé avec l'expérience à deux fentes. Si l'une des fentes est munie d'un volet et que ce volet est fermé, alors le motif d'interférence disparaît. L'interférence ne se produit que si les deux fentes sont ouvertes en même temps. Mais comment était-ce possible ? Une particule ne peut passer que par une seule fente. Comment la particule « savait »-elle que l'autre fente était ouverte ou fermée ?

Bohr avait une réponse toute prête. Il n'existait pas de particule avec une trajectoire bien définie. C'était ce manque d'une trajectoire définie qui était derrière l'apparition du motif d'interférence, même si c'étaient des particules – une à la fois – qui étaient passées par le dispositif à double fente, et non des ondes. Ce flou quantique permet à une particule d'« échantillonner » une variété de trajectoires possibles et elle « sait » donc si l'une des fentes est ouverte ou fermée. Le fait qu'elle soit ouverte ou fermée n'affecte pas la future trajectoire de la particule.

Si des détecteurs sont placés devant les fentes pour voir par quelle fente la particule va passer, il semble alors possible de fermer l'autre fente sans affecter la trajectoire de la particule. Lorsqu'une telle expérience de « choix retardé » fut ultérieurement réalisée pour de bon, il y eut une image agrandie de la fente à la place d'un motif d'interférence. Si on essaie de mesurer la position de la particule pour déterminer par quelle fente elle passerait, elle est perturbée et déviée de sa trajectoire originelle et le motif d'interférence ne se matérialise pas.

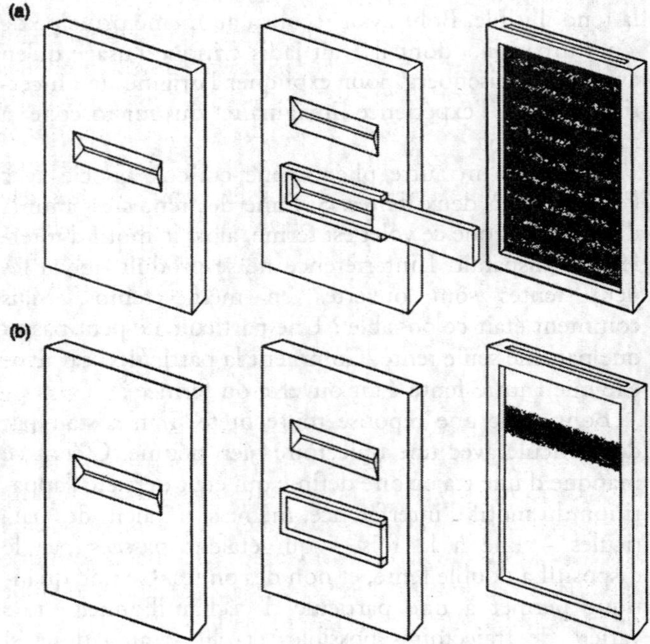

Figure 17 : Expérience à deux fentes avec
(a) les deux fentes ouvertes, (b) une fente fermée.

Le physicien doit choisir, dit Bohr, entre « soit déterminer la trajectoire d'une particule, soit observer les effets d'interférence[46] ». Si l'une des fentes de l'écran S_2 est fermée, alors le physicien sait par quelle fente la particule est passée avant de frapper la plaque photographique, mais il n'y aura pas de motif d'interférence. Bohr affirme que ce choix permet « d'échapper à la nécessité paradoxale de conclure que le comportement d'un électron ou d'un photon devrait dépendre de la présence d'une fente dans le diaphragme [S_2], par laquelle on pourrait prouver qu'il ne passe pas [47] ».

L'expérience à deux fentes était pour Bohr « un exemple typique [48] » de l'apparition de phénomènes complémentaires sous des conditions expérimentales mutuellement exclusives. Étant donné la nature quantique de la réalité, soutenait-il, la lumière n'était ni une particule ni une onde. Elle était les deux ; parfois elle se comportait comme une particule, et parfois elle se comportait comme une onde. En une occasion donnée, la réponse de la nature à la question de savoir s'il s'agissait d'une particule ou d'une onde dépendait totalement de la question posée – de l'expérience effectuée. Une expérience conçue pour déterminer par quelle fente de S_2 un photon était passé était une question qui sollicitait une réponse « corpusculaire » et donc pas de motif d'interférence. C'était la perte d'une réalité indépendante et objective et non les probabilités – Dieu jouant aux dés – qu'Einstein trouvait inacceptable. La mécanique quantique ne pouvait donc être la théorie fondamentale de la nature annoncée par Bohr.

« Les préoccupations et les critiques d'Einstein furent pour nous tous une précieuse incitation à réexaminer les divers aspects de la situation en ce qui concerne la description des phénomènes atomiques [49] », se rappela Bohr. Un point de désaccord majeur, soulignait-il, était « la distinction entre les objets soumis à investigation et les instruments de mesure qui servent à définir, en termes classiques, les conditions dans lesquelles apparaissent les phénomènes [50] ». Dans l'interprétation de

Copenhague, les instruments de mesure étaient inextricablement liés à l'objet de l'observation : aucune séparation n'est possible.

Tandis qu'un objet microphysique tel qu'un électron était soumis aux lois de la mécanique quantique, les instruments obéissaient aux lois de la physique classique. Bohr dut pourtant battre en retraite devant le défi d'Einstein lorsqu'il appliqua le principe d'incertitude à un objet macroscopique, le premier écran S_1. Ce faisant, Bohr avait autoritairement consigné au domaine du quantum un élément du monde à grande échelle de la vie quotidienne en négligeant de préciser où se trouvait la « coupure » entre les univers classique et quantique, la frontière entre macro et micro. Ce ne serait pas la dernière fois que Bohr jouerait un coup douteux dans sa partie d'échecs quantiques avec Einstein. Les enjeux étaient trop élevés, tout simplement.

Einstein s'exprima une fois encore pendant le débat général, pour poser une question. De Broglie se rappela plus tard qu'« Einstein se contenta pratiquement de présenter une objection très simple à l'interprétation probabiliste » et qu'ensuite « il retomba dans le silence [51] ». Toutefois, comme tous les participants étaient descendus à l'hôtel Métropole, c'est dans son élégante salle à manger Art déco qu'eurent lieu les discussions les plus serrées, et non dans la salle des conférences à l'institut de physiologie. « Bohr et Einstein, dira Heisenberg, étaient tout le temps au cœur de l'action [52]. »

Détail surprenant chez un aristocrate, de Broglie ne parlait que le français. Il avait dû voir Einstein et Bohr en grande conversation dans la salle à manger, avec Heisenberg ou Pauli qui les écoutaient attentivement. Comme ils s'entretenaient en allemand, de Broglie ne s'aperçut pas qu'ils étaient engagés dans ce que Heisenberg appela un « duel [53] ». Chaque jour, Einstein, maître incontesté de l'expérience de pensée, arrivait au petit déjeuner armé d'une nouvelle proposition qui contestait le principe d'incertitude et avec lui la cohérence ô combien vantée de l'interprétation de Copenhague.

L'analyse commençait avec le café et les croissants. Elle continuait pendant qu'Einstein et Bohr se dirigeaient vers l'institut de physiologie, habituellement avec Heisenberg, Pauli et Ehrenfest à leurs côtés. Tandis qu'ils parlaient, chemin faisant, des hypothèses étaient examinées et clarifiées avant le début de la séance du matin. « Au cours des séances, dira plus tard Heisenberg, et surtout pendant les pauses, les jeunes, essentiellement Pauli et moi-même, essayaient d'analyser l'expérience d'Einstein, et, à l'heure du déjeuner, les discussions continuaient entre Bohr et les autres collègues de Copenhague [54]. »En fin d'après-midi, après de nouvelles consultations au sein du groupe, leurs efforts communs essuyaient une réfutation. De retour au Métropole, pendant le dîner, Bohr expliquait à Einstein pourquoi sa toute dernière expérience de pensée n'avait pas réussi à franchir les limites imposées par le principe d'incertitude. Chaque fois, Einstein ne pouvait mettre l'interprétation de Copenhague en défaut, mais on savait, disait Heisenberg, qu'« en son for intérieur il n'était pas convaincu [55] ».

Au bout de plusieurs jours, se souviendrait plus tard Heisenberg, « Bohr, Pauli et moi-même savions que nous pouvions maintenant être sûrs de notre affaire, et qu'Einstein comprenait qu'on ne pouvait pas rejeter aussi facilement l'interprétation de Copenhague [56] ». Mais Einstein ne voulait pas céder. Même si cela ne traduisait pas l'essence de son rejet de l'interprétation de Copenhague, il disait : « Dieu ne joue pas aux dés. » « Mais ça ne peut quand même pas être à nous de dire à Dieu comment gouverner le monde[57] », répliqua Bohr en une occasion. « Einstein, vous me faites honte, dit Paul Ehrenfest, qui ne plaisantait qu'à moitié. Vous contestez la nouvelle théorie des quanta exactement comme vos adversaires contestent la théorie de la relativité[58]. »

Le seul témoin impartial de ces rencontres entre Einstein et Bohr au congrès Solvay de 1927 fut Ehrenfest. « L'attitude d'Einstein suscita d'ardentes discussions au sein d'un cercle restreint, auxquelles Ehrenfest, devenu au fil des années un ami intime de nous deux, participait très activement et utilement[59] », se rappela Bohr. Quelques jours après la fin du congrès, Ehrenfest écrivit une lettre à ses étudiants de l'université de Leyde, où il donna une description haute en couleur des événements de Bruxelles : « Bohr domine tout le monde, complètement. Au début, il est totalement incompris (Born était là lui aussi), ensuite, peu à peu, il triomphe de tout le monde. Naturellement, une fois de plus, l'effroyable terminologie incantatoire de Bohr. (Le pauvre Lorentz servant d'interprète entre les Anglais et les Français, qui étaient absolument incapables de se comprendre. Il résumait Bohr. Et Bohr répondait avec un désespoir poli.) Toutes les nuits à 1 heure du matin, Bohr venait dans ma chambre rien que pour me dire UN SEUL MOT, jusqu'à 3 heures. C'était pour moi un vrai délice d'assister aux conversations entre Bohr et Einstein. Comme une partie d'échecs. Einstein avait constamment de nouveaux exemples… pour casser la RELATION D'INCERTITUDE. Bohr au milieu de nuages de fumée philosophiques cherchant constamment de nouveaux outils pour écraser un exemple après l'autre. Einstein comme un diablotin à ressort, bondissant frais et dispos tous les matins. Oh, ça n'avait pas de prix. Mais je suis sans réserves, ou presque, pour Bohr et contre Einstein [60]. » Ehrenfest avoua toutefois qu'« [il] ne pourrait pas trouver de soulagement dans [son] propre esprit avant que la concorde avec Einstein soit atteinte [61] ».

Au congrès Solvay 1927, les discussions avec Einstein étaient menées, dira plus tard Bohr, « avec beaucoup d'humour [62] ». Il notait cependant avec regret qu'il « subsistait une certaine différence dans l'attitude et l'apparence, puisque, avec le don qu'il avait pour associer des expériences apparemment divergentes sans abandonner la continuité ni la causalité, Einstein répugnait certainement plus à renoncer à ces idéaux que quelqu'un pour qui un tel renoncement dans ce domaine semblerait être le seul moyen de s'atteler à la tâche immédiate consistant à coordonner les données variées concernant les phénomènes atomiques, données qui s'accumulaient de jour en jour dans l'exploration de ce nouveau domaine de connaissances [63] ». Bref, sous-entendait Bohr, c'était précisément les succès d'Einstein qui l'ancraient dans le passé.

Quand le cinquième congrès Solvay se termina, Bohr avait, dans l'esprit de ceux qui s'étaient rassemblés à Bruxelles, réussi à démontrer la cohérence logique de l'interprétation de Copenhague, mais n'avait pu convaincre Einstein qu'elle était la seule interprétation possible de ce qui était une théorie « complète » et fermée. Pendant le voyage de retour, Einstein se trouva dans le train de Paris avec un petit groupe comprenant de Broglie. « Continuez, dit-il au prince français lorsqu'ils se séparèrent. Vous êtes sur la bonne voie [64]. » Mais de Broglie, découragé par le manque de soutien à Bruxelles, ne tarderait pas à se rétracter et à accepter l'interprétation de Copenhague. Lorsque Einstein arriva à Berlin, il était épuisé et attristé. Moins de deux semaines plus tard, il écrivit à Arnold Sommerfeld que la mécanique quantique « est peut-être une théorie correcte des lois statistiques, mais c'est une conception inadéquate des processus élémentaires individuels [65] ».

Tandis que Paul Langevin dirait plus tard que « la confusion des idées atteignit son zénith [66] » au congrès Solvay 1927, Heisenberg estimait que cette réunion des cerveaux fut le tournant décisif dans l'établissement de l'exactitude de l'interprétation de Copenhague. « Je suis à tous égards satisfait des résultats scientifiques, écrivit-il pendant que le congrès se terminait. Les opinions de Bohr et les miennes ont été généralement acceptées ; du moins personne ne soulève plus d'objections sérieuses, même pas Einstein ou Schrödinger [67]. » Pour Heisenberg, Bohr et lui avaient gagné. « Nous pouvions tout clarifier en utilisant l'ancienne terminologie et en la limitant par les relations d'incertitude, et obtenir quand même une image complètement cohérente », se rappela-t-il presque quarante ans plus tard. Quand on lui demanda qui il entendait par ce « nous », Heisenberg répondit : « Je pourrais dire qu'à l'époque c'était pratiquement Bohr, Pauli et moi-même [68]. »

Bohr ne parla jamais d'une « interprétation de Copenhague », et personne n'utilisa ce terme avant Heisenberg en 1955. Repris par une poignée de sympathisants, il se répandit rapidement, tant et si bien que pour la plupart des physiciens « l'interprétation de Copenhague de la mécanique quantique » finit par devenir synonyme de « mécanique quantique ». Trois facteurs expliquaient cette dissémination rapide et l'acceptation de l'« esprit de Copenhague ». Le premier était le rôle décisif de Bohr et de son institut. Inspiré par son séjour au laboratoire de Rutherford à Manchester quand il était jeune étudiant post-doctoral, Bohr avait réussi à créer son propre institut avec le même punch et la conviction que « tout était possible ».

« L'institut de Bohr devint rapidement le centre mondial de la physique quantique, et, pour paraphraser les anciens Romains, "tous les chemins mènent à Blegdamsvej 17"[69] », se souvint le Russe George Gamow, qui y arriva en été 1928. Le Kaiser-Wilhelm-Institut de physique théorique dont Einstein était le directeur n'existait que sur le papier, et Einstein le préférait ainsi. Alors qu'il travaillait d'ordinaire seul, ou, plus tard, avec un assistant qui effectuait les calculs, Bohr, lui, eut de nombreux enfants scientifiques. Les premiers à atteindre la célébrité et à faire autorité dans leur domaine furent Heisenberg, Pauli et Dirac. Ils avaient beau n'être que des jeunes gens, comme Ralph Kronig le rappellera plus tard, d'autres jeunes physiciens n'osaient pas les contredire. Kronig, par exemple, renonça à publier l'idée du spin de l'électron après que Pauli l'eut tournée en ridicule.

Deuxièmement, à l'époque du congrès Solvay 1927, un certain nombre de chaires professorales devinrent vacantes. Ceux qui avaient contribué à créer la nouvelle physique les occupèrent presque toutes. Les instituts qu'ils dirigeaient ne tardèrent pas à attirer la crème des étudiants d'Allemagne et de toute l'Europe. Schrödinger s'était octroyé le poste le plus prestigieux, en tant que successeur de Planck à Berlin. Juste après le congrès Solvay, Heisenberg arriva à Leipzig pour prendre son poste de professeur et de directeur de l'institut de physique théorique. Moins de six mois plus tard, en avril 1928, Pauli quittait Hambourg pour devenir professeur à l'ETH de Zurich. Pascual Jordan, dont les compétences mathématiques avaient été vitales pour le développement de la mécanique matricielle, fut le successeur de Pauli à Hambourg. Assez vite, grâce à des visites régulières et des échanges d'étudiants et d'assistants entre leurs instituts et celui de Bohr, Heisenberg et Pauli confirmèrent Leipzig et Zurich comme centres de la physique quantique. Avec Kramers déjà installé à l'université d'Utrecht et Born à Göttingen, l'interprétation de Copenhague devint bientôt un dogme quantique.

Enfin, malgré leurs différences, Bohr et ses jeunes collègues présentèrent toujours un front uni contre toutes les contestations de l'interprétation de Copenhague. La seule exception fut Paul Dirac. Nommé en septembre 1932 professeur titulaire de la chaire Lucas de mathématiques à Cambridge, qui fut jadis occupée par Isaac Newton, Dirac ne s'intéressa jamais à la question de l'interprétation. C'était pour lui une préoccupation inutile qui ne conduisait pas à de nouvelles équations. D'ailleurs, il se disait « physicien mathématicien », tandis que ni ses contemporains Heisenberg et Pauli, ni Einstein, ni Bohr ne s'étaient jamais décrits ainsi. Ils étaient tous physiciens théoriciens, comme Lorentz, doyen incontesté du clan, qui mourut en février 1928. « Pour moi personnellement, écrivit plus tard Einstein, il a compté plus que tous les autres que j'ai rencontrés au cours de ma vie [70]. »

La propre santé d'Einstein devint bientôt un sujet d'inquiétude. En avril 1928, pendant un bref voyage en Suisse, il s'effondra en portant sa valise dans une rue en pente. On pensa d'abord qu'il avait été victime d'une crise cardiaque, mais on diagnostiqua ensuite une hypertrophie du cœur. Plus tard, Einstein confia à son ami Michele Besso qu'il avait « failli crever », avant d'ajouter, « ce qu'on ne devrait bien sûr pas remettre éternellement à plus tard [71] ». Une fois qu'il fut rentré à Berlin, sous l'œil vigilant d'Elsa, les visites de ses amis et collègues furent sévèrement rationnées. Elle était redevenue la gardienne et l'infirmière d'Einstein qu'elle avait été quand il était tombé malade à la suite de ses efforts herculéens pour formuler la théorie de la relativité générale. Cette fois-ci, Elsa avait besoin d'aide, et elle engagea la sœur célibataire d'un ami. Helen Dukas avait trente-deux ans et devint l'amie et la fidèle secrétaire d'Einstein [72].

Tandis qu'il se remettait, un article de Bohr fut publié en trois langues, anglais, allemand et français. La version anglaise, intitulée « Le postulat quantique et le développement récent de la théorie atomique », parut le 14 avril 1928. « Le contenu de cet article, signalait une note de bas de page, est le même que celui d'une conférence sur l'état actuel de la théorie des quanta donnée le 16 septembre 1927 lors des commémorations Volta à Côme [73]. » En réalité, Bohr avait produit une exposition plus raffinée et plus profonde de ses idées sur la complémentarité et la mécanique quantique que ce qu'il avait présenté à Côme et à Bruxelles.

Bohr en envoya un exemplaire à Schrödinger, qui répondit : « Si vous voulez décrire un système, p. ex. un point-masse en spécifiant son [moment cinétique] p et sa [position] q, vous trouverez alors que cette description n'est possible qu'avec un degré de précision limité [74]. » Ce qu'il fallait donc, soutenait Schrödinger, c'était l'introduction de concepts nouveaux pour lesquels cette limitation ne s'applique plus. « Toutefois, conclut-il, il sera sans nul doute très difficile d'inventer ce schéma conceptuel, puisque – comme vous le soulignez d'une manière si convaincante – la rénovation nécessaire touche les niveaux les plus profonds de notre expérience : l'espace, le temps et la causalité. »

Dans sa réponse, Bohr remerciait Schrödinger de « son attitude pas complètement hostile », mais il ne voyait pas le besoin de « concepts nouveaux » dans la théorie des quanta puisque les vieux concepts empiriques semblaient inséparablement liés aux « fondements des moyens humains de visualisation [75] ». Bohr réaffirma sa position : il ne s'agissait pas d'une limitation plus ou moins arbitraire dans l'applicabilité des concepts classiques, mais d'une caractéristique inévitable de la complémentarité qui émerge d'une analyse du concept d'observation. Il termina en encourageant Schrödinger à débattre du contenu de sa lettre avec Planck et Einstein. Lorsque Schrödinger l'informa de cette correspondance avec Bohr, Einstein répondit que « la philosophie – ou religion ? – tranquillisante de Heisenberg-Bohr est si délicatement conçue que, pour l'instant, elle fournit au vrai croyant un mol oreiller auquel on ne peut pas très facilement l'arracher. Laissons-le donc dormir [76] ».

Quatre mois après son accident cardiaque, Einstein était encore faible, mais il n'était plus alité. Pour continuer sa convalescence, il loua une maison dans la bourgade somnolente de Scharbeutz sur la côte baltique. Là, il lut Spinoza et se réjouit d'être loin de « l'existence idiote qu'on mène en ville [77] ». Il s'écoula presque un an avant qu'il se soit suffisamment remis pour retourner à son bureau. Il y travaillait tout le matin avant de rentrer déjeuner chez lui et se reposer jusqu'à 15 heures. « Autrement, il travaillait tout le temps, parfois toute la nuit [78] », se rappela Helen Dukas.

Pendant les vacances de Pâques 1929, Pauli alla voir Einstein à Berlin. Il trouva son « attitude envers la physique quantique moderne réactionnaire [79] » parce qu'il continuait à croire à une réalité où les phénomènes naturels se déroulaient conformément aux lois de la nature, indépendamment de tout observateur. Peu après la visite de Pauli, Einstein exprima très clairement son opinion lorsqu'il reçut la médaille Planck des mains de Planck lui-même : « J'admire au plus haut point les réussites de la jeune génération de physiciens qu'on désigne sous le nom de mécanique quantique et je crois au niveau profond de vérité de cette théorie, dit-il à son auditoire, mais je crois que la restriction aux lois statistiques ne sera pas éternelle [80]. » Einstein s'était déjà lancé dans son voyage en solitaire à la recherche d'une théorie du champ unifié dont il croyait qu'elle sauverait la causalité et la réalité indépendante de l'observateur. Entre-temps, il continuerait de contester ce qui était en train de devenir l'orthodoxie quantique, l'interprétation de Copenhague. Lorsqu'ils se rencontrèrent à nouveau lors du sixième congrès Solvay en 1930, Einstein présenta à Bohr une boîte à lumière imaginaire.

CHAPITRE 12

Einstein oublie la relativité

Bohr était stupéfait. Einstein souriait.

Au cours des trois années précédentes, Bohr avait réexaminé les expériences imaginaires qu'Einstein avait proposées lors du congrès Solvay en octobre 1927. Chacune était conçue pour montrer que la mécanique quantique était incohérente, mais Bohr avait chaque fois trouvé la faille dans l'analyse d'Einstein. Ne se contentant pas de se reposer sur ses lauriers, il élabora quelques expériences imaginaires de son cru, qui impliquaient un assortiment de fentes, d'obturateurs, d'horloges et autres accessoires afin de débusquer d'éventuelles faiblesses dans son interprétation. Il n'en trouva pas. Mais Bohr ne conçut jamais rien d'aussi simple et d'aussi ingénieux que l'expérience de pensée qu'Einstein venait de lui décrire à Bruxelles, lors du sixième congrès Solvay.

Le thème de cette réunion de six jours, qui commença le 20 octobre 1930, était les propriétés magnétiques de la matière. Le format restait le même : une série de rapports commandés sur divers sujets associés au magnétisme, chacun suivi d'un débat. Bohr avait rejoint Einstein en tant que membre du comité scientifique – qui en comptait neuf –, et tous les deux furent automatiquement invités au congrès. Après le décès de Lorentz, le Français Paul Langevin avait accepté d'assumer la double responsabilité de président du comité et de président du congrès. Dirac, Heisenberg, Kramers, Pauli et Sommerfeld étaient au nombre des trente-quatre participants.

En tant que réunion de cerveaux, ce congrès était au deuxième rang, pas très loin derrière le congrès 1927, avec la présence de douze lauréats Nobel actuels ou futurs. Il fut la toile de fond du « deuxième round » de l'affrontement permanent entre Einstein et Bohr sur la signification de la mécanique quantique et la nature de la réalité. Einstein était venu à Bruxelles avec, dans ses bagages, une nouvelle expérience imaginaire conçue pour porter un coup fatal au principe d'incertitude et à l'interprétation de Copenhague. Bohr, qui ne se doutait de rien, tomba dans le piège après l'une des séances formelles du congrès.

Imaginez une boîte pleine de lumière, lui demanda Einstein. Sur une de ses parois se trouve un trou muni d'un obturateur qui peut être ouvert ou fermé par un mécanisme relié à une horloge à l'intérieur de la boîte. Cette horloge est synchronisée avec une autre dans le laboratoire. Pesez la boîte. Réglez l'horloge de façon à ce qu'à un certain moment elle ouvre l'obturateur le plus brièvement possible, mais juste assez pour qu'un seul photon s'échappe. Nous savons maintenant avec précision, expliqua Einstein, à quel moment le photon a quitté la boîte. Bohr écoutait sans s'inquiéter : tout ce qu'Einstein avait proposé semblait simple et irréfutable. Le principe d'incertitude ne s'appliquait qu'à des couples de variables complémentaires – la position et la quantité de mouvement, ou l'énergie et le temps. Il n'imposait aucune limite au degré de précision avec lequel l'une des variables de chaque couple pouvait être mesurée. C'est alors que, avec un discret sourire, Einstein prononça ces paroles fatales : pesez la boîte encore une fois. En un éclair, Bohr se rendit compte que lui-même et l'interprétation de Copenhague avaient de gros ennuis.

Pour calculer la quantité de lumière qui s'était échappée, contenue dans un seul photon, Einstein se servit d'une découverte remarquable qu'il avait faite lorsqu'il était encore employé à l'Office des brevets à Berne : l'énergie est la masse, et la masse est l'énergie. Ce stupéfiant sous-produit de ses travaux sur la relativité fut résumé par Einstein sous la forme de son équation la plus simple et la plus célèbre : $E = mc^2$, où E est l'énergie, m la masse et c la vitesse de la lumière.

En pesant la boîte à lumière avant et après la sortie du photon, il est facile de calculer la différence de masse. Bien qu'il ait été impossible de mesurer un changement aussi minuscule avec le matériel disponible en 1930, dans l'univers de l'expérience imaginaire c'était un jeu d'enfant. En utilisant $E = mc^2$ pour convertir la quantité de masse manquante en une quantité équivalente d'énergie, il était possible de calculer avec précision l'énergie du photon échappé. L'instant exact de la sortie du photon était connu puisque l'horloge du laboratoire était synchronisée avec celle qui, à l'intérieur de la boîte, contrôlait l'obturateur. Einstein avait apparemment conçu une expérience capable de déterminer simultanément l'énergie du photon et l'instant de sa fuite avec un degré de précision interdit par le principe d'incertitude de Heisenberg.

« Ç'a vraiment été un choc pour Bohr, se rappela le physicien belge Léon Rosenfeld, qui avait récemment entamé une collaboration à long terme avec le Danois. Il n'a pas vu la solution tout de suite [1]. » Tandis que Bohr désespérait de pouvoir répondre au tout dernier défi d'Einstein, Pauli et Heisenberg prenaient la chose à la légère. « Allons, allons, ça va s'arranger [2] », lui disaient-ils. « Il a été extrêmement malheureux toute la soirée, raconte Rosenfeld. Il allait de l'un à l'autre et essayait de les persuader que ça ne pouvait pas être vrai, que ce serait la fin de la physique si Einstein avait raison, mais il n'a pu produire aucune réfutation [3]. »

Rosenfeld n'était pas invité au congrès Solvay 1930 – il s'était déplacé à Bruxelles pour rencontrer Bohr. Il n'oublia jamais la vision des deux adversaires quantiques regagnant l'hôtel Métropole ce soir-là : « Einstein, grande figure majestueuse, marchait tranquillement, avec un sourire quelque peu ironique, et Bohr trottait à côté de lui, très excité, soutenant en vain que la réussite de l'expérience d'Einstein signifierait la fin de la physique [4]. » Pour Einstein, ce n'était ni une fin ni un commencement. Il se contentait de démontrer ainsi que la mécanique quantique était incohérente et n'était donc pas, contrairement aux affirmations de Bohr, une théorie fermée et complète. Sa toute dernière expérience de pensée était simplement une tentative pour sauver une physique qui visait à appréhender une réalité indépendante de l'observateur.

Une photographie montre Einstein et Bohr en train de marcher ensemble, mais légèrement en décalage. Einstein est juste devant, comme s'il essayait de fuir. Bohr, la bouche ouverte, se démène pour le rattraper. Il se penche vers Einstein et tente désespérément de se faire entendre. Bien qu'il porte sa veste sur le bras gauche, Bohr agite l'index gauche pour souligner ce qu'il essaie de communiquer. Einstein a les mains le long du corps, l'une tenant une serviette et l'autre ce qui est peut-être le cigare de la victoire. Einstein écoute, mais sa moustache ne peut cacher le discret sourire entendu d'un homme qui pense qu'il vient d'avoir le dessus. Ce soir-là, dit Rosenfeld, Bohr avait l'air d'« un chien qui vient de recevoir une raclée [5] ».

Bohr passa une nuit blanche à examiner toutes les facettes de l'expérience de pensée d'Einstein. Il mit en pièces la boîte à lumière imaginaire pour trouver le défaut qu'il espérait exister. Einstein n'avait ni décrit ni même imaginé les détails du mécanisme interne de la boîte à lumière, ni le processus de pesage. Bohr, impatient de comprendre le fonctionnement du dispositif et les mesures qu'il faudrait effectuer, dessina à cet effet ce qu'il appela un schéma « semi-réaliste » du dispositif expérimental.

Étant donné qu'il fallait peser la boîte à lumière avant que l'obturateur soit ouvert à un instant prédéterminé puis après que le photon s'est échappé, Bohr décida de se concentrer sur le processus de pesage. Avec peu de temps devant lui et dans une anxiété croissante, il choisit la méthode la plus simple. Il suspendit la boîte à lumière à un ressort fixé à une potence. Pour en faire une balance, Bohr attacha une aiguille à la boîte à lumière de manière à ce que sa position puisse être lue sur une échelle fixée au montant vertical de la potence. Afin de s'assurer que l'aiguille soit positionnée sur le zéro de l'échelle, Bohr attacha un petit contrepoids au fond de la boîte. Il n'y avait rien de farfelu dans cette construction : Bohr prévoyait même des vis et des écrous pour fixer la potence sur un socle et dessina le mécanisme d'horlogerie contrôlant l'ouverture et la fermeture de l'orifice par lequel le photon devait s'échapper.

La mesure initiale du poids de la boîte à lumière est simplement la configuration avec le contrepoids choisi pour que l'aiguille soit sur le zéro. Après que le photon s'est échappé, la boîte à lumière, allégée, est tirée vers le haut par le ressort. Pour remettre l'aiguille sur le zéro, il faut remplacer le contrepoids par un autre, légèrement plus lourd. Il n'y a pas de limite imposée au temps que l'expérimentateur peut mettre pour changer les contrepoids. La différence de poids est la perte de masse due à

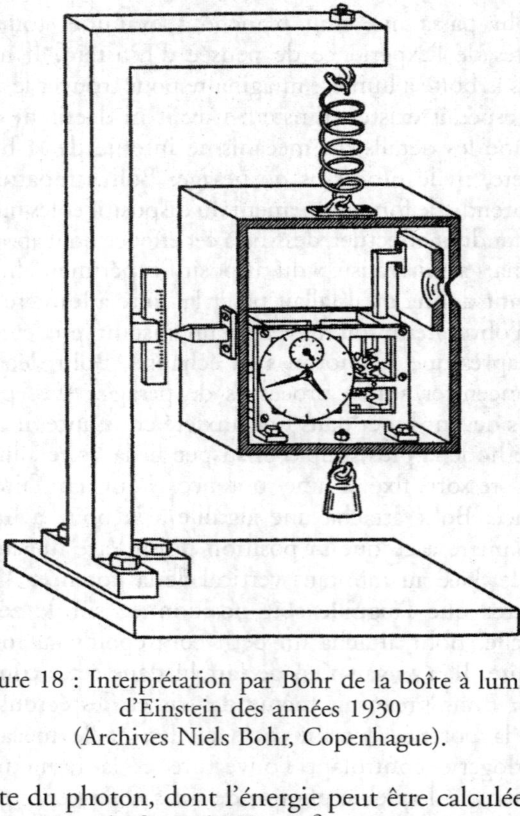

Figure 18 : Interprétation par Bohr de la boîte à lumière d'Einstein des années 1930 (Archives Niels Bohr, Copenhague).

la fuite du photon, dont l'énergie peut être calculée avec précision avec la formule $E = mc^2$.

À partir des arguments qu'il avait utilisés au congrès Solvay de 1927, Bohr soutenait que toute mesure de la position de la boîte à lumière conduirait à une incertitude dans la détermination de sa quantité de mouvement, parce que la lecture de l'échelle exigerait que celle-ci soit éclairée. Le simple fait de mesurer son poids causerait un transfert de quantité de mouvement incontrôlable vers la boîte à lumière à cause de l'échange de photons entre l'aiguille et l'observateur, qui la ferait bouger. Le seul moyen d'affiner la mesure de la position était d'effectuer l'équilibrage de la boîte à lumière – la mise à zéro de l'aiguille – sur un temps relativement long. Bohr affirmait toutefois que cela conduirait à une incertitude correspondante dans la quantité de mouvement de la boîte. Plus la position de la boîte serait mesurée avec précision, plus grande serait l'incertitude attachée à toute mesure de sa quantité de mouvement.

Contrairement à ce qu'il avait fait au congrès Solvay de 1927, Einstein attaquait ici la relation d'incertitude entre l'énergie et le temps, et non celle entre la position et la quantité de mouvement. Ce fut alors qu'au petit matin un Niels Bohr épuisé aperçut soudain la faille dans la *Gedankenexperiment* d'Einstein. Il reconstitua l'analyse morceau par morceau jusqu'à ce qu'il soit convaincu qu'Einstein avait effectivement commis une erreur presque incroyable. Soulagé, Bohr prit quelques heures de sommeil en sachant que, lorsqu'il se réveillerait, ce serait pour savourer son triomphe au petit déjeuner.

Dans son impatience à vouloir démolir l'interprétation de Copenhague de la réalité quantique, Einstein avait oublié de tenir compte de sa propre théorie de la relativité générale. Il avait ignoré les effets de la gravitation sur la mesure du temps par l'horloge à l'intérieur de la boîte à lumière. La relativité générale était la plus grande réussite d'Einstein. « Cette théorie me sembla à l'époque – et je le pense encore – être la plus grandiose prouesse de la pensée humaine appliquée à la Nature, la plus stupéfiante combinaison de pénétration philosophique, d'intuition physique et d'habileté mathématique », déclara Max Born. Il la qualifia d'« œuvre d'art grandiose, qu'il faut savourer et admirer en prenant du recul [6]. » Lorsque la déviation de la lumière prévue par la relativité générale fut confirmée en 1919, elle fit des gros titres dans la presse du monde entier. J. J. Thomson déclara à un journal britannique que la théorie d'Einstein était « tout un continent nouveau d'idées scientifiques nouvelles[7] ».

L'une de ces idées nouvelles était la dilatation gravitationnelle du temps. Deux horloges identiques initialement synchronisées, l'une fixée au plafond d'une pièce et l'autre posée sur le plancher divergeraient d'un trois centième de milliardième de milliardième de seconde parce que le temps s'écoule plus vite sur le plancher qu'au plafond[8]. La raison en est la gravitation. Selon la relativité générale, la théorie einsteinienne de la gravitation, la vitesse à laquelle une horloge égrène les secondes dépend de sa position dans un champ gravitationnel. En outre, une horloge en mouvement dans un champ gravitationnel retarde par rapport à une horloge stationnaire. Bohr se rendit compte que cela impliquait que peser la boîte à lumière affectait le fonctionnement de l'horloge à l'intérieur.

La position de la boîte à lumière dans le champ gravitationnel terrestre est modifiée par l'acte consistant à aligner l'aiguille sur le zéro de l'échelle. Ce changement de position modifierait la vitesse de fonctionnement de l'horloge, qui ne serait plus synchronisée avec celle du laboratoire, ce qui rendrait impossible à déterminer aussi précisément qu'Einstein le supposait l'instant précis où l'obturateur s'ouvre et où le photon s'échappe de la boîte. Plus la mesure de l'énergie du photon avec $E = mc^2$ est précise, plus l'incertitude sur la position de la boîte à lumière au sein du champ gravitationnel augmente. À cause de la capacité de la gravitation à affecter l'écoulement du temps, cette incertitude de la position empêche la détermination de l'instant exact où l'obturateur s'ouvre et libère le photon. Au travers de cet enchaînement d'incertitudes, Bohr démontra que l'expérience de la boîte à lumière d'Einstein ne pouvait pas simultanément déterminer avec précision l'énergie du photon et l'instant de sa fuite [9]. Le principe d'incertitude de Heisenberg restait intact, et, avec lui, l'interprétation de Copenhague de la mécanique quantique.

Lorsque Bohr se présenta à la table du petit déjeuner, il n'avait plus l'air du « chien battu » de la veille au soir. C'était à présent un Einstein stupéfait qui écoutait en silence Bohr lui expliquer pourquoi son tout dernier défi, comme ceux du précédent congrès, trois ans plus tôt, avait échoué. Il y aurait plus tard des gens pour contester la réfutation de Bohr parce qu'il avait traité des éléments macroscopiques tels que l'aiguille, l'échelle et la boîte à lumière comme s'ils étaient des objets quantiques et, par conséquent, soumis aux limitations imposées par le principe d'incertitude. Considérer ainsi des objets macroscopiques allait à l'encontre de son insistance à traiter le matériel de laboratoire sous l'angle de la physique classique. Mais Bohr n'avait jamais été particulièrement clair sur la question de savoir où fixer la limite entre le microscopique et le macroscopique, puisqu'en dernière analyse tout objet classique n'est rien qu'un assemblage d'atomes.

Quelles qu'aient pu être les réserves émises par certains, Einstein, comme la communauté des physiciens à l'époque, accepta les arguments de Bohr. Il cessa donc d'essayer de circonvenir le principe d'incertitude pour démontrer l'incohérence logique de la mécanique quantique. Au lieu de quoi il se concentrerait désormais sur l'incomplétude de cette théorie.

En novembre 1930, Einstein donna à Leyde une conférence sur la boîte à lumière. Après son exposé, un de ses auditeurs soutint qu'il n'y avait pas de conflit à l'intérieur de la mécanique quantique. « Je sais, répliqua

Einstein, il n'y a pas de contradictions dans cette affaire ; toutefois, à mon avis, elle contient une certaine irrationalité [10]. » Malgré tout, en septembre 1931, il proposa une fois de plus la candidature de Heisenberg et de Schrödinger pour le prix Nobel. Mais après avoir affronté à deux reprises Bohr et ses disciples lors des congrès Solvay, Einstein laissa passer une allusion révélatrice dans la lettre justifiant son choix : « À mon avis, cette théorie contient sans aucun doute un morceau de l'ultime vérité [11]. » Sa « voix intérieure » continuait de chuchoter que la mécanique quantique était incomplète, qu'elle n'était pas « toute » la vérité comme Bohr voulait le faire croire.

Après le congrès Solvay de 1930, Einstein passa quelques jours à Londres. Il était l'invité d'honneur d'un dîner de bienfaisance, le 28 octobre, au profit des Juifs appauvris d'Europe de l'Est. Organisée par le baron Rothschild à l'hôtel Savoy, cette manifestation attira presque un millier de participants. Au milieu de ce beau monde élégamment habillé, Einstein endossa volontiers smoking blanc et cravate assortie pour jouer son rôle dans ce qu'il qualifia de « comédie de singes [12] » si cela pouvait contribuer à faire s'ouvrir les portefeuilles. George Bernard Shaw était le maître des cérémonies.

S'écartant à l'occasion du scénario préparé à l'avance, Shaw, alors âgé de soixante-quatorze ans, n'en donna pas moins une prestation éblouissante. Il commença par se plaindre qu'il était obligé de parler de « Ptolémée et d'Aristote, de Kepler et de Copernic, de Galilée et de Newton, de la gravitation et de la relativité, de l'astrophysique moderne et Dieu sait quoi encore [13]... ». Ensuite, avec sa verve habituelle, Shaw résuma le tout en trois phrases : « Ptolémée a créé un univers qui a duré mille quatre cents ans. Newton, lui aussi, a créé un univers, qui a duré trois cents ans. Einstein a créé un univers, et je ne peux pas vous dire combien de temps celui-ci durera [14]. » Les invités rirent, Einstein plus fort que tout le monde. Après avoir comparé les réussites de Newton et d'Einstein, Shaw termina par un toast : « Je bois au plus grand de nos contemporains, Einstein [15] ! »

Il était difficile de passer derrière Shaw, mais Einstein avait tout autant le sens du spectacle quand l'occasion l'exigeait. Il exprima sa gratitude envers Shaw pour « les paroles inoubliables que vous avez adressées à mon homonyme mythique qui me rend la vie si difficile [16] ». Il fit l'éloge des juifs comme des chrétiens « d'esprit noble, passionnés de justice, qui ont consacré leur vie à élever la société humaine et à libérer l'individu de l'oppression dégradante ». Sachant qu'il s'adressait à un public bien disposé, Einstein poursuivit : « À vous tous je dis que l'existence et la destinée de notre peuple dépend moins de facteurs extérieurs que de notre fidélité aux traditions morales qui nous ont permis de survivre des milliers d'années malgré les féroces tempêtes qui se sont déchaînées au-dessus de nos têtes. Au service de la vie, ajouta Einstein, le sacrifice devient la grâce [17]. » Ces paroles pleines d'espoir seraient, pour des millions de gens, mises à l'épreuve lorsque se rassemblèrent les nuages sombres de la tempête nazie imminente.

Six semaines plus tôt, le 14 septembre, les nazis avaient obtenu 6,4 millions de voix aux élections du Reichstag. L'ampleur du vote pro-nazi en stupéfia plus d'un. En mai 1924, le NSDAP avait remporté trente-deux sièges, et aux élections de décembre de la même année, quatorze seulement. En mai 1928, il eut encore moins de succès, avec douze sièges et 812 000 voix. Ce résultat semblait confirmer que les nazis n'étaient qu'une formation d'extrême droite marginale parmi d'autres. À présent, guère plus de deux ans plus tard, ils avaient multiplié par huit le nombre de leurs électeurs et formaient le deuxième parti du Reichstag avec cent sept députés [18].

Einstein n'était pas le seul à croire que « voter Hitler n'est qu'un symptôme, pas obligatoirement d'une haine antijuive, mais d'un ressentiment momentané causé par la détresse économique et le chômage dans les rangs des jeunes Allemands mal avisés [19] ». Or seulement un quart environ de ceux qui avaient voté NSDAP étaient des jeunes qui votaient pour la première fois. C'était parmi la vieille génération d'employés de bureau, de boutiquiers, de modestes hommes d'affaires, de fermiers protestants dans le Nord, d'artisans, et d'ouvriers non qualifiés à l'extérieur des centres industriels que le soutien aux nazis était le plus fort. Ce qui contribua de manière décisive à changer le paysage politique entre les scrutins de 1928 et de 1930 fut le krach de Wall Street en octobre 1929.

L'Allemagne fut le pays le plus touché par les ondes de choc financières émanant de New York. Sa fragile reprise économique des cinq dernières années avait été alimentée par des prêts à court terme des États-Unis. Désemparés et perdant de plus en plus d'argent, les établissements financiers américains exigèrent le remboursement immédiat des prêts en cours. Le résultat fut une augmentation rapide du nombre des chômeurs, de 1,3 million en septembre 1929 à plus de 3 millions en octobre 1930. À l'époque, Einstein ne vit dans le nazisme rien de plus qu'une « maladie de jeunesse de la République [20] » qui serait de courte durée. Cette maladie, toutefois, allait achever une République de Weimar déjà mal en point, qui n'avait plus que le nom de démocratie parlementaire et gouvernait par décrets.

« Nous allons vers des temps difficiles, écrivit un Sigmund Freud pessimiste le 7 décembre 1930. Je devrais l'ignorer avec l'apathie de la vieillesse, mais je ne peux m'empêcher de me faire du souci pour mes sept petits-enfants[21]. » Cinq jours plus tôt, Einstein avait quitté l'Allemagne pour passer deux mois à Caltech, l'institut californien de technologie, à Pasadena. Boltzmann, Schrödinger et Lorentz avaient déjà fait cours dans ce qui était rapidement devenu l'un des tout premiers centres d'excellence américains. Lorsque son bateau accosta à New York, on persuada Einstein de donner une conférence de presse de quinze minutes devant la meute de reporters qui l'attendait. « Qu'est-ce que vous pensez d'Adolf Hitler ? » cria l'un d'eux. « Il se nourrit de l'estomac vide de l'Allemagne, répondit Einstein. Dès que la situation économique s'améliorera, il n'aura plus d'importance[22]. »

Un an plus tard, en décembre 1931, lorsqu'il partit pour un deuxième séjour à Caltech, l'Allemagne était plongée dans une dépression encore plus profonde et dans une tourmente politique encore plus grande. « J'ai décidé aujourd'hui d'abandonner essentiellement mon poste à Berlin et je serai un oiseau de passage tout le reste de ma vie[23] », écrivit Einstein dans son journal tandis qu'il traversait l'Atlantique. En Californie, il rencontra par hasard Abraham Flexner, qui était en train de mettre sur pied un centre de recherche d'élite, l'IAS – Institute for Advanced Study – à Princeton, dans le New Jersey. Armé d'une donation de cinq millions de dollars, Flexner voulait créer une « communauté de savants » qui se consacrerait entièrement à la recherche, débarrassée des obligations d'enseignement. Lors de sa rencontre fortuite avec Einstein, Flexner fit sans perdre de temps les premiers pas qui finiraient par conduire au recrutement du scientifique le plus célèbre du monde.

Einstein accepta de passer cinq mois par an à l'institut et le reste de l'année à Berlin. « Je n'abandonne pas

Berlin, déclara-t-il au *New York Times.* Mon domicile permanent sera encore à Berlin [24]. » L'arrangement, qui portait sur cinq ans, débuterait à l'automne 1933 parce que Einstein s'était déjà engagé à faire un autre séjour à Caltech. Bien lui en prit, car ce fut pendant sa troisième visite à Pasadena qu'Hitler fut nommé chancelier le 30 janvier 1933. Pour le demi-million de Juifs allemands, l'exode commença lentement : 25 000 seulement étaient partis en juin 1933. Einstein, bien à l'abri en Californie, ne s'exprima pas, mais se comporta comme s'il rentrerait en Allemagne le moment venu. Il écrivit à l'Académie des sciences prussienne pour demander des précisions au sujet de son salaire, mais sa décision était déjà prise. « À cause d'Hitler, écrivit-il à un ami le 27 février, je n'ose pas fouler le sol allemand [25]. » Le jour même, le Reichstag fut incendié, annonçant le début de la première vague de terreur nazie cautionnée par l'État.

Au milieu de la violence déchaînée par les nazis, 17 millions d'Allemands votèrent pour eux lors des élections au Reichstag le 5 mars 1933. Cinq jours plus tard, la veille de son départ pour Pasadena, Einstein donna une interview et rendit public ce qu'il pensait de la situation en Allemagne. « Tant que j'aurai le choix en la matière, dit-il, je ne vivrai que dans un pays où prévalent la liberté civile, la tolérance et l'égalité de tous les citoyens devant la loi. La liberté civile implique la liberté d'exprimer ses propres convictions politiques, dans ses paroles comme dans ses écrits ; la tolérance implique le respect des convictions d'autrui, quelles qu'elles puissent être. Ces conditions n'existent pas en Allemagne à l'heure actuelle [26]. » Quand cette déclaration fut reproduite dans la presse mondiale, les journaux allemands rivalisèrent pour condamner Einstein et prouver leur allégeance au régime nazi. « Bonnes Nouvelles d'Einstein : Il Ne

Revient Pas ! » lisait-on à la une du *Berliner Lokalanzeiger*. L'article fulminait contre la manière dont « cet avorton gonflé de vanité osait s'ériger en juge de l'Allemagne sans savoir ce qui se passe ici – des faits qui doivent demeurer éternellement incompréhensibles à un individu qui n'a jamais été allemand à nos yeux et qui déclare lui-même être un Juif et rien qu'un Juif[27] ».

Les commentaires d'Einstein plongèrent Planck dans un dilemme. Le 19 mars, il lui écrivit pour l'informer de la « profonde affliction » que lui causaient « toutes sortes de rumeurs qui ont émergé en cette époque troublée et difficile sur vos déclarations en public et en privé concernant la politique[28] ». Planck déplorait que « ces informations rendent excessivement difficile pour tous ceux qui vous estiment et vous respectent de prendre votre défense ». Il reprocha à Einstein d'aggraver le sort de ses « compagnons tribaux et coreligionnaires ». Lorsque son bateau arriva à Anvers le 28 mars, Einstein demanda à être conduit à l'ambassade allemande à Bruxelles. C'est là qu'il rendit son passeport, qu'il renonça à la nationalité allemande et qu'il remit sa lettre de démission de l'Académie des sciences prussienne.

Tandis qu'Einstein réfléchissait à son avenir immédiat – que faire et où aller ? –, Elsa et lui s'installèrent dans une villa dans la petite station balnéaire belge du Coq-sur-Mer. Le bruit courant que la vie d'Einstein était peut-être menacée, le gouvernement belge lui donna deux gardes du corps. À Berlin, Planck fut soulagé en apprenant la démission d'Einstein. C'était la seule manière honorable de rompre avec l'Académie et d'« épargner en même temps à vos amis un chagrin et une douleur incommensurables[29] », écrivit-il à Einstein. Peu de gens étaient disposés à prendre son parti en Allemagne.

Le 10 mai 1933, des étudiants et universitaires arborant la croix gammée et portant des torches défilèrent sur Unter den Linden jusqu'à l'Opernplatz, juste en face de l'entrée principale de l'université de Berlin, et mirent le feu à quelque vingt mille livres pillés dans les bibliothèques et librairies de la capitale. Une foule de quarante mille personnes regarda les flammes consumer les ouvrages « non allemands » et « judéo-bolcheviques » d'auteurs comme Marx, Brecht, Freud, Zola, Proust, Kafka et Einstein. Cette scène se reproduisit dans toutes les grandes villes universitaires allemandes, et des gens comme Planck lurent les signaux de fumée et ne protestèrent guère – quand ils protestèrent. Ces bûchers de livres n'étaient que le début de l'assaut lancé par les nazis contre l'art et la culture « dégénérés », mais un événement bien plus significatif pour les Juifs allemands s'était déjà produit quand l'antisémitisme fut officiellement légalisé.

La « loi sur la restauration de la Fonction publique », votée le 7 avril, s'appliquait à quelque deux millions de fonctionnaires de l'État. Elle était conçue pour viser les opposants politiques des nazis, les socialistes, les communistes et les Juifs. Le paragraphe 3 contenait l'infâme « clause aryenne » : « Les fonctionnaires non aryens devront prendre leur retraite[30]. » La loi définissait un non-aryen comme une personne dont un des parents ou des grands-parents n'était pas aryen. Soixante-deux ans après leur émancipation en 1871, les Juifs allemands étaient une fois de plus l'objet d'une discrimination d'État légalisée. Elle servit de tremplin à la persécution nazie subséquente des Juifs.

Les universités étaient des institutions d'État, et bientôt plus d'un millier d'universitaires, dont trois cent onze professeurs, furent renvoyés ou contraints de démissionner. Près d'un quart des membres de la communauté des physiciens d'avant 1933 furent contraints à l'exil, et, parmi eux, la moitié des théoriciens. En 1936, plus de mille six cents universitaires avaient été évincés ; un tiers d'entre eux étaient des scientifiques, dont vingt qui avaient reçu le prix Nobel ou allaient le recevoir : onze en physique, quatre en chimie, cinq en médecine[31]. Théoriquement, la nouvelle réglementation ne s'appliquait pas aux fonctionnaires titularisés avant la Première Guerre mondiale, ni à ceux qui étaient des anciens combattants de cette guerre, ni à quiconque avait perdu un père ou un fils pendant cette guerre. Mais comme la purge nazie se poursuivait sans faiblir et touchait un nombre croissant d'exemptés, le 16 mai 1933, Planck, en sa qualité de président de la Kaiser-Wilhelm-Gesellschaft, alla trouver Hitler. Il croyait pouvoir limiter les dommages causés à la science allemande.

On a du mal à le croire, mais Planck déclara à Hitler qu'« il y avait différentes sortes de Juifs, certains qui ont de la valeur pour l'humanité, et d'autres sans valeur aucune » et qu'« il convenait de faire des distinctions[32] ». « C'est faux, répliqua Hitler. Un Juif est un Juif ; et tous les Juifs s'agglutinent comme des sangsues. Partout où il y a un Juif, d'autres Juifs de toutes sortes se rassemblent immédiatement[33]. » Son gambit d'ouverture ayant échoué, Planck changea de tactique. L'expulsion générale des savants juifs serait nuisible aux intérêts de l'Allemagne, affirma-t-il. Cette simple supposition déchaîna la colère d'Hitler : « Notre politique nationale ne sera ni abrogée ni modifiée, même pour les savants [...]. Si le renvoi des savants juifs signifie l'anéantissement de la science allemande contemporaine, alors nous nous passerons de la science pendant quelques années[34] ! »

En novembre 1918, juste après la défaite, Planck avait redonné courage aux membres de l'Académie des sciences prussienne : « Si l'ennemi a pris à notre patrie tous ses moyens de défense et toute sa puissance, si de sévères crises intérieures ont éclaté et que peut-être de nouvelles crises, encore plus sévères, nous attendent, il y a au moins une chose que nul ennemi extérieur ou intérieur n'a encore pu nous enlever : c'est la position que la science allemande occupe dans le monde[35]. » Pour Planck, qui avait perdu son fils aîné sur le champ de bataille, tout sacrifice était forcément justifié. Lorsque sa désastreuse entrevue avec Hider se termina abruptement, Planck comprit que les nazis étaient sur le point de réussir ce que personne n'avait jamais fait : la destruction de la science allemande.

Deux semaines plus tôt, le physicien nazi et Prix Nobel Johannes Stark avait été nommé directeur du Physikalisch-Technische Reichanstalt, l'Institut impérial de physique et de technologie. Bientôt, Stark disposa d'encore plus de pouvoir au service de la « physique aryenne » lorsqu'on lui confia la charge de répartir les budgets de recherche gouvernementaux. Il était déterminé à utiliser ce pouvoir à des fins de vengeance. En 1922, il avait abandonné son poste de professeur à l'université de Würzburg pour se lancer dans les affaires. Antisémite, dogmatique et querelleur, Stark s'était aliéné presque tout le monde, à l'exception de Philipp Lenard, lauréat Nobel et nazi comme lui, qui militait de longue date pour la prétendue « *deutsche Physik* ». Lorsque Stark voulut réintégrer l'université après l'échec de son aventure commerciale, aucun de ceux qui avait les moyens de le faire n'était disposé à lui donner un poste. Déjà amèrement hostile à la « physique juive » d'Einstein et plein de mépris pour la physique théorique moderne, Stark était déterminé à avoir voix au chapitre dans toutes les nominations à des chaires professorales de physique et usa de son influence pour les faire occuper par des partisans de la « physique allemande ».

Heisenberg voulait depuis longtemps être le successeur de Sommerfeld à Munich. En 1935, Stark appela Heisenberg « l'esprit de l'esprit d'Einstein » et orchestra une campagne contre lui et la physique théorique. Elle culmina le 15 juillet 1927 avec la publication d'un article dans *Das schwarze Korps*, journal SS dans lequel Heisenberg était traité de « Juif blanc ». Il passa l'année suivante à tenter de se libérer de cette étiquette qui, si elle persistait, le mettrait vraiment en danger d'être isolé et renvoyé. Il se tourna vers Heinrich Himmler, chef de la SS, qui se trouvait être une connaissance de sa famille. Himmler exonéra Heisenberg, mais empêcha sa nomination au poste de Sommerfeld. Il y avait aussi une clause selon laquelle Heisenberg devrait, à l'avenir, « séparer clairement, pour [ses] auditoires, dans la reconnaissance de résultats de recherche scientifiques, les caractéristiques personnelles et politiques du chercheur [36] ». Heisenberg sépara obligeamment le savant de la science. Il ne prononcerait plus jamais le nom d'Einstein en public.

Les physiciens de Göttingen James Franck et Max Born étaient exemptés de la « clause aryenne » en tant qu'anciens combattants. Mais aucun des deux ne choisit de faire valoir ce droit, estimant que procéder ainsi équivaudrait à une collusion avec les nazis. Franck fut condamné par pas moins de quarante-deux de ses collègues lorsqu'il présenta sa lettre de démission, au motif qu'il alimentait la propagande antiallemande en déclarant que « nous autres Allemands d'origine juive sommes actuellement traités comme des étrangers et des ennemis de la Patrie [37] ». Born, qui n'avait nullement l'intention de démissionner, découvrit son nom sur une liste des fonctionnaires suspendus publiée dans le journal local. « Tout ce que j'avais construit à Göttingen, en douze ans de dur travail, a été anéanti, écrivit-il douze ans plus tard. C'était pour moi la fin du monde [38]. » Il frissonna à la pensée de « me retrouver devant des étudiants qui, pour une raison ou une autre, m'ont rejeté, ou de vivre au milieu de collègues qui peuvent si facilement s'accommoder de la situation [39] ».

Suspendu, mais pas encore renvoyé, Born ne s'était jamais senti particulièrement juif, confia-t-il à Einstein. Mais à présent, il « en était extrêmement conscient, non seulement parce qu'on nous considère ainsi, mais parce que l'oppression et l'injustice suscitent en moi colère et résistance [40] ». Born espérait s'installer en Angleterre, « car les Anglais semblent accepter les réfugiés avec une grande noblesse de sentiments et une grande générosité [41] ». Ses souhaits furent exaucés lorsqu'on lui proposa un contrat d'enseignant de trois ans à l'université de Cambridge. Croyant qu'il risquait de léser un physicien anglais méritant, Born n'accepta que lorsqu'il eut l'assurance que le poste avait été créé spécialement pour lui. Il était l'un des rares heureux élus dont la contribution à la physique était internationalement reconnue, contrairement aux « jeunes » pour qui Einstein disait que son « cœur souffre [42] ». Mais même les scientifiques de la stature de Born furent obligés d'endurer des périodes de profonde incertitude quant à leur avenir. Après que son séjour à Cambridge eut pris fin, Born passa six mois en Inde, à Bangalore ; il envisageait sérieusement de prendre un poste à Moscou lorsqu'en 1936 on lui proposa la chaire de philosophie naturelle à l'université d'Édimbourg.

Heisenberg avait essayé de convaincre Born qu'il ne risquait rien, puisque « seuls les insignifiants sont affectés par la loi – vous et Franck certainement pas ». Il espérait, comme d'autres, que les choses finiraient par se tasser et que « la révolution politique pourrait s'accomplir sans dommages pour la physique de Göttingen [43] ». Mais il était trop tard. Il n'avait fallu aux nazis que quelques semaines pour faire passer Göttingen, berceau de la mécanique quantique, du stade de l'université prestigieuse à celui d'un établissement de second ordre. Le ministre nazi de l'enseignement demanda à David Hilbert, le plus célèbre mathématicien de Göttingen, s'il était vrai « que votre institut a tant souffert du départ des Juifs et de leurs amis. — Souffert ? répondit Hilbert. Non, *Herr Minister*, il n'a pas souffert. Il n'existe plus, tout simplement [44] ».

Quand les informations sur la situation en Allemagne se répandirent, les scientifiques et leurs corps professionnels passèrent rapidement à l'action pour aider avec de l'argent et des emplois leurs collègues qui fuyaient l'oppression nazie. Des organisations d'entraide soutenues par des dons et des donations émanant d'individus ou de fondations privées furent mises sur pied. En Angleterre, l'Académic Assistance Council, présidé par Rutherford, fut créé en mai 1933 comme « centre de répartition » qui trouvait des postes temporaires et proposait son aide aux scientifiques, artistes et écrivains réfugiés, dont beaucoup s'enfuirent au début en Suisse, en Hollande ou en France et n'y séjournèrent que peu de temps avant de continuer jusqu'en Grande-Bretagne et aux États-Unis.

À Copenhague, l'institut de Bohr devint une halte-relais pour de nombreux physiciens. En décembre 1931, l'Académie danoise des sciences et des lettres avait choisi Bohr comme nouvel occupant de l'Aeresbolig, la « Maison d'Honneur », demeure construite par le fondateur de la brasserie Carlsberg. Son nouveau statut de premier citoyen danois signifiait qu'il avait encore plus d'influence au Danemark et à l'étranger, qu'il mit à profit pour aider les autres. En 1933, Bohr et son frère Harald aidèrent à mettre sur pied le « Comité de soutien danois des travailleurs intellectuels en exil ». Par l'intermédiaire de collègues et d'anciens étudiants, Bohr put faire créer de nouveaux postes ou faire attribuer des postes vacants à des réfugiés. Ce fut Bohr qui fit venir James Franck à Copenhague en avril 1934 pour un séjour de trois ans en tant que professeur invité. Au bout d'un an environ, Franck trouva un poste de titulaire aux États-Unis, qui, avec la Suède, étaient la destination finale de beaucoup de ceux qui arrivaient au Danemark. Un homme n'avait pas à s'inquiéter pour trouver du travail : Einstein.

Début septembre, comme on craignait de plus en plus pour sa sécurité en Belgique, Einstein partit pour l'Angleterre. Le mois suivant, il resta discret et s'installa dans un cottage sur la côte du Norfolk. Mais la tranquillité de son séjour au bord de la mer vola en éclats lorsqu'il apprit que Paul Ehrenfest, séparé de sa femme, s'était suicidé dans une crise de désespoir. Cela s'était passé dans un hôpital d'Amsterdam où il était venu voir son fils Vassily, qui était trisomique. Einstein fut choqué d'apprendre qu'Ehrenfest avait aussi tiré sur Vassily. Fait remarquable, le garçon survécut, mais resta borgne.

Bien que profondément bouleversé par le suicide d'Ehrenfest, Einstein dirigea bientôt ses pensées vers le discours qu'il avait accepté de prononcer dans un meeting de bienfaisance au profit des réfugiés. Cette réunion, présidée par Rutherford, se tint au Royal Albert Hall. Avec un public impatient d'apercevoir le grand homme, il n'y avait même plus de places debout ce soir-là. Einstein réussit à s'adresser à un auditoire d'environ dix mille personnes sans mentionner une seule fois l'Allemagne, à la demande des organisateurs. Car le Refugee Assistance Council estimait que « le problème qui se pose actuellement ne concerne pas uniquement les Juifs ; beaucoup de ceux qui ont souffert ou ont été menacés n'étaient pas apparentés aux Juifs [45] ». Quatre jours plus tard, au soir du 7 octobre, Einstein partit pour l'Amérique. Il devait passer les cinq mois suivants à l'Institut d'études avancées, mais il ne retourna jamais en Europe.

Pendant le trajet entre New York et Princeton, on remit à Einstein une lettre d'Abraham Flexner. Le directeur de l'IAS lui demandait de n'assister à aucune manifestation publique et de rester discret, pour sa propre sécurité. La raison donnée par Flexner était le danger représenté pour Einstein des « bandes de nazis irresponsables[46] » qui se trouvaient en Amérique. En réalité, il s'inquiétait du préjudice que les déclarations publiques d'Einstein pouvaient causer à la réputation de son tout jeune institut et, par conséquent, aux donations sur lesquelles il comptait. Au bout de quelques semaines, Einstein trouva étouffantes les restrictions de Flexner et son ingérence croissante dans ses activités. Il donna même une fois sa nouvelle adresse comme étant « Camp de concentration, Princeton[47] ».

Einstein écrivit aux administrateurs de l'institut pour se plaindre du comportement de Flexner et leur demanda de lui garantir « l'assurance de pouvoir travailler dans le calme et la dignité, de façon à ce qu'il n'y ait pas à chaque instant une ingérence d'une sorte qu'aucune personne qui se respecte ne peut tolérer[48] ». S'ils ne le pouvaient pas, alors il serait obligé de « discuter avec vous des moyens de rompre d'une manière digne ma relation avec votre institut[49] ». Einstein obtint le droit d'agir comme il lui plaisait, mais dut en payer le prix : il n'aurait jamais la moindre influence réelle sur la gestion de l'IAS. Lorsqu'il appuya la nomination de Schrödinger à un poste à l'institut, sa démarche fit perdre toutes ses chances à l'Autrichien.

Schrödinger ne fut pas obligé de quitter Berlin, mais il le fit par principe. Il était en exil au Magdalen College de l'université d'Oxford depuis moins d'une semaine lorsque, le 9 novembre 1933, il apprit une nouvelle inattendue. Le président du collège, George Gordon, l'avisa que le *Times* l'avait appelé pour l'informer que Schrödinger serait au nombre des lauréats Nobel de l'année. « Je pense que vous pouvez le croire. Le *Times* n'annonce rien dont il ne soit pas sûr, dit fièrement Gordon. Quant à moi, j'étais vraiment stupéfait, car je croyais que vous aviez déjà le prix [50]. »

Schrödinger et Dirac reçurent chacun une moitié du prix Nobel 1933, tandis que le Nobel 1932, reporté d'un an, alla au seul Heisenberg. La première réaction de Dirac fut de refuser le prix, parce qu'il ne voulait pas de publicité sur son nom. Il l'accepta quand Rutherford l'eut convaincu qu'un refus engendrerait encore plus de publicité. Tandis que Dirac caressait l'idée de refuser son prix Nobel, Born était profondément blessé par l'indifférence dont l'Académie suédoise faisait preuve à son égard.

« J'ai mauvaise conscience en ce qui concerne Schrödinger, Dirac et Born, écrivit Heisenberg à Bohr. Schrödinger et Dirac méritaient chacun un prix entier au moins autant que moi, et j'aurais volontiers partagé le mien avec Born, puisque nous avons travaillé ensemble [51]. » Auparavant, il avait répondu à une lettre de félicitations de Born : « Le fait que je vais recevoir seul le prix Nobel pour des travaux faits en collaboration – vous, Jordan et moi-même –, ce fait me déprime et je ne sais pas quoi vous écrire [52]. » « Le fait que les matrices d'Heisenberg portent son nom n'est pas entièrement justifié, car à l'époque il n'avait vraiment aucune idée de ce qu'était une matrice, se plaignit Born à Einstein deux décennies plus tard. C'est lui qui a raflé toutes les récompenses de nos travaux communs, comme le prix Nobel et ce genre de chose. » Il avouait que « depuis vingt ans, je ne peux me défaire d'une certaine impression d'injustice [53] ». Born recevrait finalement le prix Nobel en 1954 pour « ses travaux fondamentaux en mécanique quantique et en particulier pour son interprétation statistique de la fonction d'onde ».

Après les difficultés du début, Einstein commençait déjà à se plaire à Princeton fin novembre 1933. « Princeton est un merveilleux petit endroit, un village pittoresque et compassé peuplé de minuscules demi-dieux perchés sur des échasses, écrivait-il à la reine des Belges Élisabeth. Cependant, en ignorant certaines conventions, j'ai réussi à créer pour moi-même une atmosphère propice à l'étude et dépourvue de distractions [54]. » En avril 1934, Einstein annonça qu'il resterait à Princeton indéfiniment. L'« oiseau de passage » avait trouvé où faire son nid pour le reste de son existence.

Einstein avait toujours été un anticonformiste, même en physique, depuis son séjour à l'Office des brevets. Et, pourtant, il avait montré la voie si souvent et si longtemps. Il espérait le refaire quand il adressa un nouveau défi à Bohr et à l'interprétation de Copenhague.

CHAPITRE 13

La réalité quantique

« Princeton est un asile de fous » et « Einstein est complètement zinzin [1] », écrivit Robert Oppenheimer. C'était en janvier 1935 et l'éminent physicien théoricien américain avait trente et un ans. Douze ans plus tard, après avoir dirigé la construction de la bombe atomique, il réintégrerait l'Institut des études avancées pour prendre en charge l'« asile de fous » et ses « sommités solipsistes resplendissant chacune dans sa désolation impuissante [2] ». Einstein acceptait le fait que son attitude critique envers la mécanique quantique assurait qu'« ici à Princeton je passe pour un vieil imbécile [3] ».

C'était un sentiment largement partagé par la jeune génération de physiciens qui, ayant grandi avec la théorie, approuvaient le jugement de Paul Dirac, pour qui la mécanique quantique expliquait « la plus grande partie de la physique et toute la chimie [4] ». Le fait que quelques vieillards se querellent encore sur le sens de la théorie ne les troublait guère, vu son immense succès pratique. À la fin des années 1920, à mesure que les problèmes de la physique atomique étaient résolus l'un après l'autre, l'attention se déplaça de l'atome vers le noyau. Au début des années 1930, la découverte du neutron par James Chadwick à Cambridge, et les travaux d'Enrico Fermi et de son équipe à Rome sur les réactions induites par l'impact des neutrons sur les noyaux ouvrirent la nouvelle frontière de la physique nucléaire [5]. En 1932, John Cockroft et Ernest Walton, collègues de Chadwick au laboratoire Cavendish dirigé par Rutherford, construisirent le premier accélérateur de particules et s'en servirent pour fissionner l'atome en désintégrant son noyau.

Einstein s'était déplacé de Berlin à Princeton ; toutefois, la physique avançait sans lui. Il en était conscient, mais avait l'impression d'avoir acquis le droit de poursuivre en physique les recherches qui l'intéressaient. Lorsqu'il arriva à l'IAS en octobre 1933, on lui montra son nouveau cabinet de travail et on lui demanda de quel matériel il avait besoin. « Un bureau ou une table, une chaise, du papier et des crayons, répondit-il. Et puis une grande corbeille à papier, afin que je puisse y jeter toutes mes erreurs [6]. » Et il y en eut beaucoup, mais Einstein ne se découragea jamais dans sa recherche du Saint-Graal – la théorie du champ unifié.

Tout comme Maxwell avait unifié l'électricité, le magnétisme et la lumière dans un cadre théorique unique et universel au XIXe siècle, Einstein espérait unifier l'électromagnétisme et la relativité générale. Pareille unification était pour lui la prochaine étape, aussi logique qu'inévitable. Ce fut en 1925 qu'il fit la première de ses nombreuses tentatives pour construire pareille théorie qui finirent dans la corbeille à papier. Après la découverte de la mécanique quantique, il croyait qu'une théorie du champ unifié engendrerait cette nouvelle physique en tant que sous-produit.

Dans les années qui suivirent le congrès Solvay de 1930, il n'y eut guère de contacts directs entre Bohr et Einstein. Un précieux moyen de communication disparut avec le suicide de Paul Ehrenfest en septembre 1933. Dans un émouvant hommage, Einstein évoqua la lutte intérieure de son ami pour appréhender la mécanique quantique et « la difficulté croissante à s'adapter à de nouvelles pensées qui assaillent toujours l'homme une fois passé la cinquantaine. Je ne sais pas combien de lecteurs de ces lignes seront capables de comprendre pleinement cette tragédie [7] ».

Nombreux furent ceux qui, en lisant ces paroles d'Einstein, les prirent pour une lamentation sur son destin personnel. À cinquante-quatre ans, il savait qu'on le considérait comme une relique d'une époque révolue, qui refusait de vivre avec la mécanique quantique, ou en était incapable. Mais il savait aussi ce qui séparait Schrödinger et lui-même de la plupart de leurs collègues : « Presque tous les autres ne vont pas des faits à la théorie, mais de la théorie aux faits ; ne pouvant se dépêtrer d'un filet conceptuel accepté d'avance, ils s'y débattent d'une manière grotesque [8]. »

En dépit de ces doutes réciproques, il y avait toujours de jeunes physiciens impatients de travailler avec Einstein. L'un était Nathan Rosen, vingt-cinq ans, un New-Yorkais qui était venu du MIT en 1934 pour devenir son assistant. Quelques mois avant Rosen, le Russe Boris Podolsky, trente-neuf ans, avait rejoint l'IAS. Il avait rencontré Einstein pour la première fois à Caltech en 1931 et ils avaient publié un article en collaboration. Einstein avait une idée pour un autre article qui marquerait une nouvelle phase dans son débat avec Bohr en s'attaquant encore une fois à l'interprétation de Copenhague.

Aux congrès Solvay de 1927 et 1930, Einstein avait tenté de circonvenir le principe d'incertitude pour montrer que la mécanique quantique était incohérente et par conséquent incomplète. Bohr, aidé par Heisenberg et Pauli, avait réussi à démolir chacune des expériences imaginaires d'Einstein et à défendre l'interprétation de Copenhague. Ensuite, Einstein avait admis que la mécanique quantique était cohérente, mais que ce n'était pas la théorie définitive revendiquée par Bohr. Einstein savait qu'il avait besoin d'une nouvelle stratégie pour démontrer que la mécanique quantique était incomplète, qu'elle ne saisissait pas la réalité physique dans son intégralité. À cette fin il élabora la plus durable de ses expériences de pensée.

Pendant plusieurs semaines, au début de 1935, Einstein conféra avec Podolsky et Rosen dans son bureau pour débattre de son idée. Podolsky se vit attribuer la tâche de rédiger l'article correspondant, tandis que Rosen effectuerait la plupart des calculs mathématiques nécessaires. Einstein, ainsi que se le rappela plus tard Rosen, « fournit le point de vue général et ses implications [9] ». Comprenant quatre pages seulement, l'article d'Einstein-Podolsky-Rosen, ou « article EPR », comme on l'appellerait plus tard, fut terminé et expédié vers la fin du mois de mars. Le texte « La description de la réalité physique par la mécanique quantique peut-elle être considérée comme complète ? » fut publié le 15 mai dans la *Physical Review* américaine [10]. La réponse d'EPR à la question posée était un « Non ! » provocant. Avant même qu'il soit imprimé, le nom d'Einstein assura que l'article EPR suscite le genre de publicité dont tout le monde se serait bien passé.

Le samedi 4 mai 1935, un article parut en page 11 du *New York Times*, sous la manchette accrocheuse « Einstein Attaque la Théorie des Quanta » : « Le Pr. Einstein veut attaquer la théorie scientifique importante de la mécanique quantique, dont il fut en quelque sorte le grand-père. Il conclut que, bien qu'elle soit "correcte", elle n'est pas "complète". » Trois jours plus tard, le *New York Times* publiait une déclaration d'un Albert Einstein manifestement mécontent. Bien qu'il ait l'habitude de parler à la presse, il faisait remarquer : « J'ai pour principe invariable de ne débattre de questions scientifiques que dans le forum approprié, et je désapprouve la publication prématurée de toute annonce en la matière dans la presse séculière [11]. »

Dans leur article, Einstein, Podolsky et Rosen commençaient par distinguer la réalité telle qu'elle est et la compréhension qu'en a le physicien : « Tout examen sérieux d'une théorie physique doit tenir compte de la distinction entre la réalité objective, qui est indépendante de toute théorie, et les concepts physiques avec lesquels opère cette théorie. Ces concepts sont élaborés pour correspondre à la réalité objective, et c'est au moyen de ces concepts que nous nous représentons cette réalité [12]. » Dans l'évaluation du succès d'une théorie physique quelconque, EPR soutenaient qu'il fallait répondre « oui » sans équivoque à deux questions : La théorie est-elle correcte ? La description donnée par cette théorie est-elle complète ?

« L'exactitude de la théorie est jugée par le degré d'accord entre les conclusions de la théorie et l'expérience humaine », disaient EPR. C'était un énoncé que tout physicien accepterait quand l'« expérience » en physique prend la forme d'expériences et de mesures. Il n'y avait jusque-là pas eu de conflit entre les expériences effectuées en laboratoire et les prédictions théoriques de la mécanique quantique. Elle semblait être une théorie correcte. Or, pour Einstein, il ne suffisait pas qu'une théorie soit correcte, en accord avec les expériences ; il fallait aussi qu'elle soit complète.

Quel que soit le sens du terme « complète », EPR imposaient une condition nécessaire à la complétude d'une théorie physique : « Tout élément de la réalité physique doit avoir une contrepartie dans la théorie physique [13]. » Ce critère de complétude exigeait qu'EPR définissent ce qu'on entend par « élément de réalité » s'ils voulaient aller jusqu'au bout de leur raisonnement.

Définir la réalité ! Einstein ne voulait pas s'enliser dans ces sables mouvants philosophiques qui en avaient englouti plus d'un. Dans le passé, personne n'était sorti indemne d'une tentative pour cerner ce qui constituait la réalité. Évitant astucieusement « une définition tous azimuts de la réalité » comme « non indispensable » à leur dessein, EPR adoptèrent ce qu'ils estimaient être un critère « suffisant » et « raisonnable » pour désigner un « élément de réalité » : « Si, sans perturber un système en aucune manière, nous pouvons prédire avec certitude (c'est-à-dire avec une probabilité égale à un) la valeur d'une grandeur physique, alors il existe un élément de réalité physique correspondant à cette grandeur physique [14]. »

Einstein voulait réfuter l'affirmation de Bohr – que la mécanique quantique était une théorie fondamentale complète de la nature – en démontrant qu'il existait des « éléments de réalité » que cette théorie n'appréhendait pas. Einstein avait déplacé le centre du débat avec Bohr et ses partisans de la cohérence interne de la mécanique quantique à la nature de la réalité et au rôle de la théorie.

EPR soutenaient que, pour qu'une théorie soit complète, il fallait qu'il y ait une correspondance univoque entre un élément de la théorie et un élément de la réalité. Une condition suffisante pour la réalité d'une grandeur physique telle que la quantité de mouvement est la possibilité de la prédire avec certitude sans perturber le système. S'il existait un élément de la réalité physique dont la théorie ne rendait pas compte, alors la théorie était incomplète. La situation serait comparable à celle d'une personne qui trouve un livre dans une bibliothèque publique et qui, au moment où elle veut le sortir, s'entend dire par le bibliothécaire que, d'après le catalogue, la bibliothèque n'a aucune trace de cet ouvrage. Comme le livre porte toutes les références nécessaires indiquant qu'il faisait vraiment partie du stock, la seule explication serait que le catalogue est incomplet.

Selon le principe d'incertitude, une mesure qui donne la valeur exacte de la quantité de mouvement d'un objet ou d'un système microphysiques exclut jusqu'à la possibilité d'en mesurer simultanément la position. La question à laquelle Einstein voulait répondre était : L'impossibilité de mesurer directement la position exacte d'un électron signifie-t-elle que l'électron n'a pas de position définie ? L'interprétation de Copenhague répondait qu'en l'absence d'une mesure qui en détermine la position, l'électron n'a pas de position. EPR entreprirent de démontrer qu'il y a des éléments de la réalité physique – le fait qu'un électron ait une position définie, par exemple – que la mécanique quantique ne peut intégrer, et qu'elle est donc incomplète.

EPR tentèrent d'asseoir leur raisonnement sur une expérience de pensée. Deux particules, A et B, interagissent brièvement puis s'éloignent dans des directions opposées. Le principe d'incertitude interdit la mesure précise simultanée, à un instant donné quelconque, de la position et de la quantité de mouvement de l'une ou de l'autre particule. Il autorise toutefois une mesure précise et simultanée de la quantité de mouvement totale des deux particules A et B, et de la distance relative entre elles.

Le principe de l'expérience imaginaire d'EPR est de ne pas perturber la particule A en évitant toute observation directe. Même si A et B sont à des années-lumière l'une de l'autre, rien à l'intérieur de la structure mathématique de la mécanique quantique n'interdit qu'une mesure de la quantité de mouvement de A fournisse des informations sur la quantité de mouvement exacte de B sans que B en soit perturbée. Lorsque la quantité de mouvement de A est mesurée avec précision, elle permet indirectement – mais simultanément – *via* la loi de la conservation de la quantité de mouvement, une détermination exacte de la quantité de mouvement de B. Par conséquent, d'après le critère de réalité EPR, la quantité de mouvement de B doit être un élément de la réalité physique. De même, en mesurant la position exacte de A, il est possible, parce que la distance physique entre A et B est connue, d'en déduire la position de B sans la mesurer directement. Elle doit donc, soutiennent EPR, être elle aussi un élément de la réalité physique. EPR semblaient avoir trouvé là un moyen d'établir avec certitude les valeurs exactes soit de la quantité de mouvement soit de la position de B grâce à des mesures effectuées sur la particule A, sans la moindre possibilité d'une perturbation physique de la particule B.

Sur la base de leur critère de réalité, EPR affirmaient qu'ils avaient ainsi prouvé que la quantité de mouvement comme la position de la particule B sont des « éléments de réalité », et qu'on peut simultanément obtenir les valeurs exactes de la position et de la quantité de mouvement de B. Puisque la mécanique quantique, au travers du principe d'incertitude, élimine toute possibilité qu'une particule possède simultanément ces deux propriétés, ces « éléments de réalité » n'ont pas de contrepartie dans la théorie [15]. Par conséquent, concluent EPR, la description de la réalité physique donnée par la mécanique quantique est incomplète.

L'expérience imaginaire d'Einstein n'était pas conçue pour mesurer simultanément la position et la quantité de mouvement de la particule B. Il admettait qu'il était impossible de mesurer directement l'une ou l'autre de ces deux propriétés d'une particule sans causer une perturbation physique irréductible. Au lieu de quoi, l'expérience de pensée à deux particules avait été élaborée pour démontrer que pareilles propriétés pouvaient avoir une existence simultanée définie, que la position comme la quantité de mouvement d'une particule sont des « éléments de réalité ». Si ces propriétés de la particule B peuvent être déterminées sans que B soit observée (mesurée), alors ces propriétés de B doivent exister comme éléments de la réalité physique indépendamment de toute observation (mesure). La particule B possède une position réelle et une quantité de mouvement réelle.

EPR s'attendaient à l'objection possible que « deux ou plusieurs grandeurs physiques [puissent] être considérées comme des éléments simultanés de la réalité uniquement lorsqu'on peut simultanément les mesurer ou les prédire [16] ». Cet argument faisait toutefois dépendre la réalité de la quantité de mouvement et de la position de la particule B du processus de mesure appliqué à la particule A, laquelle pourrait se trouver à des années-lumière de distance, et qui ne perturbe en aucune manière la particule B. « On ne pourrait attendre d'aucune définition raisonnable de la réalité qu'elle autorise cela [17] », disaient EPR.

La présomption émise par Einstein de la localité – le fait qu'une mystérieuse action à distance instantanée n'existe pas – était essentielle à l'argumentation d'EPR. La localité éliminait la possibilité qu'un événement dans une certaine région de l'espace influence instantanément un autre événement ailleurs dans l'espace au mépris de la vitesse de la lumière. Pour Einstein, la vitesse de la lumière était la limite infranchissable imposée par la nature à la rapidité avec laquelle tout objet pouvait se déplacer d'un lieu à un autre. Pour le découvreur de la relativité, il était inconcevable qu'une mesure effectuée sur la particule A affecte instantanément, et à distance, les éléments de réalité physique indépendants possédés par la particule B.

Dès que parut l'article EPR, l'alerte fut donnée parmi tous les éminents pionniers des quanta d'un bout à l'autre de l'Europe. « Einstein a encore fait une déclaration publique sur la mécanique quantique, et dans la *Physical Review*, en plus, dans son numéro du 15 mai (avec Podolsky et Rosen, des gens peu recommandables par ailleurs)[18] », écrivit de Zurich un Wolfgang Pauli furieux à Heisenberg à Leipzig. « Il est bien connu, continuait-il, que c'est la catastrophe chaque fois que ça arrive. » Pauli concédait néanmoins, comme lui seul pouvait se le permettre, « que si un étudiant de première ou deuxième année avait soulevé pareilles objections, je l'aurais trouvé très intelligent et prometteur[19] ».

Avec le zèle d'un missionnaire quantique, Pauli pressa Heisenberg de publier une réfutation séance tenante pour empêcher toute confusion ou hésitation chez leurs collègues physiciens dans le sillage du dernier défi d'Einstein. Pauli avoua qu'il avait envisagé, pour des « raisons pédagogiques », de « gaspiller encre et papier afin de formuler les faits exigés par la théorie des quanta qui causent des difficultés intellectuelles particulières à Einstein[20] ». Finalement, ce fut Heisenberg qui rédigea un projet de réponse à l'article EPR, dont il envoya une copie à Pauli. Mais Heisenberg suspendit la publication de son article, car Bohr avait déjà pris les armes pour défendre l'interprétation de Copenhague.

« L'attaque » d'EPR « nous est tombée dessus comme un coup de tonnerre dans un ciel serein, se rappela Léon Rosenfeld, qui se trouvait alors à Copenhague. Ses effets sur Bohr furent remarquables[21]. » Toutes affaires cessantes, Bohr se persuada qu'un examen approfondi de l'expérience de pensée EPR révélerait où Einstein s'était trompé. Il leur montrerait « la manière correcte d'en parler[22] ». Tout excité, Bohr commença à dicter à Rosenfeld un brouillon de réponse. Mais bientôt il commença à hésiter. « Non, ça ne va pas, il faut tout recommencer », marmonnait Bohr. « Il a continué comme ça pendant un moment, de plus en plus étonné par la subtilité inattendue de l'argumentation [d'EPR], se rappela Rosenfeld. De temps en temps, il se tournait vers moi et demandait : "Qu'est-ce qu'ils peuvent bien vouloir dire ? Vous le comprenez, vous[23] ?" » Au bout d'un moment, un Niels Bohr de plus en plus agité se rendit compte que l'argumentation déployée par Einstein était à la fois ingénieuse et subtile. Une réfutation de l'article EPR serait plus difficile qu'il ne l'avait cru au début, et il annonça que « la nuit porte conseil[24] ». Le lendemain matin, il était plus calme. « Ils font ça intelligemment, confia-t-il à Rosenfeld, mais ce qui compte, c'est de le faire correctement[25]. » Les six semaines qui suivirent, jour et nuit, Bohr se consacra exclusivement à cette tâche.

Avant même d'avoir terminé sa réponse à EPR, Bohr écrivit le 29 juin une lettre à la revue *Nature*. Intitulée « Mécanique quantique et réalité physique », elle décrivait succinctement sa contre-attaque[26]. Une fois de plus, le *New York Times* flaira un scoop. « Divergence entre Bohr et Einstein. Ils entament une controverse sur la nature de la réalité. » Telles étaient les manchettes de l'article qui parut le 28 juillet. Les lecteurs apprenaient que « La controverse entre Bohr et Einstein vient de commencer cette semaine dans le dernier numéro de *Nature*, la revue scientifique britannique, avec un défi préliminaire du Pr. Bohr à l'adresse du Pr. Einstein, et avec la promesse du Pr. Bohr qu'"un développement plus complet de cette argumentation sera donné dans un article qui paraîtra sous peu dans la *Physical Review.*" »

Bohr avait délibérément choisi le même forum qu'Einstein, et sa réponse de six pages, reçue le 13 juillet, s'intitulait elle aussi : « La description de la réalité physique par la mécanique quantique peut-elle être considérée comme complète [27] ? » La réponse de Bohr, publiée le 15 octobre, était un « Oui » sans équivoque. Incapable toutefois d'identifier la moindre erreur dans l'argumentation d'EPR, Bohr en fut réduit à affirmer que les preuves fournies par Einstein de l'incomplétude de la mécanique quantique n'étaient pas assez fortes pour soutenir le poids de pareille assertion. Recourant à une stratégie oratoire dotée d'une longue et illustre histoire, Bohr commença sa défense de l'interprétation de Copenhague en rejetant carrément la composante principale de l'argumentation d'Einstein démontrant l'incomplétude : le critère de réalité physique. Bohr pensait avoir identifié une faiblesse dans la définition d'EPR : la nécessité d'effectuer une mesure « sans perturber un système en aucune manière [28] ».

Bohr espérait exploiter ce qu'il décrivait comme une « ambiguïté essentielle » du critère de réalité « lorsqu'il s'applique aux phénomènes quantiques » en revenant publiquement sur l'affirmation qu'une mesure conduisait à une perturbation physique inévitable. Il avait compté sur cette perturbation pour saper les précédentes expériences imaginaires d'Einstein en démontrant qu'il était impossible de connaître simultanément la position et la quantité de mouvement exactes d'une particule parce que la mesure de l'une causait une perturbation incontrôlable qui empêchait toute mesure précise de l'autre. Bohr savait parfaitement bien qu'EPR ne cherchaient pas à contester le principe d'incertitude de Heisenberg, puisque leur expérience de pensée n'était pas conçue pour mesurer simultanément la position et la quantité de mouvement d'une particule.

Il le reconnaissait quand il écrivait que dans l'expérience imaginaire d'EPR « il n'est pas question d'une perturbation mécanique du système étudié [29] ». C'était une concession publique significative, une qu'il avait faite en privé quelques années plutôt lorsque lui-même, Heisenberg, Hendrik Kramers et Oskar Klein faisaient cercle autour de l'âtre dans sa maison de campagne de Tisvilde. « N'est-ce pas bizarre, demanda Klein, qu'Einstein éprouve de si grandes difficultés à accepter le rôle du hasard dans la physique atomique [30] ? » C'est parce que « nous ne pouvons pas faire d'observations sans perturber les phénomènes, dit Heisenberg. Les effets quantiques que nous introduisons avec nos observations introduisent automatiquement une certaine dose d'incertitude dans le phénomène à observer. Cet Einstein refuse de l'accepter, bien qu'il soit parfaitement au courant des faits [31] ». « Je ne suis pas entièrement d'accord avec vous [32], dit Bohr à Heisenberg. En tout cas, je trouve toutes les assertions comme "l'observation introduit l'incertitude dans le phénomène" inexactes et trompeuses. La Nature nous a enseigné que le terme de "phénomène" ne peut s'appliquer aux processus atomiques à moins qu'on ne précise également quel dispositif expérimental ou quels instruments d'observation sont impliqués. Si un dispositif expérimental particulier a été défini et qu'une observation particulière suit, alors nous pouvons, j'en conviens, parler d'un phénomène, mais pas de sa perturbation par l'observation [33]. » Il n'empêche qu'avant, pendant et après les congrès Solvay, le fait que l'acte de mesurer perturbe l'objet observé était abondamment documenté dans les écrits de Bohr et était essentiel à son démontage des expériences de pensée einsteiniennes.

Sous la pression de l'examen continuel auquel Einstein soumettait l'interprétation de Copenhague, Bohr renonça à s'appuyer sur la « perturbation » : il savait qu'elle impliquait qu'un électron, par exemple, existait dans un état qui pouvait être perturbé. Au lieu de quoi, Bohr soulignait maintenant que tout objet microphysique en train d'être mesuré et le dispositif effectuant la mesure formaient un tout indivisible – le « phénomène ». Il n'y avait absolument pas de place pour une perturbation physique due à la mesure. C'est pourquoi Bohr estimait que le critère de réalité d'EPR était ambigu.

Hélas, la réponse de Bohr à EPR était loin d'être claire. Des années plus tard, en 1949, il avoua une certaine « inefficacité d'expression » lorsqu'il relut son article. Il essaya de préciser que l'« ambiguïté essentielle » à laquelle il avait fait allusion dans sa réponse à EPR résidait dans le fait d'invoquer des « attributs physiques des objets quand on traite de phénomènes où on ne peut faire une distinction tranchée entre le comportement de ces objets eux-mêmes et leur interaction avec les instruments de mesure [34] ».

Bohr ne contestait pas le fait qu'EPR puissent prédire les résultats de mesures possibles de la particule B en se fondant sur des connaissances acquises en mesurant la particule A. Une fois que la quantité de mouvement de la particule A a été mesurée, il est possible de prédire avec précision le résultat d'une mesure similaire de la quantité de mouvement de la particule B, comme l'envisageaient EPR. Toutefois, Bohr soutenait que cela ne signifie pas que la quantité de mouvement soit un élément autonome de la réalité de B. C'est seulement lorsqu'une mesure « réelle » de la quantité de mouvement est effectuée sur B qu'on peut dire qu'elle possède une quantité de mouvement. La quantité de mouvement d'une particule ne devient « réelle » que lorsque celle-ci interagit avec un dispositif conçu pour mesurer cette grandeur. Une particule n'existe pas dans un état inconnu – mais « réel » – préalablement à la mesure. En l'absence d'une telle mesure qui déterminerait soit la position, soit la quantité de mouvement d'une particule, Bohr soutenait que cela n'avait pas de sens d'affirmer qu'elle possédait vraiment l'une ou l'autre.

Pour Bohr, le rôle du dispositif de mesure était crucial pour définir les éléments de réalité EPR. Ainsi, une fois qu'un physicien a installé le matériel nécessaire à la mesure de la position exacte de la particule A, mesure à partir de laquelle on peut calculer avec certitude la position de la particule B, il est exclu de pouvoir mesurer la quantité de mouvement de A et donc d'en déduire la quantité de mouvement de B.

Si, comme Bohr le concédait à EPR, il n'y a pas de perturbation physique directe de la particule B, alors ses « éléments de réalité physique » doivent être définis par la nature du dispositif de mesure et la mesure effectuée sur A.

Pour EPR, si la quantité de mouvement de B est un élément de réalité, alors une mesure de la quantité de mouvement de A ne peut affecter B. Elle permet simplement le calcul de la quantité de mouvement que possède la particule A indépendamment de toute mesure. Le critère de réalité EPR suppose que, si les particules A et B n'exercent aucune force physique l'une sur l'autre, alors tout ce qui peut arriver à l'une ne peut « perturber » l'autre. Toutefois, d'après Bohr, puisque A et B avaient interagi une fois avant de s'éloigner l'une de l'autre, elles étaient à jamais liées en tant que parties d'un système unique et ne pouvaient être traitées individuellement comme deux particules séparées. Par conséquent, soumettre A à une mesure de sa quantité de mouvement était pratiquement la même chose que de pratiquer une mesure directe sur B, ce qui conduisait instantanément à la doter d'une quantité de mouvement bien définie.

Bohr convenait qu'il n'y avait pas de perturbation « mécanique » de la particule B due à une observation de la particule A. Comme EPR, lui aussi excluait la possibilité d'une force physique, poussée ou traction, agissant à distance. Toutefois, si la réalité de la position ou de la quantité de mouvement de la particule B est déterminée par des mesures pratiquées sur la particule A, il semble qu'il y ait une certaine « influence » instantanée agissant à distance. Ce qui viole la localité, le fait que ce qui arrive à la particule A ne peut instantanément affecter la particule B, et la séparabilité, le fait que A et B existent indépendamment l'une de l'autre. Ces deux concepts étaient au cœur de l'argumentation d'EPR et de la conception einsteinienne d'une réalité indépendante de l'observateur. Bohr soutenait cependant qu'une mesure de la particule A, d'une manière ou d'une autre, « influençait » instantanément la particule B [35]. Il ne s'étendit pas sur la nature de cette mystérieuse « influence sur les conditions même qui définissent les types possibles de prédictions concernant le comportement ultérieur du système [36] ». Bohr concluait que, puisque « ces conditions constituent un élément inhérent à la description de tout phénomène auquel le terme de “réalité physique” peut être légitimement attaché, nous voyons que l'argumentation de nos auteurs ne justifie pas leur conclusion que la description donnée par la mécanique quantique est essentiellement incomplète [37] ».

Einstein se moqua des « forces vaudou » et des « interactions farfelues » de Bohr. « Il est apparemment difficile de voir quelles cartes le Tout-Puissant tient en main, écrivit-il plus tard. Mais je ne croirai pas une seule minute qu'il lance les dés ou se sert de procédés “télépathiques” (comme voudrait le faire accroire la théorie des quanta actuelle) [38]. » Il dit à Born que « la physique devrait représenter la réalité dans le temps et l'espace, dépourvue de toute action fantaisiste à distance[39] ».

L'article EPR exprimait la conviction d'Einstein que l'interprétation de Copenhague de la théorie des quanta et l'existence d'une réalité objective étaient incompatibles. Il avait raison, et Bohr le savait. « Il n'y a pas d'univers quantique. Il n'y a qu'une description mécanique quantique abstraite[40] », affirmait-il. Selon l'interprétation de Copenhague, les particules n'ont pas de réalité indépendante, elles ne possèdent pas de propriétés quand elles ne sont pas observées, conception qui fut résumée succinctement plus tard par le physicien américain John Archibald Wheeler : aucun phénomène élémentaire n'est un phénomène réel avant d'être un phénomène observé. Un an avant EPR, Pascual Jordan porta le rejet d'une réalité indépendante de l'observateur jusqu'à sa conclusion logique : « Nous produisons nous-mêmes les résultats de la mesure[41]. »

« Maintenant, nous allons être obligés de tout recommencer, dit Paul Dirac, parce que Einstein a prouvé que ça ne marche pas[42]. » Dirac crut d'abord qu'Einstein avait porté un coup fatal à la mécanique quantique. Mais bientôt, comme la plupart des physiciens, il admit que Bohr était, une fois de plus, sorti victorieux d'un affrontement avec Einstein. La mécanique quantique avait depuis longtemps prouvé sa valeur, et on ne se bousculait pas pour examiner de trop près la réponse de Bohr à l'argumentation d'EPR, car elle était obscure à l'aune même de ses propres normes.

Peu après la publication de l'article EPR, Einstein reçut une lettre de Schrödinger : « J'ai été très heureux de voir que dans l'article récemment paru dans la *P.R.* vous avez manifestement attrapé la dogmatique m.q. par les basques[43]. » Après avoir proposé une analyse de certaines subtilités de l'article EPR, Schrödinger exposa ses propres réserves concernant la théorie qu'il avait tant contribué à créer : « Mon interprétation est que nous n'avons pas une m.q. qui soit cohérente avec la théorie de la relativité, c'est-à-dire avec une vitesse de transmission finie de toutes les influences. Nous n'avons que l'analogie de l'ancienne mécanique absolue [...]. Le processus de séparation n'est pas du tout embrassé par le schéma de pensée orthodoxe[44]. » Tandis que Bohr s'efforçait de formuler sa réponse, Schrödinger croyait que le rôle central de la séparabilité et de la localité dans l'argumentation d'EPR signifiait que la mécanique quantique n'était pas une description complète de la réalité.

Dans sa lettre, Schrôdinger utilisait le terme de *Verschränkung*, qu'on traduira plus tard par « intrication », pour décrire les corrélations entre deux particules qui interagissent et ensuite se séparent, comme dans l'expérience EPR. Il admettait, comme Bohr, qu'après l'interaction il n'y avait plus qu'un système unique à deux particules au lieu de deux systèmes à une particule, et donc que tous les changements affectant l'une des particules affecterait l'autre, quelle que soit la distance les séparant. « Toute "intrication de prédiction" qui se produit ne peut manifestement être dû qu'au fait que les deux corps formaient, à un moment antérieur, un système véritablement *unique*, c'est-à-dire qu'ils interagissaient, et qu'ils ont laissé des *traces* l'un sur l'autre[45] », écrivit-il dans un article célèbre publié plus tard la même année. « Si deux corps séparés, chacun isolément connu autant que faire se peut, entrent dans une situation dans laquelle ils s'influencent mutuellement, et se séparent à nouveau, alors il se produit régulièrement ce que je viens d'appeler une *intrication* de notre connaissance de ces deux corps[46]. »

Bien qu'il ne partage pas l'engagement intellectuel et émotionnel d'Einstein en faveur de la localité, Schrödinger n'était pas disposé à la rejeter. Il avança un argument pour dénouer l'intrication. Toute mesure pratiquée sur l'une ou l'autre des parties séparées A ou B d'un état intriqué à deux particules rompt l'intrication et toutes deux sont à nouveau indépendantes l'une de l'autre. « Des mesures effectuées sur deux systèmes séparés, conclut-il, ne peuvent s'influencer directement – ce serait de la magie. »

Schrödinger dut être surpris en lisant la lettre d'Einstein, datée du 17 juin : « Du point de vue des principes, écrivait-il, je ne crois absolument pas à une base statistique pour la physique à la manière de la mécanique quantique, en dépit du singulier succès du formalisme, dont je suis très conscient[47]. » Cela, Schrödinger le savait déjà, mais Einstein ajoutait : « Il faut mettre fin à cette orgie imbibée d'épistémologie. » Tout en écrivant ces lignes, Einstein savait l'impression qu'il allait produire : « Mais vous souriez sans doute et pensez qu'après tout maint jeune hérétique se change en un vieux fanatique, et que maint jeune révolutionnaire devient un vieux réactionnaire. »

Leurs lettres s'étaient croisées. Deux jours après avoir écrit la sienne, Einstein recevait celle de Schrödinger commentant l'article EPR ; il y répondit immédiatement. « Ce que j'avais vraiment l'intention [de prouver] n'est pas très bien passé, expliquait-il. Au contraire, le thème principal a été, pour ainsi dire, enterré sous l'érudition[48]. » Il manquait à l'article EPR rédigé par Podolsky la clarté et le style qui caractérisaient les travaux publiés par Einstein en allemand. Il regrettait que le rôle fondamental de la séparabilité – le fait que l'état d'un objet ne puisse dépendre de la nature de la mesure effectuée sur un autre objet, spatialement séparé – ait été occulté dans l'article. Einstein voulait que le principe de séparation soit un trait explicite de l'argumentation EPR et non une sorte de rajout, comme pouvait le suggérer sa relégation en dernière page de l'article. Il voulait mettre en relief l'incompatibilité de la séparabilité avec la complétude de la mécanique quantique. Elles ne pouvaient être vraies toutes les deux.

« La vraie difficulté réside dans le fait que la physique est une sorte de métaphysique, écrivait-il à Schrödinger. La physique décrit la réalité ; nous ne la connaissons qu'au travers de sa description physique[49]. » Mais cette description, poursuivait Einstein, « peut être “complète” ou “incomplète” ». Il essaya d'illustrer sa pensée en demandant à Schrödinger d'imaginer deux boîtes fermées, dont l'une contient une balle. Ouvrir le couvercle d'une boîte et regarder à l'intérieur est « faire une observation ». Avant qu'on regarde à l'intérieur de la première boîte, la probabilité qu'elle contienne la balle est de 1/2 – en d'autres termes, il y a 50 % de chances que la balle soit à l'intérieur de cette boîte. Une fois que la boîte est ouverte, la probabilité est égale soit à 1 (la balle est dans la boîte) soit à 0 (la balle n'est pas dans la boîte). Mais, dit Einstein, en réalité, la balle était toujours dans l'une des deux boîtes. Par conséquent, demande-t-il, l'énoncé « Il y a une probabilité de 1/2 que la balle soit dans la première boîte » est-il une description complète de la réalité ? Si la réponse est non, alors une description complète serait : « La balle est (ou n'est pas) dans la première boîte. » Si l'état avant l'ouverture de la boîte est tenu pour une description complète, alors pareille description serait : « La balle n'est pas dans *une* des deux boîtes. » L'existence de la balle dans une boîte définie ne survient que lorsqu'une des deux boîtes est ouverte. « Ainsi se manifeste le caractère statistique du monde de l'expérience ou de son système empirique de lois », conclut

Einstein. Il pose donc la question : l'état *avant* l'ouverture de la boîte est-il complètement décrit par la probabilité de 1/2 ?

Pour trancher, Einstein fit intervenir le « principe de séparation » : la deuxième boîte et son contenu sont indépendants de tout ce qui peut arriver à la première boîte. Par conséquent, selon lui, la réponse est non. Fixer une probabilité de 1/2 pour que la boîte contienne la balle est une description incomplète de la réalité. C'était la violation par Bohr du principe de séparation einsteinien qui débouchait sur une « action à distance farfelue » dans l'expérience de pensée EPR.

Le 8 août 1935, Einstein, continuant sur sa lancée, proposa un scénario plus explosif pour prouver à Schrödinger l'incomplétude de la mécanique quantique parce que cette théorie ne pouvait offrir que des probabilités là où il y avait de la certitude. Il demanda à Schrödinger de considérer un baril de poudre instable qui explose spontanément à un moment ou un autre au cours de l'année à venir. Au début, la fonction d'onde décrit un état bien défini – un baril de poudre qui n'a pas explosé. Mais au bout d'un an, la fonction d'onde « décrit une sorte de mélange entre systèmes pré-explosion et systèmes post-explosion [50] ». « Aucune interprétation, si habile soit-elle, ne peut transformer cette fonction d'onde en une description adéquate d'un état de choses réel, dit Einstein à Schrödinger, [car] en réalité il n'y a aucun intermédiaire entre explosion et non-explosion [51]. » Soit le baril a explosé, soit il n'a pas explosé. C'était, commenta Einstein, un « exemple macroscopique grossier » qui exhibe les mêmes « difficultés » que celles rencontrées dans l'expérience de pensée EPR.

L'avalanche de lettres qu'il échangea avec Einstein entre juin et août 1935 avait incité Schrödinger à examiner l'interprétation de Copenhague. Le fruit de ce dialogue fut un essai en trois parties publié entre le 29 novembre et le 13 décembre. Schrödinger avoua qu'il ne savait pas s'il fallait appeler « La situation actuelle en mécanique quantique » un « rapport » ou une « confession générale ». Quoi qu'il en soit, l'essai contenait un paragraphe qui aurait un impact durable :

« Un chat est enfermé dans une enceinte en acier, avec le dispositif diabolique suivant (qui doit être protégé de toute intervention directe de la part du chat) : dans un compteur Geiger, il y a une quantité infime d'une substance radioactive, si petite que, *peut-être*, au cours d'une heure, l'un des atomes se désintègre, mais qu'aussi, avec une égale probabilité, aucun ne se désintègre ; si cela se produit, le tube du compteur se décharge et libère *via* un relais un marteau qui brise un petit flacon d'acide cyanhydrique. Si on a laissé ce système tout entier livré à lui-même pendant une heure, on pourrait dire que le chat vit encore *si* aucun atome ne s'est désintégré entretemps. La première désintégration l'aurait empoisonné. La fonction d'onde du système tout entier exprimerait cela en intégrant le chat vivant et le chat mort hachés menu ou pilonnés – excusez l'image – à parts égales [52]. »

Selon Schrödinger et le bon sens, le chat est soit mort, soit vivant, suivant qu'il y ait eu ou non désintégration radioactive. Mais, selon Bohr et ses disciples, l'univers subatomique est une contrée à la manière d'*Alice au pays des merveilles* : parce que seul un acte d'observation peut décider s'il y a eu ou non désintégration, c'est cette seule observation qui détermine si le chat est mort ou vivant. En attendant, le chat est consigné au purgatoire quantique, superposition d'états dans laquelle il n'est ni mort ni vivant.

Même s'il reprocha à Schrödinger d'avoir choisi une revue allemande pour publier son essai alors qu'il restait sur place des scientifiques allemands disposés à tolérer le régime nazi, Einstein fut enchanté. Le chat, dit-il à Schrödinger, prouve que « nous sommes complètement d'accord en ce qui concerne le caractère de la théorie actuelle ». Une fonction d'onde qui contient un chat vivant et un chat mort « ne peut être tenue pour la description d'un état réel [53] ». Des années plus tard, en 1950, Einstein fit accidentellement exploser le chat, oubliant que c'était lui-même qui avait imaginé l'exemple du baril de poudre. Écrivant à Schrödinger au sujet des « physiciens contemporains », il ne put dissimuler sa consternation devant leur insistance à proclamer que « la théorie des quanta fournit une description de la réalité, et même une description *complète* [54] ». Pareille interprétation, poursuivait Einstein, était « réfutée de manière très élégante par votre système d'atome radioactif + compteur Geiger + amplificateur + charge de poudre à canon + chat dans une boîte, dans lequel la fonction d'onde d'un système contient le chat à la fois en vie et pulvérisé par l'explosion [55] ».

Le célèbre félin de l'expérience imaginaire de Schrödinger illustrait également la difficulté qu'il y avait à tracer la frontière entre l'appareillage de mesure, qui appartient au macro-univers de la vie quotidienne, et l'objet mesuré, qui appartient au micro-univers du quantum. Pour Bohr, il n'y avait pas de « coupure » franche entre les univers classique et quantique. Pour expliquer ce qu'il entendait par le lien indestructible entre l'observateur et l'observé, Bohr proposa l'exemple de l'aveugle avec sa canne. Où se trouvait, demanda-t-il, la coupure entre l'aveugle et le monde invisible dans lequel il vivait ? L'aveugle est inséparable de sa canne, affirmait Bohr ; c'est une extension de sa personne, dans la mesure où il s'en sert pour recueillir des informations sur le monde qui l'entoure. Le monde commence-t-il au bout de la canne de l'aveugle ? Non, dit Bohr. C'est grâce au bout de sa canne que le toucher de l'aveugle appréhende le monde, et l'un et l'autre sont inextricablement liés. Bohr suggéra qu'il en est de même quand un expérimentateur essaie de mesurer une propriété d'une particule microphysique. Au travers de l'acte de mesure, l'observateur et l'observé s'entrelacent dans une étreinte intime de telle manière qu'il est impossible de dire où commence l'un et où finit l'autre.

L'interprétation de Copenhague assigne néanmoins une position privilégiée à l'observateur, que ce soit un humain ou un dispositif mécanique, dans la construction de la réalité. Or la matière est intégralement composée d'atomes et donc soumise aux lois de la mécanique quantique ; alors, comment l'observateur humain ou le dispositif de mesure peuvent-ils jouir d'une position privilégiée ? C'est le problème de la mesure. La présomption par l'interprétation de Copenhague de l'existence antérieure de l'univers classique du dispositif de mesure macroscopique semble être un paradoxe circulaire.

Einstein et Schrödinger voyaient là une indication manifeste de l'incomplétude de la mécanique quantique comme conception exhaustive du monde, et Schrödinger tenta de l'illustrer avec son célèbre chat-dans-sa-boîte. La mesure demeure un processus inexpliqué dans l'interprétation de Copenhague, puisqu'il n'y a rien dans les mathématiques de la mécanique quantique qui spécifie comment ou quand la fonction d'onde s'effondre. Bohr « résolut » le problème en déclarant carrément qu'on peut effectivement effectuer des mesures, mais sans jamais expliquer comment.

Schrödinger rencontra Bohr lors de son séjour en Angleterre en mars 1936 et rendit compte de cette entrevue à Einstein : « J'ai passé récemment quelques heures à Londres avec Niels Bohr, qui, à sa manière prévenante et courtoise, m'a répété qu'il trouvait "consternant" et même “une grande trahison” que des gens comme [von] Laue et moi-même, mais en particulier quelqu'un comme vous veuillent porter un coup à la mécanique quantique alors que la situation paradoxale connue entre si nécessairement dans l'ordre naturel des choses et qu'elle reçoit un tel soutien de l'expérience. C'est comme si nous essayions de forcer la nature à accepter notre idée préconçue de la “réalité”. Il parle avec la conviction intérieure profonde d'un homme extraordinairement intelligent, si bien qu'il est difficile de rester sur ses positions sans être ébranlé[56]. » Et pourtant, Einstein comme Schrödinger demeurèrent fermes dans leur opposition à l'interprétation de Copenhague.

En août 1935, deux mois avant la publication de l'article EPR, Einstein s'acheta enfin une maison. Rien ne distinguait le 112 Mercer Street de ses voisins mais, à cause de son propriétaire, il devint l'une des plus célèbres adresses du monde. La maison était bien située et Einstein pouvait se rendre à pied à l'Institut d'études avancées, bien qu'il préfère travailler chez lui dans son bureau. Au premier étage, une grande table couverte par la panoplie habituelle du scientifique trônait au centre de la pièce. Les portraits de Faraday et de Maxwell, rejoints plus tard par Gandhi, étaient accrochés aux murs.

La petite maison aux volets verts était aussi le domicile de la sœur cadette d'Elsa, Margot, et d'Helen Dukas. Cette tranquillité domestique fut hélas vite anéantie quand on diagnostiqua une maladie cardiaque chez Elsa. Lorsque son état empira, Einstein devint « malheureux et déprimé[57] », écrivit Elsa à une amie. Elle en était agréablement surprise : « Je n'aurais jamais cru qu'il était si attaché à moi. Ça aussi, ça aide[58]. » Elle mourut le 20 décembre 1960 ; elle avait soixante ans. Avec deux femmes pour s'occuper de lui, Einstein se remit rapidement de son deuil.

« Je commence à m'habituer merveilleusement, ici, écrivit-il à Born. J'hiberne comme un ours dans son trou, et je me sens vraiment chez moi, plus que jamais dans mon existence variée [59]. » Il expliqua que cette « ursitude a été encore accentuée par la mort de ma compagne, qui était plus attachée aux êtres humains que moi. » Born trouva la mention presque décontractée du décès d'Elsa « plutôt étrange », mais il n'en fut pas surpris. « Malgré toute sa bonté, sa sociabilité et son amour de l'humanité, dirait Born plus tard, il était néanmoins totalement détaché de son environnement et des êtres humains qui en faisaient partie [60]. » Presque totalement. Il y avait une personne à laquelle Einstein était profondément attaché, sa sœur Maja. Elle vint habiter chez lui en 1939 après que les lois racistes de Mussolini l'eurent forcée à quitter l'Italie, et elle resta à Princeton jusqu'à sa mort en 1951.

Après la mort d'Elsa, Einstein se fixa un emploi du temps qui, au fil des années, varia de moins en moins. Après le petit déjeuner, pris entre 9 et 10 heures, il se rendait à pied à l'institut. Il y travaillait jusqu'à 13 heures, puis rentrait chez lui pour le déjeuner, suivi d'une sieste. Il travaillait ensuite dans son bureau jusqu'au dîner, pris entre 18 h 30 et 19 heures. Il allait rarement au théâtre ou au concert, et, contrairement à Bohr, n'allait presque jamais au cinéma. Il vivait, dit-il en 1936, « dans cette sorte de solitude qui est douloureuse quand on est jeune, mais délicieuse à l'âge mûr [61] ».

Début février 1937, Bohr arriva à Princeton, avec son épouse et leur fils Hans, pour un séjour d'une semaine dans le cadre d'une tournée mondiale de six mois. C'était pour Einstein et Bohr la première occasion de se rencontrer face à face depuis la publication de l'article EPR.

Bohr pourrait-il enfin convaincre Einstein d'accepter l'interprétation de Copenhague ? « Leur discussion sur la mécanique quantique n'était pas du tout passionnée, se rappela Valentin Bargmann, qui devint plus tard l'un des assistants d'Einstein. Mais un observateur extérieur aurait eu l'impression d'un dialogue de sourds [62]. » La moindre discussion significative, lui sembla-t-il, exigeait « des jours et des jours ». Hélas, lors de la rencontre dont il fut témoin, « il y eut beaucoup de non-dits [63] ».

Einstein comme Bohr savaient déjà de quoi ils n'avaient pas parlé. Leur divergence sur l'interprétation de la mécanique quantique aboutit à un débat philosophique sur le statut de la réalité. Existait-elle ? Bohr croyait que la mécanique quantique était une théorie fondamentale complète de la nature, et c'est sur elle qu'il édifia sa conception philosophique du monde. Ce qui le conduisit à déclarer : « Il n'y a pas d'univers quantique. Il n'y a qu'une description mécanique quantique abstraite. C'est une erreur de croire que la tâche de la physique est de découvrir comment est la nature. La physique concerne ce que nous pouvons dire de la nature [64]. » Einstein, lui, choisit la démarche inverse. Il fonda son évaluation de la mécanique quantique sur la croyance inébranlable en l'existence d'une réalité causale indépendante de l'observateur. Par conséquent, il ne pourrait jamais accepter l'interprétation de Copenhague. « Ce que nous appelons science, affirmait Einstein, a pour unique but de déterminer ce qui *est* [65]. »

Bohr donnait la priorité à la théorie, ensuite venait la position philosophique, l'interprétation élaborée pour donner sens à ce que la théorie nous dit de la réalité. Einstein savait qu'il était dangereux d'édifier une conception philosophique du monde sur la base d'une théorie scientifique, quelle qu'elle soit. Si la théorie se trouve invalidée à la lumière de nouvelles données expérimentales, l'édifice philosophique qu'elle soutient s'effondre avec elle. « C'est un principe de la physique que de supposer l'existence d'un monde réel indépendamment de tout acte de perception, disait Einstein. Mais nous ne le *savons* pas[66]. »

Réaliste dans sa philosophie, Einstein savait que pareille position ne pouvait être justifiée. C'était une « croyance » concernant la réalité qui n'était pas démontrable. Quoi qu'il en soit, pour Einstein, « c'est l'existence et la réalité que l'on désire appréhender[67] ». « Je ne trouve pas de meilleur terme que "religieuse" pour la confiance en la nature rationnelle de la réalité dans la mesure où elle est accessible à la raison humaine, écrivit-il à Maurice Solovine. Chaque fois que ce sentiment est absent, la science dégénère en un empirisme sans inspiration[68]. »

Heisenberg comprenait qu'Einstein et Schrödinger veuillent « revenir au concept de réalité de la physique classique ou, pour utiliser un terme philosophique plus général, à l'ontologie du matérialisme[69] ». La croyance en un « monde réel objectif dont les parties les plus petites existent objectivement dans le même sens où les pierres ou les arbres existent, que nous soyons en train de les observer ou non » était pour Heisenberg une régression en direction des « conceptions matérialistes simplistes qui prévalaient dans les sciences de la nature au XIXe siècle[70] ». Heisenberg n'avait que partiellement raison quand il déclarait qu'Einstein et Schrödinger voulaient « changer la philosophie sans changer la physique[71] ». Einstein admettait que la mécanique quantique soit la meilleure théorie disponible, mais c'était « une représentation incomplète des choses réelles, bien que ce fût la seule qui puisse s'élaborer à partir des concepts fondamentaux de la force et des points matériels (corrections quantiques apportées à la mécanique classique)[72] ».

Einstein cherchait désespérément à changer la physique elle aussi ; car il n'était pas le fossile conservateur que beaucoup croyaient. Il était persuadé qu'il fallait remplacer les concepts de la physique classique par des nouveaux. Puisque l'univers macroscopique est décrit par la physique classique et ses concepts, Bohr affirmait qu'on perdait son temps ne serait-ce qu'à chercher à aller au-delà. Il avait développé le cadre de la complémentarité afin de sauver les concepts classiques. Pour lui, il n'y avait pas de réalité physique sous-jacente existant indépendamment du matériel de mesure, ce qui signifiait, ainsi que le fit remarquer Heisenberg, que « nous ne pouvons pas échapper au paradoxe de la théorie des quanta, c'est-à-dire à la nécessité de recourir aux concepts classiques[73] ». C'est cet appel de Bohr-Heisenberg à retenir les concepts classiques qu'Einstein appelait une « philosophie tranquillisante[74] ».

Il n'abandonna jamais l'ontologie de la physique classique – une réalité indépendante de l'observateur –, mais il était disposé à opérer une rupture décisive avec la physique classique. La conception de la réalité avalisée par l'interprétation de Copenhague prouvait suffisamment qu'il fallait y procéder. Einstein voulait une révolution plus radicale que celle proposée par la mécanique quantique. Il n'était donc guère surprenant qu'Einstein et Bohr aient laissé tant de non-dits s'accumuler entre eux.

En janvier 1939, Bohr retourna à Princeton et resta quatre mois à l'IAS comme professeur invité. Bien que les deux hommes maintiennent encore une relation chaleureuse et amicale, leur querelle prolongée à propos de la réalité quantique avait inévitablement refroidi l'atmosphère. « Einstein n'était plus que l'ombre de lui-même[75] », se rappela Rosenfeld, qui avait accompagné

Bohr en Amérique. Ils se rencontraient encore, habituellement lors de réceptions formelles, mais ils ne parlaient plus de la physique qui avait tant d'importance pour eux. Pendant le séjour de Bohr, Einstein ne donna qu'une seule conférence, sur sa recherche d'une théorie du champ unifié. En présence de Bohr, il confia à son auditoire qu'il espérait pouvoir dériver la physique quantique à partir de pareille théorie. Mais il avait déjà fait savoir qu'il préférait ne pas aller plus loin dans ce débat. « Bohr en a été profondément chagriné[76] », dit Rosenfeld. Si Einstein n'était pas disposé à parler de la physique quantique, Bohr s'aperçut qu'il y avait beaucoup d'autres collègues à Princeton impatients de discuter des tout derniers développements en physique nucléaire, vu les événements inquiétants en Europe qui allaient une fois de plus conduire à une guerre mondiale.

« On a beau se plonger profondément dans le travail, écrivit Einstein à la reine des Belges Élisabeth, l'impression obsédante d'une inévitable tragédie persiste[77]. » Cette lettre était datée du 9 janvier 1939, deux jours avant que Bohr s'embarque pour l'Amérique et apporte la nouvelle d'une découverte que d'autres avait faite : le fractionnement d'un gros noyau atomique en deux noyaux plus petits, accompagné d'une libération d'énergie – la fission nucléaire. C'est pendant la traversée que Bohr comprit que c'est l'uranium 235 qui subit une fission nucléaire quand il est bombardé par des neutrons lents, et non l'autre isotope, l'uranium 238. À l'âge de cinquante-trois ans, ce fut la dernière contribution majeure de Bohr à la physique. Comme Einstein se refusait à débattre de la nature de la réalité quantique, Bohr se concentra sur l'étude détaillée de la fission nucléaire avec l'Américain John Wheeler de l'université de Princeton.

Après le retour de Bohr en Europe, Einstein envoya au président Roosevelt une lettre, datée du 2 août, le pressant d'examiner la faisabilité de la mise au point d'une bombe atomique, étant donné que l'Allemagne avait interrompu la vente du minerai d'uranium extrait dans les mines qu'elle contrôlait désormais en Tchécoslovaquie. Roosevelt lui répondit en octobre, remerciant Einstein de sa lettre et l'informant qu'il avait mis sur pied une commission pour examiner les problèmes évoqués. Dans l'intervalle, le 1er septembre 1939, l'Allemagne avait attaqué la Pologne.

Éternel pacifiste, Einstein était prêt à trouver un compromis jusqu'à ce qu'Hitler et les nazis soient vaincus. Dans une deuxième lettre, datée du 7 mars 1940, il pressa Roosevelt de prendre des mesures supplémentaires. « Depuis que la guerre a éclaté, l'intérêt porté à l'uranium s'est intensifié en Allemagne. Je viens d'apprendre que des recherches y sont menées en grand secret [78]. » Einstein ne le savait pas, mais l'homme responsable du programme allemand de bombe atomique était Werner Heisenberg. Une fois de plus, sa lettre ne suscita guère de réactions. La découverte par Bohr du caractère fissible de l'uranium 235 était bien plus importante pour la création de la bombe atomique que tout ce qu'avaient pu faire les deux lettres d'Einstein à Roosevelt. Le gouvernement américain ne commença à songer sérieusement à développer une bombe atomique, sous le nom de code « projet Manhattan », qu'en octobre 1941.

Bien qu'Einstein ait obtenu la nationalité américaine en 1940, les autorités le considéraient comme un risque pour la sécurité nationale en raison de ses opinions politiques. On ne lui demanda jamais de travailler sur la bombe atomique. Bohr, lui, fut sollicité. Le 22 décembre 1943, il s'arrêta à Princeton sur la route qui le conduirait à Los Alamos, au Nouveau-Mexique, où la bombe était construite. Il dîna avec Einstein et Wolfgang Pauli, qui avait rejoint l'Institut d'études avancées en 1940. Il s'était passé bien des choses depuis la dernière fois que Bohr avait rencontré Einstein.

En avril 1940, les forces allemandes avaient occupé le Danemark. Bohr choisit de rester à Copenhague, espérant que sa réputation internationale fournirait un semblant de protection à ses collaborateurs. Et cela fonctionna jusqu'en août 1943, quand l'illusion d'une autonomie du Danemark fut finalement brisée : les nazis déclarèrent la loi martiale après que le gouvernement eut rejeté leurs exigences que l'état d'urgence soit déclaré et que les actes de sabotage soient punis de mort. Ensuite, le 28 septembre, Hitler ordonna la déportation des huit mille Juifs danois. Un fonctionnaire allemand compatissant informa deux politiciens danois que les rafles commenceraient le 1er octobre à 21 heures. L'information se propagea rapidement et presque tous les Juifs disparurent, cachés chez des compatriotes danois, trouvant asile dans les églises ou déguisés en malades dans les hôpitaux. Les nazis réussirent à rassembler moins de trois cents juifs. Bohr, dont la mère était juive, réussit à fuir en Suède avec sa famille. De là, il gagna l'Écosse à bord d'un bombardier britannique et faillit mourir asphyxié parce qu'il voyageait dans la soute à bombes et portait un masque à oxygène mal adapté. Il rencontra des politiciens britanniques puis se rendit bientôt aux États-Unis, où, après sa brève visite à Princeton, il travailla sur la bombe atomique sous le pseudonyme de « Nicholas Baker ».

Après la guerre, Bohr regagna son institut à Copenhague, et Einstein déclara qu'il n'avait « pas de sympathie pour aucun vrai Allemand[79] ». Il avait quand même une sympathie durable pour Planck, qui avait survécu à tous les enfants de son premier mariage. La mort de son plus jeune fils fut la plus amère de toutes les épreuves que subit Planck au cours de sa longue vie. Erwin, sous-secrétaire d'État à la Chancellerie du Reich avant l'arrivée au pouvoir des nazis, fut soupçonné d'avoir participé à l'attentat manqué contre Hitler en juillet 1944. Arrêté et torturé par la Gestapo, il fut reconnu coupable de complicité dans la tentative d'assassinat. À un moment, il y eut une lueur d'espoir quand Planck, selon ses propres termes, « remua le ciel et l'enfer [80] » pour faire commuer la peine de mort en peine de prison. Ensuite, sans préavis, Erwin fut pendu à Berlin en février 1945. On avait refusé à Planck la possibilité de voir son fils une dernière fois : « Il était une précieuse partie de mon être. Il était mon rayon de soleil, ma fierté, mon espoir. Les mots ne peuvent décrire ce que j'ai perdu avec lui [81]. »

Lorsqu'il apprit la nouvelle que Planck était mort, à quatre-vingt-neuf ans, des suites d'une attaque le 4 octobre 1947, Einstein évoqua dans une lettre à sa veuve « les moments sublimes et fructueux » qu'il avait eu le privilège de passer avec lui. En lui présentant ses condoléances, Einstein se rappela : « Les heures que j'ai eu l'honneur de passer dans votre maison, et les nombreuses conversations que j'ai eues face à face avec cet homme étonnant demeureront au nombre de mes plus beaux souvenirs pour le reste de ma vie [82]. » C'était une conviction, la rassura-t-il, que ne pouvait « changer le fait qu'un destin tragique nous ait séparés ».

Après la guerre, Bohr fut fait membre non résident permanent de l'Institut des études avancées : il pouvait s'y rendre et y séjourner chaque fois qu'il le voudrait. Sa première visite, en septembre 1946, fut brève, car il était venu participer aux commémorations du bicentenaire de la fondation de l'université de Princeton. Ensuite, en 1948, il arriva en février et resta jusqu'en juin. Cette fois-ci, Einstein était disposé à parler de physique. Abraham Pais, un jeune physicien néerlandais qui assistait Bohr pendant cette visite, décrivit plus tard la scène où le Danois fit irruption dans son bureau « dans un état de furieux désespoir » en disant : « Je suis dégoûté de moi-même [83]. » Lorsque Pais lui demanda ce qu'il y avait, Bohr répondit qu'il était allé voir Einstein et qu'ils s'étaient disputés à propos de la signification de la mécanique quantique.

Le renouveau de leur amitié se manifesta par le fait qu'Einstein laissa Bohr utiliser son bureau. Un jour, Bohr était en train de dicter à Pais le brouillon d'un article en l'honneur d'Einstein pour son soixante-dixième anniversaire. À court d'inspiration, Bohr resta immobile à regarder par la fenêtre en marmonnant de temps en temps tout haut le nom d'Einstein. C'est alors qu'Einstein entra dans le bureau sur la pointe des pieds. Son médecin lui avait interdit d'acheter du tabac, mais pas explicitement d'en dérober. Pais relata plus tard ce qui se passa ensuite : « Toujours sur la pointe des pieds, il alla droit vers le pot de tabac de Bohr, qui se trouvait sur la table devant laquelle j'étais assis. Bohr, qui ne se doutait de rien, était devant la fenêtre, à marmonner "Einstein… Einstein." Je ne savais que faire, surtout qu'à ce moment précis je n'avais pas la moindre idée des intentions d'Einstein. C'est alors que Bohr, avec un ferme "Einstein !" se retourna. Ils étaient là, face à face, comme si Bohr l'avait invoqué. Je n'exagère pas si je dis que, l'espace d'un instant, Bohr fut frappé de stupeur. J'avais vu l'incident arriver et avais moi-même été étrangement troublé, si bien qu'il m'était facile de comprendre la réaction de Bohr. Un moment plus tard, la glace fut rompue lorsque Einstein expliqua sa mission. Et nous éclatâmes tous de rire [84]. »

Il y eut d'autres visites à Princeton, mais Bohr ne réussit jamais à le faire changer d'avis sur le chapitre de la mécanique quantique. Heisenberg non plus, qui le vit une seule fois après la guerre pendant une tournée de conférences aux États-Unis qui coïncida avec la dernière visite de Bohr en 1954. Einstein invita Heisenberg chez lui et, entre le café et les petits gâteaux, ils bavardèrent presque tout l'après-midi. « Nous n'avons pas parlé politique, se rappela Heisenberg. Einstein ne s'intéressait qu'à l'interprétation de la théorie des quanta, qui continuait de le troubler, tout comme à Bruxelles vingt-cinq ans plus tôt [85]. » Einstein resta ferme sur ses positions. « “Je n'aime pas votre genre de physique”, dit-il [86]. »

« On dit que la nécessité de concevoir la nature comme réalité objective est un préjugé suranné tandis qu'on fait l'éloge des physiciens quantiques, écrivit un jour Einstein à son ami Maurice Solovine. Les hommes sont encore plus sensibles à la suggestion que les chevaux, et chaque période est dominée par l'air du temps, ce qui fait que la plupart des hommes ne voient pas le tyran qui les gouverne [87]. »

Lorsque Chaïm Weizmann, premier président d'Israël, mourut en novembre 1952, le Premier ministre, David Ben Gourion, se sentit obligé de proposer la présidence à Einstein. « Je suis profondément ému par la proposition de notre État d'Israël, et en même temps attristé et confus, parce que je ne puis l'accepter [88] », dit Einstein. Il souligna le fait qu'il lui manquait « à la fois l'aptitude naturelle et l'expérience nécessaires pour traiter correctement les gens et exercer des fonctions officielles [...]. Rien que pour ces raisons, je devrais être inapte à remplir les devoirs de la charge suprême, même si mon âge avancé n'entamait pas de plus en plus ma vigueur ».

Depuis l'été 1950, quand les médecins avaient découvert que son anévrisme de l'aorte se dilatait, Einstein savait que le temps lui était compté. Il rédigea son testament et précisa qu'il voulait être incinéré après des obsèques dans la plus stricte intimité. Il put encore fêter son soixante-seizième anniversaire, et l'un de ses derniers gestes fut de signer une déclaration écrite par le philosophe Bertrand Russell pour exiger le désarmement nucléaire. Einstein écrivit à Bohr, lui demandant de la signer lui aussi. « Ne froncez pas les sourcils comme ça ! Ceci n'a rien à voir avec notre vieille controverse sur la physique, mais concerne plutôt une question sur laquelle nous sommes parfaitement d'accord [89]. » Le 13 avril 1955, Einstein éprouva de sévères douleurs dans la poitrine ; deux jours plus tard, il fut hospitalisé. « Je veux partir quand je veux, dit-il en refusant une opération. C'est de mauvais goût de prolonger la vie artificiellement ; j'ai accompli ma tâche, c'est l'heure de partir [90]. »

Ironie du sort, sa belle-fille Margot était hospitalisée dans le même établissement. Elle vit Einstein deux fois et ils bavardèrent pendant quelques heures. Hans-Albert, qui était arrivé en Amérique avec sa famille en 1937, quitta Berkeley en toute hâte pour se rendre au chevet de son père. Un temps, Einstein sembla aller mieux et demanda ses notes, incapable d'abandonner sa recherche d'une théorie du champ unifié, même à la dernière extrémité. Peu après 1 heure le matin du 18 avril, l'anévrisme éclata. Après avoir prononcé quelques mots en allemand que l'infirmière de garde ne put comprendre, Einstein mourut. Il fut incinéré dans la journée, mais pas avant que son cerveau fût prélevé, et ses cendres furent dispersées en un lieu non révélé. « Si tout le monde vivait une vie comme la mienne, il n'y aurait pas besoin de romans [91] », écrivit un jour Einstein à sa sœur. C'était en 1899 et il avait vingt ans.

« Mis à part le fait qu'il ait été le plus grand physicien depuis Newton, dit Banesh Hoffmann, l'un des assistants d'Einstein à Princeton, on pourrait presque dire qu'il était moins un savant qu'un artiste de la science [92]. » Bohr lui rendit du fond du cœur son hommage personnel. Il déclara que les réussites d'Einstein étaient « les plus riches et les plus fructueuses de toute l'histoire de notre culture » et que « l'humanité sera toujours reconnaissante à Einstein d'avoir supprimé les obstacles à notre vision qui étaient impliqués dans les notions primitives d'un espace et d'un temps absolus. Il nous a donné une image du monde dont l'unité et l'harmonie surpassent les rêves les plus audacieux du passé [93] ».

La controverse entre Bohr et Einstein ne s'éteignit pas avec la mort de ce dernier. Bohr discutait comme si son vieil adversaire quantique était encore en vie : « Je vois encore le sourire d'Einstein, à la fois rusé, humain et amical [94]. » Souvent, sa première pensée quand il réfléchissait à un problème de physique fondamental était de se demander ce qu'Einstein aurait dit en l'occurrence. Le samedi 17 novembre 1962, Bohr donna la dernière des cinq interviews concernant son rôle dans le développement de la physique quantique. Le dimanche, après le déjeuner, Bohr alla faire sa sieste habituelle. Lorsqu'il appela sa femme Margrethe, elle se précipita dans sa chambre et le trouva inconscient. À soixante-dix-sept ans, il avait succombé à une crise cardiaque. Le dernier dessin sur le tableau noir de son bureau, fait la veille au soir tandis qu'il reconstituait, encore une fois, le raisonnement correspondant, était celui de la boîte à lumière d'Einstein.

IV

DIEU JOUE-T-IL AUX DÉS ?

« Je veux savoir comment Dieu a créé ce monde. Je ne m'intéresse pas à tel ou tel phénomène, au spectre de tel ou tel élément. Je veux savoir Ses pensées, le reste, ce sont des détails. »

Albert EINSTEIN

CHAPITRE 14

Le théorème de Bell sonne le glas

« Vous croyez en un dieu qui joue aux dés, et moi à la loi et l'ordre partout dans un monde qui existe objectivement, et que j'essaie de saisir à ma manière follement spéculative, écrivit Einstein à Born en 1944. Je *crois* fermement, mais j'espère que quelqu'un trouvera une démarche plus réaliste ou, plutôt, un fondement plus tangible que ce qui m'a été donné de trouver. Même le grandiose succès initial de la théorie des quanta ne me porte pas à croire au jeu de dés fondamental, bien que je sois très conscient que nos jeunes collègues interprêtent cela comme une conséquence de la sénilité. Nul doute que le jour viendra où nous verrons que cette attitude instinctive était la seule correcte [1]. » Vingt ans s'écoulèrent avant qu'une découverte nous rapproche de ce jour fatidique.

En 1964, les radioastronomes Arno Penzias et Robert Wilson détectèrent l'écho du big bang, le biologiste évolutionniste Bill Hamilton publia sa théorie de l'évolution génétique du comportement social, et le physicien théoricien Murray Gell-Mann prédit l'existence d'une nouvelle famille de particules élémentaires appelées quarks. Ce n'était que trois des percées scientifiques historiques de cette année-là. Toutefois, d'après le physicien et historien des sciences Henry Stapp, aucune ne pouvait rivaliser avec le théorème de Bell, « la plus profonde des découvertes scientifiques [2] ». Il fut ignoré.

La plupart des physiciens étaient trop occupés à utiliser la mécanique quantique, qui allait de succès en succès, pour daigner s'intéresser aux subtilités de la polémique Einstein-Bohr au sujet de sa signification et de son interprétation. Il n'est donc guère étonnant qu'ils n'aient pas reconnu qu'un physicien irlandais de trente-quatre ans, John Stewart Bell, avait découvert ce qu'Einstein et Bohr ne pouvaient pas découvrir : un théorème mathématique capable de trancher entre leurs deux conceptions du monde opposées. Pour Bohr, il n'y avait pas d'« univers quantique », mais seulement « une description mécanique quantique abstraite [3] ». Einstein croyait en une réalité indépendante de la perception. Le débat entre Einstein et Bohr portait tout autant sur le type de physique qui soit acceptable comme description significative de la réalité que sur la nature de la réalité elle-même.

Einstein était convaincu que Bohr et les tenants de l'interprétation de Copenhague jouaient un « jeu dangereux [4] » avec la réalité. John Bell avait de la sympathie pour la position d'Einstein, mais une partie de l'inspiration derrière son théorème innovant résidait dans les travaux effectués au début des années 1950 par un physicien américain contraint à l'exil.

David Bohm était un étudiant en doctorat talentueux de Robert Oppenheimer sur le campus de l'université de Californie à Berkeley. Né en décembre 1917 à Wilkes-Barre, en Pennsylvanie, Bohm fut empêché d'intégrer l'établissement de recherche ultra-secret de Los Alamos, au Nouveau-Mexique, où il aurait participé à la fabrication de la bombe atomique en 1943 après la nomination d'Oppenheimer au poste de directeur. Les autorités invoquèrent les nombreux parents et alliés de Bohm en Europe – dont dix-neuf devaient mourir dans les camps de concentration nazis – afin de justifier leur décision de le classer comme risque pour la sécurité nationale. En réalité, Oppenheimer, qui avait été interrogé par les Renseignements de l'armée américaine et voulait assurer sa nomination de directeur scientifique du projet Manhattan, avait dénoncé Bohm comme membre possible du Parti communiste américain.

Quatre ans plus tard, en 1947, celui qui se disait lui-même « destructeur de mondes » prit en charge « l'asile de fous [5] », comme il avait une fois qualifié l'Institut d'études avancées de Princeton. Peut-être pour tenter de se racheter de sa dénonciation de Bohm, dont l'intéressé lui-même ne savait rien, Oppenheimer le prit sous sa protection et l'aida à obtenir un poste de maître-assistant à l'université de Princeton. Au milieu de la paranoïa anticommuniste qui déferla sur les États-Unis après la Seconde Guerre mondiale, Oppenheimer lui-même fut bientôt soupçonné en raison des opinions politiques de gauche qu'il avait affichées par le passé. Après l'avoir étroitement surveillé pendant quelques années, le FBI avait constitué un épais dossier sur l'homme qui connaissait les secrets atomiques américains.

Dans une tentative pour diffamer Oppenheimer, certains de ses amis et collègues firent l'objet d'une enquête de la Commission parlementaire sur les activités non-américaines (HUAC) et furent assignés à comparaître devant elle. En 1948, Bohm, qui avait adhéré au Parti communiste américain en 1952, mais l'avait quitté au bout de neuf mois seulement, invoqua le Cinquième Amendement, qui le protégeait de l'autoaccusation. Moins d'un an plus tard, il fut cité à comparaître devant un Grand Jury et invoqua à nouveau le Cinquième Amendement. En novembre 1949, Bohm fut arrêté, inculpé d'outrage à magistrat et emprisonné pour une courte durée avant d'être libéré sous caution. L'université de Princeton, craignant de perdre de généreux donateurs, suspendit Bohm. Bien qu'il ait été acquitté à l'issue de son procès en juin 1950, l'université choisit de verser à Bohm le solde de son contrat pour le reste de l'année, à condition qu'il ne remette plus les pieds sur le campus. Désormais sur la liste noire, Bohm fut incapable de retrouver un poste universitaire aux États-Unis, et Einstein envisagea sérieusement de le recruter comme assistant de recherche personnel. Oppenheimer s'y opposa et fut au nombre de ceux qui conseillèrent à son ancien étudiant de quitter le pays. En octobre 1951, Bohm partit pour le Brésil et l'université de São Paulo.

Il n'était que depuis quelques semaines au Brésil quand l'ambassade des États-Unis, craignant que sa destination finale ne soit l'Union soviétique, confisqua le passeport de Bohm puis le lui rendit en limitant sa validité aux voyages vers les États-Unis. Préoccupé par le risque que son exil sud-américain ne le coupe de la communauté physique internationale, Bohm acquit la nationalité brésilienne pour circonvenir l'interdiction de voyager imposée par les Américains. Cependant, aux États-Unis, Oppenheimer allait devoir affronter une commission d'enquête. La pression exercée sur lui s'intensifia dès qu'il apparut que Klaus Fuchs, un physicien qu'il avait choisi pour travailler sur la bombe à hydrogène, était un espion soviétique. Einstein conseilla à Oppenheimer de se présenter à l'audience, d'envoyer promener la commission et de rentrer chez lui. Il n'en fit rien, mais un deuxième jugement, au printemps 1954, retira à Oppenheimer sa certification secret défense.

Bohm quitta le Brésil en 1955 et passa deux ans à l'institut Technion de Haïfa, en Israël, avant de se rendre en Angleterre. Après quatre ans à l'université de Bristol, Bohm s'installa définitivement à Londres en 1961 une fois qu'il eut été nommé professeur de physique théorique au Birkbeck College. Pendant son séjour mouvementé à Princeton, Bohm s'était principalement consacré à l'étude de la structure et de l'interprétation de la mécanique quantique. En février 1951, il publia *Théorie quantique*, l'un des premiers traités de physique qui examinent relativement en détail l'interprétation de la théorie et l'expérience de pensée EPR.

Einstein, Podolsky et Rosen avaient élaboré une expérience imaginaire impliquant un couple de particules corrélées, A et B, si éloignées l'une de l'autre qu'il devait leur être impossible d'interagir physiquement l'une avec l'autre. EPR soutenaient qu'une mesure effectuée sur la particule A ne pouvait perturber physiquement la particule B. Puisque toute mesure ne peut être effectuée que sur une seule des particules à la fois, EPR croyaient pouvoir neutraliser la contre-attaque de Bohr – un acte de mesure cause une « perturbation physique ». Les propriétés des deux particules étant corrélées, affirmaient-ils, il est possible, en mesurant une propriété de la particule A, telle que sa position, de connaître la propriété correspondante de la particule B sans la perturber. Le but d'EPR était de démontrer que la particule B possédait cette propriété qu'elle soit ou non l'objet d'une mesure, et, puisque c'était là un fait que la mécanique quantique ne décrivait pas, qu'elle était donc incomplète. Bohr répliqua, bien moins succinctement, que les deux particules étaient intriquées et formaient un système unique quelle que soit la distance qui les sépare. Par conséquent, si on en mesurait une, alors on mesurait aussi l'autre.

« Si l'affirmation [d'EPR] pouvait être prouvée, écrivait Bohm, alors on serait amené à chercher une théorie plus complète, contenant peut-être quelque chose comme des variables cachées, sous l'angle desquelles la théorie quantique actuelle serait un cas restrictif[6]. » Mais il concluait que « la théorie quantique n'est pas cohérente avec la présomption de variables causales cachées [7] ». Bohm considérait la théorie des quanta du point de vue majoritaire de l'école de Copenhague. Toutefois, en écrivant son traité, il finit par trouver inadéquate l'interprétation de Bohr, tandis qu'il approuvait que d'autres réfutent l'argumentation d'EPR comme « injustifiée, et fondée sur des hypothèses concernant la nature de la matière qui contredisent implicitement la théorie quantique dès le début [8] ».

C'était la subtilité de l'expérience de pensée EPR et ce qu'il finit par considérer comme les hypothèses raisonnables sur lesquelles elle était construite qui amenèrent Bohm à mettre en question l'interprétation de Copenhague. Démarche courageuse de la part d'un jeune physicien dont les contemporains s'affairaient à utiliser la théorie des quanta pour se faire une réputation plutôt que de risquer un suicide professionnel en tisonnant les braises d'un foyer mourant. Mais Bohm était déjà repéré : après sa comparution devant la Commission parlementaire sur les activités non américaines et sa suspension de l'université de Princeton, il n'avait plus grand-chose à perdre.

Bohm envoya un exemplaire de sa *Théorie quantique* à Einstein et discuta de ses doutes avec le plus célèbre habitant de Princeton. Encouragé à examiner de plus près l'interprétation de Copenhague, Bohm produisit deux articles qui parurent en janvier 1952. Dans le premier, il remerciait publiquement Einstein « pour plusieurs discussions intéressantes et stimulantes [9] ». À l'époque, Bohm était déjà au Brésil, mais les articles avaient été rédigés et envoyés à la *Physical Review* en juillet 1951, quatre mois seulement après la publication de son livre. Bohm semblait avoir subi une conversion digne de saint Paul sur le chemin non pas de Damas, mais de Copenhague.

Dans ses articles, Bohm donnait les grandes lignes d'une nouvelle interprétation de la théorie quantique et affirmait que « la simple possibilité d'une pareille interprétation prouve qu'il n'est pas nécessaire pour nous d'abandonner une description précise, rationnelle et objective de systèmes individuels à un niveau de précision quantique [10] ». Tout en reproduisant les prédictions de la mécanique quantique, c'était une version mathématiquement plus sophistiquée et plus cohérente du modèle de l'onde pilote dû à Louis de Broglie, que le prince français avait abandonné après qu'il fut sévèrement critiqué au congrès Solvay 1927.

Alors qu'en mécanique quantique la fonction d'onde est une onde de probabilité abstraite, c'est dans la théorie de l'onde pilote une onde physique réelle qui guide les particules. Tout comme un courant océanique porte un nageur ou un vaisseau, l'onde pilote produit un courant qui est responsable du mouvement d'une particule. La particule a une trajectoire bien définie déterminée par les valeurs précises de la position et de la vélocité qu'elle possède à tout instant donné, mais que le principe d'incertitude « cache » en empêchant un expérimentateur de les mesurer.

Après avoir lu les deux articles de Bohm, Bell déclara qu'il « avait vu faire l'impossible [11] ». Comme presque tout le monde, il croyait que la solution de remplacement de Bohm pour l'interprétation de Copenhague avait été éliminée pour impossibilité. Il se demanda pourquoi personne ne lui avait dit, à propos de la théorie de l'onde pilote : « Pourquoi l'onde pilote est-elle ignorée dans les manuels ? Ne devrait-on pas l'enseigner, non pas comme l'unique choix, mais comme antidote à la suffisance qui prévaut actuellement ? Afin de montrer que l'imprécision, la subjectivité et l'indéterminisme ne nous sont pas imposés par les données expérimentales, mais par un choix théorique délibéré [12] ? » Une partie de la réponse était le légendaire mathématicien d'origine hongroise John von Neumann. Quand il publia son premier article à dix-huit ans, von Neumann était étudiant à l'université de Budapest, mais passait le plus clair de son temps en Allemagne, aux universités de Berlin et de Göttingen, et ne rentrait que pour passer ses examens. En 1923, il s'inscrivit à l'ETH de Zurich pour étudier l'ingénierie chimique après que son père eut insisté pour qu'il dispose, au cas où, de références plus utiles qu'un diplôme de mathématiques. Après avoir en un temps record obtenu son diplôme de l'ETH et un doctorat de l'université de Budapest, von Neumann devint à vingt-trois ans, en 1927, le plus jeune *Privatdozent* jamais nommé par l'université de Berlin. Trois ans plus tard, il commença à enseigner à l'université de Princeton, puis, en 1933, il rejoignit Einstein en tant que professeur à l'Institut d'études avancées, où il resta jusqu'à la fin de sa vie.

Un an plus tôt, en 1932, von Neumann, alors âgé de vingt-huit ans, écrivit ce qui deviendrait la bible du physicien quantique, *Les Fondements mathématiques de la mécanique quantique* [13]. Dans cet ouvrage, il se demandait si l'on ne pouvait pas reformuler la mécanique quantique comme théorie déterministe en y introduisant des variables cachées qui, contrairement aux variables ordinaires, sont inaccessibles aux mesures et ne sont donc pas soumises aux restrictions imposées par le principe d'incertitude. Von Neumann soutenait qu'« il faudrait que le système actuel de la mécanique quantique soit objectivement faux pour que soit possible une description des processus élémentaires autre que celle statistique [14] ». En d'autres termes, la réponse était « non », et von Neumann présenta une preuve mathématique qui éliminait la démarche à « variables cachées » qu'adopterait Bohm vingt ans plus tard.

Cette démarche avait une longue histoire. Depuis le XVIIe siècle, des savants comme Robert Boyle avaient étudié les diverses propriétés des gaz lorsque variaient leur pression, volume et température, et avaient découvert les lois des gaz. Boyle trouva la loi décrivant la relation entre le volume d'un gaz et sa pression. Il détermina que si une certaine quantité de gaz était maintenue à une température fixe et que sa pression était doublée, son volume diminuait de moitié. Si la pression était multipliée par trois, le volume était divisé par trois. À température constante, le volume d'un gaz est inversement proportionnel à sa pression. L'explication physique correcte des lois des gaz dut attendre que Ludwig Boltzmann et James Clerk Maxwell élaborent la théorie cinétique des gaz au XIXe siècle. « Tant de propriétés de la matière, en particulier sous forme gazeuse, peuvent être déduites de l'hypothèse que leurs infimes particules sont animées d'un mouvement rapide, dont la vitesse augmente avec la température, écrivit Maxwell en 1860, que la nature précise de ce mouvement devient le sujet de la curiosité rationnelle [15]. » Ce qui l'amena à conclure que « les relations entre pression, température et densité dans un gaz parfait peuvent s'expliquer en supposant que ces particules se déplacent en ligne droite avec une vélocité uniforme, heurtant les parois du récipient contenant le gaz et produisant ainsi la pression [16] ». Des molécules en mouvement continuel, entrant en collision aléatoirement les unes avec les autres et avec les parois produisaient les relations entre pression, température et volume exprimées dans les lois des gaz. On pouvait considérer les molécules comme la « variable cachée » microscopique non observée qui expliquait les propriétés macroscopiques effectivement observées des gaz.

L'explication donnée par Einstein du mouvement brownien en 1905 est un exemple où la « variable cachée » est les molécules du liquide dans lequel les grains de pollen sont en suspension. La raison du mouvement désordonné des grains qui avait tant intrigué la communauté scientifique fut soudain claire après qu'Einstein eut fait remarquer qu'il était dû au bombardement de molécules invisibles, mais très réelles.

L'attrait des variables cachées en mécanique quantique avait ses racines dans l'affirmation d'Einstein que la théorie était incomplète. Cette incomplétude était peut-être due à l'impossibilité de saisir l'existence d'une couche de réalité sous-jacente. Cette veine non exploitée sous la forme de variables cachées – peut-être des particules ou des forces cachées, voire quelque chose de complètement inédit – restaurerait une réalité indépendante et objective. Des phénomènes qui sembleraient à un premier niveau de nature probabiliste révéleraient leur caractère déterministe avec l'aide de variables cachées, et les particules posséderaient à tout moment une vélocité et une position définies.

Von Neumann étant reconnu comme l'un des plus grands mathématiciens du jour, la plupart des physiciens acceptèrent, sans prendre la peine de le vérifier, qu'il avait proscrit les variables cachées en mécanique quantique. Pour eux, il suffisait d'entendre « preuve » et « von Neumann ». Von Neumann avouait toutefois qu'il restait une chance, si mince soit-elle, que la mécanique quantique soit fausse. « En dépit du fait que la mécanique quantique s'accorde bien avec l'expérience et qu'elle ait constitué pour nous une ouverture sur un aspect qualitativement nouveau du monde, on ne peut jamais dire de cette théorie qu'elle a été prouvée par l'expérience, mais uniquement que c'est le meilleur résumé connu de l'expérience [17] », écrivait-il. Or, malgré cette mise en garde, on tenait la preuve de von Neumann pour sacro-sainte. Pratiquement tout le monde l'interprétait – à tort – comme la preuve qu'une théorie à variables cachées ne pourrait reproduire les mêmes résultats expérimentaux que la mécanique quantique.

Lorsqu'il analysa le raisonnement de von Neumann, Bohm pensa qu'il était faux, mais sans pouvoir en désigner précisément le point faible. Néanmoins, encouragé par ses discussions avec Einstein, Bohm tenta d'élaborer cette théorie à variables cachées qu'on croyait impossible. Mais ce serait Bell qui démontrerait que l'une des hypothèses utilisées par von Neumann n'était pas garantie, et que, par conséquent, sa preuve de l'« impossibilité » était incorrecte.

Né en juillet 1928 à Belfast, John Stewart Bell descendait d'une famille de charpentiers, de forgerons, d'ouvriers agricoles, de journaliers et de maquignons. « Mes parents étaient pauvres, mais honnêtes, dit-il un jour. Ils venaient tous les deux de familles nombreuses avec huit ou neuf enfants qui étaient de tradition dans la classe ouvrière irlandaise de l'époque [18]. » Avec un père en chômage intermittent, l'enfance de Bell était bien loin de la confortable éducation bourgeoise des pionniers du quantum. Néanmoins, le petit John Bell plongé dans ses bouquins n'avait pas dix ans qu'on l'avait déjà surnommé « le Prof », avant même qu'il dise à sa famille qu'il voulait devenir un savant.

Il avait une sœur aînée et deux frères cadets, et bien que leur mère estime qu'une bonne instruction était le garant d'une future prospérité pour ses enfants, John fut le seul qui, à onze ans, poursuive des études secondaires.

Ce n'était pas le manque de capacités qui avait empêché sa sœur et ses frères d'avoir les mêmes chances, mais uniquement le manque d'argent dans une famille qui se débattait en permanence pour joindre les deux bouts. Par bonheur, la famille hérita d'une petite somme d'argent qui permit à Bell de s'inscrire à la Belfast Technical High School. Elle n'était certes pas aussi prestigieuse que certaines des autres écoles de la ville, mais elle proposait un programme combinant théorie et pratique qui convenait à Bell. À seize ans, en 1944, il obtint les qualifications nécessaires pour étudier à Queen's University dans sa ville natale.

Comme il fallait avoir au moins dix-sept ans pour être admis et que ses parents ne pouvaient financer ses études universitaires, Bell chercha du travail et en trouva par hasard comme assistant préparateur au laboratoire du département de physique de Queen's. Très vite, les deux physiciens chevronnés responsables du laboratoire reconnurent les dons de Bell et l'autorisèrent à assister aux cours de première année chaque fois que ses horaires le lui permettaient. Son enthousiasme et son talent manifeste furent récompensés par une modeste bourse d'études, laquelle, avec l'argent qu'il avait pu mettre de côté, lui permit, une fois son année de laborantin terminée, de réintégrer l'université comme étudiant de physique en bonne et due forme. Vu les sacrifices auxquels ses parents et lui-même avaient consenti, Bell était concentré et motivé. Il se révéla un étudiant exceptionnel et obtint sa licence de physique en 1948 puis, un an plus tard, une licence de physique mathématique.

« J'avais très mauvaise conscience d'avoir vécu si longtemps aux crochets de mes parents, et je me suis dit qu'il fallait que je trouve du travail [19] », avoua Bell. Avec ces deux diplômes et ses brillantes références, il alla en

Angleterre travailler pour l'Agence britannique de l'énergie atomique (BAEA). En 1954, Bell épousa la physicienne Mary Ross. En 1960, quand il eut obtenu son doctorat à l'université de Birmingham, ils s'installèrent au CERN de Genève. Pour un homme qui se ferait un nom comme théoricien des quanta, son travail était de concevoir des accélérateurs de particules. Il était fier de se dire ingénieur quantique.

Bell tomba pour la première fois sur la preuve de von Neumann en 1949, dans sa dernière année d'études à Belfast, en lisant le dernier ouvrage de Max Born, *Philosophie naturelle de la cause et du hasard*. « J'ai été très impressionné par le fait que quelqu'un [von Neumann] ait vraiment prouvé qu'on ne pouvait pas interpréter la mécanique quantique comme une sorte de mécanique statistique [20] », se rappela-t-il plus tard. Mais Bell ne lut pas le livre de von Neumann dans le texte, car il était en allemand. Au lieu de quoi, il accepta la parole de Born quant à la validité de la preuve de von Neumann. D'après Born, von Neumann avait placé la mécanique quantique sur une base axiomatique en la faisant dériver de quelques postulats « d'un caractère très plausible et très général », si bien que « le formalisme de la mécanique quantique est uniquement déterminé par ces axiomes [21] ». En particulier, disait Born, cela signifiait qu'« on ne peut introduire de paramètres cachés à l'aide desquels la description indéterministe pourrait être transformée en description déterministe [22] ». Born se prononçait implicitement en faveur de l'interprétation de Copenhague, parce que « à supposer qu'une théorie future soit déterministe, elle ne peut être une modification de la théorie présente, mais doit être essentiellement différente [23] ». Le message de Born était que la mécanique quantique est complète, et ne peut donc être modifiée.

L'ouvrage de von Neumann ne fut publié en anglais qu'en 1955, mais Bell avait alors déjà lu les articles de Bohm sur les variables cachées. « J'ai vu que von Neumann avait dû carrément se tromper [24] », dit-il plus tard. Or Pauli et Heisenberg accusèrent la théorie à variables cachées de Bohm d'être « métaphysique » et « idéologique [25] ». L'acceptation rapide de la preuve de l'impossibilité donnée par von Neumann témoignait pour Bell d'un simple « manque d'imagination [26] ». Elle avait néanmoins permis à Bohr et aux partisans de l'interprétation de Copenhague de consolider leur position, même si certains d'entre eux soupçonnaient que von Neumann puisse se tromper. Bien qu'il ait plus tard réfuté les travaux de Bohm, Pauli écrivit dans ses conférences sur la mécanique ondulatoire que « nulle preuve de l'impossibilité de l'extension [de la théorie quantique] n'a été donnée [27] ». Il entendait par là le fait de compléter la théorie grâce aux variables cachées.

Depuis vingt-cinq ans, les théories à variables cachées étaient décrétées impossibles par l'autorité de von Neumann. Toutefois, si pareille théorie pouvait être construite de façon à produire les mêmes prédictions que la mécanique quantique, alors les physiciens n'auraient plus de raison d'accepter sans discuter l'interprétation de Copenhague. Lorsque Bohm démontra qu'une telle solution de remplacement était possible, l'interprétation de Copenhague était tellement bien ancrée comme *unique* interprétation de la mécanique quantique que Bohm fut soit ignoré, soit attaqué. Einstein, qui avait encouragé Bohm au début, rejeta son idée de variables cachées comme « trop facile [28] ».

« Je crois qu'il visait une redécouverte beaucoup plus profonde des phénomènes quantiques, dit Bell quand il tenta de comprendre la réaction d'Einstein. L'idée qu'on puisse se contenter d'ajouter quelques variables sans que quoi que ce soit change à part l'interprétation, qui était une sorte d'addition triviale à la mécanique quantique ordinaire, avait dû le décevoir [29]. » Bell était convaincu qu'Einstein voulait voir émerger un grand principe nouveau, sur le même plan que la conservation de l'énergie. Au lieu de quoi, Bohm lui proposait une interprétation qui était « non locale », exigeant la transmission instantanée de « forces mécaniques quantiques ». D'autres horreurs étaient tapies dans la contre-théorie de Bohm. « Par exemple, précisa Bell, les trajectoires qui étaient assignées aux particules élémentaires étaient instantanément modifiées lorsque quelqu'un déplaçait un aimant n'importe où dans l'Univers [30]. »

Ce fut en 1964, pendant une année sabbatique loin du CERN et de son travail comme concepteur d'accélérateurs de particules, que Bell trouva le temps d'entrer dans le débat Einstein-Bohr. Il décida de chercher à savoir si la non-localité était particulière au modèle de Bohm ou si c'était une caractéristique de toute théorie à variables cachées visant à reproduire les résultats de la mécanique quantique. « Bien sûr, je savais que le dispositif d'Einstein-Podolsky-Rosen était l'élément critique, puisqu'il conduisait à des corrélations éloignées, expliquait-il. Ils concluaient leur article en affirmant que si, d'une manière ou d'une autre, on assurait la complétude de la description mécanique quantique, la non-localité ne serait qu'apparente. La théorie sous-jacente serait locale [31]. »

Bell commença par essayer de conserver la localité en tentant d'élaborer une théorie « locale » à variables cachées dans laquelle, si un événement était la cause d'un autre, alors il fallait qu'il y ait assez de temps entre les deux pour permettre à un signal voyageant à la vitesse de la lumière de se transmettre de l'un à l'autre. « Tout ce que j'essayais ne marchait pas, dit-il plus tard. Je commençais à avoir l'impression que c'était très vraisemblablement impossible[32]. » C'est en tentant d'éliminer ce qu'Einstein qualifiait d'« actions à distance farfelues[33] » – des influences non locales transmises instantanément d'un lieu à un autre – que Bell dériva son célèbre théorème.

Il commença par examiner une version de l'expérience de pensée EPR conçue initialement par Bohm en 1951 et qui était plus simple que l'original. Alors qu'Einstein, Podolsky et Rosen avaient utilisé deux propriétés d'une particule, sa position et sa quantité de mouvement, Bohm n'en utilisa qu'une, le spin. Présenté pour la première fois en 1925 par les jeunes physiciens néerlandais George Uhlenbeck et Samuel Goudsmit, le spin quantique d'une particule n'avait pas d'analogue dans la physique classique. Un électron ne pouvait avoir que deux états de spin, le spin « en haut » et le spin « en bas ». L'adaptation par Bohm de l'expérience EPR impliquait une particule de spin zéro qui se désintègre, produisant ainsi deux électrons. Puisque leur spin combiné doit demeurer égal à zéro, l'un des électrons doit avoir son spin en haut et l'autre en bas[34]. Les électrons foncent dans des directions opposées jusqu'à ce que la distance les séparant soit assez grande pour éliminer toute interaction physique entre eux, et on mesure le spin de chaque électron exactement au même instant à l'aide d'un détecteur de spin. Bell s'intéressait aux corrélations qui pourraient exister entre les résultats de ces mesures simultanées effectuées sur des couples de tels électrons.

Le spin d'un électron peut se mesurer indépendamment sur chacun des trois axes à angle droit les uns des autres, dénommés x, y, et z[35]. Il s'agit tout simplement des trois dimensions de l'univers quotidien dans lesquelles tout se déplace : de droite à gauche (axe x), de haut en bas (axe y) et d'arrière en avant (axe z). Lorsque le spin de l'électron A est mesuré sur l'axe x par un détecteur de spin placé sur sa trajectoire, il sera soit « en haut », soit « en bas ». Les probabilités sont de 50 %, les mêmes que dans le jeu de pile ou face. Dans les deux cas, le résultat dépend purement du hasard. Mais, comme lorsqu'on lance une pièce de nombreuses fois, si l'expérience est répétée assez souvent, on trouvera que le spin de l'électron A sera « en haut » dans la moitié des mesures, et « en bas » dans l'autre moitié.

Contrairement à deux pièces qu'on lance en même temps, et dont chacune peut retomber sur le côté pile ou le côté face, dès que le spin de l'électron A a été mesuré comme étant « en haut », une mesure simultanée du spin de l'électron B dans la même direction révélera que son spin est « en bas ». Il y a une corrélation parfaite entre les résultats des deux mesures. Bell tenta ensuite de démontrer que la nature de ces corrélations n'a rien d'étrange : « Le philosophe dans la rue, qui n'a pas subi de cours de mécanique quantique, n'est pas du tout impressionné par les corrélations d'Einstein-Podolsky-Rosen. Il peut donner beaucoup d'exemples de corrélations similaires dans la vie de tous les jours. On cite souvent les "chaussettes de Bertlmann". Le Dr Bertlmann aime porter des chaussettes dépareillées. La couleur qu'il portera sur un pied donné un jour donné est tout à fait imprévisible. Mais si vous constatez que la première chaussette est rose, vous pouvez déjà être sûr que l'autre chaussette ne sera pas rose. L'observation de la première chaussette, plus l'expérience de Bertlmann, fournit immédiatement une information sur la seconde. On ne discute pas des goûts et des couleurs, mais à part cela, il n'y a ici pas de mystère. N'en est-il pas de même dans l'expérience EPR [36] ? » Comme pour la couleur des chaussettes de Bertlmann, étant donné que le spin de la particule mère est zéro, il n'est pas surprenant que, une fois que le spin de l'électron A a été mesuré « en haut » dans une direction, le spin de l'électron B sur le même axe soit confirmé comme étant « en bas ».

Selon Bohr, tant qu'aucune mesure n'a été effectuée, ni l'électron A ni l'électron B ne possèdent un spin préexistant dans aucune direction. « C'est comme si nous avions fini par nier la réalité des chaussettes de Bertlmann, dit Bell, ou du moins de leurs couleurs, quand on ne les regarde pas [37]. » Au lieu de quoi, avant d'être observés, les électrons existent dans une superposition d'états fantomatiques, si bien qu'ils sont en haut et en bas en même temps. Puisque les deux électrons sont intriqués, l'information concernant l'état de leur spin est donnée par une fonction d'onde similaire à ψ = (A spin-en-haut et B spin-en-bas) + (A spin-en-bas et B spin-en-haut). L'électron A n'a pas de composante x de spin avant qu'une mesure effectuée pour la déterminer fasse s'effondrer la fonction d'onde du système A et B, après quoi elle est soit « en haut », soit « en bas ». À cet instant précis, son partenaire intriqué B acquiert le spin opposé dans la même direction, même s'il est à l'autre bout de l'univers. L'interprétation de Copenhague est non locale.

Einstein expliquerait ces corrélations en avançant que les deux électrons possèdent chacun des valeurs de spin définies sur chacun des trois axes x, y et z, qu'elles soient mesurées ou non. Pour Einstein, disait Bell, « ces corrélations montraient simplement que les théoriciens des quanta s'étaient hâtés de rejeter la réalité de l'univers microscopique [38] ». Le fait que les états de spin pré-existants du couple d'électrons ne puissent être pris en compte par la mécanique quantique amena Einstein à conclure que cette théorie était incomplète. Il n'en contesta pas l'exactitude, mais seulement le fait que ce n'était pas une représentation complète de la réalité physique au niveau quantique.

Einstein croyait au « réalisme local » : qu'une particule ne peut être instantanément influencée par un événement lointain et que ses propriétés existent indépendamment de toute mesure. Malheureusement, l'habile remaniement opéré par Bohm sur l'expérience EPR originelle ne pouvait distinguer entre les positions d'Einstein et celles de Bohr. L'une comme l'autre pouvaient justifier les résultats de pareille expérience. Le coup de génie de Bell fut de découvrir un moyen de sortir de l'impasse en changeant l'orientation relative des deux détecteurs de spin.

Si les détecteurs mesurant le spin des électrons A et B sont alignés de façon à être parallèles, alors il y a une corrélation de 100 % entre les deux ensembles de mesures – chaque fois que le spin en haut est mesuré par un détecteur, le spin en bas est enregistré par l'autre détecteur, et vice versa. Si l'on fait tourner légèrement un des détecteurs, ils ne sont plus alignés. À présent, si on mesure l'état de spin de nombreux couples d'électrons intriqués, lorsqu'on trouve « en haut » pour l'électron A, la mesure correspondante pour B donnera parfois « en haut » elle aussi. Augmenter l'angle entre les axes des deux détecteurs conduit à une réduction du degré de corrélation. Si les détecteurs sont à angle droit l'un de l'autre et que l'expérience est à nouveau répétée de nombreuses fois, ce n'est que dans la moitié des cas qu'on détectera un spin en bas chez B lorsqu'on détecte un spin en haut chez A sur l'axe x. Si les détecteurs sont orientés à 180 degrés l'un de l'autre, le couple d'électrons sera totalement anticorrélé. Si la mesure donne « en haut » pour l'état de spin de A, alors le spin de B sera « en haut » lui aussi.

Bien qu'il s'agisse d'une expérience imaginaire, il était possible de calculer le degré exact de corrélation du spin pour une orientation donnée des détecteurs, tel qu'il est prédit par la mécanique quantique. Il n'était cependant pas possible d'effectuer un calcul similaire en se servant d'une théorie à variables cachées archétypique qui conservait la localité. La seule chose que pareille théorie puisse prédire était un couplage imparfait entre les états de spin de A et de B. C'était insuffisant pour choisir entre la mécanique quantique et une théorie locale à variables cachées.

Bell savait que toute expérience réelle qui trouverait des corrélations de spin conformes aux prédictions de la mécanique quantique pourrait être facilement contestée. Après tout, il se pouvait que dans l'avenir quelqu'un élabore une théorie à variables cachées qui prédirait exactement elle aussi les corrélations de spin pour différentes orientations des détecteurs. Bell fit alors une découverte étonnante. Il était possible de décider entre les prédictions de la mécanique quantique et celles de *toute* théorie à variables cachées en mesurant les corrélations de couples d'électrons pour une configuration donnée des détecteurs et en répétant ensuite l'expérience avec une orientation différente.

Ce qui permit à Bell de calculer la corrélation totale pour les deux configurations d'orientation en termes de résultats individuels prédits par *toute* théorie locale à variables cachées. Puisque, dans toute théorie de cette sorte, le résultat d'une mesure effectuée par un détecteur ne peut être affecté par ce qui est mesuré avec l'autre, il est possible de distinguer entre les variables cachées et la mécanique quantique.

Bell réussit à calculer les limites du degré de corrélation de spin entre couples d'électrons intriqués dans une expérience EPR modifiée par Bohm. Il trouva qu'au royaume éthéré des quanta il y a un plus grand degré de corrélation si la mécanique quantique règne en maîtresse absolue que dans tout univers qui dépend de variables cachées et de la localité. Le théorème de Bell disait qu'aucune théorie locale à variables cachées ne pouvait reproduire le même ensemble de corrélations que la mécanique quantique. Toute théorie locale à variables cachées conduirait à des corrélations de spin générant des nombres, appelés coefficients de corrélation, entre –2 et +2. Or, pour certaines orientations des détecteurs de spin, la mécanique quantique prédisait des coefficients de corrélation qui se trouvaient à l'extérieur de la plage, appelée « inégalité de Bell [39] », allant de –2 à +2.

Bien que Bell, avec ses cheveux roux et sa barbe pointue, passe difficilement inaperçu, son extraordinaire théorème fut ignoré. Ce n'était guère surprenant, car en 1964, si on voulait se faire remarquer, il fallait être publié dans la *Physical Review*, émanation de la Société de physique américaine. Le problème, pour Bell, était que la *Physical Review* faisait payer les auteurs – c'était leur université qui réglait d'ordinaire la facture une fois que l'article avait été accepté. À l'époque, Bell était l'invité de l'université Stanford en Californie et il ne voulut pas abuser de son hospitalité en lui demandant de payer. Au lieu de quoi, son article de six pages « Sur le paradoxe d'Einstein-Podolsky-Rosen » fut publié dans le numéro trois de *Physics*, petite revue de faible diffusion et de courte vie qui, elle, rémunérait ses collaborateurs [40].

C'était en fait le deuxième article qu'écrivit Bell pendant son année sabbatique. Le premier réexaminait le verdict de von Neumann et consorts pour qui « la mécanique quantique ne permet pas d'interprétation à variables cachées [41] ». Malheureusement, placé dans le mauvais dossier par la *Review of Modem Physics* tandis qu'une lettre égarée du rédacteur en chef causait un retard supplémentaire, l'article ne fut pas publié avant juillet 1966. Il s'adressait, écrivait Bell, à ceux « qui croient que "la question de l'existence de telles variables cachées a reçu une réponse précoce et assez décisive sous la forme de la preuve de von Neumann de l'impossibilité mathématique de pareilles variables en théorie quantique" [42] ». Il démontrait ensuite, une fois pour toutes, que von Neumann s'était trompé. Une théorie scientifique en désaccord avec les données expérimentales est généralement soit modifiée, soit rejetée. Or la mécanique quantique avait réussi tous les tests auxquels elle avait été soumise. Il n'y avait pas de conflit entre la théorie et l'expérience. Pour la grande majorité des collègues de Bell, les jeunes comme les vieux, la polémique entre Einstein et Bohr sur l'interprétation correcte de la mécanique quantique relevait plus de la philosophie que de la physique. Ils partageaient l'opinion de Pauli, exprimée dans une lettre à Born en 1954, qu'« on ne devrait pas plus se creuser la tête avec la question de savoir si une chose dont on ne connaît rien existe tout de même, qu'avec la vieille question de savoir combien d'anges peuvent tenir sur la pointe d'une épingle [43] ». Il semblait à Pauli qu'« en dernière analyse, les questions d'Einstein soient toujours de cette sorte [44] » dans sa critique de l'interprétation de Copenhague.

Le théorème de Bell changea tout cela. Il permettait de tester en face de l'interprétation de Copenhague soutenue par Bohr la réalité locale préconisée par Einstein, à savoir que l'univers quantique existe indépendamment de l'observation et que les effets physiques ne peuvent se transmettre à une vitesse supérieure à celle de la lumière. Bell avait transporté le débat Einstein-Bohr dans une arène nouvelle, la philosophie expérimentale. Si l'inégalité de Bell résistait, alors l'affirmation d'Einstein que la mécanique quantique était incomplète serait exacte. Si toutefois cette inégalité venait à être violée, ce serait Bohr qui triompherait. Plus d'expériences de pensée ! Ce serait maintenant Einstein contre Bohr au laboratoire.

Ce fut Bell qui mit le premier les expérimentalistes au défi de tester son inégalité quand il écrivit en 1964 qu'« il ne faut guère d'imagination pour envisager que les mesures correspondantes soient réellement effectuées [45] ». Mais, comme Gustaf Kirchhoff et son corps noir imaginaire un siècle plus tôt, un théoricien a moins de mal à « envisager » une expérience que ses collègues à la réaliser sur le plan pratique. Cinq ans s'écoulèrent avant que Bell reçoive en 1969 une lettre d'un jeune physicien de Berkeley. John Clauser, qui avait alors vingt-six ans, expliqua que lui-même et d'autres avaient conçu une expérience pour tester l'inégalité.

Deux ans plus tôt, Clauser était doctorant à l'université Columbia de New York lorsqu'il entendit pour la première fois parler de l'inégalité de Bell. Persuadé qu'elle valait la peine d'être testée, Clauser alla voir son directeur de thèse et se vit répondre carrément « qu'aucun expérimentaliste qui se respecte ne prendrait jamais la peine d'essayer pour de vrai de la mesurer [46] ». C'était, écrivit Clauser plus tard, une réaction conforme à « l'acceptation quasi universelle de la théorie quantique et de son interprétation de Copenhague comme paroles d'évangile, associée à un refus total de ne serait-ce que légèrement contester les fondements de cette théorie [47] ». Néanmoins, en été 1969, Clauser avait déjà conçu une expérience avec l'aide de Michael Horne, Abner Shimony et Richard Holt. Elle exigeait que le quatuor affine l'inégalité de Bell afin qu'elle puisse être testée dans un vrai laboratoire plutôt que dans le laboratoire imaginaire de l'esprit équipé d'instruments parfaits.

La recherche par Clauser d'un emploi post-doctoral le conduisit sur le campus de Berkeley de l'université de Californie, où il dut se contenter d'une affectation en radioastronomie. Par bonheur, lorsque Clauser expliqua à son nouveau patron les travaux qu'il voulait vraiment effectuer, il eut la permission d'y consacrer la moitié de son temps. Clauser trouva un étudiant de troisième cycle, Stuart Freedman, qui voulut bien l'aider. Dans leur expérience, Clauser et Freedman utilisèrent au lieu d'électrons des couples de photons corrélés. Ce changement était possible parce que les photons possèdent une propriété, la polarisation, qui, pour les besoins du test, jouait le rôle du spin quantique. C'est certes une simplification, mais on peut considérer un photon comme étant polarisé « en haut » ou « en bas ». À l'instar du spin de l'électron, si la polarisation d'un des photons sur l'axe x est mesurée comme étant « en haut », alors la mesure de l'autre donnera « en bas », puisque les polarisations combinées des deux photons doivent aboutir à zéro.

Les photons étaient préférés aux électrons, car ils sont plus faciles à produire en laboratoire, ce qui était d'autant plus utile que l'expérience impliquerait la mesure de nombreux couples de particules. Ce ne fut pas avant 1972 que Clauser et Freedman purent mettre l'inégalité de Bell à l'épreuve. Ils chauffèrent des atomes de calcium jusqu'à ce qu'ils acquièrent assez d'énergie pour qu'un électron saute de l'état fondamental à un niveau d'énergie plus élevé. Quand l'électron retombait à l'état fondamental, il le faisait en deux étapes en émettant un couple de photons intriqués, l'un vert et l'autre bleu. Les photons étaient envoyés dans des directions opposées jusqu'à ce que des détecteurs mesurent simultanément leur polarisation. Les deux détecteurs étaient initialement orientés à un angle de 22,5 degrés relativement l'un à l'autre pour le premier ensemble de mesures, puis ils étaient réalignés à 67,5 degrés pour le deuxième. Après deux cents heures de mesures, Clauser et Freedman trouvèrent que le niveau de corrélation des photons violait l'inégalité de Bell.

Ce résultat parlait pour l'interprétation de Copenhague non locale soutenue par Bohr, avec son « action à distance farfelue », et contre la réalité locale soutenue par Einstein. Mais il y avait de graves réserves quant à la validité du résultat. Entre 1972 et 1977, différentes équipes d'expérimentateurs procédèrent à neuf tests séparés de l'inégalité de Bell. Elle ne fut violée que dans sept tests [48]. Vu ces résultats peu décisifs, il y eut des doutes sur l'exactitude des expériences. L'un des problèmes était la médiocre efficacité des détecteurs qui ne mesuraient qu'une petite fraction du nombre total de couples créés. Personne ne savait précisément quel effet cela avait sur le niveau des corrélations. Il y avait d'autres points faibles à éliminer avant qu'on puisse démontrer pour qui le théorème de Bell sonnerait le glas.

Tandis que Clauser et d'autres s'affairaient à préparer et à effectuer leurs expériences, un Français titulaire d'une licence de physique travaillait comme coopérant en Afrique et consacrait son temps libre à étudier la mécanique quantique. C'est en lisant un célèbre ouvrage français sur ce sujet qu'Alain Aspect tomba pour la première fois sous le charme de l'expérience de pensée EPR. Après avoir pris connaissance des articles fondateurs de Bell, il commença à songer à soumettre l'inégalité de Bell à un test rigoureux. En 1974, après trois ans au Cameroun, Aspect rentra en France.

À vingt-sept ans, il entreprit de réaliser son rêve africain dans un laboratoire en sous-sol de l'Institut d'optique théorique et appliquée à l'université de Paris XI-Orsay. « Êtes-vous titulaire de votre poste [49] ? »

demanda Bell à Aspect lorsque celui-ci vint le voir à Genève. Aspect expliqua qu'il n'était qu'un étudiant de troisième cycle qui préparait son doctorat. « Vous devez être un doctorant très courageux [50] », répondit Bell. Il craignait que le jeune Français ne mette en péril sa future carrière en tentant de monter une expérience aussi difficile.

Ce fut plus long qu'il ne l'avait pensé au début, mais en 1981 et 1982, Aspect et ses collaborateurs utilisèrent les toutes dernières innovations technologiques, dont les lasers et l'informatique, pour effectuer non pas une, mais trois expériences délicates afin de tester l'inégalité de Bell. Comme Clauser, Aspect mesura la corrélation de la polarisation de couples intriqués de photons se déplaçant dans des directions opposées après avoir été simultanément émis par des atomes de calcium individuels. Toutefois, la cadence à laquelle les couples de photons étaient créés et mesurés était plusieurs fois plus élevée que chez Clauser. Aspect déclara que ses expériences révélaient « la plus forte violation des inégalités de Bell jamais obtenue, et un accord excellent avec la mécanique quantique [51] ».

Bell faisait partie du jury lorsque Aspect obtint son doctorat en 1983, mais certains doutes subsistèrent quant aux résultats. Puisque la nature de la réalité quantique était dans la balance, toute faiblesse possible, si improbable soit-elle, devait être envisagée. Par exemple, la possibilité que les détecteurs puissent d'une manière ou d'une autre communiquer entre eux fut ultérieurement éliminée en changeant au hasard leur orientation pendant que les photons étaient en plein vol. Bien que ce ne soit toujours pas l'expérience définitive, des améliorations ultérieures et d'autres études ont dans l'intervalle conduit à la confirmation des résultats initiaux d'Aspect. Et bien qu'aucune expérience n'ait été effectuée dans laquelle tous les points faibles possibles soient éliminés, la plupart des physiciens admettent que l'inégalité de Bell a été violée.

Bell dérivait cette inégalité de deux suppositions. *Primo,* il existe une réalité indépendante de l'observateur. Ce qui se traduit par le fait qu'une particule possède une propriété bien définie comme le spin avant d'être mesurée. *Secundo,* la localité est conservée. Il n'y a pas d'influence supraluminique, si bien que ce qui se produit ici ne peut affecter instantanément ce qui se produit ailleurs. Les résultats d'Aspect signifient qu'il faut abandonner l'une de ces deux suppositions, mais laquelle ? Bell était disposé à abandonner la localité. « On veut pouvoir avoir une vision réaliste du monde, parler du monde comme s'il était vraiment là, même quand il n'est pas observé [52] », déclara-t-il.

Bell, qui mourut en octobre 1990 d'une hémorragie cérébrale à l'âge de soixante-deux ans, était convaincu que « la théorie quantique n'est qu'un expédient temporaire [53] » qui finirait un jour par être remplacé par une meilleure théorie. Il concédait néanmoins que des expériences avaient montré que « la conception du monde d'Einstein n'est pas tenable [54] ». Le théorème de Bell sonnait le glas pour Einstein et la réalité locale.

CHAPITRE 15

Le démon quantique

« J'ai réfléchi cent fois plus aux problèmes des quanta qu'à la théorie de la relativité générale [1] », avoua un jour Einstein. Le rejet par Bohr de l'existence d'une réalité objective lorsqu'il tentait de comprendre ce que la mécanique quantique lui apprenait sur l'univers atomique était pour Einstein l'indication claire que cette théorie contenait, au mieux, rien qu'une partie de toute la vérité. Le Danois affirmait qu'il n'y a pas de réalité quantique au-delà de ce que révèle une expérience, un acte d'observation. « Il est logiquement possible de le croire sans contradiction, concéda Einstein, mais c'est tellement contraire à mon instinct scientifique que je ne puis abandonner la recherche d'une conception plus complète [2]. » Il continuait de « croire à la possibilité de donner un modèle de réalité qui représentera les événements eux-mêmes et non pas seulement la probabilité qu'ils se produisent [3] ». Finalement, il ne réussit cependant pas à réfuter l'interprétation de Copenhague. « Il parlait de la relativité avec détachement, de la théorie quantique avec passion, se rappela Abraham Pais, qui avait connu Einstein à Princeton. Le quantum était son démon [4]. »

« Je crois que je peux me risquer à dire que personne ne comprend la mécanique quantique [5] », déclara le célèbre Prix Nobel américain Richard Feynman en 1965, dix ans après la mort d'Einstein. L'interprétation de Copenhague étant aussi fermement établie comme orthodoxie quantique que tout édit papal émis par le Saint-Siège, la plupart des physiciens suivirent carrément le conseil de Feynman : « Ne vous demandez pas constamment, si vous pouvez l'éviter, "mais comment peut-il en être ainsi ?" Personne ne sait comment il peut en être ainsi [6]. » Einstein ne crut jamais qu'il en était ainsi, mais qu'aurait-il pensé du théorème de Bell et des expériences montrant qu'il sonnait le glas de sa physique ?

Au cœur de la physique d'Einstein était sa croyance inébranlable en une réalité qui existe « là dehors », qu'elle soit observée ou non. « La Lune existe-t-elle seulement quand vous la regardez [7] ? » demanda-t-il à Abraham Pais dans une tentative de souligner l'absurdité de cette vision du monde. La vérité envisagée par Einstein possédait la localité et était régie par des lois causales dont la recherche incombait aux physiciens. « Si on abandonne la supposition que ce qui existe dans différentes parties de l'espace a sa propre existence réelle et indépendante, dit-il à Max Born en 1948, alors je ne vois vraiment pas ce que la physique est censée décrire [8]. » Einstein croyait au réalisme, à la causalité et à la localité. Lequel des trois aurait-il été – à la rigueur – disposé à sacrifier ?

« Dieu ne joue pas aux dés [9] », dit Einstein en de nombreuses et mémorables occasions. Tout comme un rédacteur publicitaire moderne, il connaissait la valeur d'une formule inoubliable. C'était sa dénonciation hargneuse de l'interprétation de Copenhague et non la pierre angulaire de sa conception scientifique du monde. Celle-ci n'était pas toujours claire, même pour un Max Born qui connaissait Einstein depuis près d'un demi-siècle. Ce fut Pauli qui expliqua enfin à Born ce qui était réellement au cœur de l'opposition d'Einstein à la mécanique quantique.

Pendant le séjour de deux mois que Pauli effectua à Princeton en 1954, Einstein lui donna un projet d'article, rédigé par Born, qui concernait le déterminisme. Pauli en prit connaissance et écrivit à son ancien patron qu'« Einstein ne tient pas le concept de "déterminisme" pour aussi fondamental qu'on le croit souvent [10] ». Einstein le lui avait dit « catégoriquement et de nombreuses fois [11] » au fil des années. « Le point de départ d'Einstein est plus "réaliste" que "déterministe", expliqua Pauli, ce qui signifie que son préjugé philosophique est de nature différente [12]. » Par « réaliste », Pauli voulait dire qu'Einstein présumait que les électrons, par exemple, possèdent des propriétés pré-existantes à tout acte de mesure. Il accusa Born d'avoir « érigé pour vous-même une sorte d'effigie d'Einstein, que vous avez ensuite démolie en grande pompe [13] ». Fait surprenant vu leur longue amitié, Born n'avait jamais complètement compris que ce qui troublait réellement Einstein n'était pas l'aspect jeu de hasard de l'interprétation de Copenhague, mais sa « renonciation à la représentation d'une réalité conçue comme indépendante de l'observation [14] ».

Une des raisons possibles de ce malentendu peut être qu'Einstein avait dit pour la première fois que Dieu « ne joue pas aux dés [15] » en décembre 1926 quand il essayait de faire comprendre à Born son malaise en face du rôle des probabilités et du hasard dans la mécanique quantique, et de son rejet de la causalité et du déterminisme. Pauli comprit toutefois que les objections d'Einstein allaient très au-delà du fait que la théorie s'exprime dans le langage des probabilités. « En particulier, signala-t-il à Born, il ne semble erroné de faire intervenir le concept de déterminisme dans la polémique avec Einstein [16]. »

« Le cœur du problème, écrivit Einstein en 1950 à propos de la mécanique quantique, ce n'est pas tellement la question de la causalité, mais la question du réalisme [17]. » Depuis des années, il espérait « pouvoir peut-être résoudre l'énigme quantique sans avoir à renoncer à la représentation de la réalité [18] ». Pour l'homme qui avait découvert la relativité, cette réalité était forcément locale et ne laissait aucune place à des influences supraluminiques. La violation de l'inégalité de Bell signifiait que, si Einstein voulait un univers quantique qui existe indépendamment des observateurs, il lui faudrait alors abandonner la localité.

Le théorème de Bell ne peut dire si la mécanique quantique est une théorie complète ou non, il peut seulement trancher entre elle et toute théorie locale à variables cachées. Si la mécanique quantique est correcte – et Einstein croyait qu'elle l'était, puisqu'elle avait subi avec succès tous les tests expérimentaux à son époque –, alors le théorème de Bell impliquait que toute théorie à variables cachées qui en reproduirait les résultats serait forcément non locale. À l'instar de certains physiciens actuels, Bohr aurait tenu les résultats des expériences d'Alain Aspect pour une confirmation de l'interprétation de Copenhague. Einstein aurait probablement accepté la validité des résultats du test de l'inégalité de Bell sans essayer de sauver la réalité locale au moyen d'une des lacunes restant à combler dans ces expériences. Il y avait cependant une autre issue qu'Einstein aurait pu accepter, même si d'aucuns ont dit qu'elle viole l'esprit de la relativité, le théorème de la non-signalisation.

On découvrit qu'il est impossible d'exploiter la non-localité et l'intrication quantique pour communiquer instantanément des informations utiles d'un lieu à un autre, puisque toute mesure d'une des particules d'un couple intriqué produit un résultat complètement aléatoire. Après avoir effectué une telle mesure, un expérimentateur n'apprend rien d'autre que la probabilité du résultat d'une mesure possible de l'autre particule intriquée, mesure effectuée par un collègue dans un lieu éloigné. La réalité est peut-être non locale et permettrait des influences supraluminiques entre couples de particules intriquées dans des lieux séparés, mais elle est bénigne, sans « communication farfelue à distance ».

Tandis que l'équipe d'Aspect et d'autres qui testèrent l'inégalité de Bell éliminaient soit la localité, soit une réalité objective, mais autorisaient une réalité non locale, un groupe de chercheurs des universités de Vienne et de Gdansk devint en 2006 le premier à tester en même temps la non-localité et le réalisme. L'expérience s'inspirait des travaux du physicien britannique sir Anthony Leggett. En 1973, pas encore anobli, Leggett eut l'idée de modifier le théorème de Bell en supposant l'existence d'influences instantanées se transmettant entre particules intriquées. En 2003, l'année où il reçut le prix Nobel pour ses travaux sur les propriétés quantiques de l'hélium liquide, Leggett proposa une nouvelle inégalité, qui opposait les théories non locales à variables cachées à la mécanique quantique.

L'équipe austro-polonaise dirigée par Markus Aspelmeyer et Anton Zeilinger mesura des corrélations jusque-là non testées entre des couples de photons intriqués. Elle trouva que ces corrélations violaient l'inégalité de Leggett, exactement comme le prédisait la mécanique quantique. Quand ces résultats furent publiés dans la revue *Nature* en avril 2007, Alain Aspect fit remarquer que la « conclusion » philosophique « qu'on en tire est plus une question de goût que de logique [19] ». La violation de l'inégalité de Leggett implique seulement que le réalisme et un certain type de non-localité sont incompatibles ; elle n'éliminait pas *tous* les modèles non locaux possibles.

Einstein ne proposa jamais de théorie à variables cachées, même s'il semblait implicitement préconiser pareille démarche en 1935 à la fin de l'article EPR : « Tandis que nous avons ainsi démontré que la fonction d'onde ne fournit pas une description complète de la réalité physique, nous avons laissé ouverte la question de savoir si une telle description existe ou non. Nous croyons toutefois qu'une telle théorie est possible [20]. » Et en 1949, répondant à ceux qui avaient fourni un ensemble d'articles pour honorer son soixante-dixième anniversaire, Einstein écrivait encore : « Je suis en fait fermement convaincu que le caractère essentiellement statistique de la théorie quantique contemporaine doit être uniquement attribué au fait que cette [théorie] fonctionne avec une description incomplète des systèmes physiques [21]. »

L'introduction de variables cachées pour « compléter » la mécanique quantique semblait s'accorder avec l'opinion d'Einstein que cette théorie est « incomplète », or, au début des années 1950, il ne voyait déjà plus d'un bon œil toute tentative de ce type pour la compléter. En 1954, il affirmait catégoriquement qu'« il n'est pas possible de se débarrasser du caractère statistique de la mécanique quantique actuelle en se contentant d'y ajouter quelque chose sans changer les concepts fondamentaux qui en gouvernent la structure tout entière [22] ». Il était convaincu de la nécessité d'une démarche plus radicale qu'un retour aux concepts de la physique classique au niveau subquantique. Si la mécanique quantique est incomplète, si elle n'est qu'une partie de toute la vérité, alors il doit exister une théorie complète qui attend d'être découverte.

Einstein croyait que ce serait l'insaisissable théorie du champ unifié qu'il passa les vingt-cinq dernières années de sa vie à chercher – le mariage de la relativité générale et de l'électromagnétisme. Elle serait la théorie complète qui contiendrait en elle la mécanique quantique. « Ce que Dieu a séparé, que nul homme ne le réunisse [23] » – tel fut le jugement caustique que porta Pauli sur le rêve d'unification d'Einstein. Bien qu'à l'époque la plupart des physiciens se soient gaussés d'Einstein, qu'on jugeait dépassé par les événements, c'est la recherche de pareille théorie qui deviendrait le Saint-Graal de la physique quand la découverte de l'interaction faible responsable de la radioactivité puis celle de l'interaction forte qui assure la cohésion du noyau atomique porta à quatre le nombre des forces que les physiciens devaient affronter.

En ce qui concernait la mécanique quantique, il y avait ceux, comme Werner Heisenberg, qui accusaient carrément Einstein d'être « incapable de changer d'attitude » après une carrière passée à sonder l'« univers objectif des processus physiques qui suit son cours dans l'espace et le temps, indépendant de nous, selon des lois rigides [24] ». Il n'était guère surprenant, insinuait Heisenberg, qu'Einstein trouve impossible d'accepter une théorie affirmant qu'à l'échelle atomique « cet univers objectif du temps et de l'espace n'existait même pas [25] ». Born croyait qu'Einstein « ne pourrait plus accepter certaines idées nouvelles en physique qui contredisaient ses propres convictions philosophiques, fermement enracinées [26] ». Tout en reconnaissant que son ami de longue date avait fait œuvre de « pionnier dans la lutte pour la conquête du territoire sauvage des phénomènes quantiques », le fait qu'« il soit resté hautain et sceptique » face à la mécanique quantique était « une tragédie », déplorait Born, tandis qu'Einstein « avance à tâtons dans sa solitude, et pour nous qui regrettons l'absence de notre chef et porte-drapeau [27] ».

L'influence d'Einstein diminua, celle de Bohr augmenta. Avec des missionnaires comme Heisenberg et Pauli répandant la bonne parole à leurs propres ouailles, l'interprétation de Copenhague devint synonyme de mécanique quantique. Quand il était étudiant dans les années 1960, John Clauser entendit souvent dire qu'Einstein et Schrödinger « étaient devenus séniles [28] » et qu'on ne pouvait faire confiance à leur opinion en matière de quanta. « Ces commérages me furent répétés par un grand nombre de physiciens bien connus attachés à maints établissements prestigieux », se rappela-t-il bien des années après avoir été le premier à tester l'inégalité de Bell en 1972. En revanche, on attribuait à Bohr des pouvoirs de raisonnement et d'intuition quasi surnaturels. D'aucuns ont même suggéré que si d'autres étaient obligés d'effectuer des calculs, Bohr n'en avait pas besoin [29]. Clauser se rappela qu'à l'époque de ses études « une investigation déclarée portant sur les prodiges et les bizarreries de la mécanique quantique » qui irait au-delà de l'interprétation de Copenhague était « pratiquement prohibée par l'existence de divers interdits religieux et pressions sociales qui, mis ensemble, équivalaient à une croisade évangélique contre cette forme de pensée [30] ». Mais il y avait des non-croyants prêts à contester l'orthodoxie de Copenhague. L'un deux était Hugh Everett III.

Lorsque Einstein mourut en avril 1955, Everett avait vingt-quatre ans et préparait sa maîtrise à l'université de Princeton. Deux ans plus tard, il obtenait un doctorat avec une thèse intitulée « Sur les fondements de la mécanique quantique », dans laquelle il démontrait qu'il était possible de traiter tous les résultats sans exception d'une expérience quantique comme s'ils existaient pour de bon dans un monde réel. D'après Everett, cela signifiait pour le chat de Schrödinger enfermé dans sa boîte qu'au moment où elle serait ouverte l'univers se diviserait en un univers où le chat était mort et un autre où il était encore vivant.

Everett appela cette interprétation la « formulation des états relatifs de la mécanique quantique » et montra que sa supposition que toutes les possibilités quantiques existaient conduisait aux mêmes prédictions de la mécanique quantique que l'interprétation de Copenhague.

Everett publia sa solution de remplacement en juillet 1957 accompagnée d'une note de son directeur de thèse, l'éminent physicien de Princeton John Wheeler. C'était son tout premier article et il passa pratiquement inaperçu pendant plus d'une décennie. Déçu par ce manque d'intérêt, Everett avait alors déjà quitté l'université et travaillait pour le Pentagone, où il appliquait la théorie des jeux à la planification stratégique des conflits.

« Il ne fait pas de doute qu'il existe un univers invisible, dit un jour le réalisateur de cinéma américain Woody Allen. Le problème, c'est de savoir à quelle distance il se trouve du centre-ville et jusqu'à quelle heure il est ouvert [31]. » Contrairement à Woody Allen, la plupart des physiciens reculèrent devant ce qu'impliquait l'acceptation d'un nombre infini de réalités parallèles coexistantes dans lesquelles se réalise toute conséquence envisageable de tout résultat expérimental possible. Everett, qui mourut d'une crise cardiaque en 1982 à l'âge de cinquante et un ans, ne put malheureusement pas voir à quel point ce qu'on appellerait « hypothèse des univers multiples » serait prise au sérieux par les cosmologistes quantiques qui s'efforçaient d'expliquer le mystère de la naissance de l'Univers. L'hypothèse des univers multiples leur permettait de contourner un problème auquel l'interprétation de Copenhague n'apportait pas de réponse – quel acte d'observation pourrait éventuellement entraîner l'effondrement de la fonction d'onde de l'Univers tout entier ?

L'interprétation de Copenhague exige un observateur à l'extérieur de l'Univers pour l'observer, or puisqu'il n'y en pas – sauf Dieu – l'Univers n'aurait jamais dû accéder à l'existence, mais devrait rester à jamais dans une superposition de multiples possibilités. C'est le vieux problème de la mesure écrit en majuscules. L'équation de Schrödinger qui décrit la réalité quantique comme une superposition de possibilités et attache un éventail de probabilités à chaque possibilité n'inclut pas l'acte de mesure. Il n'y a pas d'observateurs dans les mathématiques de la mécanique quantique. La théorie ne dit rien de l'effondrement de la fonction d'onde, ce changement soudain et discontinu de l'état d'un système quantique induit par l'observation ou la mesure, lorsque le possible devient le réel. Dans l'interprétation des univers multiples d'Everett, il n'y avait pas besoin d'une observation ni d'une mesure pour faire s'effondrer la fonction d'onde, puisque toutes les possibilités quantiques sans exception coexistent en tant que réalités dans un déploiement d'univers parallèles.

« Aboutir à l'interprétation correcte s'est révélé un problème plus difficile que de simplement trouver les équations [32] », dira Paul Dirac cinquante ans après le congrès Solvay 1927. Le Prix Nobel américain Murray Gell-Mann pense qu'une partie de la raison en est que « Niels Bohr avait mis dans la tête à toute une génération de physiciens que le problème avait été résolu [33] ». Un sondage effectué en juillet 1999 lors d'un congrès de physique quantique qui se tenait à l'université de Cambridge révéla les réponses d'une nouvelle génération à la question controversée de l'interprétation [34]. Sur les quatre-vingt-dix physiciens interrogés, quatre seulement votèrent pour l'interprétation de Copenhague, mais trente choisirent la version moderne des univers multiples d'Everett [35]. Il est significatif que cinquante aient coché la case « aucune des trois ou sans opinion ».

Les difficultés conceptuelles non résolues, telles que le problème de la mesure et l'incapacité de dire exactement où finit l'univers quantique et où commence l'univers classique de la vie quotidienne ont fait qu'un nombre croissant de physiciens se sont montrés disposés à chercher quelque chose de plus profond que la mécanique quantique. « Une théorie qui donne "peut-être" comme réponse, dit le théoricien et Prix Nobel néerlandais Gerard 't Hooft, devrait être reconnue comme inexacte [36]. » Il croit que l'Univers est déterministe, et cherche une théorie plus fondamentale qui rendrait compte de tous les traits étranges et contraires à l'intuition de la mécanique quantique. D'autres, comme Nicolas Gisin, éminent expérimentateur qui explore l'intrication, n'ont « aucun mal à penser que la théorie quantique est incomplète [37] ».

L'émergence d'autres interprétations et la mise en doute en bonne et due forme de la prétention à la complétude de la mécanique quantique ont abouti à un réexamen du verdict prononcé contre Einstein à l'issue de sa polémique prolongée avec Bohr. « Peut-il réellement être vrai qu'Einstein se soit, d'une manière significative, aussi profondément "trompé" que les disciples de Bohr voudraient l'affirmer ? se demande le mathématicien et physicien britannique sir Roger Penrose. Je ne le crois pas. Moi-même, je soutiendrais fortement Einstein dans sa croyance en une réalité submicroscopique, et dans sa conviction que la mécanique quantique dans son état actuel est foncièrement incomplète [38]. »

Bien qu'Einstein n'ait jamais réussi à porter un coup décisif dans ses affrontements avec Bohr, sa contestation soutenue fut une source d'inspiration. Elle encouragea des hommes comme Bohm, Bell et Everett à sonder et à évaluer l'interprétation de Copenhague quand elle était majoritaire et que peu de physiciens distinguaient la théorie de l'interprétation. Le débat entre Einstein et Bohr sur la nature de la réalité était l'inspiration derrière le théorème de Bell. Directement ou indirectement, la mise à l'épreuve de l'inégalité de Bell contribua à la naissance de nouveaux domaines de recherche, tels que la cryptographie quantique, la théorie quantique de l'information et les ordinateurs quantiques. L'un des plus remarquables est la téléportation quantique, qui exploite le phénomène de l'intrication. Bien que cela semble relever du domaine de la science-fiction, en 1997, non pas une, mais deux équipes de physiciens réussirent à téléporter une particule. La particule ne fut pas physiquement transportée, mais son état quantique fut transféré à une particule située ailleurs, ce qui téléportait en fait la particule initiale d'un lieu à un autre.

Après avoir été marginalisé pendant les trente dernières années de sa vie à cause de sa critique de l'interprétation de Copenhague et de ses tentatives pour occire son démon quantique, Einstein a été disculpé – partiellement. La polémique Bohr-Einstein n'avait pas grand-chose à voir avec les équations et les nombres générés par les mathématiques de la mécanique quantique. Que signifie la mécanique quantique ? Que dit-elle sur la nature de la réalité ? C'étaient leurs réponses à ces types de questions qui séparaient les deux hommes. Einstein ne proposa jamais une interprétation de son cru, parce qu'il n'essayait pas de façonner sa philosophie pour l'adapter à une théorie physique. Au lieu de quoi il se servit de sa croyance en une réalité indépendante de l'observateur pour juger la mécanique quantique, et trouva que la théorie était déficiente.

En décembre 1900, la physique classique avait une place pour toute chose et presque toute chose avait sa place. C'est alors que Max Planck tomba par hasard sur le quantum, et les physiciens ont encore du mal à se faire à son existence. Cinquante longues années de « rumination consciente[39] », dit Einstein, ne l'avaient pas fait avancer d'un pouce vers la compréhension du quantum. Il persista dans ses efforts jusqu'au bout, trouvant sa consolation dans les paroles du dramaturge et philosophe allemand Gotthold Lessing : « L'aspiration à la vérité est plus précieuse que l'assurance de sa possession[40]. »

CHRONOLOGIE

1858 (23 avril) : Naissance de Max Planck à Kiel.

1871 (30 août) : Naissance d'Ernest Rutherford of Nelson à Spring Grove, Nouvelle-Zélande.

1879 (14 mars) : Naissance d'Albert Einstein à Ulm.

1882 (11 décembre) : Naissance de Max Born à Breslau, en Silésie (Allemagne).

1885 (7 octobre) : Naissance de Niels Bohr à Copenhague.

1887 (12 août) : Naissance d'Erwin Schrödinger à Vienne.

1892 (15 août) : Naissance de Louis de Broglie à Dieppe.

1893 (février) : Wilhelm Wien découvre la loi du déplacement pour le rayonnement du corps noir.

1895 (novembre) : Wilhelm Röntgen découvre les rayons X.

1896 (mars) : Henri Becquerel découvre que des composés de l'uranium émettent un rayonnement jusqu'alors inconnu qu'il appelle « rayons uraniques ».

Juin : Wien publie une loi de répartition pour le rayonnement du corps noir qui est en accord avec les données disponibles.

1897 (avril) : J. J. Thompson annonce la découverte de l'électron.

1900 (25 avril) : Naissance de Wolfgang Pauli à Vienne.

Juillet : Einstein est diplômé du Polytechnikum de Zurich.

Septembre : L'échec de la loi de répartition de Wien dans l'infrarouge lointain du spectre du corps noir est confirmé sans aucun doute possible.

Octobre : Planck annonce sa loi sur le rayonnement du corps noir lors d'une réunion de la Société de physique allemande à Berlin.

14 décembre : Planck présente la dérivation de sa loi sur le rayonnement du corps noir dans une conférence à la Société de physique allemande. L'introduction du quantum d'énergie passe presque inaperçue. Au mieux, on le tient pour un artifice de théoricien qu'on pourra éliminer ultérieurement.

1901 (5 décembre) : Naissance de Werner Heisenberg à Würzburg.

1902 (juin) : Einstein commence à travailler comme « expert de troisième classe » à l'Office suisse des brevets à Berne.

8 août : Naissance de Paul Dirac à Bristol.

1905 (juin) : L'article d'Einstein sur l'effet photoélectrique et l'existence des quanta de lumière est publié dans les *Annalen der Physik*.

Juillet : L'article d'Einstein expliquant le mouvement brownien est publié dans les *Annalen der Physik*.

Septembre : L'article d'Einstein « Sur l'électrodynamique des corps en mouvement », qui donne les grandes lignes de sa théorie de la relativité restreinte, est publié dans les *Annalen der Physik*.

1906 (janvier) : Einstein obtient son doctorat de l'université de Zurich, au troisième essai, avec une thèse intitulée « Une nouvelle détermination des dimensions moléculaires ».

Avril : Einstein est promu « expert de deuxième classe » à l'Office des brevets de Berne.

Septembre : Suicide de Ludwig Boltzmann, en vacances près de Trieste.

Décembre : L'article d'Einstein sur la théorie quantique de la chaleur spécifique est publié dans les *Annalen der Physik*.

1907 (mai) : Rutherford est nommé professeur et directeur du département de physique à l'université de Manchester.

1908 (février) : Einstein devient *Privatdozent* à l'université de Berne.

1909 (mai) : Einstein est nommé professeur extraordinaire de physique théorique à l'université de Zurich, avec prise d'effet en octobre.

Septembre : Einstein prononce le discours d'ouverture à la réunion annuelle de la *Gesellschaft Deutscher Naturforscher und Ärtzte*, la Société allemande de physique et de médecine, qui se tient cette année-là à Salzbourg, en Autriche. Il déclare que « le prochain stade du développement de la physique théorique nous apportera une théorie de la lumière qui peut être conçue comme une sorte de fusion de la théorie ondulatoire et de la théorie de l'émission ».

Décembre : Bohr obtient une maîtrise de physique à l'université de Copenhague.

1911 (janvier) : Einstein est nommé professeur titulaire à l'université allemande de Prague, avec prise d'effet en avril.

Mars : Rutherford annonce la découverte du noyau atomique lors d'une réunion à Manchester.

Mai : Bohr obtient son doctorat de physique à l'université de Copenhague avec une thèse sur la théorie électronique des métaux.

Septembre : Bohr arrive à l'université de Cambridge pour commencer des études postdoctorales sous la direction de J. J. Thompson.

30 octobre-4 novembre : Le premier congrès ou « conseil » Solvay se tient à Bruxelles. Einstein, Planck, Marie Curie et Rutherford font partie des invités.

1912 (janvier) : Einstein est nommé professeur de physique théorique à l'Eidgenossische Technische Hochschule (ETH) de Zurich, nouvelle appellation du Polytechnikum fédéral où il fut étudiant.

Mars : Bohr quitte Cambridge pour intégrer le laboratoire de Rutherford à l'université de Manchester.

Septembre : Bohr est nommé *Privatdozent* et assistant du professeur de physique à l'université de Copenhague.

1913 (février) : Bohr entend parler pour la première fois de la formule de Balmer appliquée aux raies spectrales de l'hydrogène, indice capital qui lui permettra de développer le modèle quantique de l'atome.

Juillet : le premier d'une trilogie d'articles de Bohr sur la théorie quantique de l'atome d'hydrogène est publié dans le *Philosophical Magazine*. Planck et Walther Nernst se déplacent à Zurich pour attirer Einstein à Berlin. Il accepte leur proposition.

Septembre : Bohr présente sa nouvelle théorie de l'atome quantique au congrès de la Société britannique pour l'avancement de la science (BAAS) à Birmingham.

1914 (avril) : L'expérience de Franck-Hertz confirme les concepts de saut quantique et de niveaux d'énergie de l'atome de Bohr. Franck et Hertz bombardent de la vapeur de mercure avec des électrons et mesurent la fréquence des radiations émises, qui correspond aux transitions entre les différents niveaux d'énergie. Einstein arrive à Berlin pour prendre des postes de professeur à l'Académie des sciences prussienne et à l'université de Berlin.

Août : Début de la Première Guerre mondiale.

Octobre : Bohr retourne travailler à l'université de Manchester. Planck et Röntgen sont parmi les signataires du *Manifeste des 93*, qui affirme que l'Allemagne n'est aucunement responsable de la guerre, qu'elle n'a pas violé la neutralité de la Belgique ni commis d'atrocités.

1915 (novembre) : Einstein achève sa théorie de la relativité générale.

1916 (janvier) : Arnold Sommerfeld propose une théorie pour expliquer la structure fine des raies spectrales de l'hydrogène et introduit un deuxième nombre quantique en remplaçant les orbites circulaires de Bohr par des orbites elliptiques.

Mai : Bohr est nommé professeur de physique théorique à l'université de Copenhague.

Juillet : Einstein reprend ses recherches sur la théorie des quanta et découvre les phénomènes de l'émission spontanée et induite d'un photon par un atome. Sommerfeld ajoute le nombre quantique magnétique au modèle originel de l'atome de Bohr.

1918 (septembre) : Pauli quitte Vienne pour travailler à l'université de Munich avec Arnold Sommerfeld.

Novembre : Fin de la Première Guerre mondiale.

1919 (novembre) : Planck reçoit le prix Nobel 1918 de physique. Lors d'une réunion commune de la Royal Society et de la Royal Astronomical Society à Londres, on annonce officiellement que la prédiction d'Einstein selon laquelle la lumière est déviée par un champ gravitationnel a été confirmée par des mesures effectuées par deux expéditions britanniques pendant une éclipse de soleil en mai. Einstein devient mondialement célèbre du jour au lendemain.

1920 (mars) : Sommerfeld introduit un quatrième nombre quantique.

Avril : Bohr se rend à Berlin et rencontre Planck et Einstein pour la première fois.

Août : Meeting public à la Salle philharmonique de Berlin contre la théorie de la relativité. Irrité, Einstein répond à ses critiques dans un article de journal. Il rend visite à Bohr à Copenhague pour la première fois.

Octobre : Heisenberg s'inscrit en physique à l'université de Munich et y rencontre Wolfgang Pauli.

1921 (mars) : Inauguration à Copenhague de l'Institut de physique théorique, avec Bohr comme directeur-fondateur.

Avril : Venant de Francfort, Born s'installe à Göttingen en tant que professeur et directeur de l'Institut de physique théorique, déterminé à en faire l'égal de l'institut de Sommerfeld à Munich.

Octobre : Après avoir obtenu son doctorat à l'université de Munich, Pauli devient l'assistant de Born à Göttingen.

1922 (avril) : Pauli, qui préfère la vie de la grande cité hanséatique à celle d'une petite ville universitaire de province, quitte Göttingen pour prendre un poste de maître-assistant à l'université de Hambourg.

Juin : Bohr donne une série de conférences légendaires à Göttingen sur la théorie atomique et la table périodique. C'est lors de ce « festival Bohr » que Heisenberg et Pauli rencontrent le Danois pour la première fois. Bohr est profondément impressionné par les deux jeunes gens.

Octobre : Heisenberg entame un séjour de six mois à Göttingen, avec Born. Pauli arrive à Copenhague pour être l'assistant de Bohr jusqu'en septembre 1923.

Novembre : Einstein reçoit le prix Nobel de physique 1921 et Bohr celui de 1922.

1923 (mai) : Le rapport détaillé de Compton sur sa découverte de la diffusion des rayons X par les électrons atomiques est publié. Ce qu'on appellera « l'effet Compton » est tenu pour une preuve irréfutable à l'appui de la théorie des quanta de lumière proposée par Einstein en 1905.

Juillet : Deuxième visite d'Einstein à Copenhague, pour rencontrer Bohr. Heisenberg obtient de justesse son doctorat à l'université de Munich après avoir séché à l'oral sur des questions de physique expérimentale.

Septembre : De Broglie associe les ondes avec les électrons en étendant la dualité onde-particule pour inclure la matière.

Octobre : Heisenberg devient l'assistant de Born à Göttingen. Pauli rentre à Hambourg après un séjour d'un an à Copenhague.

1924 (février) : Tentant de repousser l'hypothèse des quanta de lumière d'Einstein, Bohr, Hendrik Kramers et John Slater avancent que l'énergie ne se conserve que statistiquement dans les processus atomiques. L'hypothèse de « BKS » sera expérimentalement réfutée en avril-mai 1925.

Mars : Heisenberg rend pour la première fois visite à Bohr à Copenhague.

Septembre : Heisenberg quitte Göttingen pour travailler à l'institut de Bohr jusqu'en mai 1925.

Novembre : De Broglie soutient avec succès sa thèse de doctorat où il étend la dualité onde-particule à la matière. Einstein, qui avait pu en consulter une copie envoyée par le directeur de thèse de De Broglie, l'avait déjà approuvée.

1925 (janvier) : Pauli découvre le principe d'exclusion.

Juin : Heisenberg se rend sur la petite île de Helgoland en mer du Nord pour se remettre d'un sévère rhume des foins. C'est là qu'il fait les premiers pas vers la mécanique matricielle, sa version personnelle de la théorie ô combien insaisissable de la mécanique quantique.

Septembre : Le premier article innovateur de Heisenberg sur la mécanique matricielle, « Sur une nouvelle interprétation en théorie des quanta de la cinématique et des relations mécaniques » paraît dans le *Zeitschrift für Physik*.

Octobre : Samuel Goudsmit et George Uhlenbeck proposent le concept de spin quantique.

Novembre : Pauli applique la mécanique matricielle à l'atome d'hydrogène. Ce véritable tour de force est décrit dans un article qui paraîtra en mars 1926.

Décembre : Pendant une rencontre amoureuse secrète avec une de ses anciennes maîtresses dans la station de ski helvétique d'Arosa, Schrödinger élabore ce qui deviendra sa célèbre équation d'onde.

1926 (janvier) : De retour à Zurich, Schrödinger applique son équation d'onde à l'atome d'hydrogène et découvre qu'elle reproduit la série des niveaux d'énergie de l'atome de Bohr-Sommerfeld.

Février : L'article « à trois mains », rédigé par Heisenberg, Born et Pascual Jordan et qui fournit une analyse détaillée de la structure mathématique de la mécanique matricielle est publié dans le *Zeitschrift für Physik*, auquel il avait été soumis en novembre 1925.

Mars : Le premier article de Schrödinger sur la mécanique ondulatoire, soumis en janvier, est publié par les *Annalen der Physik*. Cinq autres articles suivront, en succession rapide. Schrödinger et d'autres chercheurs prouvent que la mécanique ondulatoire et la mécanique matricielle sont mathématiquement équivalentes. Ce sont deux formes de la même théorie – la mécanique quantique.

Avril : Heisenberg donne une conférence de deux heures sur la mécanique matricielle, en présence d'Einstein et de Planck. Einstein invite ensuite le jeune-turc chez lui, où ils discutent, se rappellera plus tard Heisenberg, de « l'arrière-plan philosophique de mes travaux récents ».

Mai : Heisenberg est nommé assistant de Bohr et enseignant à l'université de Copenhague. Pendant que Bohr se remet d'une mauvaise grippe, Heisenberg commence à utiliser la mécanique ondulatoire pour rendre compte des raies spectrales de l'hélium.

Juin : Dirac obtient son doctorat de l'université de Cambridge avec une thèse intitulée « Mécanique quantique ».

Juillet : Born avance une interprétation probabiliste de la fonction d'onde. Schrödinger donne une conférence à Munich ;

pendant le débat subséquent, Heisenberg se plaint des insuffisances de la mécanique ondulatoire.

Septembre : Dirac se rend à Copenhague et développe pendant son séjour la théorie de la transformation, qui montre que la mécanique ondulatoire de Schrödinger et la mécanique matricielle de Heisenberg sont des cas particuliers d'une formulation plus générale de la mécanique quantique.

Octobre : Schrödinger se rend à Copenhague. Bohr, Heisenberg et lui n'arrivent pas à se mettre d'accord sur l'interprétation physique ni de la mécanique matricielle ni de la mécanique ondulatoire.

1927 (janvier) : Clinton Davisson et Lester Germer obtiennent des preuves concluantes que la dualité onde-particule s'applique aussi à la matière quand ils réussissent la diffraction des électrons.

Février : Après des mois de vaines tentatives, la nervosité monte, car Bohr et Heisenberg n'arrivent toujours pas à élaborer une interprétation physique cohérente de la mécanique quantique. Bohr s'octroie un mois de vacances de neige en Norvège. En son absence, Heisenberg découvre le principe d'incertitude.

Mai : L'article sur le principe d'incertitude est publié après des querelles entre Heisenberg et Bohr à propos de son interprétation.

Septembre : Au congrès Volta à Côme, Bohr présente son principe de complémentarité et les éléments centraux de ce qu'on appellerait plus tard l'« interprétation de Copenhague » de la mécanique quantique. Born, Heisenberg et Pauli étaient présents, mais pas Schrödinger ni Einstein.

Octobre : Lors du cinquième congrès Solvay, à Bruxelles, commence le débat entre Einstein et Bohr sur les fondements de la mécanique quantique et la nature de la réalité. Schrödinger succède à Planck comme professeur de physique théorique à l'université de Berlin. Compton reçoit le prix Nobel de physique pour la découverte de l'effet qui porte son nom. Heisenberg est nommé professeur à l'université de Leipzig ; il n'a que vingt-cinq ans.

Novembre : George Thomson, fils de J. J. Thomson, qui découvrit l'électron, annonce une diffraction réussie des électrons par une technique différente de celle de Davisson et Germer.

1928 (janvier) : Pauli est nommé professeur de physique théorique à l'ETH de Zurich.

Février : Heisenberg donne son cours inaugural en tant que professeur de physique théorique à l'université de Leipzig.

1929 (octobre) : De Broglie reçoit le prix Nobel pour la découverte de la nature ondulatoire de l'électron.

1930 (octobre) : Sixième congrès Solvay à Bruxelles, deuxième round du débat Einstein-Bohr : Bohr réfute l'expérience imaginaire d'Einstein de « l'horloge dans la boîte » qui contestait la cohérence de l'interprétation dite de Copenhague.

1931 (décembre) : L'Académie danoise des sciences et des lettres choisit Bohr pour être le prochain occupant de l'Aerosbolig, la « Maison d'Honneur », demeure construite par le fondateur de la brasserie Carlsberg.

1932 : L'ouvrage de John von Neumann *Fondements mathématiques de la mécanique quantique* est publié en allemand. Il contient sa célèbre « preuve de l'impossibilité » : aucune théorie à variables cachées ne peut reproduire les prédictions de la mécanique quantique. Dirac est élu à la chaire Lucas de professeur de mathématiques à Cambridge, poste jadis occupé par Isaac Newton.

1933 (janvier) : Les nazis prennent le pouvoir en Allemagne. Par bonheur, Einstein est en Amérique en tant que professeur invité au California Institute of Technology.

Mars : Einstein déclare publiquement qu'il ne rentrera pas en Allemagne. Il démissionne de l'Académie des sciences prussienne dès son arrivée en Belgique et coupe les ponts avec les institutions officielles allemandes.

Avril : Les nazis introduisent la « loi sur la restauration de la Fonction publique », conçue pour viser les opposants politiques, les socialistes, les communistes et les Juifs. Le paragraphe 3 contient l'infâme « clause aryenne » : « Les fonctionnaires d'origine non aryenne doivent prendre leur retraite. » En 1936, plus de mille six cents universitaires seront évincés, dont un tiers de scientifiques, et parmi eux vingt qui avaient reçu le prix Nobel ou le recevraient.

Mai : Vingt mille livres sont brûlés à Berlin, et des bûchers similaires d'ouvrages « antiallemands » sont organisés dans tout le pays. Bien que non concerné par les lois nazies, contrairement à Born et à d'autres collègues, Schrödinger quitte l'Allemagne pour Oxford. Heisenberg reste. L'Academic Assistance Council, avec Rutherford comme président, est créé en Angleterre pour aider les scientifiques, écrivains et artistes réfugiés.

Septembre : Craignant de plus en plus pour sa sécurité, Einstein quitte la Belgique pour l'Angleterre. Suicide de Paul Ehrenfest.

Octobre : Einstein arrive à Princeton. La visite était déjà programmée et il avait l'intention de ne passer que quelques mois à l'Institut d'études avancées (IAS), mais il ne retournera jamais en Europe.

Novembre : Heisenberg reçoit avec un an de retard le prix Nobel de physique 1932, tandis que Dirac et Schrödinger se partagent celui de 1933.

1935 (mai) : L'article d'« EPR » (Einstein, Podolsky et Rosen) « La description de la réalité donnée par la mécanique quantique peut-elle être considérée comme complète ? » est publié dans la *Physical Review.*

Octobre : La réponse de Bohr à EPR est publiée dans la *Physical Review.*

1936 (mars) : Schrödinger et Bohr se rencontrent à Londres. Bohr se dit « consterné » et qualifie de « haute trahison » la démarche de Schrödinger et d'Einstein contre la mécanique quantique.

Octobre : Après avoir passé près de trois ans à Cambridge et quelques mois à Bangalore, Born obtient la chaire de philosophie naturelle à l'université d'Édimbourg. Il y restera jusqu'à sa retraite en 1953.

1937 (février) : Bohr arrive à Princeton pour un séjour d'une semaine dans le cadre d'une tournée mondiale. Einstein et

Bohr débattent de l'interprétation de la mécanique quantique face à face pour la première fois depuis la publication de l'article EPR, mais c'est un dialogue de sourds avec beaucoup de non-dits.

Juillet : Heisenberg est dénoncé comme « Juif blanc » dans un journal SS pour avoir enseigné la « physique juive » et notamment la théorie einsteinienne de la relativité.

Octobre : Rutherford meurt à soixante-six ans à Cambridge des suites d'une opération d'une hernie étranglée.

1939 (janvier) : Bohr arrive à l'IAS de Princeton comme professeur invité pour tout le semestre. Einstein évite toute discussion avec Bohr, et, au cours des quatre mois suivants, ils ne se rencontrent que lors de réceptions.

Août : Einstein écrit au président Roosevelt pour évoquer la possibilité de la fabrication d'une bombe atomique et le risque qu'il y aurait à laisser les Allemands construire pareille arme.

Septembre : Début de la Seconde Guerre mondiale.

Octobre : Schrödinger arrive à Dublin après avoir brièvement enseigné dans les universités de Graz et de Gand. Il restera professeur à l'Institut d'études avancées de Dublin jusqu'à son retour à Vienne en 1956.

1940 (mars) : Einstein écrit une deuxième lettre au président Roosevelt à propos de la bombe atomique.

Août : Pauli quitte l'Europe déchirée par la guerre et rejoint Einstein à l'IAS de Princeton. Il y restera jusqu'en 1946, quand il regagnera l'ETH de Zurich.

1941 (octobre) : Heisenberg rend visite à Bohr à Copenhague. Le Danemark est occupé par les forces allemandes depuis avril 1940.

1943 (septembre) : Bohr et sa famille s'enfuient en Suède.

Décembre : Bohr se rend à Princeton où il dîne avec Einstein et Pauli avant de se diriger sur Los Alamos, au Nouveau-Mexique, pour travailler sur la bombe atomique. C'est la première rencontre entre Einstein et Bohr depuis la visite du Danois en janvier 1939.

1945 (mai) : L'Allemagne capitule. Heisenberg est arrêté par les Alliés.

Août : Les Américains lancent une bombe atomique sur Hiroshima, puis une deuxième sur Nagasaki. Bohr rentre à Copenhague.

Novembre : Pauli reçoit le prix Nobel pour la découverte du principe d'exclusion.

1946 (juillet) : Heisenberg est nommé directeur du Kaiser-Wilhelm-Institut für Physik à Göttingen, le futur Institut Max Planck.

1947 (octobre) : Mort de Planck à Göttingen à l'âge de quatre-vingt-neuf ans.

1948 (février) : Bohr arrive à l'IAS de Princeton comme professeur invité jusqu'à juin. Ses relations avec Einstein sont devenues plus cordiales, mais les deux hommes sont toujours en désaccord sur l'interprétation de la mécanique quantique. À Princeton, Bohr écrit une relation du débat avec Einstein lors des congrès Solvay de 1927 et de 1930 comme contribution à un recueil d'articles célébrant le soixante-dixième anniversaire d'Einstein en mars 1949.

1950 : Bohr est à l'IAS jusqu'en mai.

1951 : David Bohm publie *La Théorie quantique*. L'ouvrage contient une version nouvelle et simplifiée de l'expérience imaginaire EPR.

1952 (janvier) : David Bohm publie deux articles dans lesquels il fait ce que von Neumann croyait impossible : proposer une interprétation à variables cachées de la mécanique quantique.

1954 (septembre) : Bohr est à l'IAS jusqu'en décembre.

Octobre : Amèrement déçu d'avoir été négligé quand Heisenberg a été honoré en 1932, Born obtient enfin le prix Nobel pour « ses travaux fondamentaux en mécanique quantique et particulièrement son interprétation statistique de la fonction d'onde ».

1955 (avril) : Einstein meurt à Princeton, à soixante-seize ans. Après une cérémonie toute simple, ses cendres sont dispersées dans un lieu tenu secret

1957 (juillet) : Hugh Everett III propose la formulation à « état relatif » de la mécanique quantique, qu'on appellera plus tard l'interprétation des mondes multiples.

1958 (décembre) : Pauli meurt à Zurich à cinquante-huit ans.

1961 (janvier) : Schrödinger meurt à Vienne à soixante-treize ans.

1962 (novembre) : Bohr meurt à Copenhague à soixante-dix-sept ans.

1964 (novembre) : La découverte de John Bell – toute théorie à variables cachées dont les prédictions concordent avec celles de la mécanique quantique doit être non locale – est publiée dans une revue à tirage restreint. Connue sous le nom d'inégalité de Bell, elle dérive des limites sur le degré de corrélation des spins quantiques de paires de particules intriquées auquel doit aboutir toute théorie locale à variables cachées.

1966 (juillet) : Bell démontre de manière convaincante que la preuve de von Neumann éliminant les théories à variables cachées (*Fondements mathématiques de la mécanique quantique, 1932*) est erronée. Bell avait soumis cet article à la *Review of Modem Physics* fin 1964, mais une malencontreuse série de contretemps en a retardé la publication.

1970 (janvier) : Born meurt à Göttingen à quatre-vingt-sept ans.

1972 (avril) : Après avoir procédé au premier test de l'inégalité de Bell, John Clauser et Stuart Freedman, de l'université de Californie à Berkeley, annoncent qu'elle est violée : toute variable cachée locale ne peut reproduire les prédictions de la mécanique quantique. Toutefois, il y a des doutes sur l'exactitude de leurs résultats.

1976 (février) : Heisenberg meurt à Munich, à l'âge de soixante-quinze ans.

1982 : Après des années de travaux préliminaires, Alain Aspect et ses collaborateurs à l'Institut d'optique théorique et appliquée de l'université Paris-Sud soumettent l'inégalité de Bell au test le plus rigoureux possible à l'époque. Leurs résultats montrent que l'inégalité est violée. Bien que certaines failles restent à combler, la plupart des physiciens, Bell y compris, acceptent ces résultats.

1984 (octobre) : Dirac meurt à Tallahassee, en Floride, à l'âge de quatre-vingt-deux ans.

1987 (mars) : De Broglie meurt à Louveciennes à quatre-vingt-quatorze ans.

1997 (décembre) : À l'université d'Innsbruck, une équipe dirigée par Anton Zeilinger annonce qu'elle a réussi à transférer l'état quantique d'une particule d'un endroit à un autre – à la téléporter, en fait. Le phénomène d'intrication quantique est partie intégrante de ce processus. À l'université de Rome, un groupe dirigé par Francesco De Martini réussit une autre téléportation quantique.

2003 (octobre) : Anthony Leggett publie une inégalité de type Bell fondée sur la supposition que la réalité est non locale.

2007 (avril) : Une équipe austro-polonaise dirigée par Markus Aspelmeyer et Anton Zeilinger annonce que les mesures des corrélations jusqu'ici non testées entre des paires de photons intriqués montrent que l'inégalité de Leggett est violée. L'expérience n'élimine qu'un sous-ensemble de théories à variables cachées non locales possibles.

20 ? ? Une théorie quantique de la gravitation ? Une Théorie universelle ? Une théorie au-delà du quantum ?

GLOSSAIRE

Les termes en *italique* sont expliqués dans le Glossaire.

Alcalins (éléments) : Des éléments du groupe I de la *table périodique*, comme le lithium, le sodium et le potassium, qui partagent les mêmes propriétés chimiques.

Alpha (désintégration) : Processus de désintégration radioactive dans lequel le *noyau* d'un *atome* émet une *particule alpha*.

Alpha (particule) : Particule subatomique consistant en deux *protons* et deux *neutrons* liés ensemble. Émise lors de la *désintégration alpha*, elle est identique au *noyau* de l'*atome* d'hélium.

Amplitude : Déplacement maximal d'une *onde* ou d'une oscillation, égal à la moitié de la distance entre le sommet de l'onde (ou de l'oscillation) et son creux. En *mécanique quantique*, l'amplitude d'un processus est un nombre lié à la probabilité d'occurrence de ce processus.

Angulaire (moment) : Propriété d'un objet en rotation apparentée au moment cinétique (ou quantité de mouvement) d'un objet se déplaçant en ligne droite. Le moment angulaire d'un objet dépend de sa masse, de ses dimensions et de la vitesse à laquelle il tourne. Un objet gravitant autour d'un autre possède lui aussi un moment angulaire, qui dépend de sa masse, du rayon de son orbite et de sa *vélocité*. Dans l'univers atomique, le moment angulaire est *quantifié*. Il ne peut changer que par multiples entiers de la *constante de Planck* divisée par 2π.

Atome : Plus petite composante d'un élément qui puisse lui conserver son identité, consistant en un *noyau* de charge positive entouré d'un système captif d'*électrons* de charge négative. L'atome étant électriquement neutre, le nombre des *protons* de charge positive dans le noyau est égal au nombre des électrons.

Atomique (numéro) : Nombre de *protons* dans le *noyau* d'un *atome*. Chaque élément possède un numéro atomique Z unique. Le numéro atomique de l'hydrogène, avec un noyau constitué d'un seul proton et un seul électron gravitant autour de ce noyau, est 1. L'uranium, avec 92 protons et 92 électrons, a le numéro atomique 92.

Balmer (série de) : L'ensemble des raies d'émission ou d'absorption dans le spectre de l'hydrogène causées par les transitions de son *électron* entre le deuxième *niveau d'énergie* et les niveaux supérieurs.

Bell (inégalité de) : Condition mathématique dérivée par John Bell en 1964 et concernant le degré de corrélation des *spins quantiques* de paires enchevêtrées de particules ; elle doit être satisfaite par toute théorie à *variables cachées* locale.

Bell (théorème de) : Preuve mathématique, découverte par John Bell en 1964, que toute théorie à *variables cachées* dont les prédictions concordent avec celles de la physique quantique doit être non locale. Voir *non-localité*.

Bêta (particule) : *Électron* rapide éjecté du *noyau* atomique d'un élément radioactif à la suite de l'interconversion de *protons* et de *neutrons*. Plus rapide et plus pénétrant qu'une *particule alpha*, il peut être arrêté par une mince couche de métal.

Broglie (longueur d'onde de De) : La *longueur d'onde* λ (lambda) d'une particule est liée à la *quantité de mouvement p* de la particule par la relation $\lambda = h/p$, où *h* est la *constante de Planck*.

Brownien (mouvement) : Mouvement irrégulier des grains de pollen en suspension dans un liquide observé pour la première fois par Robert Brown en 1867. En 1905, Einstein expliqua que le mouvement brownien était dû aux collisions aléatoires des molécules du liquide avec les grains de pollen.

Cachées (variables) : Interprétation de la *mécanique quantique* fondée sur le fait que la théorie est incomplète et qu'il y a une couche sous-jacente de la réalité qui contient des informations supplémentaires sur l'univers quantique. Ces informations supplémentaires se présentent sous la forme des variables cachées, grandeurs physiques invisibles, mais réelles. L'identification de ces variables cachées conduirait à des prédictions exactes des résultats des mesures et non pas seulement à la probabilité d'obtenir certains résultats. Les tenants de cette interprétation croient qu'elle pourrait reconstituer une réalité existant indépendamment de l'observation et niée par l'*interprétation de Copenhague*.

Causalité : Toute cause a un effet.

Classique (mécanique) : Physique dérivée des trois lois du mouvement de Newton. On parle aussi d'une mécanique newtonienne, dans laquelle les propriétés des particules telles que leur position et leur *quantité de mouvement* sont, en principe, simultanément mesurables avec une précision illimitée.

Classique (physique) : Description appliquée à toute physique non quantique telle que l'*électromagnétisme* et la *thermodynamique*. Bien que la théorie einsteinienne de la *relativité générale* soit considérée par les physiciens comme relevant de la physique « moderne » du XXe siècle, c'est néanmoins une théorie « classique ».

Commutativité : On dit que deux variables *A* et *B* sont commutatives si **A × B = B × A**. Par exemple, si les variables *A* et *B* sont les nombres 5 et 4, alors 5 × 4 = 4 × 5. La multiplication des nombres est commutative, puisque l'ordre dans lequel ils sont multipliés n'a pas d'importance. Si *A* et *B* sont des *matrices*, alors A × B n'est pas nécessairement égal à B × A. Lorsque cela se produit, on dit que *A* et *B* sont non commutatives.

Complémentarité : Invoqué par Niels Bohr, principe selon lequel les aspects ondulatoire et corpusculaire de la lumière et de la matière sont complémentaires, mais mutuellement exclusifs. La nature duelle de la lumière et de la matière est comme les deux faces d'une même pièce, qui peut montrer l'un ou l'autre de ses côtés, mais pas les deux à la fois. Par exemple, on peut concevoir une expérience pour révéler soit les propriétés ondulatoires de la lumière, soit sa nature corpusculaire, mais pas les deux en même temps.

Complexe (nombre) : Un nombre écrit sous la forme a + ib, dans lequel *a* et *b* sont des nombres ordinaires réels familiers de l'arithmétique et *i* est la racine carrée de –1, si bien que $(\sqrt{-1})^2 = -1$. On appelle *ib* la partie « imaginaire » du nombre complexe.

Compton (effet) : La *diffusion* des *photons* par des *électrons* atomiques découverte par le physicien américain Arthur H. Compton en 1923.

Conjuguées (variables) : Couple de *variables dynamiques* telles que la position et la *quantité de mouvement* ou l'*énergie* et le temps qui sont intimement liées l'une à l'autre au travers du *principe d'incertitude*.

Conservation (principe de la) : Loi énonçant qu'une grandeur physique, telle que la *quantité de mouvement* ou l'*énergie*, se conserve dans tous les processus physiques.

Conservation de l'énergie : Principe selon lequel l'*énergie* ne peut être ni créée, ni détruite, mais ne peut que se convertir d'une forme en une autre. Par exemple, lorsqu'une pomme tombe d'un arbre, son *énergie potentielle* est convertie en *énergie cinétique*.

Copenhague (interprétation de) : Interprétation de la *mécanique quantique*, dont le principal architecte, Niels Bohr, était établi à Copenhague. Au fil des années, il y eut des divergences d'opinion entre Bohr et d'autres éminents partisans de l'interprétation de Copenhague, comme par exemple Werner Heisenberg. Tous cependant étaient d'accord sur ses dogmes principaux : le *principe de correspondance* de Bohr, le *principe d'incertitude* de Heisenberg, l'*interprétation probabiliste* de Born de la *fonction d'onde*, le principe de *complémentarité* de Bohr et *l'effondrement de la fonction d'onde*. Il n'y a pas de réalité quantique au-delà de ce qui est révélé par un acte de mesure ou d'observation. Il est donc absurde de dire, par exemple, qu'un électron existe quelque part indépendamment d'une observation effective. Bohr et ses disciples soutenaient que la mécanique quantique était une théorie complète, affirmation contestée par Einstein.

Corps noir : Corps hypothétique idéalisé qui absorbe et émet tout rayonnement électromagnétique qui le frappe. On peut en construire une approximation au laboratoire avec une boîte percée d'un trou minuscule dans une de ses parois.

Corps noir (rayonnement du) : Rayonnement électromagnétique émis par un corps noir.

Corps noir (spectre du) : Ou, plus précisément, répartition spectrale de l'énergie du rayonnement du *corps noir*. Pour une température donnée, c'est l'intensité du rayonnement électromagnétique émis par un corps noir pour chaque *longueur d'onde* (ou *fréquence*).

Correspondance (principe de) : Principe directeur, invoqué par Niels Bohr, en vertu duquel les lois et équations de la physique quantique se réduisent à celles de la *physique classique* sous des conditions où l'impact de la *constante de Planck* est négligeable.

Degrés de liberté : On dit qu'un système a *n* degrés de liberté s'il faut exactement *n* paramètres, ou coordonnées, pour spécifier chaque état du système. Chaque degré de liberté représente une manière indépendante dont un corps peut se mouvoir ou un système se modifier. Un objet de l'univers quotidien a trois degrés de liberté correspondant aux trois directions dans lesquelles il peut se mouvoir – de haut en bas, d'avant en arrière et de droite à gauche.

Déterminisme : D'après la *mécanique classique*, si la position et la quantité de mouvement de toutes les particules de l'Univers à un instant précis étaient connues, et si toutes les forces s'exerçant entre les particules étaient connues elles aussi, alors il serait en principe possible de déterminer l'état subséquent de l'Univers. En *mécanique quantique*, il est impossible de spécifier simultanément la position et la quantité de mouvement d'une particule à quelque instant que ce soit. Cette théorie conduit donc à une vision non déterministe de l'Univers, dans laquelle l'avenir de l'Univers ne peut, en principe, être déterminé. Celui d'une particule non plus.

Diffraction : Diffusion des ondes lorsqu'elles passent à proximité du bord acéré d'un objet ou à travers une ouverture, à l'instar des vagues qui pénètrent dans un port par une brèche dans la digue.

Diffusion : Déviation d'une particule par une autre.

Dynamiques (variables) : Grandeurs utilisées pour caractériser l'état d'une particule, telles que la position, la *quantité de mouvement*, l'*énergie potentielle*, et l'*énergie cinétique*.

Effondrement de la fonction d'onde : D'après l'*interprétation de Copenhague*, un objet microphysique tel qu'un électron n'existe nulle part avant qu'il soit observé ou mesuré. Entre une mesure et la suivante, il n'a pas d'existence en dehors des possibilités abstraites de la *fonction d'onde*. Ce n'est que lorsqu'une observation ou une mesure est effectuée que l'un des états « possibles » de l'électron devient son état « réel » et que les probabilités de toutes les autres possibilités sont égales à zéro. On appelle « effondrement de la fonction d'onde » ce changement soudain et discontinu de la fonction d'onde causé par l'acte de mesurer.

Électromagnétique (rayonnement) : Les *ondes électromagnétiques* se différencient par la quantité d'énergie qu'elles transfèrent, appelée rayonnement électromagnétique. Les ondes à basse fréquence comme les ondes radio émettent moins de rayonnement électromagnétique que les ondes à haute fréquence comme les *rayons gamma*. Les termes ondes électromagnétiques et rayonnement électromagnétique sont souvent interchangeables.

Électromagnétiques (ondes) : Générées par des charges électriques oscillantes, elles diffèrent par leur *longueur d'onde* et leur *fréquence*, mais toutes ont la même vitesse dans le vide, environ 300 000 kilomètres-seconde. C'est la vitesse de la lumière, et ce fut la confirmation expérimentale que la lumière était une onde électromagnétique.

Électromagnétique (spectre) : La gamme complète des ondes électromagnétiques : ondes radio, *rayonnement infrarouge*, lumière visible, *rayonnement ultraviolet*, *rayons X* et *rayons gamma*.

Électromagnétisme : On a tenu l'électricité et le magnétisme pour deux phénomènes distincts décrits par leurs propres ensembles d'équations jusqu'à la deuxième moitié du XIXe siècle. À la suite des travaux expérimentaux de physiciens comme Michael Faraday, James Clerk Maxwell réussit à développer une théorie qui unifiait électricité et magnétisme dans l'électromagnétisme, dont il a décrit le comportement par un ensemble de quatre équations.

Électron : Particule élémentaire de charge électrique négative, et qui, contrairement au *proton* et au *neutron*, n'est pas divisible en composants plus élémentaires.

Électron-volt (eV) : Unité d'énergie utilisée en physique atomique et nucléaire et en physique des particules ; sa valeur est d'environ dix milliardièmes de milliardième de joule ($1{,}6 \times 10^{-19}$ J).

Énergie : Grandeur physique qui peut exister sous différentes formes, telles que l'*énergie cinétique*, l'*énergie potentielle*, l'énergie chimique, l'énergie thermique et l'énergie rayonnante.

Énergie cinétique : *Énergie* associée au mouvement d'un objet. Un objet, une planète, une particule stationnaires n'auraient pas d'énergie cinétique.

Énergie (niveaux d') : Ensemble discret d'états énergétiques internes autorisés pour un atome, correspondant aux différents états énergétiques *quantiques* de l'atome lui-même.

Entropie : Au XIXe siècle, Rudolf Clausius définit l'entropie comme la quantité de chaleur qui entre ou sort d'un corps ou d'un système, divisée par la température à laquelle se produit ce transfert. L'entropie est la mesure du désordre d'un système. Plus l'entropie est élevée, plus le désordre est grand. Aucun processus physique qui conduirait à une diminution de l'entropie d'un système isolé ne peut se produire dans la nature.

Éther : Milieu invisible hypothétique dont on croyait qu'il remplissait tout l'espace, et à travers lequel la lumière et toutes les autres *ondes électromagnétiques* étaient censées se propager.

Exclusion (principe d') : Deux *électrons* ne peuvent occuper le même état quantique, c'est-à-dire avoir la même configuration des quatre *nombres quantiques*.

Expérience de pensée : Expérience imaginaire, idéalisée, conçue comme un moyen de tester la cohérence ou les limites d'une théorie ou d'un concept physiques.

Fine (structure) : Décomposition d'un *niveau d'énergie* ou d'une *raie spectrale* en plusieurs éléments distincts.

Fondamental (état) : Le niveau d'énergie le plus bas qu'un atome puisse posséder. Tous les autres états atomiques sont appelés états excités. Le niveau d'énergie fondamental d'un atome d'hydrogène est l'état où son électron occupe le niveau d'énergie le plus bas. S'il occupe tout autre niveau d'énergie, l'atome d'hydrogène est en état d'excitation.

Fréquence : Nombre de cycles complets exécutés par un système en vibration en une seconde. La fréquence ν (la lettre grecque nu) d'une onde est le nombre de *longueurs d'onde* complètes qui passent par un point fixe en une seconde. L'unité utilisée est le hertz (Hz), dont la valeur est 1 cycle par seconde.

Gamma (rayons) : *Rayonnement électromagnétique* de *longueur d'onde* extrêmement courte. C'est le plus pénétrant des trois types de rayonnement émis par les substances radioactives.

Incertitude (principe d') : Principe découvert par Heisenberg en 1927 : il n'est pas possible de mesurer simultanément certains couples d'*observables* – telles que la position et la *quantité de mouvement*, l'*énergie* et le temps – avec un degré de précision supérieur à celui spécifié par une limite exprimée en faisant intervenir la constante de Planck *h*.

Infrarouge (rayonnement) : *Rayonnement électromagnétique* de *longueur d'onde* supérieure à celle de la lumière rouge visible.

Interférence : Phénomène caractéristique de mouvement ondulatoire, dans lequel deux ondes interagissent. Lorsque deux creux ou deux crêtes d'onde se rencontrent, ils fusionnent en se renforçant (interférence constructive). Mais lorsqu'un creux rencontre une crête, et vice versa, ils s'annulent mutuellement (interférence destructive).

Intrication : Phénomène quantique dans lequel deux ou plusieurs particules demeurent inexorablement liées quelle que soit la distance qui les sépare.

Isotopes : Différentes formes du même élément qui possèdent le même nombre de *protons* dans leur *noyau* – qui partagent donc le même *numéro atomique* –, mais qui possèdent chacune un nombre différent de *neutrons*. Par exemple, il y a trois formes d'hydrogène, dont les noyaux contiennent zéro, un et deux neutrons, respectivement. Toutes les trois ont des propriétés chimiques similaires, mais des masses différentes.

Joule : Unité d'*énergie* utilisée en *physique classique*. Une ampoule de 100 watts convertit 100 joules d'énergie électrique par seconde en chaleur et lumière.

Lumière : L'œil humain ne peut détecter qu'une faible portion de l'ensemble des *ondes électromagnétiques*. Ces *longueurs d'onde* visibles du *spectre électromagnétique* se situent entre 400 nm (violet) et 700 nm (rouge). La lumière blanche est composée de lumière rouge, orange, jaune, verte, bleue, indigo, violette. Lorsqu'un rayon de lumière blanche traverse un prisme, ces différents brins de lumière se séparent et forment un arc-en-ciel de couleurs appelé un continuum ou spectre continu.

Lumière (quanta de) : Terme utilisé pour la première fois par Einstein en 1905 pour décrire des particules de lumière, rebaptisées plus tard *photons*.

Localité : L'exigence que les causes et leurs effets immédiats se produisent au même endroit, qu'il n'y ait pas d'action à distance. Si un événement en A est la cause d'un autre en B, il faut qu'il y ait assez de temps entre les deux pour permettre à un signal voyageant à la vitesse de la lumière d'aller de A à B. Toute théorie qui contient la localité est dite locale. Voir *non-localité*.

Matière (onde de) : Lorsqu'une particule se comporte comme si elle avait un caractère ondulatoire, l'onde qui la représente s'appelle onde de matière ou onde de de Broglie. Voir *de Broglie (longueur d'onde de)*.

Matrice : Tableau de nombres (ou d'autres éléments tels que des variables) avec ses propres règles algébriques. Les matrices sont très utiles pour exprimer des informations sur un système physique. Une matrice carrée $n \times n$ possède n colonnes et n rangées.

Matricielle (mécanique) : Ou mécanique des matrices : version de la *mécanique quantique* découverte par Heisenberg en 1925 et ensuite développée conjointement avec Max Born et Pascual Jordan.

Maxwell (équations de) : Ensemble de quatre équations, dérivées en 1864 par James Clerk Maxwell, qui ont unifié et décrit les phénomènes disparates de l'électricité et du magnétisme sous forme d'une entité unique, *l'électromagnétisme.*

Mouvement (quantité de) : Ou moment cinétique. Propriété physique *p* d'un objet équivalant au produit de la masse par sa *vélocité.*

Nanomètre : Un nanomètre (nm) est égal à un milliardième (1×10^{-9}) de mètre. Remplace l'ångström (Å), égal à un dix milliardième de mètre (1×10^{-10}).

Neutron : Particule sans charge électrique, de masse similaire à celle du *proton.*

Non-localité : Une influence peut se transmettre instantanément entre deux systèmes ou deux particules, dépassant ainsi la limite fixée par la vitesse de la lumière, si bien qu'une cause en un lieu donné peut avoir un effet immédiat en un lieu éloigné. Toute théorie autorisant la non-localité est dite non locale. Voir *localité.*

Noyau : La masse de charge positive à l'intérieur d'un *atome.* On a d'abord cru qu'il était uniquement composé de *protons,* mais on découvrit plus tard qu'il était également composé de *neutrons.* Il contient pratiquement la masse entière de l'atome, mais n'occupe qu'une minuscule fraction de son volume. Il a été découvert en 1911 par Ernest Rutherford et ses collaborateurs à l'université de Manchester.

Observable : Toute *variable dynamique* d'un système ou d'un objet qui peut, en principe, être mesurée. Par exemple, la position, la *quantité de mouvement* et l'*énergie cinétique* d'un *électron* sont toutes des observables.

Onde (fonction d') : Fonction mathématique ψ (la lettre grecque psi) associée aux propriétés ondulatoires d'un système ou d'une particule. La fonction d'onde représente tout ce qui peut être connu sur l'état d'un système physique ou d'une particule en *mécanique quantique*. Par exemple, en utilisant la fonction d'onde de l'atome d'hydrogène, il est possible de calculer la probabilité de trouver son *électron* en un certain point autour du *noyau*. Voir *probabiliste* (*interprétation*) et *Schrödinger* (*équation de*).

Onde-particule (dualité) : Les *électrons* et les *photons*, la matière et le *rayonnement* peuvent se comporter soit comme des ondes, soit comme des particules selon l'expérience effectuée.

Onde (longueur d') : La distance entre deux crêtes ou deux creux successifs d'une onde. La longueur d'onde λ d'une *radiation électromagnétique* détermine à quelle partie du *spectre électromagnétique* elle appartient.

Ondes (paquet d') : *Superposition* de nombreuses ondes différentes qui s'annulent réciproquement partout sauf à l'intérieur d'une petite région fermée de l'espace, permettant ainsi la représentation d'une particule.

Ondulatoire (mécanique) : Version de la *mécanique quantique* développée en 1926 par Erwin Schrödinger.

Oscillateur harmonique : Système vibrant ou oscillant dont la *fréquence* de vibration ou d'oscillation ne dépend pas de l'*amplitude*.

Période : Le temps qu'il faut à une seule *longueur d'onde* pour passer par un point fixe, ou bien le temps exigé pour l'accomplissement d'un cycle d'une oscillation ou d'une vibration. La période est inversement proportionnelle à la *fréquence* d'une onde, vibration ou oscillation.

Périodique (table ou tableau) : Disposition des éléments en rangées et en colonnes selon leur *numéro atomique*, qui met ainsi en évidence leurs propriétés chimiques récurrentes.

Photoélectrique (effet) : Émission d'*électrons* à partir d'une surface métallique donnée lorsqu'elle est frappée par un *rayonnement électromagnétique* au-dessus d'une certaine *fréquence* minimale.

Photon : Quantum de lumière caractérisé par l'énergie E = hν et la quantité de mouvement p = h / λ, où ν et λ sont la *fréquence* et la *longueur d'onde* du rayonnement. Le terme photon a été introduit en 1926 par le chimiste américain Gilbert Lewis. Voir *lumière (quanta de)*.

Planck (constante de) : Constante naturelle fondamentale, *h*, valant $6{,}626 \times 10^{-34}$ joules-seconde, qui est au cœur de la physique quantique. Comme elle n'est pas nulle, la constante de Planck est responsable du fractionnement – de la quantification – de l'énergie et d'autres grandeurs physiques dans l'univers atomique.

Potentielle (énergie) : L'*énergie* que possède un objet ou un système en vertu de sa position ou de son état. Par exemple, la hauteur d'un objet au-dessus de la surface terrestre détermine son énergie gravitationnelle potentielle.

Probabiliste (interprétation) : Interprétation, suggérée par Max Born, selon laquelle la *fonction d'onde* n'autorisait de calculer que la probabilité de trouver une particule en un point donné. Elle s'intègre à l'idée que la *mécanique quantique* ne peut générer que les probabilités relatives d'obtenir certains résultats à partir d'une *observable* et ne peut prédire quel résultat spécifique sera obtenu en une occasion donnée.

Proton : Particule contenue dans le noyau d'un *atome*, dotée d'une charge positive égale et opposée à celle d'un *électron*, et dont la masse est d'environ deux mille fois celle de l'électron.

Quantifié(e) : Se dit de toute grandeur physique qui ne peut avoir que certaines valeurs discrètes. Un atome ne possède que certains niveaux d'énergie et son énergie est donc quantifiée. Le *spin* d'un électron est quantifié puisqu'il ne peut être que de +1/2 (spin « en haut ») ou de –1/2 (spin « en bas »).

Quantique (mécanique) : La théorie physique de l'univers atomique et subatomique qui a remplacé le mélange *ad hoc* de *mécanique classique* et d'idées quantiques qui émergea entre 1900 et 1925. Bien que dissemblables, la *mécanique matricielle* de Heisenberg et la *mécanique ondulatoire* de Schrödinger sont deux représentations, mathématiquement équivalentes, de la mécanique quantique.

Quantique (nombre) : Désigne les nombres qui spécifient des grandeurs physiques *quantifiées* comme l'*énergie*, le *spin quantique* ou le *moment angulaire*. Par exemple, les niveaux d'énergie quantifiés d'un atome d'hydrogène sont désignés par un ensemble de nombres commençant par n = 1 pour l'*état fondamental*, où *n* est le nombre quantique principal.

Quantique (saut) : Transit d'un *électron* entre deux *niveaux d'énergie* à l'intérieur d'un *atome* ou d'une molécule dû à l'émission ou à l'absorption d'un *photon*.

Quantum : Terme introduit par Max Planck en 1900 pour décrire les paquets d'*énergie* indivisibles qu'un oscillateur pouvait émettre ou absorber dans son modèle lorsqu'il essaya de dériver une équation qui puisse reproduire la répartition du *rayonnement du corps noir*. Un quantum d'énergie (E) peut avoir différentes valeurs déterminées par la formule $E = h\nu$, où h est la *constante de Planck* et ν la *fréquence* du *rayonnement*. « Quantique », ou, plus exactement, « *quantifiée* » peut se dire de toute propriété physique d'un système ou objet microphysique qui est discontinue – qui ne peut changer que par unités discrètes.

Radioactivité : Lorsqu'un *noyau* atomique instable se désintègre spontanément pour acquérir une configuration plus stable, en émettant un rayonnement *alpha, bêta* ou *gamma*, ce processus est qualifié de radioactivité ou de désintégration radioactive.

Rayonnement ou **radiation** : Émission d'énergie ou de particules. Par exemple, le *rayonnement électromagnétique*, le rayonnement thermique (chaleur) et la *radioactivité*.

Réalisme : Point de vue philosophique qui affirme la réalité d'un monde extérieur à l'observateur. Pour un réaliste, la Lune existe même quand personne ne la regarde.

Relativité générale : Théorie einsteinienne de la gravitation dans laquelle la force gravitationnelle s'explique comme une distorsion de l'espace-temps.

Relativité restreinte : Théorie de l'espace-temps proposée par Einstein en 1905, dans laquelle la vitesse de la lumière demeure constante pour tous les observateurs quelle que soit la vitesse à laquelle ils se déplacent. Elle est dite « restreinte » parce qu'elle ne décrit pas d'objets en état d'accélération, ni la gravité.

Schrödinger (chat de) : Expérience imaginaire conçue par Erwin Schrödinger, dans laquelle, selon les lois de la *mécanique quantique*, un chat existe dans une superposition d'un état de vie et d'un état de mort jusqu'à ce qu'il soit observé.

Schrödinger (équation de) : Équation fondamentale de la *mécanique ondulatoire* qui gouverne le comportement d'une particule ou l'évolution d'un système physique en codant la manière dont sa fonction d'onde varie avec le temps.

$$-\frac{\hbar^2}{2m}\nabla^2\Psi + V\Psi = i\hbar\frac{\partial\Psi}{\partial t}$$

m est la masse de la particule, ∇^2 est le laplacien, entité mathématique chargée du suivi de la manière dont la fonction d'onde Ψ change d'un point à un autre, V représente les forces agissant sur la particule, i est la racine carrée de −1, $\partial\Psi/\partial t$ décrit la manière dont la fonction d'onde Ψ change avec le temps, et $\hbar$ est la constante de Planck réduite $h/2\pi$. Il existe une autre forme de l'équation, qui donne un instantané dans le temps, appelée équation de Schrödinger stationnaire.

Spectrales (raies) : Le motif formé par des raies lumineuses colorées sur un fond noir est un spectre d'émission. Une série de lignes noires sur un fond coloré est un spectre d'absorption.

Chaque élément possède un ensemble unique de raies d'émission et d'absorption produites respectivement par l'émission et l'absorption de *photons* lorsque des *électrons* à l'intérieur des atomes de l'élément sautent entre différents *niveaux d'énergie*.

Spectroscopie : Domaine de la physique qui se consacre à l'analyse et l'étude des spectres d'émission et d'absorption.

Spin : Propriété fondamentale des particules, sans équivalent direct dans la *physique classique*. L'image d'un *électron* tournant comme une toupie ne saisit aucunement l'essence de ce concept *quantique*. Le spin quantique d'une particule ne peut s'expliquer en termes de rotation classique puisqu'il ne peut avoir que certaines valeurs égales soit à un nombre entier soit à un demi-nombre entier multiplié par la constante de Planck réduite $h/2\pi$. Le spin est soit en haut (dans le sens horaire), soit en bas (dans le sens horaire inversé) par rapport à la direction de la mesure.

Spontanée (émission) : Émission spontanée d'un photon quand un atome effectue une transition d'un *niveau d'énergie* excité vers un niveau inférieur.

Stark (effet) : Décomposition des *raies spectrales* quand les atomes sont placés dans un champ électrique.

Stimulée (émission) : Lorsqu'un photon incident n'est pas absorbé par un atome excité, mais le « stimule » pour qu'il émette un deuxième photon de la même *fréquence*.

Superposition : État *quantique* composé de deux ou plusieurs autres états. Pareil état possède certaines probabilités de manifester les propriétés des états dont il est composé. Voir *Schrödinger (chat de)*.

Thermodynamique : Communément décrite comme la physique de la transformation de la chaleur en d'autres sources d'*énergie* et réciproquement.

Thermodynamique (premier principe de la) : L'*énergie* interne d'un système isolé est une constante. Ou bien : l'énergie ne peut être créée ni détruite – c'est le principe de la *conservation de l'énergie.*

Thermodynamique (second principe de la) : La chaleur ne passe pas spontanément d'un objet froid à un objet chaud. Formulation équivalente : l'*entropie* d'un système fermé ne peut décroître.

Ultraviolet (rayonnement) : *Rayonnement électromagnétique* dont les longueurs d'onde sont plus courtes que celles de la lumière violette visible.

Ultraviolette (catastrophe) : L'allocation par la *physique classique* d'une quantité d'*énergie* infinie aux hautes fréquences du *rayonnement du corps noir.* Cette « catastrophe ultraviolette » prédite par la théorie classique ne se produit pas dans la nature.

Vélocité : La vitesse d'un objet dans une direction donnée.

Wien (loi du déplacement de) : Wilhelm Wien découvrit en 1893 que, à mesure qu'augmente la température d'un *corps noir*, la *longueur d'onde* à laquelle elle émet la plus grande intensité de *rayonnement* se déplace vers des longueurs d'onde de plus en plus courtes.

Wien (loi de répartition de) : Formule découverte par Wien en 1896, et qui décrivait la répartition du *rayonnement du corps noir* en accord avec les données expérimentales disponibles à l'époque.

Wilson (chambre de) : Dispositif inventé par C.T.R. Wilson vers 1911 et qui permet de détecter des particules en observant leur trajectoire dans une chambre contenant de la vapeur saturée.

X (rayons) : *Rayonnement* découvert par Wilhelm Röntgen en 1895 et pour lequel il reçut le premier prix Nobel de physique en 1901. Les rayons X furent ultérieurement identifiés comme des *ondes électromagnétiques* de *longueur d'onde* extrêmement courte, émises quand des *électrons* très rapides frappent une cible.

Zeeman (effet) : Décomposition des *raies spectrales* lorsque les *atomes* sont placés dans un champ magnétique.

NOTES

Prologue : au rendez-vous des cerveaux

1. Pais (1982), p. 443.
2. Cité par Mehra (1975), p. XVII.
3. *Ibid.*
4. Si l'on fait abstraction des trois professeurs invités (Théophile De Donder, Émile Henriot et Auguste Piccard) de l'Université libre de Bruxelles, d'Édouard Herzen, qui représentait la famille Solvay, et de Jules-Émile Verschaffelt, secrétaire scientifique du congrès, alors dix-sept des vingt-quatre participants avaient déjà reçu le prix Nobel ou le recevraient un jour : Hendrik Lorentz (1902), Marie Curie (1903 : physique et 1911 : chimie), William L. Bragg (1915), Max Planck (1918), Albert Einstein (1921), Niels Bohr (1922), Arthur Compton (1927), C.T.R. Wilson (1927), Owen Richardson (1928), Louis de Broglie (1929), Irving Langmuir (1932 : chimie), Werner Heisenberg (1932), P.A.M. Dirac (1933), Erwin Schrödinger (1933), Pieter Debye (1936 : chimie), Wolfgang Pauli (1945) et Max Born (1954). Les autres étaient Léon Brillouin, Paul Ehrenfest, Ralph Fowler, Charles-Eugène Guye, Martin Knudsen, Hendrik Kramers et Paul Langevin.
5. Cité par Fine (1986), p. 1. Lettre d'Albert Einstein à D. Lipkin, 5 juillet 1952.
6. Snow (1969), p. 94.
7. Cité par Fölsing (1997), p. 457.
8. Cité par Pais (1994), p. 31.
9. *Ibid.*

10. Cité par Jungk (1960), p. 20.
11. Gell-Mann (1981), p. 169.
12. Cité par Hiebert (1990), p. 245.
13. Cité par Mahon (2003), p. 149.
14. *Ibid.*

I. Le quantum

1. Révolutionnaire malgré lui

1. Planck (1949), p. 33-34.
2. Cité par Hermann (1971), p. 23. Lettre de Max Planck à Robert Williams Wood, 7 octobre 1931.
3. Mendelssohn (1973), p. 118.
4. Cité par Heilbron (2000), p. 5.
5. Mendelssohn (1973), p. 118.
6. Cité par Hermann (1971), p. 23. Lettre de Max Planck à Robert Williams Wood, 7 octobre 1931.
7. Cité par Heilbron (2000), p. 3.
8. Au XVIIe siècle, il était bien connu que faire passer un faisceau de lumière solaire à travers un prisme produisait une gamme de couleurs, un spectre coloré. On croyait que cet arc-en-ciel était dû à une sorte de transformation de la lumière provoquée par son passage dans le prisme. Isaac Newton ne pensait pas que le prisme puisse pour ainsi dire ajouter de la couleur et procéda à deux expériences. Dans la première, il fit passer un faisceau de lumière blanche à travers un prisme pour produire le spectre coloré, puis fit passer une couleur isolée par une fente et la dirigea sur un second prisme. Newton raisonnait que si cette couleur résultait d'un changement quelconque subi par la lumière en traversant le premier prisme, son passage à travers un second prisme produirait un autre changement. Or il s'aperçut en répétant l'expérience que, quelle que soit la couleur choisie, elle n'était pas modifiée après avoir traversé le second prisme. Dans sa deuxième expérience,

il réussit à mélanger des lumières de différentes couleurs pour créer la lumière blanche.

9. Herschel fit cette découverte géniale et fortuite le 11 septembre 1800, mais elle fut publiée l'année suivante. Le spectre lumineux peut être observé horizontalement ou verticalement, selon la disposition du matériel. Le préfixe « infra » (« au-dessous » en latin) correspondait au cas où le spectre était observé sous forme d'une bande verticale avec le violet en haut et le rouge en bas.

10. Les longueurs d'onde de la lumière rouge et de ses diverses nuances vont de 610 à 700 nanomètres, le nanomètre étant un milliardième de mètre. La lumière rouge de 700 nm a une fréquence de 430 billions (430×10^{12}) d'oscillations par seconde. À l'extrémité opposée du spectre visible, la lumière violette va de 450 à 400 nm, cette dernière longueur d'onde correspondant à une fréquence de 750 billions d'oscillations par seconde.

11. Cité par Kragh (1999), p. 121.

12. Cité par Teichmann *&* *al.* (2002), p. 341.

13. Cité par Kangro (1970), p. 7.

14. Cité par Cline (1987), p. 34.

15. En 1900, Londres avait environ 7 488 000 habitants, Paris 2 714 000 et Berlin 1 889 000.

16. Cité par Large (2001), p. 12.

17. Planck (1949), p. 15.

18. *Ibid.*, p. 16.

19. *Ibid.*, p. 15.

20. *Ibid.*, p. 16.

21. *Ibid.*

22. La chaleur n'est pas une forme d'énergie comme on le suppose communément, mais un processus qui transfère de l'énergie de A à B par suite d'une différence de température.

23. Planck (1949), p. 14.

24. *Ibid.*, p. 13.

25. Lord Kelvin avait lui aussi formulé une version du deuxième principe : il est impossible qu'une machine convertisse la chaleur en travail avec 100 % d'efficacité. Elle était

équivalente à celle de Clausius. Ils disaient tous les deux la même chose, mais en des termes différents.

26. Planck (1949), p. 20.

27. *Ibid.*, p. 19.

28. Cité par Heilbron (2000), p. 10.

29. *Ibid.*

30. Planck (1949), p. 20.

31. *Ibid.*, p. 21.

32. Cité par Jungnickel & McCormmach (1986), vol. 2, p. 52.

33. Otto Lummer et Ernst Pringsheim ne baptisèrent la découverte de Wien « loi du déplacement » *(Verschiebungsgesetz)* qu'en 1899.

34. Vu la relation inverse entre fréquence et longueur d'onde, lorsque la température augmente, la fréquence du rayonnement d'intensité maximale augmente aussi.

35. Lorsque la longueur d'onde est mesurée en micromètres et la température en kelvins, la constante est de 2900.

36. En 1898, la Société de physique de Berlin *(Berliner Physikalische Gesellschaft)*, fondée en 1845, décida de changer son nom en Société de physique allemande *(Deutsche Physikalische Gesellschaft zu Berlin)*.

37. La partie infrarouge du spectre peut être grossièrement divisée en quatre bandes : le proche infrarouge, près du spectre visible (de 0,0007 à 0,003 mm), l'infrarouge intermédiaire (de 0,003 à 0,006 mm), l'infrarouge lointain (de 0,006 à 0,015 mm) et l'infrarouge profond (de 0,015 à 1 mm).

38. Cité par Kangro (1976), p. 168.

39. Planck (1949), p. 34-35.

40. Cité par Jungnickel & MacCormmach (1986), vol. 2, p. 257.

41. Cité par Mehra & Rechenberg (1982), vol. 1, pt. 1, p. 141.

42. Cité par Jungnickel & MacCormmach (1986), vol. 2, p. 258.

43. Cité par Kangro (1976), p. 187.

44. Planck (1901a), p. 79.

45. *Ibid.*, p. 81.

46. Planck (1949), p. 40-41.
47. *Ibid.*, p. 41.
48. *Ibid.*
49. Planck (1993), p. 106.
50. Mehra & Rechenberg (1982), vol. 1, p. 50, n. 64.
51. Cité par Hermann (1971), p. 23. Lettre de Max Planck à Robert Williams Wood, 7 octobre 1931.
52. *Ibid.*
53. *Ibid.*, p. 24.
54. *Ibid.*, p. 23.
55. Cité par Heilbron (2000), p. 14.
56. Planck (1949), p. 32.
57. Cité par Hermann (1971), p. 16.
58. Planck (1900b), p. 84.
59. Les chiffres ont été arrondis.
60. Planck (1900b), p. 82.
61. Born (1948), p. 170.
62. Planck se félicitait également d'avoir conçu un moyen de mesurer les longueurs, le temps et la masse avec un nouveau système d'unités qui serait valide et aisément reproductible partout dans l'Univers. C'était une question de convention et de commodité qui avait conduit à l'introduction de divers systèmes de mesure à différents endroits et à différentes époques dans l'histoire humaine, le tout dernier étant la mesure des longueurs en mètres, du temps en secondes et de la masse en kilogrammes. En utilisant h et deux autres constantes, la vitesse de la lumière c et la constante gravitationnelle de Newton G, Planck calcula pour les longueurs, le temps et la masse des valeurs qui étaient uniques et pouvaient servir de base à une échelle de mesure universelle. Vu la petitesse des valeurs de h et de G, elle ne pourrait être utilisée dans des applications pratiques quotidiennes, mais elle serait l'échelle par excellence pour communiquer avec une culture extraterrestre.
63. Cité par Heilbron (2000), p. 38.
64. Planck (1949), p. 44-45.
65. Interview de James Franck, AHQP, 7 septembre 1962.
66. *Ibid.*

2. Le forçat des brevets

1. Cité par Hentschel & Grasshoff (2005), p. 131.

2. Lettre d'Albert Einstein à Conrad Habicht, entre le 30 juin et le 22 septembre 1905, CPAE, vol. 5, p. 20.

3. Cité par Fölsing (1997), p. 101.

4. Cité par Hentschel & Grasshoff (2005), p. 38.

5. Einstein (1949a), p. 45.

6. Lettre d'Albert Einstein à Conrad Habicht, 18 ou 25 mai 1905, CPAE, vol. 5, p. 20.

7. *Ibid.*

8. Cité par Brian (1996), p. 61.

9. CPAE, vol. 9, doc. 366.

10. *Ibid.*

11. Cité par Calaprice (2005), p. 18.

12. CPAE, vol. 1, p. XX, M. Einstein.

13. Einstein (1949a), p. 5.

14. *Ibid.*

15. *Ibid.*

16. *Ibid.*, p. 8.

17. La première Oktoberfest célébra le mariage entre le prince héritier Louis de Bavière (futur roi Louis 1er) et la princesse Thérèse le 17 octobre 1810. Cette manifestation rencontra un tel succès qu'elle fut ensuite reprise annuellement jusqu'à aujourd'hui. Elle ne commence pas en octobre, mais en septembre ; elle dure seize jours et se termine le premier dimanche d'octobre.

18. CPAE, vol. 1, p. 158.

19. Cité par Fölsing (1997), p. 35.

20. Les résultats d'Einstein (6 étant la plus haute note possible) : algèbre, 6 ; géométrie, 6 ; histoire, 6 ; géométrie descriptive, 5 ; physique, 5-6 ; italien, 5 ; chimie, 5 ; histoire naturelle, 5 ; allemand, 4-5 ; géographie, 4 ; dessin artistique, 4 ; dessin technique, 4 ; français, 3.

21. CPAE, vol. 1, p. 15-16.

22. Einstein (1949a), p. 17.

23. *Ibid.*, p. 15.

24. Cité par Fölsing (1997), p. 52-53.

25. Cité par Overbye (2001), p. 19.

26. Lettre d'Albert Einstein à Mileva Maric, 16 février 1898, CPAE, vol. 1, p. 123.

27. Cité par Cropper (2001), p. 205.

28. Einstein (1949a), p. 17.

29. Lettre d'Albert Einstein à Mileva Maric, 4 avril 1901, CPAE, vol. 1, p. 162.

30. Lettre d'Hermann Einstein à Wilhelm Ostwald, 13 avril 1901, CPAE, vol. 1, p. 164-165.

31. *Ibid.*

32. Lettre d'Albert Einstein à Marcel Grossmann, 14 avril 1901, CPAE, vol. 1, p. 165.

33. Lettre d'Albert Einstein à Jost Winteler, 8 juillet 1901, CPAE, vol. 1, p. 177.

34. L'annonce parut dans la *Bundesblatt* – « Gazette fédérale » – du 11 décembre 1901 (CPAE, vol. 1, p. 188).

35. Lettre d'Albert Einstein à Mileva Maric, 28 décembre 1901, CPAE, vol. 1, p. 189.

36. Berchtold V, duc de Zähringen, fonda la cité en 1191. D'après la légende, Berchtold chassait non loin de là et nomma la cité Bärn (« les ours ») par allusion au premier animal qu'il avait tué.

37. Lettre d'Albert Einstein à Mileva Maric, 4 février 1902, CPAE, vol. 1, p. 191.

38. Cité par Pais (1982), p. 46-47.

39. Einstein (1993), p. 7.

40. CPAE, vol. 5, p. 28.

41. Cité par Hentschel & Grasshoff (2005), p. 37.

42. Cité par Fölsing (1997), p. 103.

43. *Ibid.*

44. Cité par Highfield & Carter (1994), p. 210.

45. Lettre d'Albert Einstein à Michele Besso, 22 janvier 1903, CPAE, vol. 5, p. 7.

46. Lettre d'Albert Einstein à Conrad Habicht, 30 juin-22 septembre 1905, CPAE, vol. 5, p. 20.

47. Cité par Hentschel & Grasshoff (2005), p. 23.

48. Lettre d'Albert Einstein à Mileva Maric, 17 février 1902, CPAE, vol. 1, p. 193.

49. Cité par Fölsing (1997), p. 101.
50. *Ibid.*, p. 104.
51. *Ibid.*, p. 102.
52. Born (1978), p. 167.
53. Einstein (1949a), p. 15.
54. *Ibid.*, p. 17.
55. CPAE, vol. 2, p. 97.
56. Einstein (1905a), p. 178.
57. *Ibid.*, p. 183.
58. Einstein se servit aussi de son hypothèse des quanta de lumière pour expliquer la loi de Stokes de la photoluminescence et l'ionisation des gaz par la lumière ultraviolette.
59. Cité par Mulligan (1999), p. 349.
60. Cité par Susskind (1995), p. 116.
61. Cité par Pais (1982), p. 357.
62. Dans sa conférence Nobel intitulée « L'électron et les quanta de lumière considérés d'un point de vue expérimental », Millikan disait aussi : « Après dix ans de tests, de modifications, d'apprentissage et quelquefois d'errements, tous les efforts étant depuis le début dirigés vers une mesure expérimentale précise des énergies d'émission des photoélectrons, tantôt en fonction de la température, tantôt en fonction de la longueur d'onde, tantôt en fonction du matériau, ces travaux ont abouti, contrairement à mes propres attentes, à la première preuve expérimentale directe, en 1914, de la validité exacte, à l'intérieur d'étroites limites assignées aux erreurs expérimentales, de l'équation d'Einstein, et à la première détermination photoélectrique directe de la constante de Planck *h.* »
63. Lettre de Max von Laue à Albert Einstein, 2 juin 1906, CPAE, vol. 5, p. 25-26.
64. Proposition pour l'admission d'Einstein à l'Académie des sciences prussienne, datée du 12 juin 1913 et signée par Max Planck, Walther Nernst, Heinrich Rubens et Emil Warburg (CPAE, vol. 5, p. 337-338).
65. Cité par Parks (1997), p. 208. Écrit en anglais (et non en latin), *Opticks* fut publié pour la première fois en 1704.
66. *Ibid.*
67. *Ibid.*, p. 211.

68. Cité par Robinson (2006), p. 103.

69. *Ibid.*, p. 122.

70. *Ibid.*, p. 96.

71. En allemand : « *War es ein Gott der diese Zeichen schrieb ?* »

72. Baierlein (2001), p. 133.

73. Einstein (1905a), p. 178.

74. *Ibid.*, p. 193.

75. Lettre de Max von Laue à Albert Einstein, 2 juin 1906, CPAE, vol. 5, p. 26.

76. En 1906, Einstein publia *Sur la théorie du mouvement brownien*, où il présentait sa théorie sous une forme beaucoup plus élégante et détaillée.

77. Lettre de Jakob Laub à Albert Einstein, 1er mars 1908, CPAE, vol. 5, p. 63.

78. Lettre d'Albert Einstein à Jakob Laub, 19 mai 1909, CPAE, vol. 5, p. 120.

79. *Ibid.*

80. *Ibid.*

81. *Ibid.*

82. CPAE, vol. 2, p. 563.

83. Lettre d'Albert Einstein à Michele Besso, 17 novembre 1909, CPAE, vol. 5, p. 190.

84. Cité par Jammer (1966), p. 57.

85. Lettre d'Albert Einstein à Michele Besso, 13 mai 1911, CPAE, vol. 5, p. 187.

86. Lettre d'Ernest Solvay à Albert Einstein et invitation au Congrès Solvay, 9 juin 1911, CPAE, vol. 5, p. 190.

87. Lettre d'Albert Einstein à Walther Nernst, 20 juin 1911, CPAE, vol. 5, p. 192.

88. Cité par Pais (1982), p. 399.

89. Lettre d'Albert Einstein à Michele Besso, 26 décembre 1911, CPAE, vol. 5, p. 241.

90. Cité par Brian (2005), p. 128.

91. Lettre d'Albert Einstein à Heinrich Zangger, 7 novembre 1911, CPAE, vol. 5, p. 220.

3. Le Danois en or

1. Lettre de Niels Bohr à Harald Bohr, 19 juin 1912, BCW, vol. 1, p. 559.

2. Cité par Pais (1991), p. 47. Il abrite depuis 1946 le musée d'Histoire médicale de l'université de Copenhague.

3. Cité par Pais (1991), p. 46.

4. *Ibid.*, p. 99.

5. *Ibid.*, p. 48.

6. Une deuxième université fut fondée à Aarhus en 1928 seulement, presque quatre cent cinquante ans après l'inauguration de la première en tant qu'institution catholique en 1479.

7. Cité par Pais (1991), p. 44.

8. *Ibid.*, p. 108.

9. Cité par Moore (1996), p. 28.

10. Rozental (1967), p. 15.

11. Cité par Pais (1989a), p. 61.

12. Interview de Niels Bohr, AHQP, 2 novembre 1962.

13. *Ibid.*

14. Cité par Heilbron & Kuhn (1969), p. 223. Lettre de Niels Bohr à Margrethe Nørland, 26 septembre 1911.

15. Lettre de Niels Bohr à Ellen Bohr, 2 octobre 1911, BCW, vol. 1, p. 523.

16. Cité par Weinberg (2003), p. 10.

17. Aston (1940), p. 9.

18. Cité par Pais (1991), p. 120.

19. Lettre de Niels Bohr à Harald Bohr, 23 octobre 1911, BCW, vol. 1, p. 527.

20. *Ibid.*

21. Il n'y a pas de preuve historique irréfutable, mais il est possible que Bohr ait assisté à une conférence donnée par Rutherford à Cambridge en octobre sur son modèle de l'atome.

22. Bohr (1963b), p. 31.

23. Bohr (1963c), p. 83. Le compte rendu officiel du congrès Solvay fut publié en français en 1912 et en allemand en 1913. Bohr le lut dès qu'il fut disponible.

24. Kay (1963), p. 131.

25. Cité par Keller (1983), p. 55.

26. Cité par Nitske (1971), p. 5.

27. Nitske (1971), p. 5.

28. Kragh (1999), p. 30.

29. Cité par Wilson (1983), p. 127.

30. Les manuels et les histoires des sciences attribuent souvent au Français Paul Villard le mérite d'avoir découvert les rayons gamma en 1900. En fait, Villard découvrit que le radium émettait des rayons gamma, or c'est Rutherford qui les mentionna dans son premier article sur le rayonnement de l'uranium, publié en janvier 1899, mais achevé le 1er septembre 1898. Wilson (1983), p. 126-128, résume les faits et tranche d'une manière convaincante en faveur de Rutherford.

31. Cité par Eve (1935), p. 55.

32. Cité par Andrade (1964), p. 50.

33. Des mesures plus précises donnèrent une période de 56 secondes.

34. Cité par Howorth (1958), p. 83.

35. Cité par Wilson (1983), p. 225.

36. *Ibid.*

37. *Ibid.*, p. 286.

38. *Ibid.*, p. 287.

39. Cité par Pais (1986), p. 188.

40. Cité par Cropper (1901), p. 317.

41. Cité par Wilson (1983), p. 291.

42. Marsden (1948), p. 54.

43. Cité par Rhodes (1986), p. 49.

44. Ce n'est qu'après avoir eu connaissance d'une idée similaire proposée par Kelvin en 1902 que Thomson commença à travailler sur une version mathématique de son modèle.

45. Cité par Badash (1969), p. 235.

46. D'après des remarques de Geiger, Wilson (1983), p. 296.

47. Cité par Rowland (1938), p. 56.

48. Cité par Cropper (2001), p. 317.

49. Cité par Wilson (1983), p. 573.

50. Lettre de William Henry Bragg à Ernest Rutherford, 7 mars 1911, reçue le 11 mars. Cité par Wilson (1983), p. 301.

51. Cité par Eve (1939), p. 200. Lettre de Hantaro Nagaoka à Ernest Rutherford, 22 février 1911.

52. Nagaoka s'était inspiré de la célèbre analyse effectuée par James Clerk Maxwell de la stabilité des anneaux de Saturne, qui intriguait les astronomes depuis plus de deux siècles. En 1855, afin d'attirer les meilleurs physiciens susceptibles de résoudre ce problème, il fut choisi comme sujet du prestigieux concours biennal de l'université de Cambridge, le prix Adams. Maxwell soumit l'unique réponse reçue avant la date de clôture de décembre 1857. Au lieu d'amoindrir la signification du prix et la prouesse de Maxwell, cela ne servit qu'à renforcer sa réputation croissante en démontrant une fois de plus la difficulté du problème. Nul autre que lui n'avait réussi à terminer un mémoire digne d'être présenté au concours. Bien que, vus au télescope, les anneaux semblent d'un seul tenant, Maxwell démontra de manière convaincante qu'ils seraient instables s'ils étaient soit d'un seul tenant, soit liquides. Dans une époustouflante démonstration de virtuosité mathématique, il établit que la stabilité des anneaux de Saturne était due au fait qu'ils sont composés d'un nombre immense de particules gravitant autour de la planète sur des cercles concentriques. Sir George Airy, l'astronome royal, déclara que la solution de Maxwell était « l'une des plus remarquables applications des mathématiques à la physique que j'aie jamais vues ». Maxwell fut dûment récompensé par le prix Adams.

53. Rutherford (1906), p. 260.

54. Rutherford (1911a), réimp. dans Boorse & Motz (1966), p. 709.

55. Dans leur article publié en avril 1913, Geiger et Marsden affirmaient que leurs données étaient « la preuve puissante de l'exactitude de l'hypothèse sous-jacente qu'un atome contient une forte charge en son centre, de taille réduite par rapport aux dimensions de l'atome ».

56. Marsden (1948), p. 55.

57. Interview de Niels Bohr, AHQP, 7 novembre 1962.
58. Interview de Niels Bohr, AHQP, 2 novembre 1962.
59. Interview de Niels Bohr, AHQP, 7 novembre 1962.
60. Cité par Rosenfeld & Rüdinger (1967), p. 46.
61. Cité par Pais (1991), p. 125.
62. Cité par Andrade (1964), p. 210.
63. *Ibid.*, p. 209, note 3.
64. Cité par Rosenfeld & Rüdinger (1967), p. 46.
65. Bohr (1963b), p. 32.
66. Interview de Niels Bohr, AHQP, 2 novembre 1962.
67. Cité par Howorth (1958), p. 184.
68. Soddy (1913), p. 400. Il proposa aussi « éléments isotopiques ».
69. Il se révéla ultérieurement que le radiothorium, le radioactinium, l'ionium et l'uranium X n'étaient que quatre isotopes sur les vingt-cinq du thorium.
70. Interview de Niels Bohr, AHQP, 2 novembre 1962.
71. Bohr (1963b), p. 33.
72. *Ibid.*
73. *Ibid.*
74. Interview de Niels Bohr, AHQP, 2 novembre 1962.
75. Interview de Niels Bohr, AHQP, 31 octobre 1962.
76. *Ibid.*
77. Cité par Boorse & Motz (1966), p. 855.
78. Interview de George Hevesy, AHQP, 25 mai 1962.
79. Cité par Pais (1991), p. 125.
80. *Ibid.*
81. Bohr (1963b), p. 33.
82. Cité par Blaedel (1985), p. 48.
83. Lettre de Niels Bohr à Harald Bohr, 12 juin 1912, BCW, vol. 1, p. 555.
84. *Ibid.*
85. Lettre de Niels Bohr à Harald Bohr, 17 juillet 1912, BCW, vol. 1, p. 561.

4. L'atome quantique

1. Interview de Margrethe Bohr, Aage Bohr et Léon Rosenfeld, AHQP, 30 janvier 1963.

2. *Ibid.*

3. Interview de Margrethe Bohr, AHQP, 23 janvier 1963.

4. Rozental (1998), p. 34.

5. Bohr décida de retarder la publication de l'article jusqu'à ce que les résultats d'expériences menées à Manchester sur la vitesse des particules alpha soient disponibles. L'article « Sur la théorie de la diminution de la vitesse des particules électrisées en mouvement lorsqu'elles traversent la matière » fut publié en 1913 dans le *Philosophical Magazine.*

6. En juin 1911, Bohr s'était porté candidat à un poste de maître-assistant sur le point d'être créé. Mais l'université décida finalement de surseoir à cette création. Déçu, Bohr partit en Angleterre. Il était à Manchester quand il apprit que son ancien directeur de thèse, Christian Christiansen, allait prendre sa retraite à la fin du mois d'août, laissant une chaire de physique très convoitée. Bohr se porta candidat. Quand les autorités universitaires annoncèrent que Martin Knudsen avait été promu à ce poste, elles firent l'éloge de Bohr : « S'il avait été question d'une chaire en physique mathématique – poste qui fait malheureusement défaut à notre université – il n'y aurait guère eu de doute que le Dr Bohr eût été le choix qui s'imposait. » C'était une maigre consolation pour Bohr, évincé une seconde fois lorsque le candidat de Knudsen fut choisi pour le poste de maître-assistant qu'il venait de libérer. Quelques jours après son retour de Manchester, Bohr reçut une lettre de Knudsen. On lui proposait un poste d'assistant. Bohr visait plus haut, mais, à la veille de son mariage, il n'eut guère d'autre choix que d'accepter.

7. Nielson (1963), p. 22.

8. Cité par Rosenfeld & Rüdinger (1967), p. 51.

9. Lettre de Niels Bohr à Ernest Rutherford, 6 juillet 1912, BCW, vol. 2, p. 577.

10. Interview de Niels Bohr, AHQP, 7 novembre 1962.

11. BCW, vol. 2., p. 136.

12. *Ibid.*

13. Interview de Niels Bohr, AHQP, 1er novembre 1962.

14. Interview de Niels Bohr, AHQP, 31 octobre 1962.

15. Lettre de Niels Bohr à Ernest Rutherford, 6 juillet 1912, BCW, vol. 2, p. 577.

16. *Ibid.*, p. 578.

17. Pi (π) est la valeur numérique du rapport entre la circonférence d'un cercle et le diamètre de celui-ci.

18. Un électron-volt (eV) équivalait à 1,6 x 10^{-19} joules d'énergie. Une ampoule électrique de 100 watts convertit 100 joules d'énergie électrique en chaleur en une seconde.

19. Lettre de Niels Bohr à Ernest Rutherford, 31 janvier 1913, BCW, vol. 2, p. 597.

20. Interview de Niels Bohr, AHQP, 31 octobre 1962.

21. À l'époque de Balmer et pendant une bonne partie du XXe siècle, les longueurs d'onde étaient mesurées en angströms, unités ainsi nommées en l'honneur d'Anders Ångström. Un angström est égal à un cent millionième (10^{-8}) de centimètre ou un dixième de nanomètre, l'unité qui le remplace.

22. Bohr (1963d), avec une introduction de Léon Rosenfeld.

23. En 1890, le physicien suédois Johannes Rydberg développa une formule plus générale que celle de Balmer. Elle contenait un nombre, appelé plus tard constante de Rydberg, que Bohr put calculer à partir de son modèle. Il réussit à récrire la constante de Rydberg en faisant intervenir la constante de Planck, la masse de l'électron et la charge de l'électron. Il put ainsi dériver pour la constante de Rydberg une valeur qui coïncidait presque exactement avec la valeur déterminée expérimentalement. Bohr dit à Rutherford qu'il pensait que c'était là un « développement énorme et inattendu ». BCW, vol. 2, p. 111.

24. Cité par Heilbron (2007), p. 29.

25. Cité par Gillott & Kumar (1995), p. 60. Les conférences données par les lauréats du prix Nobel sont disponibles sur www.nobelprize.org.

26. Lettre de Niels Bohr à Ernest Rutherford, 6 mars 1913, BCW, vol. 2, p. 582.

27. Cité par Eve (1939), p. 221.

28. *Ibid.*

29. Lettre d'Ernest Rutherford à Niels Bohr, 20 mars 1913, BCW, vol. 2, p. 583.

30. *Ibid.*, p. 584.

31. Lettre de Niels Bohr à Ernest Rutherford, 26 mars 1913, BCW, vol. 2, p. 585-586.

32. Eve (1939), p. 218.

33. Cité par Wilson (1983), p. 333.

34. Cité par Rosenfeld & Rüdinger (1967), p. 54.

35. Cité par Wilson (1983), p. 333.

36. Cité par Blaedel (1988), p. 119.

37. Cité par Eve (1939), p. 223.

38. Cité par Cropper (1970), p. 46.

39. Cité par Jammer (1966), p. 86.

40. Cité par Mehra & Rechenberg (1982), vol. 1, p. 236.

41. *Ibid.*

42. Lettre de Harald Bohr à Niels Bohr, automne 1913, BCW, vol. 1, p. 567.

43. Cité par Eve (1939), p. 236.

44. Moseley put aussi résoudre certaines anomalies qui s'étaient développées dans le placement de trois couples d'éléments dans la table périodique. D'après son poids atomique, l'argon (39,94) devrait y figurer après le potassium (39,10). Ce qui entrerait en conflit avec leurs propriétés chimiques, car le potassium était ainsi regroupé avec les gaz inertes et l'argon avec les métaux alcalins. Pour éviter cette absurdité chimique, les éléments furent placés en ordre inverse de leurs poids atomiques. Toutefois, l'usage de leurs numéros atomiques respectifs permet de les placer dans l'ordre correct. Le numéro atomique permit également le positionnement correct de deux autres couples d'éléments : le tellure et l'iode, d'une part, le cobalt et le nickel, d'autre part.

45. Cité par Pais (1991), p. 164.

46. Lettre d'Ernest Rutherford à Niels Bohr, 20 mai 1914, BCW, vol. 2, p. 594.

47. Cité par Pais (1991), p. 164.

48. Lettre d'Albert Einstein à Arnold Sommerfeld, 14 janvier 1908, CPAE, vol. 5, p. 50.

49. On découvrit plus tard que le *k* de Sommerfeld ne pouvait être égal à zéro. On fixa donc *k* comme étant égal à $l + 1$, où l est le moment angulaire orbital, l est égal à 0, 1, 2… n – 1, où *n* est le nombre quantique principal.

50. Il y a en réalité deux types d'effet Stark. L'*effet Stark linéaire* est celui dans lequel la décomposition est proportionnelle au champ électrique et se présente dans des états excités de l'atome d'hydrogène. Tous les autres atomes subissent *l'effet Stark quadratique*, dans lequel la décomposition des raies est proportionnelle au carré du champ électrique.

51. Lettre d'Ernest Rutherford à Niels Bohr, 11 décembre 1913, BCW, vol. 2, p. 589.

52. Lettre d'Arnold Sommerfeld à Niels Bohr, 4 septembre 1913, BCW, vol. 2, p. 603.

53. En notation moderne, *m* est écrit m_l. Pour un l donné, il y a $2l + 1$ valeurs de m_l qui vont de –1 à +1. Si $l = 1$, il y a alors trois valeurs de m_l : –1, 0, +1.

54. Lettre d'Arnold Sommerfeld à Niels Bohr, 25 avril 1921. Cité par Pais (1994), p. 34.

55. Cité par Pais (1991), p. 170.

56. En 1965, quand Bohr aurait eu quatre-vingts ans, il fut rebaptisé Institut Niels Bohr.

5. Lorsque Einstein rencontra Bohr

1. Cité par Franck (1947), p. 98.

2. Lettre d'Albert Einstein à Hendrik Lorentz, 27 janvier 1911, CPAE, vol. 5, p. 175.

3. *Ibid.*

4. Lettre d'Albert Einstein à Michele Besso, 13 mai 1911, CPAE, vol. 5, p. 187.

5. Cité par Pais (1982), p. 170.

6. *Ibid.*

7. Lettre d'Albert Einstein à Hendrik Lorentz, 14 août 1913, CPAE, vol. 5, p. 349.

8. Cité par Fölsing (1997), p. 335.

9. Lettre d'Albert Einstein à Otto Stern, après le 4 juin 1914, CPAE, vol. 8, p. 23.

10. Lettre d'Albert Einstein à Paul Ehrenfest, avant le 10 avril 1914, CPAE, vol. 8, p. 10.

11. Lettre d'Albert Einstein à Eisa Löwenthal, avant le 2 décembre 1913, CPAE, vol. 5, p. 365.

12. Mémorandum d'Albert Einstein à Mileva Einstein-Maric, 18 juillet 1914, CPAE, vol. 8, p. 32-33.

13. Lettre d'Albert Einstein à Paul Ehrenfest, 19 août 1914, CPAE, vol. 8, p. 41.

14. Cité par Fromkin (2004), p. 49-50.

15. La Russie, la France, la Grande-Bretagne et la Serbie furent rejointes par le Japon (1914), l'Italie (1915), le Portugal et la Roumanie (1916). Les dominions britanniques combattirent eux aussi avec les Alliés. L'Allemagne et l'Autriche-Hongrie furent soutenues par la Turquie (1914) et la Bulgarie (1915).

16. Lettre d'Albert Einstein à Paul Ehrenfest, 19 août 1914, CPAE, vol. 8, p. 41.

17. *Ibid.*

18. Cité par Heilbron (2000), p. 72.

19. Cité par Fölsing (1997), p. 345.

20. *Ibid.*

21. Cité par Gilbert (1994), p. 34.

22. Cité par Fölsing (1997), p. 346.

23. *Ibid.*

24. Cité par Large (2001), p. 138.

25. Lettre d'Albert Einstein à Romain Rolland, 22 mars 1915, CPAE, vol. 8, p. 77.

26. Lettre d'Albert Einstein à Hendrik Lorentz, 18 décembre 1917, CPAE, vol. 8, p. 422.

27. *Ibid.*

28. Lettre d'Albert Einstein à Arnold Sommerfeld, 20 octobre 1912, CPAE, vol. 5, p. 324.

29. Lettre d'Albert Einstein à Heinrich Zangger, 26 novembre 1915, CPAE, vol. 8, p. 151.

30. Lettre d'Albert Einstein à Paul Ehrenfest, 25 mai 1914, CPAE, vol. 8, p. 22.

31. Lettre d'Albert Einstein à Michele Besso, 11 août 1916, CPAE, vol. 8, p. 243.

32. *Ibid.*

33. Lettre d'Albert Einstein à Michele Besso, 6 septembre 1916, CPAE, vol. 8, p. 246.

34. CPAE, vol. 6, p. 232.

35. Lettre d'Albert Einstein à Michele Besso, 29 juillet 1918, CPAE, vol. 8, p. 613.

36. Born (2005), p. 22. Lettre d'Albert Einstein à Max Born, 27 janvier 1920.

37. Analogie empruntée à Jim Baggot (2004).

38. Born (2005), p. 80. Lettre d'Albert Einstein à Max Born, 29 avril 1924.

39. Cité par Large (2001), p. 134.

40. Lettre d'Albert Einstein à Heinrich Zangger, après le 10 mars 1917, CPAE, vol. 8, p. 300.

41. Lettre d'Albert Einstein à Heinrich Zangger, 10 avril 1915, CPAE, vol. 8, p. 88.

42. Dans un champ gravitationnel faible, la relativité générale prédit la même déviation que la théorie de Newton.

43. Cité par Pais (1994), p. 147.

44. Cité par Brian (1996), p. 101.

45. Dans le sillage de l'intérêt immense suscité par ses travaux, la première traduction anglaise de sa *Relativité* parut en 1920.

46. Lettre d'Albert Einstein à Heinrich Zangger, 6 décembre 1917, CPAE, vol. 8, p. 412.

47. Cité par Pais (1982), p. 309.

48. Cité par Brian (1996), p. 103.

49. Cité par Calaprice (2005), p. 5. Lettre d'Albert Einstein à Heinrich Zangger, 3 janvier 1920.

50. Cité par Fölsing (1997), p. 421.

51. Cité par Fölsing (1997), p. 455. Lettre d'Albert Einstein à Marcel Grossmann, 12 septembre 1920.

52. Cité par Pais (1982), p. 314. Lettre d'Albert Einstein à Paul Ehrenfest, 4 décembre 1919.

53. Cité par Everett (1979), p. 153.

54. Cité par Elon (2003), p. 359-360.

55. Cité par Everett (1979), p. 153.

56. Cité par Pais (1991), p. 228. Carte postale d'Albert Einstein à Max Planck, 23 octobre 1919.

57. Lettre d'Albert Einstein à Conrad Habicht, entre le 30 juin et le 22 septembre 1905, CPAE, vol. 5, p. 20.

58. *Ibid.*

59. *Ibid.*

60. Einstein (1949a), p. 47.

61. Cité par Moore (1966), p. 104.

62. *Ibid.*, p. 106.

63. Cité par Pais (1991), p. 232.

64. CPAE, vol. 6, p. 323.

65. Cité par Fölsing (1997), p. 477. Lettre d'Albert Einstein à Niels Bohr, 2 mai 1920.

66. *Ibid.* Lettre d'Albert Einstein à Paul Ehrenfest, 4 mai 1920.

67. *Ibid.* Lettre de Niels Bohr à Albert Einstein, 24 juin 1920.

68. Cité par Pais (1994), p. 40. Lettre d'Albert Einstein à Hendrik Lorentz, 4 août 1920.

69. *Arbeitsgemeinschaft deutscher Naturforscher zur Erhaltung reiner Wissenschaft.*

70. Born (2005), p. 34. Lettre d'Albert Einstein à Max et Hedwig Born, 9 septembre 1920.

71. *Ibid.*

72. Cité par Pais (1982), p. 316. Lettre d'Albert Einstein à K. Haenisch, 8 septembre 1920.

73. Cité par Fölsing (1997), p. 512. Lettre d'Albert Einstein à Paul Ehrenfest, 15 mars 1922.

74. Lettre de Niels Bohr à Arnold Sommerfeld, 30 avril 1922, BCW, vol. 3, p. 691-692.

75. Ce que Bohr appelait « couches » était en réalité un ensemble d'orbites d'électrons. Les orbites primaires étaient numérotées de 1 à 7, 1 étant la plus proche du noyau. Les orbites secondaires étaient désignées par les lettres s, p, d, f (à l'image des termes anglais « *sharp* », « *principal* », « *diffuse* » et « *fundamental* » utilisés en spectroscopie pour décrire les raies des spectres atomiques). L'orbite la plus proche du noyau n'est

qu'une orbite simple, désignée par « 1s », la suivante est un couple d'orbites désignées par « 2s » et « 2p » ; puis vient un trio d'orbites « 3s », « 3p » et « 3d », et ainsi de suite. Plus les orbites sont éloignées du noyau, plus elles peuvent contenir d'électrons. Les types « s » peuvent contenir 2 électrons, les types « p », 6, les types « d », 10 et les types « f », 14.

76. Cité par Brian (1996), p. 138.

77. Einstein (1993), p. 57. Lettre d'Albert Einstein à Maurice Solovine, 16 juillet 1922.

78. Fölsing (1997), p. 520. Lettre d'Albert Einstein à Marie Curie, 11 juillet 1922.

79. Einstein (1949a), p. 45-47.

80. Cité par French & Kennedy (1985), p. 60.

81. Cité par Mehra & Rechenberger (1982), vol. 1, pt. 1, p. 358. Lettre de Niels Bohr à James Franck, 15 juillet 1922.

82. Cité par Moore (1966), p. 116.

83. *Ibid.*

84. Lettre de Niels Bohr à Albert Einstein, 11 novembre 1922, BCW, vol. 4, p. 685.

85. Cité par Pais (1982), p. 317.

86. *Ibid.*, p. 686. Lettre d'Albert Einstein à Niels Bohr, 11 janvier 1923, BCW, vol. 4, p. 686.

87. Cité par Pais (1991), p. 308.

88. *Ibid.*, p. 215.

89. Le discours de Bohr est disponible sur www.nobelprize.org.

90. Bohr (1922), p. 7.

91. *Ibid.*, p. 42.

92. Robertson (1979), p. 69.

93. Weber (1981), p. 64.

94. Bohr (1922), p. 14.

95. Cité par Stuewer (1975), p. 241.

96. *Ibid.*

97. Stuewer (1975).

98. L'« effet Compton » s'applique à la lumière visible. Mais la différence de longueur d'onde entre la lumière visible primaire et la lumière diffusée est si infime, bien plus petite que celle relevée pour les rayons X, que l'effet n'est pas détectable à l'œil nu, quoiqu'il soit mesurable en laboratoire.

99. Compton (1924), p. 70.

100. *Ibid.*

101. Compton (1961). Un bref article de Compton rappelant les preuves expérimentales et les considérations théoriques qui conduisirent à la découverte de l'« effet Compton ».

102. Le chimiste américain Gilbert Lewis proposa en 1926 le terme de *photon* pour des atomes de lumière.

103. Cité par Fosling (1997), p. 541.

104. Cité par Pais (1991), p. 234.

105. Compton (1924), p. 70.

106. Cité par Pais (1982), p. 414.

6. Le prince de la dualité

1. Cité par Ponte (1981), p. 56.

2. Contrairement à *duc, prince* n'était pas un titre nobiliaire français. À la mort de son frère, le titre français remplaça le titre étranger et Louis devint duc.

3. Cité par Pais (1994), p. 48. Lettre d'Albert Einstein à Hendrik Lorentz, 16 décembre 1924.

4. Cité par Abragam (1988), p. 26.

5. *Ibid.*, p. 26-27.

6. *Ibid.*, p. 27.

7. *Ibid.*

8. Cité par Ponte (1981), p. 55.

9. Abragam (1988), p. 38.

10. Au mont Valérien.

11. Cité par Ponte (1981), p. 55-56.

12. Cité par Pais (1991), p. 240.

13. Cité par Abragam (1988), p. 30.

14. *Ibid.*

15. *Ibid.*

16. *Ibid.*

17. *Ibid.*

18. Cité par Wheaton (2007), p. 58.

19. *Ibid.*, p. 54-55.

20. Elsasser (1978), p. 66.

21. Cité par Gehrenbeck (1978), p. 325.

22. Lettre d'Albert Einstein à Heinrich Zangger, 12 mai 1912, CPAE, vol. 5, p. 299.

23. Weinberg (1993), p. 51.

II. La physique des petits jeunes

7. Les docteurs du spin

1. Cité par Meyenn & Schucking (2001), p. 44.
2. Born (2005), p. 223.
3. *Ibid.*
4. Interview de Paul Ewald, AHQP, 8 mai 1962, p. 15.
5. Cité par Enz (2002), p. 15.
6. *Ibid.*, p. 9.
7. Cité par Pais (2000), p. 213.
8. Cité par Mehra & Rechenberg (1982), vol. 1, pt. 2, p. 378.
9. Cité par Enz (2002), p. 49.
10. Cité par Cropper (2001), p. 257.
11. *Ibid.*
12. *Ibid.*
13. Mehra & Rechenberg (1982), vol. 1, pt. 2, p. 384.
14. Pauli (1946 b), p. 27.
15. Cité par Mehra & Rechenberg (1982), vol. 1, pt. 1, p. 281.
16. Lettre d'Albert Einstein à Hedwig Born, 8 février 1918, CPAE, vol. 8, p. 467.
17. Cité par Greenspan (2005), p. 108.
18. Born (2005), p. 56. Lettre de Max Born à Albert Einstein, 21 octobre 1921.
19. Pauli (1946 a), p. 213.
20. *Ibid.*
21. Lorentz supposa que les électrons oscillant à l'intérieur des atomes du gaz de sodium incandescent émettaient la lumière que Zeeman avait analysée. Il montra qu'une raie spectrale se scinderait en deux raies rapprochées (un doublet) ou en trois raies (un triplet), selon que la lumière émise était

observée dans une direction parallèle ou perpendiculaire au champ magnétique. Lorentz calcula la différence entre les longueurs d'onde des deux raies adjacentes et obtint une valeur en accord avec les résultats expérimentaux de Zeeman.

22. Cité par Pais (1991), p. 199.

23. Cité par Pais (2000), p. 221.

24. Pauli, (1946a), p. 213.

25. En 1916, à vingt-huit ans, le physicien allemand Walther Kossel, dont le père avait reçu le prix Nobel de chimie, fut le premier à confirmer un lien important entre l'atome quantique et la table périodique. Il remarqua que la différence entre les nombres atomiques 2, 10 et 18 des trois premiers gaz rares, l'hélium, le néon et l'argon, était 8 et soutint que les électrons à l'intérieur de ces atomes gravitaient dans des « couches saturées ». La première contenait 2 électrons seulement, la deuxième et la troisième 8 chacune. Bohr mentionna les travaux de Kossel. Mais ni ce dernier ni d'autres n'allèrent aussi loin que le Danois dans l'élucidation de la répartition des électrons dans toute la table périodique, qui culmina par l'identification correcte du hafnium comme n'appartenant pas aux terres rares.

26. Carte postale d'Arnold Sommerfeld à Niels Bohr, 7 mars 1921, BCW, vol. 4, p. 740.

27. Lettre d'Arnold Sommerfeld à Niels Bohr, 25 avril 1921, BCW, vol. 4, p. 740.

28. Cité par Pais (1991), p. 205.

29. Si n = 3, alors k = 1, 2, 3.

Si k = 1, alors m = 0 et l'état d'énergie est (3, 1, 0).

Si k = 2, alors m = –1, 0,1 et les états d'énergie sont (3, 2, –1), (3, 2, 0) et (3, 2,1).

Si k = 3, alors m = –2, –1 , 0, 1, 2 et les états d'énergie sont (3, 3, –2), (3, 3, –1), (3, 3, 0), (3, 3, 1) et (3, 3, 2). Le nombre total d'états d'énergie dans la troisième couche n = 3 est 9 et le nombre maximal d'électrons est 18.

Pour n = 4, les états d'énergie sont (4, 1, 0), (4, 2, –1), (4, 2, 0), (4, 2, 1), (4, 3, –2), (4, 3, –1), (4, 3, 0), (4, 3, 1), (4, 3, 2), (4, 4, –3), (4, 4, –2), (4, 4, –1), (4, 4, 0), (4, 4, 1), (4, 4, 2) et (4, 4, 3).

Le nombre d'états d'énergie des électrons pour un *n* donné était simplement égal à n^2. Pour les quatre premières couches, n = 1, 2, 3 et 4, le nombre d'états d'énergie est 1, 4, 9, 16.

30. La première édition de *Atombau und Spektrallinien* fut publiée en 1919.

31. Cité par Pais (2000), p. 223.

32. Il convient de se rappeler que, dans son modèle de l'atome quantique, Bohr introduisit le quantum dans l'atome au travers de la quantification du moment angulaire ($L = nh/2\pi = mvr$). Un électron se déplaçant sur une orbite circulaire possède un moment angulaire. Souvent désigné par *L* dans les calculs, le moment angulaire de l'électron n'est rien d'autre que la valeur obtenue en multipliant sa masse par sa vitesse et par le rayon de son orbite ($L = mvr$). Seules étaient autorisées les orbites des électrons dont le moment angulaire était égal à $nh/2\pi$, où *n* était 1, 2, 3, etc. Toutes les autres orbites étaient interdites.

33. Cité par Calaprice (2005), p. 77.

34. Cité par Pais (1989 b), p. 310.

35. Goudsmit (1976), p. 246.

36. Interview de Samuel Goudsmit, AHQP, 5 décembre 1963.

37. Cité par Pais (1989b), p. 310.

38. Cité par Pais (2000), p. 222.

39. En réalité, ces deux valeurs sont $+1/2(h/2\pi)$ et $-1/2(h/2\pi)$ ou, de manière équivalente, $+h/4\pi$ et $-h/4\pi$.

40. Cité par Mehra & Rechenberg (1982), vol. 1, pt. 2, p. 702.

41. Cité par Pais (1989b), p. 311.

42. Interview de George Uhlenbeck, AHQP, 31 mars 1962.

43. Uhlenbeck (1976), p. 253.

44. Lettre de Niels Bohr à Ralph Kronig, 26 mars 1926, BCW, vol. 5, p. 229.

45. Cité par Pais (2000), p. 304.

46. Cité par Robertson (1979), p. 100.

47. Cité par Mehra & Rechenberg (1982), vol. 1, pt. 2, p. 691.

48. *Ibid.*, p. 692.

49. Interview de Ralph Kronig, AHQP, 11 décembre 1962.
50. *Ibid.*
51. Cité par Pais (2000), p. 305.
52. *Ibid.*
53. *Ibid.*
54. *Ibid.*
55. Uhlenbeck (1976), p. 250.
56. Cité par Pais (2000), p. 305.
57. *Ibid.*
58. *Ibid.*, p. 230.
59. Cité par Enz (2002), p. 115.
60. *Ibid.*, p. 116.
61. Goudsmit (1976), p. 248.
62. Jammer (1996), p. 196.
63. Cité par Mehra & Rechenberg (1982), vol. 2, pt. 2, p. 208. Lettre de Wolfgang Pauli à Ralph Kronig, 21 mai 1925.
64. Mehra & Rechenberg (1982), vol. 1, pt. 2, p. 719.

8. Le magicien du quantum

1. Cité par Mehra & Rechenberg (1982), vol. 2, p. 6.
2. Heisenberg (1971), p. 16.
3. *Ibid.*
4. *Ibid.*
5. *Ibid.*
6. Interview de Werner Heisenberg, AHQP, 30 novembre 1962.
7. Heisenberg (1971), p. 24.
8. *Ibid.*
9. Interview de Werner Heisenberg, AHQP, 30 novembre 1962.
10. Heisenberg (1971), p. 26.
11. *Ibid.*
12. *Ibid.*
13. *Ibid.*, p. 38.
14. Heisenberg (1971), p. 38.
15. Interview de Werner Heisenberg, AHQP, 30 novembre 1962.

16. Heisenberg (1971), p. 42.

17. Born (1978), p. 212.

18. Born (2005), p. 73. Lettre de Max Born à Albert Einstein, 7 avril 1923.

19. Born (1978), p. 212.

20. Cité par Cassidy (1992), p. 168.

21. Cité par Mehra & Rechenberg (1982), vol. 2, p. 140-141. Lettre de Werner Heisenberg à Wolfgang Pauli, 26 mars 1924.

22. Cité par Mehra & Rechenberg (1982), vol. 2, p. 133. Lettre de Wolfgang Pauli à Niels Bohr, 11 février 1924.

23. *Ibid.*, p. 135.

24. Cité par Mehra & Rechenberg (1982), vol. 2, p. 142.

25. *Ibid.*, p. 127. Lettre de Max Born à Niels Bohr, 16 avril 1924.

26. Cité par Mehra & Rechenberg (1982), vol. 2, p. 3.

27. *Ibid.*, p. 150.

28. Interview de Frank Hoyt, AHQP, 28 avril 1964.

29. Cité par Mehra & Rechenberg (1982), vol. 2, p. 209. Lettre de Werner Heisenberg à Niels Bohr, 21 avril 1925.

30. Heisenberg (1971), p. 8.

31. Cité par Pais (1991), p. 270.

32. Cité par Mehra & Rechenberg (1982), vol. 2, p. 196. Lettre de Wolfgang Pauli à Niels Bohr, 12 décembre 1924.

33. Cité par Cassidy (1992), p. 198.

34. Cité par Pais (1991), p. 275.

35. Heisenberg (1971), p. 60.

36. *Ibid.*

37. *Ibid.*, p. 61.

38. *Ibid.*

39. *Ibid.*

40. $$A=\begin{pmatrix} a & b \\ c & d \end{pmatrix}\ B=\begin{pmatrix} e & f \\ g & h \end{pmatrix}\ A\times B=\begin{pmatrix} (a\times e)+(b\times g) & (a\times f)+(b\times h) \\ (c\times e)+(d\times g) & (c\times f)+(d\times h) \end{pmatrix}$$

$$\text{Si } A=\begin{pmatrix} 1 & 2 \\ 3 & 4 \end{pmatrix} \text{Si } B=\begin{pmatrix} 5 & 6 \\ 7 & 8 \end{pmatrix} \text{alors } A\times B=\begin{pmatrix} (1\times 5)+(2\times 7) & (1\times 6)+(2\times 8) \\ (3\times 5)+(4\times 7) & (3\times 6)+(4\times 8) \end{pmatrix}=\begin{pmatrix} 5+14 & 6+16 \\ 15+28 & 18+32 \end{pmatrix}=\begin{pmatrix} 19 & 22 \\ 43 & 50 \end{pmatrix}$$

$$\text{Si } B=\begin{pmatrix} 5 & 6 \\ 7 & 8 \end{pmatrix} \text{Si } A=\begin{pmatrix} 1 & 2 \\ 3 & 4 \end{pmatrix} \text{alors } B\times A=\begin{pmatrix} (5\times 1)+(6\times 3) & (5\times 2)+(6\times 4) \\ (7\times 1)+(8\times 3) & (7\times 2)+(8\times 4) \end{pmatrix}=\begin{pmatrix} 5+18 & 10+24 \\ 7+24 & 14+32 \end{pmatrix}=\begin{pmatrix} 23 & 34 \\ 31 & 46 \end{pmatrix}$$

$$\text{Donc } (A\times B)-(B\times A)=\begin{pmatrix} 19 & 22 \\ 43 & 50 \end{pmatrix}-\begin{pmatrix} 23 & 34 \\ 31 & 46 \end{pmatrix}=\begin{pmatrix} -4 & -12 \\ 12 & 4 \end{pmatrix}$$

41. Cité par Enz (2002), p. 131. Lettre de Werner Heisenberg à Wolfgang Pauli, 21 juin 1925.

42. Cité par Cassidy (1992), p. 197. Lettre de Werner Heisenberg à Wolfgang Pauli, 9 juillet 1925.

43. Cité par Mehra & Rechenberg (1982), p. 291.

44. Cité par Enz (2002), p. 133.

45. Cité par Cassidy (1992), p. 204.

46. Heisenberg (1925), p. 276.

47. Born (2005), p. 82. Lettre de Max Born à Albert Einstein, 15 juillet 1925. Born avait peut-être déjà découvert que la règle de multiplication de Heisenberg était exactement la même que celle de la multiplication matricielle quand il écrivit à Einstein. Born se rappela en une occasion que Heisenberg lui avait remis l'article le 11 ou le 12 juillet. Toutefois, en une autre occasion, il estima que le jour où il avait identifié la bizarre multiplication était le 10 juillet.

48. *Ibid.* Lettre de Max Born à Albert Einstein, 15 juillet 1925.

49. Cité par Cropper (2001), p. 269.

50. Born (1978), p. 218.

51. Cité par Schweber (1994), p. 7.

52. Born (2005), p. 80. Lettre de Max Born à Albert Einstein, 15 juillet 1925.

53. En 1925-1926, Heisenberg, Born et Jordan n'employèrent jamais le terme « mécanique matricielle » ou « mécanique des matrices ». Ils parlaient toujours de « nouvelle mécanique » ou de « mécanique quantique ». D'autres en parlèrent au début comme de la « mécanique d'Heisenberg » ou « mécanique de Göttingen » avant que certains mathématiciens commencent à l'appeler *Matrizenphysik*. En 1927, on parlait déjà couramment de « mécanique matricielle », appellation que Heisenberg détesta toujours.

54. Born (1978), p. 190.

55. *Ibid.*, p. 218.

56. Cité par Mehra & Rechenberg (1982), vol. 3, p. 59. Lettre de Max Born à Niels Bohr, 18 décembre 1926.

57. Cité par Greenspan (2005), p. 127.

58. Cité par Pais (1986), p. 255. Lettre d'Albert Einstein à Paul Ehrenfest, 20 septembre 1925.

59. *Ibid.*, p. 255.

60. Cité par Pais (2000), p. 224.

61. Born (1978), p. 226.

62. *Ibid.*

63. Cité par Kursunoglu & Wigner (1987), p. 3.

64. Interview de Paul Dirac, AHQP, 7 mai 1963.

65. Cité par Kragh (2002), p. 241.

66. Dirac (1977), p. 116.

67. *Ibid.*

68. Born (2005), p. 86. Lettre d'Albert Einstein à Hedwig Born, 7 mars 1926.

69. Cité par Bernstein (1991), p. 360.

9. « Un sursaut érotique tardif »

1. Cité par Moore (1989), p. 191.

2. Born (1978), p. 270.

3. Cité par Moore (1989), p. 23.

4. *Ibid.*, p. 58-59.

5. *Ibid.*, p. 91.

6. *Ibid.*

7. Cité par Mehra & Rechenberg (1987), vol. 5, pt. 1, p. 182.

8. Cité par Moore (1989), p. 145.

9. Cité par Mehra & Rechenberg (1987), vol. 5, pt. 2, p. 412.

10. Bloch (1976), p. 23. Bien qu'il subsiste des doutes sur la date exacte de l'intervention de Schrödinger au colloque, le 23 novembre est le jour qui correspond le mieux aux données actuellement connues.

11. *Ibid.*

12. *Ibid.*

13. Abragam (1988), p. 31.

14. Bloch (1976), p. 23-24.

15. Cette équation fut redécouverte en 1927 par Oskar Klein et Walter Gordon et fut appelée plus tard équation de

Klein-Gordon. Elle ne s'applique qu'aux particules de spin zéro.

16. Cité par Moore (1989), p. 196.

17. *Ibid.*, p. 191.

18. Le titre de l'article de Schrödinger, « *Quantizierung als Eigenwertproblem* » signalait que, dans sa théorie, la quantification des niveaux d'énergie d'un atome se fondait sur les valeurs permises (*Eigenwerte*) pour les longueurs d'onde des électrons. En allemand, *eigen* signifie « propre » ou « caractéristique ». Le terme *Eigenwert* a été, faute de mieux, « traduit » *eigenvalue* dans le titre anglais : « *Quantization as an Eigenvalue Problem* ».

19. Cité par Cassidy (1992), p. 214.

20. Cité par Moore (1989), p. 209. Lettre de Max Planck à Erwin Schrödinger, 2 avril 1926.

21. *Ibid.* Lettre d'Albert Einstein à Erwin Schrödinger, 16 avril 1926.

22. Przibram (1967), p. 6.

23. Cité par Moore (1989), p. 209. Lettre d'Albert Einstein à Erwin Schrödinger, 16 avril 1926.

24. Cité par Cassidy (1992), p. 213.

25. Cité par Pais (2000), p. 306.

26. Cité par Moore (1989), p. 210.

27. Cité par Mehra & Rechenberg (1987), vol. 5, pt. 1, p. 1. Lettre de Wolfgang Pauli à Pascual Jordan, 12 avril 1926.

28. Cité par Cassidy (1992), p. 213.

29. *Ibid.* Lettre de Werner Heisenberg à Pascual Jordan, 19 juillet 1926.

30. Cité par Cassidy (1992), p. 213.

31. *Ibid.* Lettre de Max Born à Erwin Schrödinger, 16 mai 1927.

32. Cité par Mehra & Rechenberg (1987), vol. 5, pt. 2, p. 639. Lettre d'Erwin Schrödinger à Wilhelm Wien, 22 février 1926.

33. *Ibid.*

34. Pauli, Dirac et l'Américain Carl Eckhart montrèrent tous, indépendamment les uns des autres, que Schrödinger avait raison.

35. Cité par Mehra & Rechenberg (1987), vol. 5, pt. 2, p. 639. Lettre d'Erwin Schrödinger à Wilhelm Wien, 22 février 1926.

36. Cité par Moore (1989), p. 211.

37. *Ibid.*

38. Cité par Cassidy (1992), p. 215. Lettre de Werner Heisenberg à Wolfgang Pauli, 8 juin 1926.

39. *Ibid.*, p. 213. Lettre de Werner Heisenberg à Pascual Jordan, 8 avril 1926.

40. L'article de Heisenberg, reçu par le *Zeitschrift für Physik* le 24 juillet, fut publié le 26 octobre 1926.

41. Cité par Pais (2000), p. 41. Lettre de Max Born à Albert Einstein, 30 novembre 1926.

42. Bloch (1976), p. 320. Texte allemand original :

Gar Manches rechnet Erwin schon
Mit seiner Wellenfunktion.
Nur wissen möcht' man gern wohl
Was man sich dabei vorstell'n soll.

43. Pour un nombre complexe $z = x + iy$, le module de z est donné par $|z| = \sqrt{x^2 + y^2}$. Par exemple, si $x = -3$ (cas d'un nombre réel), alors le module de x est sa valeur absolue : 3. On écrit : $|x| = |-3| = 3$.

44. Le carré du module d'un nombre complexe se calcule comme suit : Soit $z = 4 + 3i$; $|z|^2$ n'est pas $z \times z$, mais $z \times z^*$, où z^* est ce qu'on appelle le nombre complexe conjugué de z. Si $z = 4 + 3i$, alors $z^* = 4 - 3i$.

D'où $|z|^2 = z \times z^* = (4 + 3i) \times (4 - 3i) = 16 - 12i + 12i - 9i^2 = 16 - 9 (\sqrt{-1})^2 = 16 - 9(-1) = 16 + 9 = 25$. Si $z = 4 + 3i$, alors le module de z est 5.

45. Born (1978), p. 229.

46. *Ibid.*

47. *Ibid.*, p. 230.

48. *Ibid.*, p. 231.

49. Born (2005), p. 81. Lettre de Max Born à Albert Einstein, 15 juillet 1925.

50. *Ibid.*

51. Cité par Pais (2000), p. 41.

52. Cité par Pais (1986), p. 256.

53. Cité par Pais (2000), p. 42.

54. Le deuxième article fut publié dans le *Zeitschrift für Physik* le 14 septembre.

55. Cité par Pais (1986), p. 257.

56. *Ibid.*

57. Le carré du module de la fonction d'onde, encore appelé carré absolu de la fonction d'onde, donne une « densité de probabilité » plutôt qu'une simple « probabilité ».

58. Cité par Pais (1986), p. 257.

59. *Ibid.*

60. Cité par Pais (2000), p. 39.

61. Cité par Mehra & Rechenberg (1987), vol. 5, pt. 2, p. 827. Lettre d'Erwin Schrödinger à Wilhelm Wien, 25 août 1926.

62. *Ibid.*, p. 828. Lettre d'Erwin Schrödinger à Max Born, 2 novembre 1926.

63. Cité par Heitler (1961), p. 223.

64. Cité par Moore (1989), p. 222.

65. *Ibid.*

66. Heisenberg (1971), p. 73.

67. Cité par Cassidy (1992), p. 222. Lettre de Werner Heisenberg à Pascual Jordan, 28 juillet 1926.

68. *Ibid.*

69. Cité par Mehra & Rechenberg (1987), vol. 5, pt. 2, p. 625. Lettre de Niels Bohr à Erwin Schrödinger, 11 septembre 1926.

70. Heisenberg (1971), p. 73.

71. *Ibid.*

72. Heisenberg (1971), pp. 73-75 pour la reconstitution intégrale de ce dialogue entre Schrödinger et Bohr.

73. Heisenberg (1971), p. 76.

74. Cité par Moore (1989), p. 228. Lettre d'Erwin Schrödinger à Wilhelm Wien, 21 octobre 1926.

75. Cité par Mehra & Rechenberg (1987), vol. 5, pt. 2, p. 826. Lettre d'Erwin Schrödinger à Wilhelm Wien, 21 octobre 1926.

76. Born (2005), p. 88. Lettre d'Albert Einstein à Max Born, 4 décembre 1926.

10. Incertitude à Copenhague

1. Heisenberg (1971), p. 62.
2. *Ibid.*
3. *Ibid.*
4. *Ibid.*
5. *Ibid.*, p. 63.
6. *Ibid.*
7. *Ibid.*
8. Interview de Werner Heisenberg, AHQP, 30 novembre 1962.
9. Heisenberg (1971), p. 63.
10. *Ibid.*
11. *Ibid.*, p. 64.
12. *Ibid.*
13. *Ibid.*
14. *Ibid.*, p. 65.
15. Cité par Cassidy (1992), p. 218.
16. Cité par Pais (1991), p. 296. Lettre de Niels Bohr à Ernest Rutherford, 15 mai 1926.
17. Heisenberg (1971), p. 76.
18. Cité par Cassidy (1992), p. 219.
19. Cité par Pais (1991), p. 297.
20. Cité par Robertson (1979), p. 111.
21. Cité par Pais (1991), p. 300.
22. Heisenberg (1967), p. 104.
23. Cité par Mehra & Rechenberg (2000), vol. 6, pt. 1, p. 235. Lettre d'Albert Einstein à Paul Ehrenfest, 28 août 1926.
24. Interview de Werner Heisenberg, AHQP, 25 février 1963.
25. *Ibid.*

26. *Ibid.*

27. Heisenberg (1971), p. 77.

28. *Ibid.*

29. *Ibid.*

30. *Ibid.*

31. Dans un autre de ses écrits ultérieurs, Heisenberg exprima autrement le changement crucial d'une question à l'autre : « Au lieu de demander : Comment peut-on, dans le système mathématique connu, exprimer une situation expérimentale donnée ? on a posé une autre question : Est-il vrai, peut-être, que seules peuvent survenir dans la nature les situations expérimentales qui peuvent s'exprimer dans le formalisme mathématique ? » Heisenberg (1989), p. 30.

32. Heisenberg (1971), p. 78.

33. *Ibid.*

34. *Ibid.*, p. 79.

35. La quantité de mouvement est préférée à la vélocité parce qu'elle apparaît à la fois dans les équations fondamentales de la mécanique classique et dans celles de la mécanique quantique. Ces deux variables physiques sont intimement liées par le fait que la quantité de mouvement est simplement la masse multipliée par la vitesse – même pour un électron rapide avec les corrections imposées par la relativité restreinte.

36. Comme l'a fait remarquer Max Jammer (1974), Heisenberg utilisait *Ungenauigkeit* (« inexactitude », « imprécision ») et *Genauigkeit* (« précision »). Ces deux termes apparaissent plus de trente fois dans son article, alors que *Unbestimmheit* (« indétermination ») n'apparaît que deux fois et *Unsicherheit* (« incertitude »), trois fois.

37. Dans l'article tel qu'il a été publié, Heisenberg a écrit en réalité $\Delta p \Delta q \approx h$; autrement dit, Δp multiplié par Δq est approximativement égal à la constante de Planck.

38. Au fil des années, il y a eu des occasions où Heisenberg a semblé suggérer que l'indétermination relevait plutôt de notre connaissance de l'univers atomique que d'une caractéristique intrinsèque de la nature : « Le principe d'incertitude se

rapporte au degré d'indétermination dans la connaissance présente possible des valeurs simultanées des diverses grandeurs dont traite la théorie quantique… » Heisenberg (1949), p. 20.

39. Heisenberg (1927), p. 68. Traduit en anglais dans Wheeler & Zurek (1983), p. 62-84. La pagination des références est celle de cette réimpression.

40. Heisenberg (1927), p. 68.

41. *Ibid.*

42. Heisenberg (1989), p. 30.

43. Heisenberg (1927), p. 62.

44. Heisenberg (1989), p. 31.

45. Heisenberg (1927), p. 63.

46. *Ibid.*, p. 64.

47. *Ibid.*, p. 65.

48. Heisenberg (1989), p. 36.

49. Cité par Mehra & Rechenberg (2000), vol. 6, pt. 1, p. 146. Lettre de Wolfgang Pauli à Werner Heisenberg, 19 octobre 1926.

50. *Ibid.*, p. 147.

51. *Ibid.*, p. 146.

52. Cité par Mehra & Rechenberg (2000), vol. 6, pt. 1, p. 93.

53. Cité par Pais (1991), p. 304. Lettre de Werner Heisenberg à Niels Bohr, 10 mars 1927.

54. Cité par Pais (1991), p. 304.

55. Cité par Cassidy (1992), p. 241. Lettre de Werner Heisenberg à Wolfgang Pauli, 4 avril 1927.

56. Interview de Werner Heisenberg, AHQP, 25 février 1963.

57. *Ibid.*

58. *Ibid.*

59. Heisenberg (1927), p. 82.

60. La référence originale était : « *Über den anschaulichen Inhalt der quanten-theorischen Kinematik und Mekanik* », *Zeitschrift für Physih*, 43, 172-98 (1927). On en trouvera la traduction anglaise dans Wheeler & Zurek (1983), p. 62-84.

61. Cité par Mehra & Rechenberg (2000), vol. 6, pt. 2, p. 182. Lettre de Werner Heisenberg à Wolfgang Pauli, 4 avril 1927.

62. Bohr (1949), p. 210.

63. Il y avait une différence subtile entre la complémentarité onde-particule et celle impliquant un couple quelconque de grandeurs physiques observables comme la position et la quantité de mouvement. D'après Bohr, les aspects complémentaires – ondulatoire et corpusculaire – d'un électron ou de la lumière sont mutuellement exclusifs. C'est l'un ou l'autre. Toutefois, c'est seulement si soit la position, soit la quantité de mouvement d'un électron, par exemple, est mesurée avec une certitude parfaite que la position et la quantité de mouvement sont mutuellement exclusives. Sinon, la précision avec laquelle l'une et l'autre peuvent être mesurées et donc connues est donnée par la relation d'incertitude pour la position et la quantité de mouvement.

64. BCW, vol. 6, p. 147.

65. BCW, vol. 3, p. 458.

66. Interview de Werner Heisenberg, AHQP, 25 février 1963.

67. *Ibid.*

68. Bohr (1949), p. 210.

69. Bohr (1928), p. 458.

70. BCW, vol. 6, p. 91.

71. Cité par Mehra & Rechenberg (2000), vol. 6, pt. 1, p. 187. Lettre de Niels Bohr à Albert Einstein, 13 avril 1927.

72. *Ibid.*

73. BCW, vol. 6, p. 418. Lettre de Niels Bohr à Albert Einstein, 13 avril 1927.

74. Cité par Mackinnon (1982), p. 258. Lettre de Werner Heisenberg à Wolfgang Pauli, 31 mai 1927.

75. Cité par Cassidy (1992), p. 243. Lettre de Werner Heisenberg à Wolfgang Pauli, 16 mai 1927. Heisenberg utilise le symbole ≈ qui signifie « approximativement ».

76. Cité par Mehra & Rechenberg (2000), vol. 6, pt. 1, p. 183. Lettre de Werner Heisenberg à Wolfgang Pauli, 16 mai 1927.

77. Heisenberg (1927), p. 83.

78. Cité par Mehra & Rechenberg (2000), vol. 6, pt. 1, p. 184. Lettre de Werner Heisenberg à Wolfgang Pauli, 3 juin 1927.

79. Heisenberg (1971), p. 79.

80. Cité par Pais (1991), p. 309. Lettre de Werner Heisenberg à Niels Bohr, 18 juin 1927.

81. *Ibid.*, p. 309. Lettre de Werner Heisenberg à Niels Bohr, 21 août 1927.

82. Cité par Cassidy (1992), p. 218. Lettre de Heisenberg à ses parents, 29 avril 1926.

83. Cité par Pais (2000), p. 136.

84. Heisenberg (1989), p. 30.

85. *Ibid.*

86. Heisenberg (1927), 83.

87. *Ibid.*

88. *Ibid.*

89. *Ibid.*

90. *Ibid.*

III. LES TITANS S'AFFRONTENT AUTOUR DE LA RÉALITÉ

11. Solvay 1927

1. Cité par Mehra (1975), p. XXIV.

2. Lettre d'Albert Einstein à Heinrich Zangger, 15 novembre 1911, CPAE, vol. 5, p. 222.

3. Cité par Mehra (1975), p. XXIV. Rapport d'Hendrik Lorentz au conseil d'administration de l'institut Solvay, 3 avril 1926.

4. Cité par Mehra (1975), p. XXIV.

5. *Ibid.*, p. XIII. Lettre d'Ernest Rutherford à B. B. Boltwood, 28 février 1921.

6. Cité par Mehra (1975), p. XII.

7. Le statut de la Société des Nations fut rédigé en avril 1919.

8. En 1936, Hitler viola les traités de Locarno quand il envoya des troupes dans la Rhénanie démilitarisée.

9. William H. Bragg démissionna du comité en mai 1927 en invoquant d'autres engagements, et bien qu'invité, ne participa pas au congrès. Edmond Van Aubel, bien que toujours membre du comité, refusa de participer au motif que les Allemands avaient été invités.

10. Cité par Mehra & Rechenberg (2000), vol. 6, pt. 1, p. 232.

11. *Ibid.*, p. 241. Lettre d'Albert Einstein à Hendrik Lorentz, 17 juin 1927.

12. *Ibid.*

13. Bohr (1949), p. 212.

14. Cité par Bacciagaluppi & Valentini (2006), p. 408.

15. *Ibid.*

16. *Ibid.*, p. 432.

17. *Ibid.*, p. 437.

18. Cité par Mehra (1975), p. XVII.

19. Cité par Bacciagaluppi & Valentini (2006), p. 448.

20. *Ibid.*

21. *Ibid.*, p. 470

22. *Ibid.*, p. 472.

23. *Ibid.*, p. 473.

24. Cité par Pais (1991), p. 426. V. aussi Bacciagaluppi & Valentini (2006), p. 477.

25. Bohr (1963c), p. 91.

26. Bohr était partiellement responsable de la confusion, puisqu'en certaines occasions il qualifia de « rapport » sa contribution à la discussion générale – par exemple, dans sa conférence « Les rencontres Solvay et le développement de la physique quantique » réimprimée dans Bohr (1963c).

27. Bohr (1963c), p. 91.

28. Cité par Mehra & Rechenberg (2000), vol. 6, pt. 1, p. 240.

29. Bohr (1928), p. 53.

30. *Ibid.*, p. 54.

31. Cité par Petersen (1985), p. 305.
32. Bohr (1987), p. 1.
33. Einstein (1993), p. 121. Lettre d'Albert Einstein à Maurice Solovine, 1er janvier 1951.
34. Einstein (1949a), p. 81.
35. Heisenberg (1989), p. 174.
36. Cité par Bacciagaluppi & Valentini (2006), p. 486. La traduction de cette citation se fonde sur des notes dans les archives Einstein. La traduction française publiée dans les *Actes du cinquième congrès Solvay* est à peine différente.
37. Bohr (1949), p. 213.
38. Cité par Bacciagaluppi & Valentini (2006), p. 487.
39. *Ibid.*
40. V. ch. 9, note 43.
41. Cité par Bacciagaluppi & Valentini (2006), p. 487.
42. *Ibid.*, p. 489.
43. *Ibid.*
44. Bohr (1949).
45. Bohr (1949), p. 217.
46. *Ibid.*, p. 218.
47. *Ibid.*
48. *Ibid.*
49. *Ibid.*
50. *Ibid.*, p. 222.
51. De Broglie (1962), p. 150.
52. Heisenberg (1971), p. 80.
53. *Ibid.*, p. 107.
54. *Ibid.*
55. Heisenberg (1967), p. 107.
56. Heisenberg (1983), p. 117.
57. *Ibid.*
58. Heisenberg (1971), p. 80.
59. Bohr (1949), p. 213.
60. Mehra & Rechenberg (2000), vol. 6, pt. 1, p. 251-253. Lettre de Paul Ehrenfest à Samuel Goudsmit, George Uhlenbeck et Gerard Diecke, 3 novembre 1927.
61. Bohr (1949), p. 218.
62. *Ibid.*

63. *Ibid.*, p. 206.
64. Brian (1996), p. 164.
65. Cité par Cassidy (1992), p. 253. Lettre d'Albert Einstein à Arnold Sommerfeld, 9 novembre 1927.
66. Cité par Marage & Wallenbom (1999), p. 165.
67. Cité par Cassidy (1992).
68. Interview de Werner Heisenberg, AHQP, février 1963.
69. Gamow (1966), p. 51.
70. Calaprice (2005), p. 89.
71. Cité par Fölsing (1997), p. 601. Lettre d'Albert Einstein à Michele Besso, 5 janvier 1929.
72. Cité par Brian (1996), p. 168.
73. Cité par Mehra & Rechenberg (2000), vol. 6, pt. 1, p. 256.
74. *Ibid.*, p. 266. Lettre d'Erwin Schrödinger à Niels Bohr, 5 mai 1928.
75. *Ibid.*, p. 266-267. Lettre de Niels Bohr à Erwin Schrödinger, 23 mai 1928.
76. Przibram (1967), p. 31. Lettre d'Albert Einstein à Erwin Schrödinger, 31 mai 1928.
77. Cité par Fölsing (1997), p. 602. Lettre d'Albert Einstein à Paul Ehrenfest, 28 août 1928.
78. Cité par Brian (1996), p. 169.
79. Cité par Pais (2000), p. 215. Lettre de Wolfgang Pauli à Hermann Weyl, 11 juillet 1929.
80. Cité par Pais (1982), p. 31.

12. Einstein oublie la relativité

1. Rosenfeld (1968), p. 232.
2. Cité par Pais (2000), p. 225.
3. Rosenfeld (1968), p. 232.
4. *Ibid.*
5. Interview de Léon Rosenfeld, AHQP.
6. Cité par Clark (1973), p. 198.
7. « Le tissu de l'Univers », *The Times*, 7 novembre 1919.
8. Thorne (1994), p. 100.

9. Ou alors, puisque le transfert incontrôlable de la quantité de mouvement vers la boîte à lumière quand l'aiguille et l'échelle sont éclairées cause des mouvements imprévisibles de la boîte, l'horloge qui est à l'intérieur se déplace alors dans un champ gravitationnel. La vitesse à laquelle elle égrène les secondes (l'écoulement du temps) change de manière imprévisible, ce qui conduit à une incertitude dans la détermination de l'instant exact où l'obturateur s'ouvre et le photon s'échappe. Une fois de plus, l'enchaînement d'incertitudes obéit aux limites fixées par le principe d'incertitude de Heisenberg.

10. Cité par Pais (1982), p. 449.

11. *Ibid.*, p. 515. Einstein avait fait remarquer à l'Académie suédoise que les réussites de Heisenberg et de Schrödinger étaient si significatives qu'il ne serait pas correct de leur faire partager un prix Nobel. Toutefois, « il n'est guère facile de dire qui devrait recevoir le prix en premier », avoua-t-il, avant de suggérer Schrödinger. Il avait proposé pour la première fois les candidatures de Heisenberg et de Schrödinger en 1928 tout en suggérant qu'on donne la priorité à de Broglie et Davisson. Les autres suggestions qu'il proposa impliquaient de faire partager un prix à de Broglie et Schrödinger, et un autre à Born, Heisenberg et Jordan. Le prix Nobel de physique 1928 alla au Britannique Owen Richardson. Comme l'avait suggéré Einstein, Louis de Broglie fut le premier de la nouvelle génération de théoriciens quantiques à être honoré quand il reçut le prix en 1929.

12. Cité par Fölsing (1997), p. 630.

13. Cité par Brian (1996), p. 200.

14. Calaprice (2005), p. 323.

15. Cité par Brian (1996), p. 201.

16. *Ibid.*

17. *Ibid.*

18. Hennig (1998), p. 64.

19. Cité par Brian (1996), p. 199.

20. Cité par Fölsing (1997), p. 629.

21. Cité par Brian (1996), p. 199. Lettre de Sigmund Freud à Arnold Zweig, 7 décembre 1930.

22. Cité par Brian (1996), p. 204.

23. Cité par Levenson (2003), p. 410.

24. Cité par Brian (1996), p. 237.

25. Cité par Fölsing (1997), p. 659. Lettre d'Albert Einstein à Margarete Lenbach, 27 février 1933.

26. Cité par Clark (1973), p. 431.

27. Cité par Fölsing (1997), p. 661 et par Brian (1996), p. 244.

28. Cité par Fölsing (1997), p. 662. Lettre de Max Planck à Albert Einstein, 19 mars 1933.

29. *Ibid.* Lettre de Max Planck à Albert Einstein, 31 mars 1933.

30. Cité par Friedländer (1997), p. 27.

31. Physique : Albert Einstein (1921), James Franck (1925), Gustav Hertz (1925), Erwin Schrödinger (1933), Viktor Hess (1936), Otto Stern (1943), Felix Bloch (1952), Max Born (1954), Eugene Wigner (1963), Hans Bethe (1967) et Dennis Gabor (1971). Chimie : Fritz Haber (1918), Pieter Debye (1936), George Hevesy (1943) et Gerhard Herzberg (1971). Médecine : Otto Meyerhof (1922), Otto Loewi (1936), Boris Chain (1945), Hans Krebs (1953) et Max Delbrück(1969).

32. Cité par Heilbron (2000), p. 210.

33. *Ibid.*

34. Cité par Beyerchen (1977), p. 43. Ces trois phrases n'apparaissent pas dans le récit publié dans Heilbron (2000), qui se termine par ailleurs comme suit : « Ce disant, [Hitler] se frappa violemment le genou, parla de plus en plus vite et se mit dans une telle colère que je n'eus d'autre choix que de me taire et de me retirer. »

35. Cité par Forman (1973), p. 163.

36. Cité par Holton (2005), p. 32-33.

37. Cité par Greenspan (2005), p. 177.

38. Born (1971), p. 251.

39. Cité par Greenspan (2005), p. 177.

40. Born (2005), p. 114. Lettre de Max Born à Albert Einstein, 2 juin 1933.

41. *Ibid.*

42. Born (2005), p. 111. Lettre d'Albert Einstein à Max Born, 30 mai 1933.

43. Cité par Cornwell (2003), p. 134.

44. Cité par Jungk (1960), p. 44.

45. Cité par Clark (1973), p. 472.

46. Cité par Pais (1982), p. 452. Lettre d'Abraham Flexner à Albert Einstein, 13 octobre 1933.

47. Cité par Fölsing (1997), 682.

48. *Ibid.* Lettre d'Albert Einstein aux administrateurs de l'Institut d'études avancées, novembre 1933.

49. *Ibid.*, p. 682-683.

50. Cité par Moore (1989), p. 280.

51. Cité par Cassidy (1992), p. 325. Lettre de Werner Heisenberg à Niels Bohr, 27 novembre 1933.

52. Cité par Greenspan (1991), p. 191. Lettre de Werner Heisenberg à Max Born, 25 novembre 1933.

53. Born (2005), p. 200. Lettre de Max Born à Albert Einstein, 8 novembre 1953.

54. Cité par Mehra (1975), p. XXVII. Lettre d'Albert Einstein à la reine des Belges Élisabeth, 20 novembre 1933.

13. La réalité quantique

1. Smith & Weiner (1980), p. 190. Lettre de Robert Oppenheimer à Frank Oppenheimer, 11 janvier 1935.

2. *Ibid.*

3. Cité par Born (2005), p. 128.

4. Cité par Bernstein (1991), p. 49.

5. James Chadwick reçut le prix Nobel de physique en 1935 et Enrico Fermi en 1938.

6. Cité par Brian (1996), p. 251.

7. Einstein (1950), p. 238.

8. Cité par Moore (1989), p. 305. Lettre d'Albert Einstein à Erwin Schrödinger, 8 août 1935.

9. Cité par Jammer (1985), p. 142.

10. Réimprimé dans Wheeler & Zurek (1983), p. 138-141. Toutes les références données ici sont celles de cette édition.

11. *New York Times*, 7 mai 1935, p. 21.

12. Einstein *& al.* (1935), p. 138. Renvoie à l'article réimprimé dans Wheeler & Zurek (1983).

13. *Ibid.*

14. *Ibid.*

15. EPR résistèrent à la tentation d'utiliser l'expérience à deux particules pour contester le principe d'incertitude de Heisenberg. Il est possible de mesurer directement la quantité de mouvement exacte de la particule A et de déterminer la quantité de mouvement de la particule B. Alors qu'il n'est pas possible de savoir la position de A, à cause de la mesure qu'on vient d'effectuer sur elle, il est possible de déterminer la position de B directement, puisque aucune mesure antérieure n'a été effectuée sur elle. On peut par conséquent soutenir que la quantité de mouvement et la position de la particule B peuvent être déterminées simultanément, et circonvenir ainsi le principe d'incertitude.

16. Einstein *et al.* (1935), p. 141.

17. *Ibid.*

18. Lettre de Wolfgang Pauli à Werner Heisenberg, 15 juin 1935, BCW, vol. 7, p. 251.

19. *Ibid.*

20. Cité par Fölsing (1997), p. 697.

21. Rosenfeld (1967), p. 128.

22. *Ibid.*

23. *Ibid.*

24. *Ibid.*

25. Rosenfeld (1967), p. 129. Cité également par Wheeler & Zurek (1983), p. 142.

26. Bohr (1935a).

27. Bohr (1935b).

28. Bohr (1935b), p. 145.

29. *Ibid.*, p. 148.

30. Heisenberg (1971), p. 104.

31. *Ibid.*

32. *Ibid.*

33. *Ibid.*, p. 105.

34. Bohr (1949), p. 234.

35. Bohr (1935b), p. 148.

36. *Ibid.*

37. *Ibid.*

38. Cité par Fölsing (1997), p. 699. Lettre d'Albert Einstein à Cornelius Lanczos, 21 mars 1942.

39. Born (2005), p. 155. Lettre d'Albert Einstein à Max Born, 3 mars 1947.

40. Cité par Petersen (1985), p. 305.

41. Cité par Jammer (1974), p. 161.

42. Interview de Niels Bohr, AHQP, 17 novembre 1962.

43. Cité par Moore (1989), p. 304. Lettre d'Erwin Schrödinger à Albert Einstein, 7 juin 1935.

44. *Ibid.*

45. Schrödinger (1935), p. 161.

46. *Ibid.*

47. Cité par Fine (1986), p. 58. Lettre d'Albert Einstein à Erwin Schrödinger, 17 juin, 1935.

48. Cité par Murdoch (1987), p. 173. Lettre d'Albert Einstein à Erwin Schrödinger, 19 juin 1935.

49. Cité par Moore (1989), p. 173. Lettre d'Albert Einstein à Erwin Schrödinger, 19 juin 1935.

50. Cité par Fine (1986), p. 78. Lettre d'Albert Einstein à Erwin Schrödinger, 8 août 1935.

51. *Ibid.*

52. Schrödinger (1935), p. 157.

53. Cité par Mehra & Rechenberg (2001), vol. 6, pt. 2, p. 743. Lettre d'Albert Einstein à Erwin Schrödinger, 4 septembre 1935.

54. Cité par Fine (1986), p. 84-85. Lettre d'Albert Einstein à Erwin Schrödinger, 22 décembre 1950.

55. *Ibid.*

56. Cité par Moore (1989), p. 314. Lettre d'Erwin Schrödinger à Albert Einstein, 23 mars 1936.

57. Cité par Fölsing (1997), p. 688.

58. *Ibid.*

59. Born (2005), p. 125. Lettre d'Albert Einstein à Max Born, non datée.

60. *Ibid.*, p. 127.

61. Cité par Fölsing (1997), p. 704.
62. Cité par Brian (1996), p. 305.
63. *Ibid.*
64. Cité par Petersen (1985), p. 305.
65. Einstein (1993), p. 119. Lettre d'Albert Einstein à Maurice Solovine, 1er janvier 1951.
66. Cité par Fine (1986), p. 95. Lettre d'Albert Einstein à Mario Laserna, 8 janvier 1955.
67. Einstein (1934), p. 112.
68. Einstein (1993), p. 119. Lettre d'Albert Einstein à Maurice Solovine, 1er janvier 1951.
69. Heisenberg (1989), p. 117.
70. *Ibid.*
71. *Ibid.*, p. 116.
72. Einstein (1950), p. 88.
73. Heisenberg (1989), p. 44.
74. Przibram (1967), p. 31. Lettre d'Albert Einstein à Erwin Schrödinger, 31 mai 1928.
75. Cité par Fölsing (1997), p. 704.
76. *Ibid.*, p. 705.
77. Cité par Mehra (1975), p. XVII. Lettre d'Albert Einstein à la reine des Belges Élisabeth, 9 janvier 1939.
78. Cité par Pais (1978), p. 218. Lettre d'Albert Einstein à Franklin D. Roosevelt, 7 mars 1940.
79. Cité par Clark (1973), p. 29.
80. Cité par Heilbron (2000), p. 195.
81. *Ibid.*
82. Cité par Fölsing (1997), p. 729. Lettre d'Albert Einstein à Marga Planck, octobre 1947.
83. Pais (1967), p. 224.
84. *Ibid.*, p. 225.
85. Heisenberg (1983), p. 121.
86. Cité par Holton (2005), p. 32.
87. Einstein (1993), p. 85. Lettre d'Albert Einstein à Maurice Solovine, 10 avril 1938.
88. Cité par Brian (1996), p. 400.
89. Nathan & Norden (1960), p. 629-630. Lettre d'Albert Einstein à Niels Bohr, 2 mars 1955.

90. Cité par Pais (1982), p. 477. Lettre d'Helen Dukas à Abraham Pais, 30 avril 1955.
91. Cité par Overbye (2001), p. 1.
92. Cité par Clark (1973), p. 502.
93. Bohr (1955), p. 6.
94. Cité par Pais (1994), p. 41.

IV. DIEU JOUE-T-IL AUX DÉS ?

14. Le théorème de Bell sonne le glas

1. Born (2005), p. 146. Lettre d'Albert Einstein à Max Born, 7 septembre 1944.
2. Stapp (1977), p. 191.
3. Cité par Petersen (1985), p. 305.
4. Przibam (1967), p. 39. Lettre d'Albert Einstein à Erwin Schrödinger, 22 décembre 1950.
5. Cité par Goodchild (1980), p. 162.
6. Bohm (1951), p. 612-613.
7. *Ibid.*, p. 622.
8. *Ibid.*, p. 611.
9. Bohm (1952a), p. 382.
10. *Ibid.*, p. 369.
11. Bell (1987), p. 160.
12. *Ibid.*
13. Le titre allemand de l'ouvrage de von Neumann était *Mathematische Grundlagen der Quantenmekanik.*
14. Von Neumann (1955), p. 325.
15. Maxwell (1860), p. 19.
16. *Ibid.*
17. Von Neumann (1955), p. 327-328.
18. Cité par Bernstein (1991), p. 12.
19. *Ibid.*, p. 15.
20. *Ibid.*, p. 64.
21. Cité par Bell (1987), p. 159.
22. *Ibid.*

23. *Ibid.*

24. Cité par Bernstein (1991), p. 65.

25. Bell (1987), p. 160.

26. *Ibid.*, p. 167.

27. Cité par Beller (1999), p. 213.

28. Born (2005), p. 189. Lettre d'Albert Einstein à Max Born, 12 mai 1952.

29. Cité par Bernstein (1991), p. 66.

30. *Ibid.*, p. 72.

31. *Ibid.*

32. *Ibid.*, p. 73.

33. Born (2005), p. 153. Lettre d'Albert Einstein à Max Born, 3 mars 1947.

34. La modification apportée par Bohm à l'expérience EPR figure au chapitre 22 de sa *Théorie quantique*. Elle impliquait une molécule avec un spin de zéro qui se désintègre en deux atomes, l'un avec le spin en haut (+1/2) et l'autre avec le spin en bas (–1/2), dont le spin combiné demeure zéro. Depuis le début, il est devenu usuel de remplacer les atomes par un couple d'électrons.

35. Les axes mutuellement perpendiculaires x, y et z sont choisis par commodité et parce qu'ils nous sont très familiers. Tout ensemble quelconque de trois axes se prêterait aussi bien à la mesure des composantes du spin quantique.

36. Bell (1987), p. 139.

37. *Ibid.*, p. 143.

38. *Ibid.*

39. On parle aussi d'« inégalités de Bell ».

40. Bell (1964). Réimprimé dans Bell (1987) et Wheeler & Zurek (1983).

41. Bell (1966), p. 447. Réimprimé dans Bell (1987) et Wheeler & Zurek (1983).

42. *Ibid.*

43. Born (2005), p. 218. Lettre de Wolfgang Pauli à Max Born, 31 mars 1954.

44. *Ibid.*

45. Bell (1964), p. 199.

46. Clauser (2002), p. 71.

47. *Ibid.*, p. 70.
48. Redhead (1987), p. 108, tableau 1.
49. Cité par Aczel (2003), p. 186.
50. *Ibid.*
51. Aspect *et al.* (1982), p. 94.
52. Davies & Brown (1986), p. 50.
53. *Ibid.*, p. 51.
54. *Ibid.*, p. 47.

15. Le démon quantique

1. Cité par Pais (1982), p. 9.
2. Einstein (1950), p. 91.
3. Cité par Pais (1982), p. 460.
4. Pais (1982), p. 9.
5. Feynman (1965), p. 129.
6. *Ibid.*
7. Bernstein (1991), p. 42.
8. Born (2005), p. 162. Albert Einstein à Max Born : commentaire d'un manuscrit, 18 mars 1948.
9. Heisenberg (1983), p. 117. Un exemple de l'utilisation par Einstein de sa célèbre expression.
10. Born (2005), p. 216. Lettre de Wolfgang Pauli à Max Born, 31 mars 1954.
11. *Ibid.*
12. *Ibid.*
13. *Ibid.*
14. Cité par Stachel (2002), p. 390. Lettre d'Albert Einstein à Georg Jaffe, 19 janvier 1954.
15. Born (2005), p. 88. Lettre d'Albert Einstein à Max Born, 4 décembre 1926.
16. *Ibid.*, p. 219. Lettre de Wolfgang Pauli à Max Born, 31 mars 1954.
17. Cité par Isaacson (2007), p. 460. Lettre d'Albert Einstein à Jerome Rothstein, 22 mai 1950.
18. Cité par Rosenthal-Schneider (1980), p. 70. Carte postale d'Albert Einstein à Ilse Rosenthal.
19. Aspect (2007), p. 867.

20. Einstein *et al.* (1935), p. 141.
21. Einstein (1949b), p. 666.
22. Cité par Fine (1986), p. 57. Lettre d'Albert Einstein à Aron Kupermann, 10 novembre 1954.
23. Cité par Isaacson (2007), p. 466.
24. Heisenberg (1971), p. 81.
25. *Ibid.*, p. 80.
26. Born (2005), p. 69.
27. Born (1949), p. 163-164.
28. Clauser (2002), p. 72.
29. Blaedel (1988), p. 11.
30. Clauser (2002), p. 61.
31. Cité par Wolf (1988), p. 17.
32. Cité par Pais (2000), p. 55.
33. Gell-Mann (1979), p. 29.
34. Tegmark & Wheeler (2001), p. 61.
35. Parmi les trente se trouvaient ceux qui soutenaient l'hypothèse des « histoires cohérentes », dont l'interprétation des mondes multiples est à l'origine. Elle se fonde sur l'idée que, parmi tous les moyens possibles par lesquels un résultat expérimental observé a pu être produit, seuls quelques-uns ont un sens selon les lois de la mécanique quantique.
36. Cité par Buchanan (2007), p. 37.
37. *Ibid.*, p. 38.
38. Stachel (1998), p. xiii.
39. Cité par French (1979), p. 133.
40. Cité par Pais (1994), p. 57.

RÉFÉRENCES

Sources générales

AHQP : Archive for the History of Quantum Physics. Documents originaux (manuscrits, correspondance, enregistrements) et/ou microfilms déposés à la bibliothèque de la Société philosophique américaine à Philadelphie, à la bibliothèque de l'université de Californie à Berkeley et à l'institut Niels Bohr à Copenhague. Site Internet principal : http://www.amphilsoc.org/library/guides/ahqp/

BCW : Niels Bohr's Collected Works (Amsterdam : North-Holland, 1972-1996) :

Vol. 1 – *Early Work, 1905-1911* (J. Rud Nielsen, ed., Léon Rosenfeld, gen. ed., 1972).

Vol. 2 – *Work on Atomic Physics, 1912-1917* (Ulrich Hoyer, ed., Léon Rosenfeld, gen. ed., 1981).

Vol. 3 – *The Correspondence Principle, 1918-1923* (J. Rud Nielsen, ed., Léon Rosenfeld, gen. ed., 1976).

Vol. 4 – *The Periodic System, 1920-1923* (J. Rud Nielsen, ed., 1977).

Vol. 5 – *The Emergence of Quantum Mechanics, 1924-1926* (Klaus Stolzenburg, ed., Erik Rüdinger, gen. ed., 1984).

Vol. 6 – *Foundations of Quantum Physics I, 1926-1932* (Jørgen Kalckar, ed., Erik Rüdinger, gen. ed., 1985).

Vol. 7 – *Foundations of Quantum Physics II, 1933-1958* (Jørgen Kalckar, ed., Finn Aaserud & Erik Rüdinger, gen. eds., 1996).

CPAE : The Collected Papers of Albert Einstein (Princeton, NJ : Princeton University Press, 1987-2004) :

Vol. 1 – *The Early Years : 1879-1902* (John Stachel, ed., 1987 ; trad. Anna Beck).

Vol. 2 – *The Swiss Years : Writings, 1900-1909* (John Stachel, ed., 1989 ; trad. Anna Beck).

Vol. 3 – *The Swiss Years : Writings, 1909-1911* (Martin J. Klein, A. J. Kox, Jürgen Renn & Robert Schulmann, eds., 1993 ; trad. Anna Beck).

Vol. 4 – *The Swiss Years : Writings, 1912-1914* (Martin J. Klein, A., J. Kox, Jürgen Renn & Robert Schulmann, eds., 1996 ; trad. Anna Beck).

Vol. 5 – *The Swiss Years : Correspondence, 1902-1914* (Martin J. Klein, A. J. Kox & Robert Schulmann, eds., 1994 ; trad. Anna Beck).

Vol. 6 – *The Berlin Years : Writings, 1914-1917* (Martin J. Klein, A. J. Kox & Robert Schulmann, eds., 1997 ; trad. Alfred Engel).

Vol. 7 – *The Berlin Years : Writings, 1918-1921* (Michel Janssen, Robert Schulmann, Jozsef Illy, Christoph Lehner & Diana Kormos Buchwald, eds., 2002 ; trad. Alfred Engel).

Vol. 8 – *The Berlin Years : Correspondence, 1914-1918* (Robert Schulmann, A. J. Kox, Michel Janssen & Jozsef Illy, eds., 1998 ; trad. Anne Hentschel).

Vol. 9 – *The Berlin Years : Correspondence, January 1919 - April 1920* (Diana Kormos Buchwald & Robert Schulmann, 2004 ; trad. Anne Hentschel).

Articles et ouvrages

Abragam, A. (1988), « Louis Victor Pierre Raymond de Broglie », *Biographical Memoirs of Fellows of the Royal Society*, 34, p. 22-41 (Londres : Royal Society).

Aczel, Amir D. (2003), *Entanglement* (Chichester : John Wiley).

Albert, David Z. (1992), *Quantum Mechanics and Experience* (Cambridge, MA : Harvard University Press).

Andrade, E. N. da C. (1964), *Rutherford and the Nature of the Atom* (Garden City, NY : Doubleday Anchor).

Ashton, Francis W. (1940), « J.J. Thomson », *The Times*, Londres, 4 septembre, p. 4.

Aspect, Alain, Grangier Philippe & Roger Gérard, (1981), « Experimental tests of realistic local theories *via* Bell's theorem », *Physical Review Letters*, 47, p. 460-463.

(1982), « Experimental realization of Einstein-Podolsky-Rosen-Bohm Gedankenexperiment : A new violation of Bell's inequalities », *Physical Review Letters*, 49, p. 91-94.

Aspect, Alain (2007), « To be or not to be local », *Nature*, 446, p. 866.

Bacciagaluppi, Guido & Anthony Valentini (2006), *Quantum Theory at the Crossroads : Reconsidering the 1927 Solvay Conference*, arXiv : quant-ph/0609184vl, 24 septembre. (Londres : Cambridge University Press, décembre 2008.)

Badash, Lawrence (1969), *Rutherford and Boltwood* (New Haven, CT : Yale University Press).

(1987), « Ernest Rutherford and Theoretical Physics » in Kargon & Achinstein (1987).

Baggott, Jim (2004), *Beyond Measure* (Oxford : Oxford University Press).

Baierlein, Ralph (2001), *Newton to Einstein : The Trail of Light* (Cambridge : Cambridge University Press).

Ballentine, L. E. (1972), « Einstein's Interpretation of Quantum Mechanics », *American Journal of Physics*, 40, p. 1763-1771.

Barkan, Diana Kormos (1993), « The Witches' Sabbath : The First International Solvay Congress in Physics », in Beller *& al.* (1993).

Bell, John S. (1964), « On The Einstein Podolsky Rosen Paradox », *Physics*, 1, 3, p. 195-200. Réimp. in Bell (1987) et Wheeler & Zurek (1983).

(1966), « On the Problem of Hidden Variables in Quantum Mechanics », *Review of Modern Physics*, 38, 3, p. 447-452. Réimp. in Bell (1987) et Wheeler & Zurek (1983).

(1982), « On the Impossible Pilot Wave », *Foundations of Physics*, 12, p. 989-999. Réimp. in Bell (1987).

(1987), *Speakable and Unspeakable in Quantum Mechanics* (Cambridge : Cambridge University Press).

Beller, Mara (1999), *Quantum Dialogue : The Making of a Revolution* (Chicago : University of Chicago Press).

Beller, Mara, Jürgen Renn & Robert S. Cohen, eds. (1993), *Einstein in Context*. Numéro spécial *Science in Context*, 6, n° 1 (Cambridge : Cambridge University Press).

Bernstein, Jeremy (1991), *Quantum Profiles* (Princeton, NJ : Princeton University Press).

Bertlmann, R.A. & A. Zeilinger, eds. (2002), *Quantum [Un] speakables : From Bell to Quantum Information* (Berlin : Springer).

Beyerchen, Alan D. (1977), *Scientists under Hitler : Politics and the Physics Community in the Third Reich* (New Haven, CT : Yale University Press).

Blaedel, Niels (1985), *Harmony and Unity : The Life of Niels Bohr* (Madison, WI : Science Tech Inc.).

Bloch, Felix (1976), « Reminiscences of Heisenberg and the Early Days of Quantum Mechanics », *Physics Today*, 29, December, p. 23-27.

Bohm, David (1951), *Quantum Theory* (Englewood Cliffs, NJ : Prentice-Hall).

(1952a), « A Suggested Interpretation of the Quantum Theory in Terms of "Hidden" Variables I », réimp. in Wheeler & Zurek (1983), p. 369-382.

(1952b), « A Suggested Interpretation of the Quantum Theory in Terms of "Hidden" Variables II », réimp. in Wheeler & Zurek (1983), p. 383-396.

(1957), *Causality and Chance in Modern Physics* (Londres : Routledge).

Bohr, Niels (1922), « The Structure of the Atom », conférence Nobel donnée le 11 décembre. Réimp. in Nobel Lectures (1965), p. 7-43.

(1928), « The Quantum Postulate and the Recent Development of Atomic Theory », in Bohr (1987).

(1935a), « Quantum Mechanics and Physical Reality », *Nature*, 136, p. 65. Réimp. in Wheeler & Zurek (1983), p. 144.

(1935b), « Can Quantum-Mechanical Description of Physical Reality Be Considered Complete ? », *Physical Review*, 48, p. 696-702. Réimp. in Wheeler & Zurek (1983), p. 145-151.

(1949), « Discussion with Einstein on Epistemological Problems in Atomic Physics », in Schilpp (1969).

(1955), « Albert Einstein : 1879-1955 », *Scientific American*, 192, June, p. 31-33.

(1963a), *Essays 1958-1962 on Atomic Physics and Human Knowledge* (New York : John Wiley & Sons).

(1963b), « The Rudierford Memorial Lecture 1958 : Reminiscences of the Founder of Nuclear Science and of Some Developments Based on his Work », in *Essays 1958-1962 on Atomic Physics and Human Knowledge*, p. 30-73 (New York : John Wiley & Sons).

(1963c), « The Solvay Meetings and the Development of Quantum Physics », in Bohr (1963a), p. 79-100.

(1963d), *On the Constitution of Atoms and Molecules : Papers of 1913 reprinted from the* Philosophical Magazine *with an Introduction by L. Rosenfeld* (New York : W. A. Benjamin ; Copenhague : Munksgaard Ltd).

(1987), *The Philosophical Writings of Niels Bohr* : Vol. 1 – *Atomic Theory and the Description of Nature* (Woodbridge, CT : Ox Bow Press).

Boorse, Henry A. & Lloyd Motz, eds. (1966), *The World of the Atom*, 2 vol. (New York : Basic Books).

Born, Max (1948), « Max Planck », *Obituary Notices of Fellows of the Royal Society*, 6, p. 161-188 (Londres : Royal Society).

(1949), « Einstein's Statistical Theories », in Schilpp (1969).

(1954), « The Statistical Interpretation of Quantum Mechanics », conférence Nobel donnée le 11 décembre. Réimp. in Nobel Lectures (1964), p. 256-267.

(1970), *Physics in My Generation* (Londres : Longman).

(1978), *My Life : Recollections of a Nobel Laureate* (Londres : Taylor & Francis).

(2005), *The Born-Einstein Letters 1916-1955 : Friendship, Politics and Physics in Uncertain Times* (New York : Macmillan).

Brandstätter, Christian, ed. (2005), *Vienna 1900 and the Heroes of Modernism* (Londres : Thames & Hudson).

Brian, Denis (1996), *Einstein : A Life* (New York : John Wiley & Sons).

Broglie, Louis de (1929), « The Wave Nature of the Electron », conférence Nobel donnée le 12 décembre. Réimp. in Nobel Lectures (1965), p. 244-256.

(1962), *New Perspectives in Physics* (New York : Basic Books).

Brooks, Michael (2007), « Reality Check », *New Scientist*, 23 juin, p. 30-33.

Buchanan, Mark (2007), « Quantum Untanglement », *New Scientist*, 3 novembre, p. 36-39.

Burrow, J. W. (2000), *The Crisis of Reason : European Thought, 1848-1914* (New Haven, CT : Yale University Press).

Cahan, David (1985), « The Institutional Revolution in German Physics, 1865-1914 », *Historical Studies in the Physical Sciences*, 15, p. 1-65.

(1989), *An Institute for an Empire : The Physikalisch-Technische Reichsanstalt 1871-1918* (Cambridge : Cambridge University Press).

(2000), « The Young Einstein's Physics Education : H. F. Weber, Hermann von Helmholtz and the Zurich Polytechnic Physics Institute », in Howard & Stachel (2000).

Calaprice, Alice, ed. (2005), *The New Quotable Einstein* (Princeton, NJ : Princeton University Press).

Cassidy, David C. (1992), *Uncertainty : The Life and Science of Werner Heisenberg* (New York : W. H. Freeman & Company).

Cercignani, Carlo (1998), *Ludwig Boltzmann : The Man Who Trusted Atoms* (Oxford : Oxford University Press).

Clark, Christopher (2006), *Iron Kingdom : The Rise and Downfall of Prussia, 1600-1947* (Londres : Allen Lane).

Clark, Roland W. (1973), *Einstein : The Life and Times* (Londres : Hodder & Stoughton).

Clauser, John F. (2002), « The Earty History of Bell's Theorem », in Bertlmann & Zeilinger (2002).

Cline, Barbara Lovett (1987), *Men Who Mode a New Physics* (Chicago : The University of Chicago Press).

Compton, Arthur H. (1924), « The Scattering of X-Rays », *Journal of the Franklin Institute*, 198, p. 57-72.

(1961), « The Scattering of X-Rays as Particles », réimp. in Phillips (1985).

Cornwell, John (2003), *Hitler's Scientists : Science, War and the Devil's Pact* (Londres : Viking).

Cropper, William H. (2001), *Great Physicists : The Life and Times of Leading Physicists from Galileo to Hawking* (Oxford : Oxford University Press).

(1970), *The Quantum Physicists* (New York : Oxford University Press).

Cushing, James T. (1994), *Quantum Mechanics : Historical Contingency and the Copenhagen Hegemony* (Chicago : University of Chicago Press).

(1998), *Philosophical Concepts in Physics : The Historical Relation Between Philosophy and Scientific Theories* (Cambridge : Cambridge University Press).

Cushing, James T. & Ernan McMullin, eds. (1989), *Philosophical Consequences of Quantum Theory : Reflections on Bell's Theorem* (Notre Dame, IN : University of Notre Dame Press).

Davies, Paul C.W. & Julian Brown (1986), *The Ghost in the Atom* (Cambridge : Cambridge University Press).

De Hass-Lorentz, G. L., ed. (1957), *H. A. Lorentz : Impressions of his Life and Work* (Amsterdam : North-Holland Publishing Company).

Dirac, P. A. M. (1927), « The Physical Interpretation of Quantum Dynamics », *Proceedings of the Royal Society* A, 113, p. 621-641.

(1933), « Theory of Electrons and Positrons », conférence Nobel donnée le 12 décembre. Réimp. in Nobel Lectures (1965), p. 320-325.

(1977), « Recollections of an Exciting Era », in Weiner (1977).

Dresden, M. (1987), *H. A. Kramers* (New York : Springer).

Einstein, Albert (1905a), « On a Heuristic Point of View Concerning the Production and Transformation of Light », *Annalen der Physik*, juin, réimp. in Stachel (1998).

(1905b), « On the Electrodynamics of Moving Bodies », *Annalen der Physik*, septembre, réimp. in Einstein (1952).

(1934), *Essays in Science* (New York : Philosophical Library).

(1949), « Autobiographical Notes », in Schilpp (1969).

(1950), *Out of My Later Years* (New York : Philosophical Library).

(1952), *The Principle of Relativity : A Collection of Original Papers on the Special and General Theory of Relativity* (New York : Dover Publications).

(1954), *Ideas and Opinions* (New York : Crown).

(1993), *Letters to Solovine, with an Introduction by Maurice Solovine* (New York : Citadel Press).

Einstein, Albert, Boris Podolsky & Nathan Rosen (1935), « Can Quantum-Mechanical Description of Physical Reality Be Considered Complete ? », *Physical Review*, 47, p. 777-780. Réimp. in Wheeler & Zurek (1983), p. 138-141.

Elitzur, A., S. Dolev, & N. Kolenda, eds. (2005), *Quo Vadis Quantum Mechanics* ? (Berlin : Springer).

Elon, Amos (2002), *The Pity of it All : A Portrait of Jews in Germany* 1743-1933 (Londres : Allen Lane).

Elsasser, Walther (1978), *Memoirs of a Physicist* (New York : Science History Publications).

Emsley, John (2001), *Nature's Building Blocks : An A-Z Guide to the Elements* (Oxford : Oxford University Press).

Enz, Charles P. (2002), *No Time to be Brief : A Scientific Biography of Wolfgang Pauli* (Oxford : Oxford University Press).

Evans, James & Alan S. Thorndike, eds. (2007), *Quantum Mechanics at the Crossroads* (Berlin : Springer-Verlag).

Evans, Richard J. (2003), *The Coming of the Third Reich* (Londres : Allen Lane).

Eve, Arthur S. (1939), *Rutherford : Being the Life and Letters of the Rt. Hon. Lord Rutherford, O. M.* (Cambridge : Cambridge University Press).

Everdell, William R. (1997), *The First Moderns* (Chicago : University of Chicago Press).

Everett, Susanne (1979), *Lost Berlin* (New York : Gallery Books).

Feynman, Richard P. (1965), *The Character of Physical Law* (Londres : BBC Publications).

Fine, Arthur (1986), *The Shaky Game : Einstein, Realism and the Quantum Theory* (Chicago : University of Chicago Press).

Forman, Paul (1971), « Weimar Culture, Causality, and Quantum Theory, 1918-1927 : Adaptation by German Physicists and Mathematicians to a Hostile Intellectual Environment », *Historical Studies in the Physical Sciences*, 3, p. 1-115.

(1973), « Scientific Internationalism and the Weimar Physicists : The Ideology and its Manipulation in Germany after World War I », *Isis* 64, p. 151-178.

Forman, Paul, John L. Heilbron, & Spencer Weart (1975), « Physics circa 1900 : Personnel, Funding, and Productivity of the Academic Establishments », *Historical Studies in the Physical Sciences*, 5, p. 1-185.

Fölsing, Albrecht (1997), *Albert Einstein : A Biography* (Londres : Viking).

Frank, Philipp (1947), *Einstein : His Life and Times* (New York : DaCapo Press).

Franklin, Allan (1997), « Are There Really Electrons ? Experiment and Reality », *Physics Today*, Octobre, 26-33.

French, A. P., ed. (1979), *Einstein : A Centenary Volume* (Londres : Viking).

French, A. P. & P. J. Kennedy, eds. (1985), *Niels Bohr : A Centenary* (Cambridge, MA : Harvard University Press).

Friedländer, Saul (1997), *Nazi Germany and the Jews :* vol. 1 – *The Years of Persecution 1933-39* (Londres : Weidenfeld & Nicolson).

Frisch, Otto (1980), *What Little I Remember* (Cambridge : Harvard University Press).

Fromkin, David (2004), *Europe's Last Summer : Why the World Went to War in 1914* (Londres : Heinemann).

Fulbrook, Mary (2004), *A Concise History of Germany*, 2e éd. (Cambridge : Cambridge University Press).

Gamow, George (1966), *Thirty Years That Shocked Physics* (New York : Dover Publications).

Gay, Ruth (1992), *The Jews of Germany : A Historical Portrait* (New Haven, CT : Yale University Press).

Gehrenbeck, Richard K. (1978), « Electron Diffraction : Fifty Years Ago », réimp. in Weart & Phillips (1985).

Geiger, Hans & Ernest Marsden (1913), « The Laws of Deflection of α Particles through Large Angles », *Philosophical Magazine*, Series 6, 25, p. 604-623.

Gell-Mann, Murray (1979), « What are the Building Blocks of Matter ? », in Huff & Prewett (1979).

(1981), « Questions for the Future », in Mulvey (1981).

(1994), *The Quark and the Jaguar* (Londres : Little Brown).

German Bundestag (1989), *Questions on German History : Ideas, forces, decisions from 1800 to the present*, 3e édition mise à jour (Bonn : German Bundestag Publications Section).

Gilbert, Martin (1994), *The First World War* (New York : Henry Holt & Co.).

(2006), *Kristallnacht : Prelude to Destruction* (Londres : HarperCollins).

Gillispie, Charles C., ed. (1970-1980), *Dictionary of Scientific Biography*, 16 vols (New York : Scribner's).

Gillott, John & Manjit Kumar (1995), *Science and the Retreat from Reason* (Londres : Merlin Press).

Goodchild, Peter (1980), *J. Robert Oppenheimer : Shatterer of Worlds* (Londres : BBC Publications).

Goodman, Peter, ed. (1981), *Fifty Years of Electron Diffraction* (Dordrecht : D. Reidel).

Goudsmit, Samuel A. (1976), « It Might as Well Be Spin », *Physics Today*, juin ; réimp. in Weart & Phillips (1985).

Greenspan, Nancy Thorndike (2005), *The End of the Certain World : The Life and Science of Max Born* (Chichester : John Wiley).

Greenstein, George & Arthur G. Zajonc (2006), *The Quantum Challenge : Modern Research on the Foundations of Quantum Mechanics*, 2e éd. (Sudbury, MA : Jones & Bartlett Publishers).

Gribbin, John (1998), *Q is for Quantum : Particle Physics from A to Z* (Londres : Weidenfeld & Nicolson).

Gröblacher, Simon *& al.* (2007) « An Experimental Test of Non-Local Realism », *Nature*, 446, p. 871-875.

Grunberger, Richard (1974), *A Social History of the Third Reich* (Londres : Penguin Books).

Haar, Dirk ter (1967), *The Old Quantum Theory* (Oxford : Pergamon).

Harman, Peter M. (1982), *Energy, Force and Matter : The Conceptual Development of Nineteenth Century Physics* (Cambridge : Cambridge University Press).

Harman, Peter M. & Simon Mitton, eds. (2002), *Cambridge Scientific Minds* (Cambridge : Cambridge University Press).

Heilbron, John L. (1977), « Lectures on the History of Atomic Physics 1900-1922 », in Weiner (1977).

(2000), *The Dilemmas of An Upright Man : Max Planck and the Fortunes of German Science* (Cambridge, MA : Harvard University Press).

(2007), « Max Planck's Compromises on the Way to and from the Absolute », in Evans & Thorndike (2007).

Heilbron, John L. & Thomas S. Kuhn (1969), « The Genesis of the Bohr Atom », *Histarical Studies in the Physical Sciences*, 1, p. 211-290.

Heisenberg, Werner (1925), « Quantentheoretische Umdeutung kinematischer und mechanischer Beziehungen », *Zeitschrift für Physik*, 33, p. 879, réimp. & trad. en anglais « On a Quantum-Theoretical Reinterpretation of Kinematics and Mechanical Relations » in Waerden (1967).

(1927), « Anschaulicher Inhalt der quantenmechanischen Kinematik », *Zeitschrift für Physik*, 43, p. 172, réimp. & trad. en anglais « The Physical Content of Quantum Kinematics and Mechanics » in Wheeler & Zurek (1983).

(1928), *Physikalische Prinzipien der Quantumtheorie* (Leipzig : Hirzel) ; trad. anglaise *The Physical Principles of Quantum Theory* (Chicago : University of Chicago Press, 1930). Édition utilisée : New York : Dover Publications 1949.

(1933), « The Development of Quantum Mechanics », conférence Nobel donnée le 11 décembre. Réimp. in Nobel Lectures (1965), p. 290-301.

(1967), « The Quantum Theory and its Interpretation », in Rozental (1967).

(1971), *Physics and Beyond : Encounters and Conversations* (Londres : George Allen & Unwin).

(1983), *Encounters with Einstein and Other Essays on People, Places, and Particles* (Princeton, NJ : Princeton University Press).

(1989), *Physics and Philosophy* (Londres : Penguin Books).

Heitler, Walter (1961), « Erwin Schrödinger », *Biographical Memoirs of Fellows of the Royal Society*, 7, p. 221-228.

Henig, Ruth (1998), *The Weimar Republic 1919-1933* (Londres : Routledge).

Hentschel, Anne M. & Gerd Grasshoff (2005), *Albert Einstein : « Those Happy Bernese Years »* (Berne : Staempfli Publishers).

Hentschel, Klaus, ed. (1996), *Physics and National Socialism : An Anthology of Primary Sources* (Bâle : Birkhäuser).

Hermann, Armin (1974), *The Genesis of Quantum Theory* (Cambridge, MA : The MIT Press).

Hiebert, Erwin N. (1990), « The Transformation of Physics », in Teich & Porter (1990).

Highfield, Roger & Paul Carter (1993), *The Private Lives of Albert Einstein* (Londres : Faber and Faber).

Holton, Gerald (2005), *Victory and Vexation in Science : Einstein, Bohr, Heisenberg and Others* (Cambridge, MA : Harvard University Press).

Honner, John (1987), *The Description of Nature : Niels Bohr and the Philosophy of Quantum Physics* (Oxford : Clarendon Press).

Howard, Don & John Stachel, eds. (2000), *Einstein : The Formative Years 1879-1909* (Boston, MA : Birkhäuser).

Howorth, Muriel (1958), *The Life of Frederick Soddy* (Londres : New World).

Huff, Douglas & Omer Prewett, eds. (1979), *The Nature of the Physical Universe* (New York : John Wiley).

Isaacson, Walter (2007), *Einstein : His Life and Universe* (Londres : Simon and Schuster).

Isham, Chris J. (1995), *Lectures on Quantum Theory* (Londres : Imperial College Press).
Jammer, Max (1966), *The Conceptual Development of Quantum Mechanics* (New York : McGraw-Hill).
(1974), *The Philosophy of Quantum Mechantes : The Interpretations of Quantum Mechanics in Historical Perspective* (New York : Wiley-Interscience).
(1985), « The EPR Problem and its Historical Development », in Lahti & Mittelstaedt (1985).
Jordan, Pascual (1927), « Philosophical Foundations of Quantum Theory », *Nature*, 119, p. 566.
Jungk, Robert (1960), *Brighter Than a Thousand Suns : A Personal History of the Atomic Scientists* (Londres : Penguin).
Jungnickel, Christa & Russell McCormmach (1986), *Intellectual Mastery of Nature : Theoretical Physics from Ohm to Einstein*, 2 vol., (Chicago : University of Chicago Press).
Kangro, Hans (1970), « Max Planck », *Dictionary of Scientific Biography*, p. 7-17 (New York : Scribner).
(1976), *Early History of Planck's Radiation Law* (Londres : Taylor & Francis).
Kargon, Robert & Peter Achinstein, eds. (1987), *Kelvin's Baltimore Lectures and Modern Theoretical Physics : Historical and Philosophical Perspectives* (Cambridge, MA : The MIT Press).
Kay, William A. (1963), « Recollections of Rutherford : Being the Personal Reminiscences of Lord Rutherford's Laboratory Assistant Here Published for the First Time », *The Natural Philosopher*, 1, p. 127-155.
Keller, Alex (1983), *The Infancy of Atomic Physics : Hercules in his Cradle* (Oxford : Clarendon Press).
Kelvin, Lord (1901), « Nineteen Clouds Over the Dynamical Theory of Heat and Light », *Philosophical Magazine*, 2, p. 1-40.
Klein, Martin J. (1962), « Max Planck and the Beginnings of Quantum Theory », *Archive for History of Exact Sciences*, 1, p. 459-479.
(1965), « Einstein, Specific Heats, and the Early Quantum Theory », *Science*, 148, p. 173-180.

(1966), « Thermodynamics and Quanta in Planck's Work », *Physics Today*, novembre.

(1967), « Thermodynamics in Einstein's Thought », *Science*, 157, p. 509-516.

(1970), « The First Phase of the Einstein-Bohr Dialogue », *Historical Studies in the Physical Sciences*, 2, p. 1-39.

(1985), *Paul Ehrenfest : the Making of a Theoretical Physicist*, vol. 1 (Amsterdam : North-Holland).

Knight, David (1986), *The Age of Science* (Oxford : Blackwell).

Kragh, Helge (1990), *Dirac : A Scientific Biography* (Cambridge : Cambridge University Press).

(1999), *Quantum Generations : A History of Physics in the Twentieth Century* (Princeton, NJ : Princeton University Press).

(2002), « Paul Dirac : A Quantum Genius », in Harman & Mitton (2002).

Kuhn, Thomas S. (1987), *Blackbody Theory and the Quantum Discontinuity, 1894-1912* (nouvelle postface) (Chicago : University of Chicago Press).

Kursunoglu, Behram N. & Eugene P. Wigner, eds. (1987), *Reminiscences about a Great Physicist : Paul Adrien Maurice Dirac* (Cambridge : Cambridge University Press).

Lahti, P. & P. Mittelstaedt, eds. (1985), *Symposium on the Fondations of Modern Physics* (Singapore : World Scientific).

Laidler, Reith J. (2002), *Energy and the Unexpected* (Oxford : Oxford University Press).

Large, David Clay (2001), *Berlin : A Modern History* (Londres : Allen Lane).

Levenson, Thomas (2003), *Einstein in Berlin* (New York : Bantam Dell).

Levi, Hilde (1985), *George de Hevesy : Life and Work* (Bristol : Adam Hilger Ltd.).

Lindley, David (2001), *Boltzmann's Atom : The Great Debate That Launched A Revolution in Physics* (New York : The Free Press).

MacKinnon, Edward M. (1982), *Scientific Explanation and Atomic Physics* (Chicago : University of Chicago Press).

Magris, Claudio (2001), *Danube* (Londres : The Harvill Press).

Mahon, Basil (2003), *The Man Who Changed Everything : The Life of James Clerk Maxwell* (Chichester : John Wiley & Sons).

Marage, Pierre & Grégoire Wallenborn, eds. (1999), *The Solvay Councils and the Birth of Modern Physics* (Bâle : Birkhäuser).

Marsden, Ernest (1948), « Rutherford Memorial Lecture », in Rutherford (1954).

Maxwell, James Clerk (1860), « Illustrations of the Dynamical Theory of Gases », *Philosophical Magazine*, 19, p. 19-32. Réimp. in Niven (1952).

Mehra, Jagdish (1975), *The Solvay Conferences on Physics : Aspects of the Development of Physics since 1911* (Dordrecht : D. Reidel).

Mehra, Jagdish & Helmut Rechenberg (1982), *The Historical Development of Quantum Theory*, vol. 1 : *The Quantum Theory of Planck, Einstein, Bohr, and Sommerfeld : Its Foundations and the Rise of its Difficulties 1900-1925* (Berlin : Springer).

(1982), *The Historical Development of Quantum Theory*, vol. 2 : *The Discovery of Quantum Mechanics* (Berlin : Springer).

(1982), *The Historical Development of Quantum Theory*, vol. 3 : *The Formulation of Matrix Mechanics and its Modifications 1925-1926* (Berlin : Springer).

(1982), *The Historical Development of Quantum Theory*, vol. 4 : *The Fundamental Equations of Quantum Mechanics 1925-1926 and the Reception of the New Quantum Mechanics 1925-1926* (Berlin : Springer).

(1987), *The Historical Development of Quantum Theory*, vol. 5 : *Erwin Schrödinger and the Rise of Wave Mechanics* (Berlin : Springer).

(2000), *The Historical Development of Quantum Theory*, vol. 6, 1re partie :

The Completion of Quantum Mechanics 1926-1941 (Berlin : Springer).

(2001), *The Historical Development of Quantum Theory*, vol. 6, 2e partie :
The Completion of Quantum Mechanics 1926-1941 (Berlin : Springer).
Mendelssohn, Kurt (1973), *The World of Walther Nernst : The Rise and Fall of German Science* (Londres : The Macmillan Press Ltd.).
Metzger, Rainer (2007), *Berlin in the Twenties : Art and Culture 1918-1933* (Londres : Thames and Hudson).
Meyenn, Karl von & Engelbert Schucking (2001), « Wolfgang Pauli », *Physics Today*, février, p. 43-48.
Millikan, Robert A. (1915), « New Tests of Einstein's Photoelectric Equation », *Physical Review*, 6, p. 55.
Moore, Ruth (1966), *Niels Bohr : The Man, his Science, and the World They Changed* (New York : Alfred A. Knopf).
Moore, Walter (1989), *Schrödinger : Life and Thought* (Cambridge : Cambridge University Press).
Mulligan, Joseph F. (1994), « Max Planck and the "Black Year" of German Physics », *American Journal of Physics*, 62, 12n p. 1089-1097.
(1999), « Heinrich Hertz and Philipp Lenard : Two Distinguished Physicists, Two Disparate Men », *Physics in Perspective*, 1, p. 345-366.
Mulvey, J. H., ed. (1981), *The Nature of Matter* (Oxford : Oxford University Press).
Murdoch, Dugald (1987), *Niels Bohr's Philosophy of Physics* (Cambridge : Cambridge University Press).
Nathan, Otto & Heinz Norden, eds. (1960), *Einstein on Peace* (New York : Simon and Schuster).
Neumann, John von (1955), *Mathematical Foundations of Quantum Mechanics*, (Princeton, NJ : Princeton University Press).
Nielsen, J. Rud (1963), « Memories of Niels Bohr », *Physics Today*, octobre.
Nitske, W. Robert (1971), *The Life of Wilhelm Conrad Röntgen : Discoverer of the X-Ray* (Tucson : University of Arizona Press).

Niven, W. D., ed. (1952), *The Scientific Papers of James Clerk Maxwell*, 2 vols. (New York : Dover Publications).

Nobel Lectures (1964), *Physics 1942-1962* (Amsterdam : Elsevier).

(1965), *Physics 1922-1941* (Amsterdam : Elsevier).

(1967), *Physics 1901-1921* (Amsterdam : Elsevier).

Norris, Christopher (2000), *Quantum Theory and the Flight from Reason : Philosophical Responses to Quantum Mechanics* (Londres : Routledge).

Nye, Mary Jo (1996), *Before Big Science : The Pursuit of Modem Chemistry and Physics 1800-1940* (Cambridge, MA : Harvard University Press).

Offer, Avner (1991), *The First World War : An Agrarian Interpretation* (Oxford : Oxford University Press).

Omnès, Roland (1999), *Quantum Philosophy : Understanding and Interpreting Contemporary Science* (Princeton, NJ : Princeton University Press).

Overbye, Dennis (2001), *Einstein in Love* (Londres : Bloomsbury).

Ozment, Steven (2005), *A Mighty Fortress : A New History of the German People 100 B.C to the 21st Century* (Londres : Granta Books).

Pais, Abraham (1967), « Reminiscences of the Post-War Years », in Rozental (1967).

(1982), *« Subtle is the Lord... » : The Science and the Life of Albert Einstein* (Oxford : Oxford University Press).

(1986), *Inward Bound : Of Matter and Forces in the Physical World* (Oxford : Clarendon Press).

(1989a), « Physics in the Making in Bohr's Copenhagen », in Sarlemijn & Sparnaay (1989).

(1989b), « George Uhlenbeck and the Discovery of Electron Spin », *Physics Today*, décembre. Réimp. in Phillips (1992).

(1991), « Niels Bohr's Times », in *Physics, Philosophy, and Polity* (Oxford : Clarendon Press).

(1994), *Einstein Lived Here* (Oxford : Clarendon Press).

(2000), *The Genius of Science : A Portrait Gallery of Twentieth-Century Physicists* (New York : Oxford University Press).

(2006), *J. Robert Oppenheimer : A Life* (Oxford : Oxford University Press).

Park, David (1997), *The Fire within the Eye : A Historical Essay on the Nature and Meaning of Light* (Princeton, NJ : Princeton University Press).

Pauli, Wolfgang (1946a), « Remarks on the History of the Exclusion Principle », *Science*, 103, p. 213-215.

(1946b), « Exclusion Principle and Quantum Mechanics », conférence Nobel donnée le 13 décembre. Réimp. in Nobel Lectures (1964), p. 27-43.

Penrose, Roger (1990), *The Emperor's New Mind* (Londres : Vintage).

(1995), *Shadows of the Mind* (Londres : Vintage).

(1997), *The Large, the Small and the Human Mind* (Cambridge : Cambridge University Press).

Petersen, Aage (1985), « The Philosophy of Niels Bohr », in French & Kennedy (1985).

Petruccioli, Sandro (1993), *Atoms, Metaphors and Paradoxes : Niels Bohr and the Construction of a New Physics* (Cambridge : Cambridge University Press).

Phillips, Melba Newell, ed. (1985), *Physics History from AAPT Journals* (College Park, MD : American Association of Physics Teachers).

Phillips, Melba, ed. (1992), *The Life and Times of Modem Physics : History of Physics II* (New York : American Institute of Physics).

Planck, Max (1900a), « Über eine Verbesserung der Wienschen Spektralgleichung », *Verhandlungen der Deutschen Physikalischen Gesellschaft*, 2, p. 202-204. Réimp. & trad. en anglais « On an Improvement of Wien's Equation for the Spectrum » in Haar (1967).

(1900b), « Zur Theorie des Gesetzes der Energieverteilung im Normalspektrum, *Verhandlungen der Deutschen Physikalischen Gesellschaft*, 2, p. 237-245. Réimp. & trad. en anglais « On the Theory of the Energy Distribution Law of the Normal Spectrum » in Haar (1967).

(1949), *Scientific Autobiography and Other Papers* (New York : Philosophical Library).

(1993) *A Survey of Physical Theory* (New York : Dover Publications).

Ponte, M. J. H. (1981), « Louis de Broglie », in Goodman (1981).

Powers, Jonathan (1985), *Philosophy and the New Physics* (Londres : Methuen).

Przibram, Karl, ed. (1967), *Letters on Wave Mechanics*, trad. et introd. de Martin Klein (New York : Philosophical Library).

Purrington, Robert D. (1997), *Physics in the Nineteenth Century* (New Brunswick, NJ : Rutgers University Press).

Redhead, Michael (1987), *Incompleteness, Nonlocality and Realism* (Oxford : Clarendon Press).

Rhodes, Richard (1986), *The Making of the Atomic Bomb* (New York : Simon and Schuster).

Robertson, Peter (1979), *The Early Years : The Niels Bohr Institute 1921-1930* (Copenhague : Akademisk Forlag).

Robinson, Andrew (2006), *The Last Man Who Knew Everything* (New York : Pi Press).

Rosenkranz, Ze'ev (2002), *The Einstein Scrapbook* (Baltimore, MD : Johns Hopkins University Press).

Rowland, John (1938), *Understanding the Atom* (Londres : Gollancz).

Rosenfeld, Léon (1967), « Niels Bohr in the Thirties. Consolidation and Extension of the Conception of Complementarity », in Rozental (1967).

(1968), « Some Concluding Remarks and Reminiscences », in Solvay Institute (1968).

Rosenfeld, Léon & Erik Rüdinger (1967), « The Decisive Years : 1911-1918 », in Rozental (1967).

Rosenthal-Schneider, Ilse (1980), *Reality and Scientific Truth : Discussions vrith Einstein, von Laue, and Planck, Edited by Thomas Braun* (Detroit, MI : Wayne State University Press).

Rozental, Stefan, ed. (1967) *Niels Bohr : His Life and Work as Seen by His Friends and Colleagues* (Amsterdam : North-Holland).

(1998) *Niels Bohr : Memoirs of a Working Relationship* (Copenhague : Christian Ejlers).

Ruhla, Charles (1992), *The Physics of Chance : From Blaise Pascal to Niels Bohr* (Oxford : Oxford University Press).

Rutherford, Ernest (1906), *Radioactive Transformations* (Londres : Constable).

(1911a), « The Scattering of Alpha and Beta Particles by Matter and the Structure of the Atom », *Philosophical Magazine*, 21, p. 669-688. Réimp. in Boorse & Motz (1966), vol. 1.

(1911b), « Conference on the Theory of Radiation », *Nature* 88, p. 82-83.

(1954), *Rutherford by Those Who Knew Him. Being the Collection of the First Five Rutherford Lectures of the Physical Society* (Londres : The Physical Society).

Rutherford, Ernest & Hans Geiger (1908a), « An Electrical Method for Counting the Number of Alpha Particles from Radioactive Substances », *The Proceedings of the Royal Society*, A, 81, p. 141-161.

(1908b), « The Charge and Nature of the Alpha Particle », *The Proceedings of the Royal Society*, A, 81, p. 162-173.

Sarlemijn, A. & M. J. Sparnaay, eds. (1989), *Physics in the Making* (Amsterdam : Elsevier).

Schilpp, Paul A., ed. (1969), *Albert Einstein : Philosopher-Scientist* (New York : MJF Books). Recueil publié pour la première fois en 1949 comme vol. VII de la série The Library of Living Philosophers (La Salle, IL : Open Court).

Schrödinger, Erwin (1933), « The Fundamental Idea of Wave Mechanics », conférence Nobel donnée le 12 décembre. Réimp. in Nobel Lectures (1965), p. 305-316.

(1935), « The Present Situation in Quantum Mechanics ». Réimp. & trad. in Wheeler & Zurek (1983), p. 152-167.

Schweber, Silvan S. (1994), *QED and the Men Who Made lt : Dyson, Feynman, Schwinger, and Tomonaga* (Princeton, NJ : Princeton University Press).

Segrè, Emilio (1980), *From X-Rays to Quarks : Modern Physicists and their Discoveries* (New York : W. H. Freeman & Company).

(1984), *From Falling Bodies to Radio Waves* (New York : W. H. Freeman & Company).

Sime, Ruth Lewin (1996), *Lise Meitner : A Life in Physics* (Berkeley, CA : University of California Press).

Smith, Alice Kimball & Charles Weiner, eds. (1980), *Robert Oppenheimer : Letters and Recollections* (Cambridge, MA : Harvard University Press).

Snow, C. P. (1969), *Variety of Men : Statesmen, Scientists, Writers* (Londres : Penguin).

(1981), *The Physicists* (Londres : Macmillan).

Soddy, Frederick (1913), « Intra-Atomic Charge », *Nature*, 92, p. 399-400.

Solvay Institute (1968), *Fundamental Problems in Elementary Particle Physics : Proceedings of the 14th Solvay Council Held in Brussels in 1967* (New York : Wiley Interscience).

Stachel, John, ed. (1998), *Einstein's Miraculous Year : Five Papers That Changed the Face of Physics* (Princeton, NJ : Princeton University Press).

(2002), *Einstein from « B to Z »* (Boston, MA : Birkhäuser).

Stapp, Henry P. (1977), « Are Superluminal Connections Necessary ? », *Il Nuovo Cimento*, 40B, p. 191-205.

Stuewer, Roger H. (1975), *The Compton Effect : Turning Point in Physics* (New York : Science History Publications).

Stürmer, Michael (1999), *The German Century* (Londres : Weidenfeld & Nicholson).

(2000), *The German Empire* (Londres : Weidenfeld & Nicholson).

Susskind, Charles (1995), *Heinrich Hertz : A Short Life* (San Francisco : San Francisco Press).

Tegmark, Max & John Wheeler (2001), « 100 Years of Quantum Mysteries », *Scientific American*, février, p. 54-61.

Teich, Mikulas & Roy Porter, eds. (1990), *Fin de Siècle and its Legacy* (Cambridge : Cambridge University Press).

Teichmann, Jürgen, Michael Eckert & Stefan Wolff (2002), « Physicists and Physics in Munich », *Physics in Perspective*, 4, p. 333-359.

Thomson, George P. (1964), *J. J. Thomson and the Cavendish Laboratory in his Day* (Londres : Nelson).

Thorne, Kip S. (1994), *Black Holes and Time Warps : Einstein's Outrageous Legacy* (Londres : Picador).

Trigg, Roger (1989), *Reality at Risk : A Defence of Realism in Philosophy and the Sciences* (Hemel Hempstead : Harvester Wheatsheaf).

Treiman, Sam (1999), *The Odd Quantum* (Princeton, NJ : Princeton University Press).

Tuchman, Barbara W. (1966), *The Proud Tower : A Portrait of the World Before the War 1890-1914* (New York : The Macmillan Company).

Uhlenbeck, George E. (1976), « Personal reminiscences », *Physics Today*, juin. Réimp. in Weart & Phillips (1985).

Waerden, B.L. van der (1967) ed., *Sources of Quantum Mechanics* (New York : Dover Publications).

Weart, Spencer R. & Melba Phillips, eds. (1985), *History of Physics : Readings from Physics Today* (New York : American Institute of Physics).

Weber, Robert L. (1981), *Pioneers of Science : Nobel Prize Winners in Physics* (Londres : The Scientific Book Club).

Wehler, Hans-Ulrich (1985), *The German Empire* (Leamington Spa, Warwickshire : Berg Publishers).

Weinberg, Steven (1993), *Dreams of a Final Theory : The Search for the Fundamental Laws of Nature* (Londres : Hutchinson).

(2003), *The Discovery of Subatomic Particles* (Cambridge : Cambridge University Press).

Weiner, Charles, ed. (1977), *History of Twentieth Century Physics* (New York : Academic).

Wheaton, Bruce R. (2007), « Atomic Waves in Private Practice », in Evans & Thorndike (2007).

Wheeler, John A. (1994), *At Home in the Universe* (Woodbury, NY : AIP Press).

Wheeler, John A. & Wojciech H. Zurek, eds. (1983), *Quantum Theory and Measurement* (Princeton, NJ : Princeton University Press).

Whitaker, Andrew (2002), « John Bell in Belfast : Early Years and Education », in Bertlmann & Zeilinger (2002).

Wilson, David (1983), *Rutherford : Simple Genius* (Londres : Hodder and Stoughton).
Wolf, Fred Alan (1988), *Parallel Universes : The Search for Other Worlds* (Londres : The Bodley Head).

REMERCIEMENTS

La photographie des scientifiques qui se rassemblèrent à Bruxelles en octobre 1927 pour le cinquième congrès Solvay est restée de longues années accrochée à mon mur. Il m'arrivait de passer devant elle et de penser que ce serait le point de départ idéal pour relater l'histoire du quantum. Lorsque j'ai finalement rédigé une proposition pour *Quantum*, j'ai eu la très bonne fortune de la soumettre à Patrick Walsh. Son enthousiasme a été décisif pour faire décoller le projet. J'ai eu de la chance une seconde fois lorsque le talentueux directeur de collection et éditeur scientifique Peter Tallack a rejoint Conville & Walsh et est devenu mon agent. Du fond du cœur, je remercie Pete d'avoir été à la fois mon ami et mon agent tout au long des années qu'a nécessitées l'écriture de ce livre, et d'avoir élégamment aplani les difficultés soulevées par mes problèmes de santé récurrents. Avec Pete, Jake Smith-Bosanquet a été mon aiguilleur pour les éditions en langue étrangère de *Quantum* ; j'aimerais lui exprimer mes remerciements ainsi qu'aux autres membres de l'équipe de Conville & Walsh, notamment Claire Conville et Sue Armstrong, pour leur soutien et leur aide sans défaillance. C'est un plaisir d'avoir l'occasion de remercier ici Michael Carlisle et surtout Emma Parry pour leur travail en ma faveur aux États-Unis.

Le présent ouvrage doit beaucoup aux études des spécialistes cités dans les notes et énumérés dans les références ; toutefois, j'ai une dette particulière envers Denis Brian, David C. Cassidy, Albrecht Fölsing, John H. Heilbron, Martin J. Klein, Jagdish Mehra, Walter Moore, Denis Overbye, Abraham Pais,

Helmut Rechenberg et John Stachel. J'aimerais remercier Guido Bacciagaluppi et Anthony Valentini d'avoir mis à ma disposition la première traduction anglaise des *Actes du cinquième congrès Solvay* et leur commentaire avant sa première publication.

Pandora Ray-Kreizman, Ravi Bail, Steven Böhm, Jo Cambridge, Bob Cormican, John Gillott et Eve Kay ont tous lu des premières versions de *Quantum.* Qu'ils soient ici remerciés pour leurs critiques et leurs suggestions judicieuses. Mitzi Angel a été un temps ma directrice de collection, et ses commentaires inspirés sur un premier jet du livre ont été précieux. Christopher Potter a été un des premiers défenseurs de *Quantum,* et je lui en suis profondément reconnaissant. Simon Flynn, mon éditeur chez Icon Books, a œuvré sans relâche pour mettre le livre sous presse. Il est allé souvent au-delà de ses obligations et je l'en remercie. Duncan Heath a été un réviseur à l'œil d'aigle ; tous les écrivains n'ont pas cette chance. Je suis reconnaissant à Andrew Furlow et à Najma Finlay de chez Icon pour leur enthousiasme et leur travail en faveur de *Quantum* et à Nicolas Halliday pour avoir produit les élégantes figures qui illustrent le texte. Merci aussi à Neal Price et à son équipe chez Faber & Faber.

Ce livre n'aurait pas été possible sans le soutien inébranlable, au fil de nombreuses années, de Lahmber Ram, Gurmit Kaur, Rodney Kay-Kreizman, Leonora Kay-Kreizman, Rajinder Kumar, Santosh Morgan, Eve Kay, John Gillott et Ravi Bali.

Finalement, je veux remercier de tout mon cœur mon épouse Pandora et mes fils Ravinder et Jasvinder. Les mots ne suffisent pas pour exprimer ce que je dois à vous trois.

Manjit Kumar
Londres, août 2008.

INDEX

A

AIRY, sir George, 550
ALBERT Ier, roi des Belges, 361, 363
alcalins, éléments, 240-241, 521
Allemagne
fin du XIXe siècle, 27-28
après la Première Guerre mondiale, 186-187, 191, 258-259
période de dépression économique, 410-411
sous les nazis, 410-412, 418-419, 515
alpha, désintégration, 117, 131, 521
alpha, particules
diffusion, 120-121, 123-124, 137
rayonnement, 120-121, 521, 552
AMPÈRE, André-Marie, 94
amplitude, 49-51, 306, 521
angström (unité), 531, 553
ÅNGSTRÖM, Anders, 154-155
angulaire, moment, 150, 521, 563
antisémitisme
dans l'Allemagne pré-nazie, 62, 192, 196, 199
sous les nazis, 414, 456, 516
Appel au monde cultivé, 180
Appel aux Européens, 181
ARAGO, François, 94
ASPECT, Alain, 489-491, 496-497, 519
ASPELMEYER, Markus, 497, 520
atomes, 220, 522
v. aussi atomiques, modèles
atomique, bombe, 455, 517
atomique, numéro, 137, 163, 522, 554
atomique, poids, 123
atomique, théorie (acceptation de la), 122, 203
atomiques, modèles
Bohr, 161, 167, 198-199, 509
Bohr-Sommerfeld, 169-172, 510
Nagaoka, 125-126
Nicholson, 150
Rutherford, 124, 146, 509
Thomson, 122-123

B

BAAS (British Association for the Advancement of Science), 161, 163, 225, 510

BAEA (British Atomic Energy Agency), 477
BALMER, Johann, 154-156, 168, 509
formule de, 154-155
série (raies) de, 154, 168, 522
BARGMANN, Valentin, 451
BECQUEREL, Henri, 116-117, 507
BELL, John Stewart, 465-466, 471, 494-497, 500, 504, 519-520
inégalité de, 519, 522, 586
théorème de, 485, 496, 522
bêta, particules (rayonnement), 117, 120, 135, 522
BKS (Bohr-Kramers-Slater), proposition de, 210, 512
BLOCH, Félix, 295-296
BOHM, David, 466-471, 473, 475, 478-480, 483-484, 504, 518, 586
BOHR, Christian, 108
BOHR-EINSTEIN, débats
interprétation de Copenhague, 375, 400, 427, 451, 504
théorie quantique de la lumière, 194-195, 204-205, 209-210
BOHR, Ellen Adler, 107-108
BOHR, Harald, 107-111, 113, 129, 140-143, 162, 419
BOHR, Margrethe Nørland, 111, 143-145, 149, 166, 461
BOHR, Niels, 9-10, 12-14, 17, 107-113, 128-133, 134-176, 184, 192-205, 209-210, 218-221, 226, 231, 234, 237-242, 244-245, 250-256, 260, 262-273, 275, 282-287, 295-296, 298-299, 305, 314, 317-320, 326-332, 340-357, 359, 362-365, 367-369, 370-408, 419-420, 422-423, 426-428, 430, 434-442, 445, 446-448, 450-461, 466, 469-470, 478-479, 482-483, 486-487, 489, 493, 496, 500, 502-504, 507-519
articles et publications, 109-110, 159-160, 199, 395, 435, 509, 552
bombe atomique, 455, 517-518
communications, difficultés de, 109, 128, 136, 144
complémentarité, 346, 372, 514
couches d'électrons, 198, 239, 558-559
dualité onde-particule, 328, 342
Einstein, rapports avec, 194-195, 201-202, 458, 461, 517-518
enseignement et recherche
Copenhague, 145-146, 165-167, 509-510
institut Bohr (Copenhague), 173, 419-420, 511
Læreanstalt (Copenhague), 145
Manchester, 167, 509-510
Princeton, 516-517
expériences imaginaires
boîte à lumière, 403-405
fente unique, 375-376
fente double avec premier écran mobile, 380-382
fente double avec volets, 166
festival (*Bohr Festspiele*), 198, 282, 511

Heisenberg, rapports avec, 262, 266-267, 327
incertitude, principe d', 341, 348, 351
Institut de physique théorique, 173, 264, 392-393, 419, 511
Mariage, 143-144
mesure, problème de la, 349
modèle atomique, 139, 146, 161, 203, 509-510
mort, 519
naissance et enfance, 107-108, 507
Pauli, rapports avec, 237-238, 251-252
prix Nobel, 201, 511
réalité physique, 314
Rutherford, sur, 129, 138, 201
Rutherford et la «trilogie» de Bohr, 158
Schrödinger, débats avec, 317-318, 514, 516
Solvay, 5e congrès, 9-10, 365, 372
débats avec Einstein, 374, 514
spin de l'électron, sur le, 250-251
Thomson, rapports avec, 112, 128
v. aussi Bohr-Einstein, débats
boîte à lumière (expérience imaginaire), 400
BOLTWOOD, Bertram Borden, 575
BOLTZMANN, Ludwig, 46-52, 54, 79, 82, 95, 246, 291, 313, 411, 473, 508
constante de, 54
principe de, 48
BORN, Gustav, 235
BORN, Hedwig, 288
BORN, Max, 13, 77, 185, 197, 229, 235-238, 252, 260, 263-264, 267, 269, 272, 279-285, 288-289, 300-306, 320-321, 340, 355-357, 364, 366-371, 378, 390, 394, 405, 417-418, 422-423, 450, 465, 477, 486, 494-495, 499, 507, 511-519
articles et publications, 383-284, 312, 367, 477, 513
Bohr, sur, 13
Einstein, rapports avec, 235-236
Einstein, sur, 77, 450, 499-500
enseignement et recherche, 236-237, 394, 418, 511, 516
études universitaires, 235-236
Heisenberg, sur, 264, 269
interprétation probabiliste de la fonction d'onde, 312, 321, 423
Jordan, sur, 282
mécanique matricielle, 280, 282-283, 566
mécanique ondulatoire, 137, 302, 304-306, 310-311
mort, 519
naissance et enfance, 235, 507
Neumann, sur les travaux de von, 477
Pauli, sur, 229, 237
persécution par les nazis, 417-418
prix Nobel, 423, 518
Solvay, 5e congrès, 367, 370, 378
BOTHE, Walther, 210
BOYLE, Robert, 473

BRAGG, William Henry, 125-126, 576
BRAGG, William Lawrence, 363-366
BRILLOUIN, Léon, 363
BROEK, Antonius Johannes van den, 137-138
BROGLIE, duc Maurice de, 214-217, 560
BROGLIE, prince Louis de, 213-226, 270, 294-296, 298, 304, 307, 311, 345, 347, 355, 363-367, 371, 388, 391, 471, 507, 512, 515, 520
  dualité onde-particule, 294-295, 512
  longueur d'onde de de Broglie, 522
  onde pilote, théorie de l', 367, 471
  Solvay, 5e congrès, 367, 391
BROWN, Robert, 97-98
brownien, mouvement, 97, 122, 474

C

CARTAN, Élie, 221
Causalité, 185, 313, 356-357, 395-397, 494, 523
CAYLEY, Arthur, 280
CHADWICK, James, 425-426
chaleur spécifique, 103
CHAPLIN, Charles Spencer, 13
CHRISTIANSEN, Christian, 108, 110
cinétique, énergie, 524, 528
classique; mécanique, 523
classique, physique, 523
CLAUSER john, 487-500, 519, 586, 588
CLAUSIUS, Rudolf, 28-31, 528, 542
COCKROFT, John, 426
communauté scientifique (après la Première Guerre mondiale), 192, 201-202
commutativité, 277, 523
complémentarité, 346, 348, 354-355, 372-373, 382, 395-396, 453, 514, 524-525, 574
complexes, nombres, 308, 314, 524, 569
COMPTON, Arthur Holly, 205-208, 210, 217, 222, 270, 334, 355, 363-364, 366, 511, 514, 539, 560
  effet Compton, 208-211, 310, 316, 342, 366, 512, 524, 559-560
COMTE, Auguste, 325
conservation de l'énergie, 29-30, 81, 209-210, 276, 348, 479, 524, 537
conservation, principe de, 524
Copenhague, interprétation de, 10, 355, 367, 372-377, 381, 387-389, 391-392, 394, 397, 400-401, 405, 407, 423, 427, 431, 434, 436-437, 441, 445, 448-449, 451, 453, 466, 470-471, 477-478, 482, 486-487, 489, 493-496, 500-504, 514-515, 523-526
corps noir, 16, 21-25, 34, 36-37, 40-42, 44-47, 49, 54, 58, 60, 81, 102, 145, 148, 487, 525
  rayonnement, 20, 34-39, 41, 44, 46, 50, 78-82, 105, 226, 507-508, 525, 534, 537
correspondance, principe de, 200, 275-276, 525

COSTER, Dirk, 204
CURIE, Marie, 10, 106, 117, 162, 199, 216, 363, 509, 539, 559
CURIE, Pierre, 117

D

DALTON, John, 123
DARWIN, Charles Galton, 138-140, 166
DAVISSON, Clinton, 224-226, 514-515, 579
DEBYE, Pieter, 208, 295-296, 363, 539, 580
DE DONDER, Théophile, 539
DEGENHART, Joseph, 66
degrés de liberté, 79, 248, 525-526
DE MARTINI, Francesco, 520
déterminisme, 305, 312-313, 315, 356, 371-372, 495, 526
vu par Einstein, 321, 495
deux fentes, expériences à, 91-92, 380-381, 385-387
DIECKE, Gérard, 577
diffraction, 89-90, 96, 211, 217, 223-225, 236, 378-379, 514-515, 526
diffusion, 120-121, 123-125, 127, 137, 139, 206-207, 217, 270, 299, 352, 384, 485, 511, 524, 526, 502
DIRAC, Paul Adrien Maurice, 285-288, 291, 329, 363, 365-366, 368-369, 393-394, 400, 425, 441, 508, 513-515, 519, 539, 567
mécanique ondulatoire contre mécanique matricielle, 329, 514, 568
prix Nobel, 422, 516
DUKAS, Helen, 395-396, 449, 585
DULONG, Pierre, 103

E

ECKHART, Carl, 568
EHRENFEST, Paul, 162, 179, 192, 195, 197, 246-251, 255, 284, 301, 328, 420, 426, 516, 556-558, 567, 571, 577-578
Solvay, 5e congrès, 9-10, 363, 369, 371, 389-391, 539
EHRENFEST, Tatiana, 246
EHRENFEST, Vassily, 420
EINSTEIN, Albert, 9-10, 12-14, 17, 56-87, 95-106, 109, 122, 131, 145, 147-148, 156-157, 162-163, 169-170, 175-205, 207-211, 213, 216-218, 221-223, 226, 229, 231-233, 235-237, 246, 250-251, 263, 268, 280, 282, 284, 288, 290, 294-296, 300, 304, 306, 311, 321, 323-326, 328, 331, 334, 340, 345, 347, 351-352, 356-357, 359, 361-369, 371-382, 384, 387-398, 399-414, 416-418, 420-423, 425-437, 440-441, 443-445, 447-461, 463, 465-466, 468-470, 472, 474-475, 478-483, 485-487, 489, 491, 493-496, 498-500, 503-505, 507-518, 522-523, 525, 530, 535, 539, 544-547, 555-561, 565-569, 571, 574-588

articles et publications, 58-59, 97, 102, 508, 547, 557
article EPR (Einstein-Podolsky-Rosen), 427-428, 516
atome de Bohr, sur l', 163, 199
Bohr, rapports avec, 194-195, 201-202, 458, 461, 517-518
Bohr, sur, 193, 195-196, 448
bombe atomique, 455-456, 517-518
Broglie, sur Louis de, 222, 512
brownien, mouvement, 97, 122, 508
causalité, attachement à la, 185, 321, 494-495
célébrité, 12-13, 188, 510-511
chaleur spécifique, théorie quantique de la, 103-104, 508
champ unifié, théorie du, 426, 454, 499
Curie, sur Marie, 106
dualité onde-particule, 102, 210-211, 372, 508
Ehrenfest, sur, 246, 426-427
enfants, 57, 72-73, 104, 449, 460
enseignement et recherche,
Berlin, 177-178, 392, 510
Berne, 99, 508,
Prague, 104, 175, 509
Princeton, 411, 421, 423, 426, 516
Zurich, 99-100, 102-103, 176-177, 508-509
équivalence masse-énergie, formule de l', 60-61
études universitaires, 68-69
expériences imaginaires
article EPR, 428
baril de poudre, 445
boîte à lumière, 400, 579
boîtes contenant une balle, 444-445
fente double, 380
fente unique, 375-376
Haller, sur Hans, 75
Heisenberg, débats avec, 323-324, 459, 513-514
Hitler et les nazis, sur, 412
incomplétude de la mécanique quantique, 226, 396, 408, 452-453, 478, 498
judéité, 362, 408-409, 459
persécution, 62, 192, 196-197, 198-199, 412-413, 415-416, 511, 515-516
Lorentz, sur, 394
lumière, théorie quantique de la, 60, 78, 81-82, 183-184, 508-509, 546
maladie, 394-396, 460
mariage et vie privée, 72-73, 75-76, 178, 187-188, 449-450
mécanique matricielle, sur la, 284
mort, 460, 518
naissance et enfance, 61, 507, 544
nationalité, 67, 72, 202-203, 412-413, 455
Office suisse des brevets, 455
Pauli, sur, 229
photoélectrique, équation, 84
photons émis par les atomes, 183, 321, 510
Planck, constante de, 58, 78
Première Guerre mondiale, 179-180

prix Nobel, 87, 202-202, 511
réalité physique, 374, 459, 494-496
relativité, théories de la, 59-61, 181, 508-510, 557
Schrödinger, sur
chat de Schrödinger, 446-447
mécanique ondulatoire, 299-300
Solvay, 5e congrès, 9-10, 365, 369
Bohr, débats avec, 374-375
v. aussi Bohr-Einstein, débats
EINSTEIN, Eduard, 104
EINSTEIN, Elsa Löwenthal, 178, 187-188, 201, 394-395, 413, 449-450
ENSTEIN, Hans-Albert, 57, 71, 101, 104, 460
EINSTEIN, Hermann, 61, 65-67, 71, 76, 545
EINSTEIN, Lieserl, 73
ENSTEIN, Maja, 61, 450
ENSTEIN, Mileva Maric, 69-73, 76, 101, 104, 178-179, 187-188, 545, 556
EINSTEIN, Pauline, 61, 66, 71, 76
électromagnétique, rayonnement, 11, 60, 80-82, 95-96, 116, 127, 156-157, 163, 217, 366, 525, 527, 529, 533-534, 537
v. aussi gamma, rayons ; infrarouge, rayonnement ; lumière ; ondes radio ; ultraviolet, rayonnement ; X, rayons
électromagnétique, spectre, 527, 530, 532
électromagnétiques, ondes, 78, 81-82, 95, 205, 231, 296, 307, 527-528, 530, 538
électromagnétisme, 44-45, 70, 78, 93-95, 126, 146, 426, 499, 523, 527, 531
électron-volt, 527
électronique, microscope, 225
électrons
couches, 198-199, 239-240, 271
découverte, 507
définition, 527
degrés de liberté, 248
diffraction, 223, 225
disposition, 146
dualité onde-particule, 218, 225, 270, 328, 346
énergie, niveaux d', 151-153, 155-158, 163, 165, 168, 171-172, 183-184, 195, 239, 249, 274-275, 298, 300, 305, 510, 533-534, 536, 568
états stationnaires, 148-152, 159, 161, 169-170, 242, 271, 315
moment angulaire, 150-152, 168, 245, 563
nombre (dans l'atome), 123, 127-128, 134
orbites, 148-153, 155-156, 158, 161, 169-172, 198, 218, 220-221, 271, 275, 296, 298, 324, 333, 558-559, 563
saut quantique, 156-158, 184, 227, 273-274, 299, 310, 315, 510
spin quantique, 252, 480, 488, 512, 519, 522, 534, 536, 586
ELSASSER, Walther, 223
énergie, 528

quantification, 50-51, 59-60, 81-82, 103-104, 151-152, 533, 568
énergie, niveaux d', 151-153, 155-158, 163, 165, 168, 171-172, 183-184, 195, 239, 249, 274-275, 298, 300, 305, 510, 533-534, 536, 568151-153, 155-158, 163, 165, 168, 171-172, 183-184, 195, 239, 249, 274-275, 298, 300
énergie, quantum d', 11-12, 14-16, 50-51, 53, 103, 156, 161, 163, 165, 274, 350, 508, 534
entropie, 30-31, 48-49, 81, 528
EPR, article, 428-434, 441-445, 449-450, 469-470, 498, 516
réaction de Bohr, 434-440, 516-517
équipartition, théorème de l', 79
éther, 88, 95, 307, 528
EVE, Arthur, 160, 549-550, 554
EVERETT, Hugh III, 500-501, 504, 518, 557-558
exclusion, principe d', 242, 244-245, 248, 252, 255-256, 261, 271, 502, 518, 528
expérience de pensée (*Gedenkenexperiment*), 528

F

FARADAY, Michael, 94, 449, 527
fente unique, expériences à, 91, 375-376
FERMI, Enrico, 425, 581
FEYNMAN, Richard, 493-494, 587
fine, structure, 127, 168, 170, 247, 250, 510, 528
FLEXNER, Abraham, 411, 421, 581
fondamental, état, 151, 161
Fondements mathématiques de la mécanique quantique (von Neumann), 472, 515, 519
FOWLER, Ralph, 163-164, 286-287, 363, 539
FRANCK, James, 55, 164-165, 355, 417-418, 420, 543, 555, 559, 580
FRANCK-HERTZ, expérience de, 165, 183, 316, 510
FREEDMAN, Stuart, 488-489, 519
fréquence, 23, 529
FRESNEL, Augustin, 93, 371
FREUD, Sigmund, 410, 414, 579

G

gamma, rayons, 529
gaz, 47-48, 78-82, 94, 116, 313, 473-474, 546, 554, 562
rares, 239-242, 244
GEIGER, Hans, 120-122, 124-125, 127, 129, 137, 139, 167, 210, 349, 446-447, 549-550
GELL-MANN, Murray, 14, 465, 502, 540, 588
GERMER, Lester, 225, 514-515
GISIN, Nicolas, 503
GORDON, Walter, 567-568
GOUDSMIT, Samuel, 245-250, 253-255, 297, 480, 512, 563-564, 577
gravitation, 59, 176, 182-183, 405-406, 408, 520, 535
GRIMALDI, Père Francesco, 89-90

GROSSMANN, Marcel, 69-70, 72, 176, 545, 557
guerre
Première Guerre mondiale, 179
Seconde Guerre mondiale, 517
v. aussi nazis
GUYE, Charles-Eugène, 363, 539

H

HABICHT, Conrad, 58, 60, 74, 76, 193, 544-545, 558
HAENISCH, Konrad, 558
hafnium, 204, 241, 562
HALLER, Hans, 58, 75-77
HAMILTON, Bill, 465
HANSEN, Hans, 152-154
harmonique, oscillateur, 45, 532
hasard, 185-186, 195, 437, 477, 481, 495
HASENÖHRL, Friedrich, 291
HEISENBERG, August, 258-259, 278, 575
HEISENBERG, Werner, 12-13, 227, 251, 257-273, 275-285, 287-289, 291, 300-305, 311, 316-320, 323-342, 344-349, 351-357, 363-371, 374, 378, 385, 388-389, 392-394, 396, 400-401, 407-408, 417-418, 422, 427, 434, 436-437, 452-453, 455, 459, 478, 499-500, 508, 511-519, 525, 529, 531, 534, 539, 564-566, 568-575, 577-579, 581-582, 584, 587-588
articles et publications, 257, 284, 323-324, 345-346, 367, 512-514
Bohr, rapports avec, 262, 266-267, 341, 343-344, 351-354
Bohr, sur, 13
bombe atomique, 455
Einstein, débats avec, 323-324, 459, 513
Einstein, sur, 499
enseignement et recherche, 353-354, 393-394, 512-515, 518
études universitaires, 259-260, 510-512
incertitude, principe d', 12, 333-334, 345, 353, 356, 514, 529, 579
mécanique matricielle, 282-283, 512
mort, 519
naissance et enfance, 257-258, 508
observables, données, 270-271, 324
Pauli, rapports avec, 260, 340-341
persécution par les nazis, 417, 517
prix Nobel, 422, 516, 579
saut quantique des électrons, 273
Schrödinger
animosité envers, 303-304, 344-345
aversion de sa mécanique ondulatoire, 302, 328-329
débats avec, 316, 370-371
Solvay, 5e congrès, 368, 378, 88-389, 392
Zeeman, effet, 262, 264

HENRIOT, Emile, 539
HERSCHEL, William, 21, 541
HERTZ, Gustav, 164-165, 183, 316, 510, 580
HERTZ, Heinrich, 82, 95-96
HERZEN, Edouard, 539
HEVESY DE HEVES, George, 131-133, 163, 167, 204, 551, 580
HIMMLER, Heinrich, 417
HITLER, Adolf, 410-411, 415, 456-457, 576, 580
HØFFDING, Harald, 108
HOFFMANN, Banesh, 461
HOLT, Richard, 487
HOOFT, Gérard t', 503
HORNE, Michael, 487
HOYT, Frank, 565
HUAC (House Un-American Activities Committee), 467
HUYGENS, Christiaan, 88-90

I

incertitude, principe d', 12, 333, 335-337, 339, 345, 347-348, 355, 368, 379, 383, 388-389, 400-401, 407, 427, 431, 436, 471, 514, 525, 572, 574, 579, 582
  v. aussi Bohr-Einstein, débats
infrarouge, rayonnement, 21, 24, 527, 529
Institut for Teoretisk Fysik (Copenhague) *v.* institut Bohr
interférence, 92, 384, 529
intrication, 442-443, 496, 503-504, 520, 529
v. aussi localité
irréversibilité, concept d', 31
isotopes, 132-133, 135, 147, 529, 551

J

JAFFE, Georg, 587
JEANS, sir James, 79-80, 162
JORDAN, Pascual, 251, 281-284, 288, 301-302, 304, 317, 329, 364, 368, 393, 422, 441, 513, 531, 566, 568-570, 579
joule, 530

K

KIRCHHOFF, Gustav, 21-24, 28, 31, 33-34, 36, 41, 47, 487
  équation, 34, 36
  rayonnement du corps noir, 22-23
KLEIN, Oskar, 354, 437, 567-568
KLEINER, Alfred, 100-101
KNOLL, Max, 225
KNUDSEN, Martin, 146, 149, 363, 539, 552
KOSSEL, Walther, 562
KRAMERS, Hendrik, 200, 209-210, 253, 354-355, 363, 394, 400, 437, 512, 539
KRONIG, Ralph, 252-255, 393, 563-564
KUPERMANN, Aron, 588
KURLBAUM, Ferdinand, 36, 40-43

L

LANCZOS, Cornélius, 583
LANDÉ, Alfred, 252-253

LANGEVIN, Paul, 106, 215-217, 221-222, 363, 392, 399, 539
LANGMUIR, Irving, 363, 539
LASERNA PINZÓN, Mario, 584
lasers, 184, 490
LAUB, Jakob, 99, 101, 547
LAUE, Max von, 96, 162, 197, 231, 236, 323, 355, 449, 546-547
LEGGETT, sir Anthony, 497, 520
  Inégalité, 497
LENARD, Philipp, 83, 196, 416
LEWIS, Gilbert, 533, 560
LIPKIN, David, 539
localité, 377, 433, 440, 442-443, 479, 484-485, 491, 494, 496-497, 530
  v. aussi intrication, non-localité
LORENTZ, Hendrik, 105, 111, 162, 175, 181, 190, 196, 216, 238, 246, 249-251, 355, 361-366, 369, 371-372, 375, 390, 394, 399, 411, 539, 555-556, 558, 560-562, 575-576
LÖWENTHAL, Elsa, 178, 556
LÖWENTHAL, Margot, 178, 449, 460
lumière, 530
  dualité onde-particule, 78, 81-82, 102, 209-210, 217, 546
  électromagnétisme, 94-95
  en tant qu'ondes, 59-60, 78, 88-89, 90-91, 93, 305-306
  en tant que particules, 59-60, 87-88, 205
  ondes-particules, débat, 86-87, 94-95
  résistance à cette théorie, 86-87, 95-96, 209-210
  spectre, 20-21, 34-35, 540-541
  théorie quantique, 58-60, 78, 183-184, 205, 534-535
LUMMER, Otto, 36-39, 52, 542
Lyman, série de, 156

M

MACH, Ernst, 231, 325-326, 338
Manifeste des Quatre-vingt-treize, 180
MARCONI, Guglielmo, 114
MARIC, Mileva *v. sous* Einstein, Mileva Maric
MARSDEN, Ernest, 121-122, 125, 127, 129, 137, 139, 167, 549-550
masse-énergie, formule de l'équivalence, 60, 193, 401, 404, 406
matière, ondes de, 296, 307, 530
matrices, 280-281, 283-284, 300-301, 336, 352, 422, 523, 530-531, 566
matricielle, mécanique, 283-284, 288-289, 299-305, 311-312, 323, 327-328, 330-331, 344-346, 368, 393, 512-514, 531, 534, 566
MAUGUIN, Charles, 221-222
MAXWELL, James Clerk, 15, 48, 70, 78-79, 93-95, 111-112, 126, 146-147, 162, 313, 325, 366, 426, 449, 473, 527, 550, 585
  équations de, 162, 531
Mercure, périhélie de, 183
mesure (selon l'interprétation de Copenhague), 355, 367, 373-374, 376-377

MICHELSON, Albert, 15
MILLIKAN, Robert, 86-87, 546
MINKOWSKI, Hermann, 69
mondes multiples, interprétation des, 518, 588
MOSELEY, Henry, 163-164, 554
mouvement, quantité de, 102, 150, 184, 208, 210, 222, 275-276, 283, 288, 298, 313, 332-338, 340-343, 347-348, 351-352, 379-385, 400, 404-405, 430-433, 436, 438-440, 480, 521-524, 526, 529, 531, 533, 572, 574, 579, 582

N

NAGAOKA, Hantaro, 125-126, 550
nanomètre, 152, 531
NERNST, Walther, 104-105, 177-178, 180, 196-197, 323, 509, 546-547
NEUMANN, John von, 472-475, 477-478, 485-486, 515, 518-519, 585
Neutron, 425-426, 531
NEWTON, Isaac, 10-11, 20, 47, 53, 59, 79, 87-93, 110, 126, 147, 181-183, 189-190, 275, 302, 306, 338, 356, 394, 408-409, 461, 515, 523, 540, 543, 557
  théorie corpusculaire de la lumière, 87-88, 90-91, 93
NICHOLSON, John, 150-151
Nobel, prix
  lauréats chassés de l'Allemage nazie, 415, 580
  lauréats présents au 5e congrès Solvay, 162, 539
non-localité, 479, 497-498, 522, 530-531
  v. aussi localité
noyau, 124-127, 531
nucléaire, charge, 133, 135-137, 139, 147, 163-164
nucléaire, physique, 426, 454

O

observable, 531
observateur/observé, inséparabilité, 349, 373, 441, 447
ØRSTED, Hans Christian, 94
onde, équation d' (Schrödinger), 296-299, 305-307, 310, 513
onde, fonction d', 306, 310, 312, 532
  Born, interprétation de, 312, 321, 423
  de Broglie, interprétation de, 367, 471
  effondrement, 502, 526
onde, longueur d', 22-23, 532
  de de Broglie, 522
onde-particule, dualité, 532
  de la lumière, 102, 210
  des électrons, 221-222, 224, 328, 342, 368, 513
  v. aussi complémentarité
onde pilote, théorie de l', 471
ondes
  caractéristiques des, 23
  stationnaires, 219-220
ondes, paquets d', 308-310, 342-343
ondes radio, 114
ondulatoire contre matricielle, mécaniques, 301, 304-305, 327-328

ondulatoire ou corpusculaire ? (nature de la lumière), 88-89, 95
ondulatoire, mécanique, 299-300, 305-306, 311, 330, 369-370, 513-514, 532
ondulatoire, théorie de la lumière, 78, 88-89
opérationalisme, 338
OPPENHEIMER, Robert, 14, 425, 466-468, 581
Optique (Newton), 87
oscillation, physique de l', 45, 49, 158-159
OSTWALD, Wilhelm, 71, 545

P

PAIS, Abraham, 458, 493-494
PASCHEN, Friedrich, 36, 38-39, 43, 155
  série de, 156
PAULI, Bertha Schùtz, 230
PAULI, Hertha, 230
PAULI, Wolfang Josef (Wolf Pascheles), 229-230
PAULI, Wolfgang Ernst, 227, 229-239, 241-245, 248-256, 260-261, 263-265, 267-268, 270-271, 278-279, 281, 283-285, 291, 294, 301, 304, 311, 317, 340-341, 346, 352-355, 357, 363, 365, 371, 378, 388-389, 392-394, 396, 400-401, 427, 434, 456, 478, 486, 494-495, 499-500, 507, 510-515, 517-519, 539, 561-562, 564-566, 568-569, 573-575, 578, 582, 586-587
  articles et publications, 233, 244-245, 301
  champ unifié, théorie einsteinienne du, 499
  Einstein, sur, 396, 495
  enseignement et recherche, 233-234, 236-237, 239, 254-255, 393-394, 510-511, 514-515, 517-518
  EPR, article, 434
  études universitaires, 230-231, 511
  Heisenberg, rapports avec, 260, 341
  Kronig, Ralph, 253-254
  mécanique matricielle, sur la, 278-279, 281
  mécanique ondulatoire, sur la, 301
  mécanique ondulatoire contre mécanique matricielle, 301, 569
  mort, 519
  naissance et enfance, 229, 507
  orbites des électrons, 271
  « point sombre », 340
  principe d'exclusion, 244, 512
  principe d'incertitude, sur le, 341
  prix Nobel, 255, 518
  Solvay, 5e congrès, 377-378, 388-389, 392
  Sommerfeld, rapports avec, 231-232
  spectre de l'hydrogène, 284, 513
  spin quantique, 252, 254-255
  Stark, effet, 284
  variables cachées, théories des, 478
PENROSE, sir Roger, 503
PENZIAS, Arno, 465
période, 532

périodique, table, 532
Bohr, travaux de, 133, 198, 203-204, 239
Kossel, travaux de, 562
Moseley, travaux de, 554
Pauli, travaux de, 243
Soddy, travaux de, 131, 134
van den Broek, travaux de, 137
PERRIN, Jean, 99, 216, 221-222
PETIT, Alexis, 103
photoélectrique, effet, 82-85, 87, 95-97, 204, 211, 217, 310, 316, 350, 366, 508, 546
photons, 208, 533, 560
physique quantique, nouveaux domaines dans la, 504
PICCARD, Auguste, 539
Pickering-Fowler, raies de, 162-164
PLANCK, constante de, 50, 533
PLANCK, Erwin, 53, 457
PLANCK, Max, 10-11, 16-17, 19-20, 25-26, 28-29, 31-34, 37-47, 49-56, 58-61, 63, 78-79, 81-82, 85-86, 99, 102-103, 105, 111, 147-148, 151, 156-158, 177-178, 180, 184, 190, 193-194, 201, 203, 207, 216, 222, 226, 236, 251, 257, 276, 283, 300, 316, 320, 323, 334-335, 347, 355, 357, 363, 368, 393, 396, 413-416, 456-457, 505, 507-511, 513-514, 518, 534, 539, 543, 546
articles et publications, 31, 41-42, 53
Boltzmann, dette envers, 54
Caractère, 19
Einstein, sur, 86
enseignement et recherche, 31-34
études universitaires, 26-27
irréversibilité, concept de, 31
loi du rayonnement du corps noir, 41, 54, 78, 105, 507-508
mécanique ondulatoire, sur la, 300
mort, 457, 518
naissance et enfance, 25-26, 507
nazis et science allemande, 412-415, 580
Première Guerre mondiale, 180
prix Nobel, 510-511
quanta de lumière, sur les, 102
quantification de l'énergie, 10-11, 50-51
Planck, unités de, 543
PODOLSKY, Boris, 427-429, 434, 443, 469, 479-481, 485, 516
v. aussi EPR, article
POINCARÉ, Henri, 176, 216
potentielle, énergie, 533
PRINGSHEIM, Ernst, 36-39, 52, 542
probabilités
Born, dans l'interprétation de, 305, 313, 513, 533
dans le principe d'incertitude, 356
Einstein, embarras d', 184-185, 495
Maxwell, utilisées par, 48, 313
proton, 533

Q

quanta, découverte des, 50
quantifié, 533

quantique, mécanique, 242, 283, 285, 288, 534
v. aussi matricielle, mécanique ; ondulatoire, mécanique
quantique, postulat *v. sous* observateur/observé, inséparabilité
quantique, spin *v. sous* électrons : spin
quantique
quantiques, nombres, 534
ambivalent, 244
travaux de Kronig, 253
travaux de Uhlenbeck & Goudsmit, 245, 248
magnétique, 172, 510, 555
orbital, 169, 511, 555
principal, 152
quantum, 534
quantum de lumière *v. sous* lumière, théorie quantique de la

R

radioactivité, 117-118, 131, 135, 147, 534
RATHENAU, Walter, 199
RAYLEIGH, lord John, 79, 112, 162
Rayleigh-Jeans, loi de, 80
rayonnement, 534
réalisme, 535
réalité physique, divergences d'opinion sur la, 306, 340, 451-452, 482-483, 494, 503-504
v. aussi Bohr-Einstein, débats
réflexion et réfraction, 88
relativité, théories de la, 59, 181, 188, 510, 535, 557
RICHARDSON, Owen, 363, 539, 579
RITTER, Johann, 21
ROLLAND, Romain, 556
RÖNTGEN, Bertha, 115
RÖNTGEN, Wilhelm, 115-116, 180, 507, 510, 537
ROOSEVELT, Franklin D., 455, 517, 584
ROSEN, Nathan, 427-429, 434-435, 469, 479-481, 485, 516
v. aussi EPR, article
ROSENFELD, Léon, 401-402, 453-454, 552
ROSENTHAL, Ilse, 587
RUBENS, Heinrich, 40-43, 52, 105, 178, 197, 546
RUSKA, Ernst, 225
RUSSELL, Bertrand, 460
RUTHERFORD, Ernest, 113-114, 116-122, 124-133, 136-141, 145-150, 152, 157-164, 166-167, 171, 173, 201, 203, 206, 241-242, 286, 326, 330, 362, 392, 419-420, 422, 426, 507-509, 516-517, 531, 548-550, 552-555, 571, 575
alpha, particules, 119-120, 122-125
articles et publications, 125, 127
atomique, modèle, 124, 126-127, 509
Bohr, modèle atomique de, 158
Bohr, rapports avec, 113, 138, 144-145, 166
caractère, 113, 118-120, 129-130
couches d'électrons, sur le modèle à, 241

enseignement et recherche, 113, 116-118, 173, 508-509
mort, 517
naissance et enfance, 114, 507
ondes radio, 114
prix Nobel, 121
« transformation » d'éléments, 118-119, 122
uraniques, rayons, 116
van den Broek, sur les travaux de, 138
X, rayons, 116
RUTHERFORD, James, 114
RUTHERFORD, Martha, 114
RUTHERFORD, Mary, 128, 145, 160
RYDBERG, Johannes, 553
constante de, 553

S

saut quantique des électrons *v. sous* électrons : saut quantique
SCHMIDT, Gerhard, 117
SCHRÖDINGER, Annemarie (« Anny ») Bertel, 293, 297
SCHRÖDINGER, Erwin, 227, 289-312, 314-321, 327-329, 340, 342, 344-346, 352, 355, 357, 363-364, 367, 369-371, 392-393, 395-396, 408, 411, 421-422, 427, 441-449, 452, 500-502, 507, 513-514, 516-517, 519, 532, 534-535, 539, 567-568, 579-580
article EPR, sur l', 441
articles et publications, 297-298, 303-304, 316-317, 363-364, 369-370, 513-514
Bohr, débats avec, 514, 516
Bohr, sur, 448
chat de Schrödinger (expérience imaginaire), 446, 535
complémentarité, sur la, 395
enseignement et recherche, 291-294, 320, 393, 421-422, 514, 517
Heisenberg, débats avec, 316-317, 370-371, 513-514
intrication, 442
mariage et vie privée, 293, 297-298
mort, 519
naissance et enfance, 290-291, 507
onde, équation, 513, 535
onde, fonction d', 306
ondulatoire, mécanique, 299, 369-370, 513-514
Première Guerre mondiale, 292
prix Nobel, 422, 516, 579
probabilité, rejet de la, 315
saut quantique, rejet du, 305, 308, 311-312, 315-316, 318-319
Solvay, 5e congrès, 369-370
SCHRÖDINGER, Rudolf, 290
séparabilité, 442-444
séparation, principe de, 444-445
SHAW, George Bernard, 408-409
SHIMONY, Abner, 487
SIEMENS, Werner von, 24-25, 65
SLATER, John, 209-210, 512
SMITH, Lorrain, 113
SNOW, C. P., 13
SODDY, Frederick, 118-119, 131-133, 137-138, 147, 551
SOLOVINE, Maurice, 74, 76, 199, 452, 459

Solvay, congrès
premier (1911), 104-105, 113, 128, 175, 216, 291, 509, 548
cinquième (1927), 9, 12, 14, 361-363, 365, 371, 390-393, 399, 404-405, 427, 471, 502, 514, 518, 539
sixième (1930), 397, 399, 402, 408, 426, 515
SOLVAY, Ernest, 104-105, 361, 363
SOMMERFELD, Arnold, 168-173, 193, 197, 205, 208-209, 231-234, 236, 238-239, 241, 243, 245, 252, 259-264, 267, 269-270, 294-295, 298-300, 316-317, 320, 342, 355, 364, 392, 400, 417, 510-511, 513, 555
Bohr-Sommerfeld, modèle atomique de, 169-170, 509-510, 555
couches d'électrons, sur le modèle à, 241
en tant qu'enseignant, 231-232, 259-260, 263, 267
enseignement et recherche, postes d', 231-232
ondulatoire, mécanique, 300-301, 317
quantiques, nombres, 238, 510
spectrale, répartition de l'énergie du rayonnement du corps noir, 22-23, 37-38, 44, 46, 82
spectrales, raies, 153, 156, 170-171, 535
v. aussi Balmer, série (raies) de ; Zeeman, effet
spectroscopie, 536
spin *v. sous* électrons : spin quantique
spontanée, émission, 536
STAPP, Henry, 465
STARK, Johannes, 171, 196, 416-417
effet, 172, 284, 536, 555
STEFAN, Josef, 47
Stefan-Boltzmann, loi de, 47
stimulée, émission, 184, 536
STONER, Edmund, 242-243
superposition, 446, 482, 536

T

TALMUD, Max, 63-64, 74
téléportation, 504, 520
Théorie quantique (David Bohm), 469, 518
thermodynamique, 536
premier principe, 29, 81, 537
second principe, 29, 31, 38, 48-49, 537
THOMAS, Llewellyn, 251
THOMSEN, Vilhelm, 108
THOMSON, George Paget, 225-226, 515
THOMSON, sir Joseph John, 111-113, 116, 118, 122-124, 128-129, 138, 162, 173, 190, 203, 235, 406, 515, 549
Bohr, rapports avec, 112, 128-129
Einstein, sur, 190, 405
modèle atomique de, 549
Traité de la lumière (Huygens), 88
transformation des éléments, 119-123
v. sous radioactivité
Transformations radioactives (Rutherford), 127

U

UHLENBECK, George, 245-250, 253-255, 297, 301, 480, 512, 563
ultraviolet, rayonnement, 537
ultraviolette, catastrophe, 537
uraniques, rayons, 116, 507

V

VAN AUBEL, Edmond, 576
variables cachées, 469, 472-475, 478-479, 484-486, 496-498, 515, 518-520, 522-523
variables conjuguées, 335, 337, 524
variables dynamiques, 524, 526
vélocité, 537
VILLARD, Paul, 549

W

WALTON, Ernest, 426
WARBURG, Emil, 546
Weimar, république de, 191-192, 199, 202, 410
WEINBERG, Steven, 226
WEIZMANN, Chaïm, 119, 459
WEYL, Hermann, 289
WHEELER, John Archibald, 441, 454, 501
Wien, loi de répartition de, 36, 38-40, 42-43, 80-81, 507, 537
    échec aux grandes longueurs d'ondes, 39-43, 80, 507
Wien, loi du déplacement de, 34-35, 37, 41, 507, 537, 542
WIEN, Wilhelm, 34, 36, 44, 80, 105, 180, 263, 302, 316-317, 320, 507, 537
WILSON, C. T. R., 330-331, 363, 537, 539
Wilson, chambre de, 324, 330-332, 337-339, 537
WILSON, Robert, 465
WINTELER, Jost et Pauline, 68, 72

X

X, rayons, 115-116, 123, 163-164, 205-208, 215-217, 231, 236, 364, 366, 507, 537
    v. aussi Compton, effet

Y

YOUNG, Thomas, 90-93

Z

Zeeman, effet, 268, 538, 561
    Pauli, travaux de, 238, 244
    Sommerfeld, travaux de, 171
ZEEMAN, Pieter, 171, 247, 561-562
ZEILINGER, Anton, 497, 520
ZWEIG, Arnold, 579

TABLE

Prologue 9

I

LE QUANTUM

1. Révolutionnaire malgré lui 19
2. Le forçat des brevets 57
3. Le Danois en or 107
4. L'atome quantique 143
5. Lorsque Einstein rencontra Bohr 175
6. Le prince de la dualité 213

II

LA PHYSIQUE DES PETITS JEUNES

7. Les docteurs du spin 229
8. Le magicien du quantum 257
9. « Un sursaut érotique tardif » 289
10. Incertitude à Copenhague 323

III
LES TITANS S'AFFRONTENT AUTOUR DE LA RÉALITÉ

11. Solvay 1927 361
12. Einstein oublie la relativité 399
13. La réalité quantique 425

IV
DIEU JOUE-T-IL AUX DÉS ?

14. Le théorème de Bell sonne le glas 465
15. Le démon quantique 493

Chronologie 507
Glossaire 521
Notes 539
Références 589
Remerciements 613
Index 615

Mise en page par Meta-systems
59100 Roubaix

N° édition : L.01EHQN000635.B003
Dépôt légal : septembre 2014
Imprimé en Espagne par Novoprint (Barcelone)